Edition Centaurus – Neuere Medizin- und Wissenschaftsgeschichte

Jörg Vögele · Stefanie Knöll · Thorsten Noack
(Hrsg.)

Epidemien und Pandemien in historischer Perspektive

Epidemics and Pandemics in Historical Perspective

 Springer VS

Herausgeber
Jörg Vögele
Düsseldorf, Deutschland

Thorsten Noack
Düsseldorf, Deutschland

Stefanie Knöll
Düsseldorf, Deutschland

Edition Centaurus – Neuere Medizin- und Wissenschaftsgeschichte
ISBN 978-3-658-13874-5   ISBN 978-3-658-13875-2 (eBook)
DOI 10.1007/978-3-658-13875-2

Die Deutsche Nationalbibliothek verzeichnet diese Publikation in der Deutschen National-
bibliografie; detaillierte bibliografische Daten sind im Internet über http://dnb.d-nb.de abrufbar.

Springer VS

Umschlagbild: Tod als Erwürger von Alfred Rethel

Gedruckt auf säurefreiem und chlorfrei gebleichtem Papier

Springer VS ist Teil von Springer Nature
Die eingetragene Gesellschaft ist Springer Fachmedien Wiesbaden GmbH

Inhalt

II Decameron Revisited: Cultural Impact

III Men vs. Microbes, and Other Science Studies

IV Perspectives

Introduction

Epidemien und Pandemien in historischer Perspektive

Jörg Vögele, unter Mitarbeit von Ulrich Koppitz und Hideharu Umehara

Seuchenzüge treten definitionsgemäß in Intervallen auf. Da ihre Ätiologie und Epidemiologie im Vorfeld zunächst meist mit erheblichen Unsicherheiten behaftet sind, werden historische Denkweisen und Analogien herangezogen, um Seuchengefahren zu erkennen und Gegenmaßnahmen zu treffen. Die zugrunde liegenden Traditionen lassen sich teilweise über Jahrzehnte oder gar Jahrhunderte zurück verfolgen.[1] Zur Bekämpfung von AIDS wurden beispielsweise sozialhygienische Präventions- und Aufklärungsmaßnahmen erfolgreich umgesetzt.[2] Auch die Einschätzung des sogenannten Schweinegrippevirus H1N1 erfolgte aufgrund historischer Erfahrung (1918/19) bzw. archäologisch-molekularbiologischer Rekonstruktionen.[3] Epidemien und auch Pandemien bilden daher ein klassisches Thema der Medizingeschichte[4] mit zahlreichen Anknüpfungspunkten zur Sozial-, Wirtschafts- und Kulturgeschichte. Der zeitliche Schwerpunkt der Forschung liegt dabei auf dem 18. und vor allem 19.

---

1 Heather MacDougall, "Toronto's Health Department in Action: Influenza in 1918 and SARSs in 2003," *Journal of the History of Medicine and Allied Sciences* 62 (2007), 56-89.

2 Jan Leidel, „AIDS - zur Frühgeschichte der Krankheit in Köln," in: *Krank - gesund: 2000 Jahre Krankheit und Gesundheit in Köln*, ed. Thomas Deres (Köln: Kölnisches Stadt-Museum, 2005), 298-305.

3 Jeffery K. Taubenberger, J. V. Hultin and D. M. Morens, "Discovery and Characterization of the 1918 Pandemic Influenza Virus in Historical Context," *Antiviral Therapy* 12 (2007), 581-591; S. M. Zimmer and D. S. Burke, "Historical Perspective - Emergence of Influenza a (H1n1) Viruses," *New England Journal of Medicine* 361 (2009), 279-285. Zur medizinhistorischen Literaturlage H. Philips, "The Re-Appearing Shadow of 1918: Trends in the Historiography of the 1918-19 Influenza Pandemic," *Canadian Bulletin of Medical History* 21 (2004), 121-134.

4 Heinrich Häser, *Bibliotheca epidemiographica* (Greifswald: Libr. acad., 1862); K. F. Kiple (ed.), *The Cambridge world history of human disease* (Cambridge: CUP, 1993).

Jahrhundert; hier ist die Zahl der vorliegenden Studien nahezu abundant, wobei regelmäßig auf neue Wege in der Seuchengeschichte hingewiesen wird.[5]
Im Folgenden sollen deshalb zunächst (1.) globale langfristige Entwicklung der Epidemien auf der Basis einer historischen Epidemiologie skizziert werden. Anschließend sollen (2.) einige ausgewählte Zugangsmöglichkeiten skizziert und im Anschluss umgekehrt ausgehend von ausgewählten Gastroenteritiden potentielle Zugänge zu einer Geschichte der Seuchen abgeleitet werden.
Schließlich werden (3.) die in diesem Band veröffentlichten Beiträge zur internationalen Arbeitstagung *„Epidemics and Pandemics in Historical Perspective"*, die im Oktober 2011 anlässlich des 65. Geburtstags von Alfons Labisch in Düsseldorf organisiert wurde, im Überblick vorgestellt.[6]

Danksagung

Der besondere Dank der Herausgeber gilt der Deutschen Forschungsgemeinschaft (DFG), der Heinrich-Heine-Universität, der Philosophischen und der Medizinischen Fakultät, welche die Tagung finanziell unterstützt haben, sowie der Anton Betz Stiftung für einen Druckkostenzuschuss. Schließlich danken wir auch den vielen Mitgliedern des Instituts für Geschichte der Medizin, die an Tagung und Tagungsband mitgewirkt haben.[7]

---

5   R. Otto, R. Spree und J. Vögele, „Seuchen und Seuchenbekämpfung in deutschen Städten während des 19. und frühen 20. Jahrhunderts. Stand und Desiderate der Forschung," *Medizinhistorisches Journal* 25 (1990), 286-304; Martin Dinges und Thomas Schlich, Hrsg., *Neue Wege in der Seuchengeschichte* (Stuttgart: Steiner 1995).

6   Vgl. den Tagungsbericht: Epidemics and Pandemics in Historical Perspective, 27.10.2011 – 29.10.2011 Düsseldorf, in: H-Soz-Kult, 09.02.2012, www.hsozkult.de/conferencereport/ id/ tagungsberichte-4007. Bibliographien von Alfons Labisch und den Institutsmitgliedern sind veröffentlicht in Jörg Vögele, ed., *Retrospektiven - Perspektiven. Das Institut für Geschichte der Medizin der Heinrich-Heine-Universität Düsseldorf 1991 bis 2011* (Düsseldorf: Düsseldorf University Press, 2013), Informationen zum Rektorat und darüber hinaus sind mittlerweile publiziert in: Max Plassmann und Hans Süssmuth, *Heinrich-Heine-Universität Düsseldorf: Von der Gründung zur Exzellenz* (Düsseldorf: DUP, 2015).

7   Dank für die Tagungsorganisation und -durchführung geht an Marita Bruijns-Pötschke, Vanessa Miller, Christa Reißmann und vor allem Birgit Uehlecke. Für die Redaktion des Bandes danken die Herausgeber Kathrin Heper, Ulrich Koppitz, Isabell Nießen, Luisa Rittershaus, Marie-Isabelle Schwarzburger, Saskia Trapp und vor allem Sophia Sotke.

1   Der Epidemiologische Übergang

Das langfristige Absinken der Sterbeziffern und der Wandel des Todesursachenpanoramas werden im Folgenden unter dem von Abdel R. Omran in den 1970er Jahren vorgeschlagenen Konzept des Epidemiologischen Übergangs zusammengefasst. Es beschreibt die Entwicklungstrends der Sterberate analog zu den verschiedenen Phasen des demographischen Übergangs und geht von Wechselwirkungen zwischen dem durchschnittlichen Gesundheitszustand einer Bevölkerung und dem sozioökonomischen Wandel aus. Drei Phasen werden unterschieden:

Das Konzept des Epidemiologischen Übergangs unterscheidet drei regelhaft ablaufende Phasen:[8]

1. die *Periode der Seuchen und Hungersnöte* (Pestilence and Famine) ist durch eine hohe und stark schwankende Sterbeziffer gekennzeichnet; die durchschnittliche Lebenserwartung bei der Geburt ist niedrig und liegt zwischen 20 und 40 Jahren;
2. in der eigentlichen Übergangsphase, der *Periode der rückläufigen großen Epidemien* (Receding Pandemics), verstetigt sich die Sterberate und nimmt allmählich ab; die schweren Epidemien werden seltener und bleiben später ganz aus; die Lebenserwartung bei der Geburt steigt auf rund 50 Jahre;
3. die bis in die jüngste Zeit andauernde *Periode der gesellschaftlich verursachten Krankheiten* (‚Man-Made Diseases') ist durch eine niedrige Sterberate und eine gleichzeitige hohe Lebenserwartung bei der Geburt geprägt, die 50 Jahre übersteigen kann.

Mit dem Epidemiologischen Übergang im historischen Europa haben sich zahlreiche Studien beschäftigt.[9] Im Mittelpunkt der Diskussion stand dabei die Phase 2, da der Beginn von Phase 1 und das Ende von Phase 3 offen sind. In der Regel wird diese

---

8   Abdel R. Omran, „The Epidemiologic Transition. A Theory of the Epidemiology of Population Change," *Milbank Memorial Fund Quarterly* 49,1 (1971), 509-538; Abdel R. Omran, "Epidemiologic Transition in the United States. The Health Factor in Population Change," *Population Bulletin* 32,2 (1977), 1-42.

9   Anders Brändström and L.-G. Tedebrand, eds., *Society, Health and Population during the Demographic Transition* (Stockholm: Almqvist & Wiksell 1988); Marie C. Nelson and J. Rogers, eds., *Urbanisation and the Epidemiologic Transition* (Uppsala: Univ. Reprocent., 1989); Roger Schofield, D. Reher and A. Bideau, eds., *The Decline of Mortality in Europe* (Oxford: Clarendon, 1991); R. Spree, *Der Rückzug des Todes. Der Epidemiologische Übergang in Deutschland während des 19. und 20. Jahrhunderts* (Konstanz: Univ.-Verl., 1992); J. Vögele, *Urban Mortality Change in England and Germany, 1870-1910* (Liverpool: LUP, 1998); J. Vögele, *Sozialgeschichte städtischer Gesundheitsverhältnisse während der Urbanisierung* (Berlin: Duncker & Humblot, 2001).

Phase auf die zweite Hälfte des 19. und den Beginn des 20. Jahrhunderts datiert. In verschiedenen Regionen verringerte sich die Sterblichkeitsrate bereits während des späten 18. und frühen 19. Jahrhunderts,[10] allerdings wurde ihr langfristiger Rückgang um die Mitte des 19. Jahrhunderts unterbrochen. Erst im Anschluss war die Sterblichkeitsentwicklung schließlich durch einen bis in die Gegenwart sinkenden Trend gekennzeichnet, die demographischen Auswirkungen der Kriegsjahre sowie der Influenza-Epidemie von 1918-19 ausgenommen.

In der klassischen Form bietet das Konzept nach wie vor eine wichtige Arbeitsgrundlage für historische Arbeiten und wurde entsprechend konkretisiert, indem die wichtige Rolle von sozialen und wirtschaftlichen Veränderungen herausgearbeitet wurde. Betont wurde beispielsweise, daß die Pest schon seit dem späten 17. Jahrhundert aus Mittel- und Westeuropa verschwand und auch die übrigen schweren Seuchen aufgrund geringerer Militäraktivitäten und veränderter Militärorganisation rückläufig waren; oder, dass sich die sogenannten „Human-Crowd Diseases" (v.a. Pocken, Masern, Scharlach und Keuchhusten) im Europa des späten 18. und frühen 19. Jahrhundert im Zuge wachsender Bevölkerungs- und Kommunikationsdichte von altersunspezifischen zu typischen Kinderkrankheiten wandelten.

Zwei wichtige Punkte sind allerdings bei aller Würdigung zu beachten: Die erste Anmerkung bezieht sich auf Omrans Quellen und sein methodisches Vorgehen. So entwickelt er sein Modell am Beispiel von Daten zu Ceylon, Chile, Japan und England und Wales sowie Schweden. Ohne Afrika zu berücksichtigen, bleibt eine der epidemiologisch bedeutsamsten Infektionskrankheiten, die Malaria, nahezu unberücksichtigt (Tabelle 1). Ähnliches gilt für die Tuberkulose, wenn keine Angaben aus Afrika, China, Indien und den Staaten der ehemaligen Sowjetunion herangezogen werden. Was die europäischen Befunde angeht, beschränkt er sich auf Nord-West- bzw. Westeuropa und blendet so die hohe und im 19. Jahrhundert sogar wachsende Bedeutung von gastrointestinalen Krankheiten in Zentral-, Ost- und Südeuropa aus. Diese bedrohten wiederum primär Säuglinge und Kleinkinder und waren die Haupttodesursache der Hochindustrialisierungsphase, weit vor den skandalisierten Erkrankungen der Atmungsorgane (inklusive der Tuberkulose) sowie den klassischen Infektionskrankheiten (meist des Kindesalters).

Zweitens ist zu fragen, ob das Modell des Epidemiologischen Übergangs (aus den 1970er Jahren) angesichts der Zunahme neuer, aber auch längst besiegt geglaubter

---

10 W. Robert Lee, "The Mechanism of Mortality Change in Germany, 1750-1850," *Medizinhistorisches Journal* 15 (1980), 244-288; Peter Marschalck, *Bevölkerungsgeschichte Deutschlands im 19. und 20. Jahrhundert* (Frankfurt a.M.: Suhrkamp, 1984); Arthur E. Imhof, *Lebenserwartungen in Deutschland vom 17. bis 19. Jahrhundert* (Weinheim: VCH, 1990); Josef Ehmer, *Bevölkerungsgeschichte und historische Demographie 1800-2000* (München: 2004).

Infektionskrankheiten mittlerweile um eine weitere Phase ergänzt werden sollte.[11] Hier ist an erster Stelle HIV/Aids zu nennen, eine Infektionskrankheit die seit den 1980er Jahren global mehr als 37 Millionen Todesopfer gefordert hat (Tabelle 1). Mit Aids verbunden ist auch ein verstärktes Wiederauftreten der Tuberkulose. Etwa ein Drittel der Weltbevölkerung ist mit Tuberkuloseerregern infiziert. Knapp neun Millionen Menschen erkranken und etwa 1,7/1,8 Millionen sterben an der Erkrankung pro Jahr (2009). Die meisten Todesfälle treten in Südost-Asien (480.000) und Afrika (430.000) auf, wobei die Sterberate mit 50 pro 100.000 Lebenden in Afrika am höchsten liegt.[12]

Im Rahmen einer Global Burden of Disease Studie wurden 19 Risikofaktoren nach ihren Auswirkungen auf die Gesundheit untersucht. Als Maßeinheit wurde das Disability-Adjusted Life Year (DALY) eingeführt. Das DALY beschreibt den Unterschied zwischen einer tatsächlichen Situation und einer idealen Situation, in der jede Person bei voller Gesundheit bis zu dem Alter lebt, das den Standardwerten der Lebenserwartung entspricht.

Tab. 1 Ausgewählte schwere Epidemien und Seuchen des 20. Jahrhunderts

1918/19	Spanische Grippe	40 Mio. Todesfälle
1957/58	Asiatische Grippe	4 Mio.
1968/69	Hong Kong Grippe	2 Mio.
1980er	HIV/AIDS	>37 Mio.
1991	Cholera/Lateinamerika	12.000
2002/03	SARS	800
2003	H5N1	250 (250.000-500.000 sterben an saisonaler Grippe)
Malaria	1 Mio. jährlich (Deutschland 4-8)	
Tuberkulose	1,8 Mio. jährlich (Deutschland 150)	
AIDS	1,8 Mio. jährlich (Deutschland 550)	

Quellen: Internetseiten WHO, Robert Koch Institut (Abruf 12.12.2012).

---

11 Vgl. dazu auch die Diskussion in S. Jay Olshansky et al., "Infectious Diseases - New and Ancient Threats to World Health," *Population Bulletin* 52 (1997), 2-46.

12 WHO Tuberculosis. Fact sheet N°104; November 2010 www.who.int/mediacentre/factsheets/fs104/en/index.html (aufgerufen 25.1.2012).

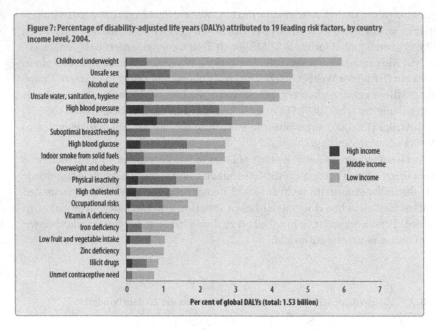

Figure 7: Percentage of disability-adjusted life years (DALYs) attributed to 19 leading risk factors, by country income level, 2004.

Schaubild

Quelle: WHO, *Global health risks: mortality and burden of disease*, Geneva 2009, 10.

Diese Standard-Lebenserwartung ist basierend auf Sterbetafeln bei der Geburt mit 80 Jahren für Männer und 82,5 Jahren für Frauen festgelegt. Die mit einer Behinderung gelebte und die durch vorzeitigen Tod verlorene Lebenszeit wird im DALY kombiniert: die durch vorzeitigen Tod verlorenen Lebensjahre (Years of life lost = YLL) entsprechen im Wesentlichen der Anzahl von Todesfällen multipliziert mit der verbliebenen Lebenserwartung in dem Alter, in dem der Tod vorzeitig eintritt. Doch wird nicht nur die Sterblichkeit, sondern auch die Beeinträchtigung des normalen, beschwerdefreien Lebens durch eine Krankheit (Years lived with Disability = YLD) erfasst und in einer Maßzahl zusammengerechnet.

Hauptrisikofaktoren sind demnach Childhood underweight, unsafe sex, alcohol use, unsafe water, sanitation hygiene. Drei der fünf Faktoren erhöhen das Risiko von Infektionskrankheiten und bedrohen insbesondere die armen Länder in Südost Asien und Sub-Sahara Afrika.

Auch in europäischer Perspektive macht das Auftreten von Pandemien von der „Spanischen Grippe" bis zur „Schweinegrippe" oder die Ausbreitung von AIDS deutlich, dass Infektionskrankheiten bis heute ein gravierendes Problem geblieben sind. Auf Deutschland bezogen hat das RKI 127 Infektionserreger nach ihrer Bedeutung für die epidemiologische Forschung und Überwachung priorisiert. Die Gruppe mit der höchsten Priorität umfasst 26 Erreger. Darunter sind solche, die seit Jahren bereits einen großen Raum im Öffentlichen Gesundheitsdienst und im Infektionsschutz einnehmen, wie HIV, Influenza, Legionellen, Masern oder Tuberkulose. In dieser Gruppe finden sich auch Erreger, die häufig im Krankenhaus übertragen werden oder aufgrund von Resistenzen mit Antibiotika schwer zu behandeln sind, etwa Klebsiella oder Staphylococcus aureus (einschließlich der multiresistenten S. aureus, MRSA).[13]

Zusätzlich zum tatsächlichen epidemiologischen Befund scheint es interpretatorisch weitreichend auch von einer emotionalen Epidemiologie zu sprechen. Diese kann einen eigenen, von der faktischen Infektionssituation mehr oder weniger unabhängigen Verlauf haben, der jedoch gleichfalls zu einer Belastung der individuellen Gesundheit und des Gesundheitssystems führen kann. Hier ließen sich zahlreiche Krankheiten anführen. Man denke etwa, dass im Zuge des Auftretens von Ebola andere, oft mehr Todesopfer fordernde Krankheiten aus dem Blickfeld geraten. Im Folgenden seien vier Beispiele aus Geschichte und Gegenwart kurz angesprochen: Die Sterblichkeit in Stadt und Land während der Industrialisierung, die Folgen des Alkoholkonsums für die Gesundheit, die Rolle von Krankenhausinfektionen sowie der gesellschaftliche Umgang mit H1N1.

Stadt-Land Unterschiede: Traditionell wurden die Städte als besonders ungesunde Orte mit extrem hohen Sterberaten angesehen. Bereits im 17. Jahrhundert wurde dieses Bild von John Graunt (1662) entworfen und im 18. Jahrhundert von Johann Peter Süssmilch in seiner berühmten Schrift über die ‚göttliche Ordnung' (1741) aufgenommen. Im 19. Jahrhundert machten verschiedene Autoren, zunächst in England, auf Gesundheitsgefährdungen durch die Industrialisierung aufmerksam und verwiesen auf die extrem hohen städtischen Sterberaten. Mit dem Einsetzen der Industrialisierung in Deutschland übernahmen Statistiker hierzulande diesen Topos: Eng verbunden mit dem Industrialisierungsprozess war eine rapide steigende Konzentration der Bevölkerung in den Städten während der Urbanisierungsphase. Da eine hohe Bevölkerungsdichte die Ausbreitung der vorherrschenden akuten und chronischen Infektionskrankheiten begünstigte, wirkte sich dies nachhaltig auf die Gesundheitsverhältnisse aus. Dabei wird übersehen, dass sich die Sterberaten in

---

13 Pressemitteilung des RKI, 7. November 2011.

verschiedenen Städten Europas und Nordamerikas gegen Ende des neunzehnten und zu Beginn des zwanzigsten Jahrhunderts sowohl absolut als auch relativ gesehen substantiell verbesserten, die Unterschiede zwischen den Sterberaten von Stadt und Land sich verringerten und die städtische Übersterblichkeit sich abschwächte oder sogar gänzlich verschwand,[14] während das Bild von der ungesunden Stadt weiterhin allgemein vorherrschte und auch medial transportiert wurde. Insbesondere skandalisierte Seuchen fanden im städtischen Umfeld mehr Beachtung als in ländlichen Regionen.[15]

Alkohol-Abusus: Alkohol gilt als eine gesellschaftliche legitimierte und legalisierte Droge. Dabei werden die gesundheitlichen Folgen von Alkohol Missbrauch kaum beachtet, allenfalls familiäre Gewalt rückt gelegentlich in den medialen Blick. Dabei sei jeder vierte Todesfall von Männern im Alter von 35 bis 65 Jahren in Deutschland auf die Folgen des Alkoholkonsums zurückzuführen.[16] Für Personen mit chronischem Alkoholmissbrauch verkürzt sich die Lebenserwartung um durchschnittlich 23 Jahre.[17] Die Diagnoseklasse F10 (ICD-10) „Psychische und Verhaltensstörungen durch Alkohol" ist, nach chronisch ischämischer Herzkrankheit, der zweithäufigste Behandlungsanlass bei Männern in Krankenhäusern.[18] Abhängig vom Schweregrad einer alkoholbedingten Leberzirrhose sterben im Zeitraum von fünf Jahren nach Diagnosestellung zwischen 40 und 80% der Betroffenen.[19]

Krankenhausinfektionen: Das Europäisches Zentrum für die Prävention und die Kontrolle von Krankheiten (ECDC) gibt in seinem Bericht drei Millionen nosokomiale Infektionen mit 50.000 zuschreibbaren Todesfällen pro Jahr in Europa an.[20] In Deutschland sterben jedes Jahr zwischen 10.000 und 15.000 Menschen, weil sie sich im Krankenhaus eine schwere Infektion zugezogen haben. Die Gesamtzahl

---

14 Jörg Vögele, *Urban Mortality Change in England and Germany, 1870-1910* (Liverpool: LUP, 1998).

15 Der Beitrag von Malte Thiessen stellt grundlegende Überlegungen zur Transregionalität der Seuchengeschichte bzw. zum charakteristischen Stadt-Land-Gradienten der Quellenlage am Beispiel der Spanischen Grippe in Norddeutschland dar.

16 Ulrich John and M. Hanke, "Alcohol-attributable mortality in a high per capita consumption country — Germany," *Alcohol and Alcoholism* 37 (2002); 581-585.

17 *Gesundheitsbericht für Deutschland 1998.*

18 *Statistisches Bundesamt Deutschland 2003.*

19 *Gesundheitsbericht für Deutschland 1998.*

20 European Centre for Disease Prevention and Control, ed., *Annual European Communicable Disease Epidemiological Report 2005* (Stockholm: 2007), 259.

dieser nosokomialen Infektionen wird auf 400.000 bis 600.000 pro Jahr geschätzt.[21] Ein steigender Anteil sind multiresistente Bakterien. Am häufigsten sind Wundinfektionen nach Operationen mit 225.000 Fällen. Es folgen Harnwegsinfekte mit 155.000 Fällen pro Jahr und 80.000 tiefe Atemwegsinfektionen, darunter 60.000 Pneumonien. Bei 20.000 Patienten treten die Erreger ins Blut, es kommt zur Sepsis.[22]

H1N1-Pandemie 2009/10: Seit dem Frühling 2009 machte sich eine panikartige Stimmung breit, die Bevölkerung fragte nach einer Impfung (sogar solche, die die jährliche Grippeimpfung ablehnten).[23] Immer wieder wurde dabei auf die verheerende Spanische Grippe 1918/19 hingewiesen. Die Ängste nahmen zu als die WHO Ende April 2009 vor einer weltweiten Verbreitung, einer Pandemie, warnte.[24] Bis Oktober 2009 waren weltweit mehr als 440.000 laborbestätigte Infektionen gemeldet, von denen mindestens 5.700 tödlich verliefen. Im August 2010 wurden 18.449 Todesfälle mit der Infektion in Verbindung gebracht, Deutschland 258 (weniger als durch saisonale Grippe: 600-26.000).[25] Für die Pharmaindustrie wurde die Entwicklung eines Impfstoffes zu einem Milliardengeschäft. Als im Herbst 2009 schließlich eine Impfung zur Verfügung stand und umfassende Impfkampagnen gestartet wurden, war die Nachfrage allerdings gering: Sie sei nicht getestet und zudem schlecht verträglich. Bald stellte sich zudem heraus, dass das H1N1-Virus im Vergleich zu üblichen saisonalen Grippeerkrankungen relativ harmlos war. Anfang Mai 2010 waren in den deutschen Bundesländern noch etwa 28,3 Millionen der beschafften Impfdosen, deren Wert auf bis zu 236 Millionen Euro geschätzt wird. Verhandlungen mit anderen Staaten über einen Weiterverkauf scheiterten. Die Haltbarkeit des Serums lief Ende 2011 aus und musste weitgehend vernichtet werden. Für die Bundesländer entstand ein Verlust in Höhe von 239 Millionen Euro, weil die abgelaufenen Impfdosen nicht von den Krankenkassen finanziert wurden. Deshalb muss hier auch festgehalten werden, dass die panische Angst vor Infektionskrankheiten oft ebenso schnell nachlässt, wie sie sich aufbaut – teilweise epidemiologisch begründet, wie in diesem Fall, teilweise aber auch, weil sich Be-

---

21 Petra Gastmeier und Christine Geffers: „Nosokomiale Infektionen in Deutschland: Wie viele gibt es wirklich? Eine Schätzung für das Jahr 2006," *Deutsche Medizinische Wochenschrift* 133, Nr. 21 (2008), 1111-1115.

22 Einen anregenden Vortrag zu Epidemiologie und Debatten zum nach wie vor aktuellen Problem der Krankenhausinfektionen in Geschichte und Gegenwart hielt Flurin Condrau auf der Tagung.

23 Danielle Ofri, "The Emotional Epidemiology of H1N1 Influenza Vaccination," *New England Journal of Medicine* 361 (2009), 2594-2595.

24 WHO, *Pandemic (H1N1) 2009 – update* 112.

25 RKI, *Epidemiologisches Bulletin* 10/2011.

völkerungsgruppen mit dem Risiko arrangiert haben – man denke etwa an Ängste vor bioterroristischen Anschlägen oder das mittlerweile wieder risikoreichere Sexualverhalten und das HIV-Ansteckungsrisiko.[26]

2   Ausgewählte Seuchen: Cholera asiatica, Cholera infantum, Säuglingssterblichkeit

Cholera asiatica

Die Cholera gilt als die klassische Seuche des 19. Jahrhunderts. Ab den 1830er Jahren suchte sie Europa in mehreren Seuchenzügen heim und löste alsbald Pest und Pocken als die ‚skandalisierte Krankheit' schlechthin ab. Zunächst die Seuchenzüge und dann oftmals allein schon die Furcht vor einer drohenden Heimsuchung versetzten den Staat, die Industriestädte und die Bevölkerung in Angst und Schrecken. Die Unklarheit über die Ansteckungswege der Krankheit, die entsetzlichen Symptome und der Tod aus „heiterem Himmel" verschärften die Reaktionen zusätzlich. Entsprechend ihrer Bedeutung sind die zeitgenössischen Publikationen zur Cholera Legion.

Insbesondere die angelsächsische Geschichtswissenschaft hatte vor einigen Jahren die großen Seuchen und gerade die Choleraepidemien des 19. Jahrhunderts als wichtiges Themenfeld (wieder)entdeckt. Dabei wurden, meist anhand von Lokalstudien, Epidemieverlauf und allfällige Gegenmaßnahmen rekonstruiert. In der Analyse galt dann die Cholera als Test für die Stabilität bzw. Anfälligkeit einer Gesellschaft in einer Krisensituation.27 Berühmtestes Beispiel hierfür ist die mittlerweile schon klassisch zu nennende Arbeit von Richard Evans über die Cholera in Hamburg.28 In den vergangenen Jahren sind nun zahlreiche weitere Arbeiten über die Cholera erschienen. Dabei ist das Analysespektrum erheblich

---

26 Auf der Tagung Norbert W. Paul zu kulturellen Grundlagen und komplexen Aushand-lungsprozessen eines pandemischen Risikos am Beispiel der Schweinegrippe; R. Burger über historische und vor allem rezente Abwehrmaßnahmen von Epidemien, Pandemien und Bioterrorismus.

27 Etwa bei Barbara Dettke, *Die Asiatische Hydra. Die Cholera von 1830/31 in Berlin und den preußischen Provinzen Posen, Preußen und Schlesien* (Berlin: de Gruyter, 1995); Frank M. Snowden, *Naples in the Time of Cholera. 1884-1911* (Cambridge: CUP, 1995); Catherine J. Kudlick, *Cholera in Post-Revolutionary Paris. A Cultural History* (Berkeley: Univ. Calif. Pr., 1996).

28 Richard J. Evans, *Death in Hamburg: Society and Politics in the Cholera Years, 1830-1910* (Oxford: OUP, 1987).

ausgeweitet und gezeigt worden, auf welch vielfältige Weise das Thema Cholera – und damit Seuchen allgemein – für die Geschichtswissenschaft fruchtbar gemacht werden kann. Zur Sprache kamen, um nur einige zu nennen, Aspekte der sozialen Ungleichheit hinsichtlich der Cholera, sanitäre Reformen und Daseinsfürsorge,29 Cholera als Movens für die Entstehung des modernen Krankenhauses und auch die Ausgestaltung des freien medizinischen Marktes,30 Cholera als skandalisierte Krankheit, wenn es im Rahmen der Experimentellen Hygiene um die Verbindung von Nationalökonomie und Medizin ging.

Max von Pettenkofer (1818-1901) gilt als der Begründer der experimentellen Hygiene, die die fachliche Diskussion ab der Mitte des 19. Jahrhunderts für drei Jahrzehnte bestimmte. Zwar auf gesellschaftlichen Nutzen und Verwertbarkeit ausgerichtet, verstand sich die Experimentelle Hygiene doch als objektive Naturwissenschaft: Gesundheit wurde als physiologisch normierbar, funktional und in diesem Sinne positivistisch wertfrei aufgefasst. Als Mitglied der 1848 eingerichteten „Königlichen Kommission für die Erforschung der indischen Cholera" entwickelte Pettenkofer seine lokalistische Bodentheorie, die auf die Bedeutung ökologisch mittelbar und unmittelbar umgebungsbezogener Interventionen abhob. Danach waren Miasmen, die durch Fäulnis und Zersetzung in feuchtem Grund entstünden, die Ursache zahlreicher Seuchen, wie Typhus oder Cholera. Entsprechend könnten diese Prozesse durch Trockenlegung des Bodens gestoppt werden.31

Während die staatliche Seuchenbekämpfung mittels Sanitätspolizei erst bei Ausbruch einer Epidemie in Aktion trat, gab die experimentelle Hygiene insbesondere den Städten damit Abwehrmaßnahmen an die Hand, die auf eine generelle Krankheitsprophylaxe, das heißt auf eine dauerhafte Gesundheitssicherung durch Änderung der Umweltverhältnisse, zielten.[32] Damit versprach Pettenkofers naturwissenschaftlich-technischer Ansatz auch praktischen ökonomischen Nutzen: In seiner ersten Vorlesung „Ueber den Werth der Gesundheit für eine Stadt" machte Pettenkofer explizit auf die ökonomischen Verluste durch Krankheit aufmerksam.[33]

---

29 Michael Haverkamp, „... herrscht hier seit heute die Cholera". Lebensverhältnisse, Krankheit und Tod. Sozialhygienische Probleme der städtischen Daseinsvorsorge im 19. Jahrhundert am Beispiel der Stadt Osnabrück (Osnabrück: Rasch, 1996).

30 Michael Toyka-Seid, Gesundheit und Krankheit in der Stadt. Zur Entwicklung des Gesundheitswesens in Durham City 1831-1914 (Göttingen: Vandenhoeck & Ruprecht, 1996).

31 Max von Pettenkofer, Ueber die Verbreitungsart der Cholera, Zeitschrift für Biologie 1 (1865), 322-374.

32 Jörg Vögele, Sozialgeschichte städtischer Gesundheitsverhältnisse während der Urbanisierung (Berlin: Duncker & Humblot, 2001).

33 Max von Pettenkofer, „Über den Werth von Gesundheit für eine Stadt," in: M. von Pettenkofer, Populäre Vorträge (Braunschweig: Vieweg, 1876), 3.

Auf der Basis einer ,human capital' - Ökonomie stellte er Berechnungen an, dass die durch sanitäre Maßnahmen geretteten Leben die Investitionskosten dieser Einrichtungen bei weitem überschritten, d.h. der Wert eines Menschenlebens wurde zunehmend in eine Kosten-Nutzen-Analyse eingeschlossen. So errechnete er die durch hygienische Maßnahmen erzielbaren Einsparungen der Stadt München zwischen 1877 und 92 und bezifferte die Minderausgaben durch eine Ersparnis an Krankheitstagen auf 2,5 Millionen Mark. Zudem betonte er, dass eine ausreichende sanitäre Infrastruktur wesentlich für das Funktionieren einer modernen Industriestadt war. Traditionelle Formen staatlicher Intervention wie Quarantäne oder Isolation waren im Kontext einer modernen Wirtschaft, die auf dem freien Austausch von Waren und Dienstleistungen basierte, vollkommen kontraproduktiv.[34]

Pettenkofer betonte, dass ein Abbrechen des Handelsverkehrs, um die Ausbreitung der Cholera zu verhindern, ein größeres Übel als die Cholera selbst sei, und dass viele Menschen eine Epidemie einer schwerwiegenden Einschränkung ihres Lebensstandards vorzögen.[35] Für die berühmte Cholera - Epidemie in Hamburg 1892, die durch ungefiltertes Leitungswasser verursacht wurde und insgesamt über 8.000 Todesfälle forderte, wurden deshalb nicht nur der finanzielle Verlust durch Erkrankungen und Todesfälle, sondern auch die Abnahme des Handels berechnet: Einem Gesamtverlust von 430 Millionen Mark wurden die dagegen bescheiden anmutenden Kosten von 22,6 Millionen Mark für die im folgenden Jahr vollendeten Filteranlagen des Wasserwerks gegenübergestellt. Bei einem rechtzeitigen Bau hätte die Stadt somit insgesamt 407,4 Millionen Mark sparen können.[36]

Cholera infantum, Säuglingssterblichkeit

Epidemiologisch wesentlich bedeutsamer als die skandalisierten Krankheiten Cholera und Typhus war die enorm hohe Säuglingssterblichkeit. Insbesondere in den heißen Sommermonaten starben Säuglinge (und Kleinkinder) in großer Zahl an gastrointestinalen Störungen, von den Zeitgenossen häufig auch als Cholera Infantum bezeichnet. Gleichzeitig ist der Rückgang der Säuglingssterblichkeit eine wesentliche Komponente des säkularen Sterblichkeitswandels. Bis ins 20. Jahrhundert bildeten die Säuglinge die Hauptrisikogruppe; entsprechend ist die gesteigerte Lebenserwartung zu einem entscheidenden Maß auf den Rückgang der Säuglingssterblichkeit zurückzuführen. Während zur Mitte des 19. Jahrhunderts mehr als 20 Prozent eines Geburtsjahrganges nicht den ersten Geburtstag

---

34 Vgl. Alfons Labisch, *Homo Hygienicus* (Frankfurt a.M.: Campus, 1992), 124-132.

35 Max von Pettenkofer, *Was man gegen die Cholera thun kann* (München: Oldenbourg, 1873), 6.

36 Adolf Gottstein, *Die Lehre von den Epidemien* (Berlin: Springer, 1929), 182.

erlebten, liegt die Säuglingssterblichkeit heute unter 0,5 Prozent (nach Angaben des Statistischen Bundesamtes bei 4,1 von 1.000 Lebendgeborenen im Jahr 2004). Erst um die Wende zum 20. Jahrhundert begann dann der bis heute andauernde nachhaltige Rückgang der Säuglingssterblichkeit. Eine entscheidende Trendwende setzte mit Beginn des 20. Jahrhunderts ein. Parallel dazu lösten sinkende Geburtenraten gegen Ende des 19. Jahrhunderts Befürchtungen aus, dass die Zukunft der Nation in wirtschaftlicher und militärischer Hinsicht gefährdet sei und von der erfolgreichen Bekämpfung der hohen Säuglingssterblichkeit abhinge. In internationaler Perspektive waren die Sterberaten der Säuglinge im Deutschen Reich tatsächlich enorm hoch, insbesondere der direkte Vergleich mit den als rivalisierend angesehenen Nationen England und Frankreich (1905: England und Wales: 128 pro 1000 Lebendgeborene; Frankreich: 135; Deutschland: 205)[37] rückte die Säuglingssterblichkeit in das gesellschaftliche Blickfeld, sie wurde nun thematisiert und skandalisiert. Dies berührte zunächst Politik, Wissenschaft und die bürgerlichen Eliten. Wie weit eine gesellschaftliche Breitenwirkung erzielt werden konnte, soll an drei ausgewählten Beispielen kurz in den Blick genommen werden. Zunächst geht es (a.) um die Anfänge der Säuglingsfürsorge als Volksbelehrung, im Anschluss (b.) um die Entwicklung der Säuglingssterblichkeit im Ersten Weltkrieg oder die Frage, ob der Krieg gut für die Überlebenschancen der Säuglinge war und (c) um die Säuglingssterblichkeit im Kalten Krieg bis in die 1970/80er Jahre.

(a) Säuglingsfürsorge, Stillpropaganda und „Volksaufklärung"

Heute als Katastrophe empfunden, soll die Säuglingssterblichkeit in historischer Perspektive traditionell als nicht abzuwendendes Schicksal verstanden worden sein. Philippe Ariès postulierte eine elterliche Indifferenz gegenüber Säuglingen und Kleinkindern, während Mutterliebe als Konstrukt der Moderne galt.[38] Einerseits schützten sich Eltern angesichts der hohen Säuglingssterblichkeit durch Distanz emotional, andererseits führte genau dies wiederum zu weiteren Todesfällen.

In der zweiten Hälfte des 19. Jahrhunderts entdeckte die Nationalökonomie im Rahmen von Überlegungen zum Wert des Menschen die Bedeutung der Säuglingssterblichkeit und stellte Berechnungen über den Kostenwert eines Neugeborenen an. Dieser wurde um die Jahrhundertwende auf einen Ausgangswert von 100 Mark

---

37 Carlo A. Corsini and P. P. Viazzo, eds., *The Decline of Infant and Child Mortality. The European Experience: 1750-1990* (Den Haag: Nijhoff, 1997).

38 Philippe Ariès, *Geschichte der Kindheit* (München: 1975); Edward Shorter, „Der Wandel der Mutter-Kind-Beziehungen zu Beginn der Moderne," *Geschichte und Gesellschaft* 1 (1975), 257-87; Elisabeth Badinter, *Mutterliebe. Die Geschichte eines Gefühls vom 17. Jahrhundert bis heute* (München: 1981).

taxiert. Gleichzeitig wurde auf die vergeblichen Aufwendungen aufmerksam gemacht, wenn die Kinder ‚vorzeitig' starben. Für das Jahr 1900 wurden diese reichsweit auf über 38 Millionen Mark geschätzt.[39] Andererseits konnte man auch argumentieren, dass, wenn die Kinder wegsterben, diese dann möglichst frühzeitig sterben sollten, um die Eltern als Produktivkräfte möglichst wenig zu belasten.[40]

Während sich die Nationalökonomen aus dieser bevölkerungspolitischen Debatte zunehmend zurückzogen, wurde diese immer stärker biologisch-medizinisch geprägt.[41] Gerade beim Thema Säuglingssterblichkeit sicherten sich die Ärzte wissenschaftliche Autorität und erlangten durch die zunehmende gesellschaftliche Bedeutung des bevölkerungswissenschaftlichen Diskurses erhöhte Aufmerksamkeit. So gelang es, die Pädiatrie um die Wende vom 19. zum 20. Jahrhundert als eigenes Fach in der universitären Medizin zu etablieren.[42] Im Mittelpunkt stand dabei die wissenschaftliche Erforschung der Säuglingssterblichkeit und ihrer Determinanten. Für die Pädiatrie bedeutete diese zugleich eine Auseinandersetzung mit sozial- und rassenhygienischen Konzepten.[43] In Zusammenhang mit sozialdarwinistischem Gedankengut galt die hohe Säuglingssterblichkeit sogar als gewünschter Selektionsmechanismus. War der frühe Tod eine Auslese, die Degeneration verhinderte und zur „Güte der Rasse" beitrug?[44] Auf diesen Gedanken weist auch die Diagnose ‚Lebensschwäche' als häufig angegebene Todesursache unter den Säuglingen hin. In diesem Sinn wären soziale Maßnahmen zur Bekämpfung der Säuglingssterblichkeit für die Gesellschaft sogar kontraproduktiv. Der Medizinalstatistiker Friedrich Prinzing konnte dies mit offiziellen Zahlen der amtlichen Statistik allerdings klar

39 Max Seiffert, „Säuglingssterblichkeit, Volkskonstitution und Nationalvermögen," *Klinisches Jahrbuch* 14 (1905), 65-94.

40 Carl Ballod, *Die Lebensfähigkeit der städtischen und ländlichen Bevölkerung* (Leipzig: Duncker & Humblot, 1897), 65.

41 Jörg Vögele und Wolfgang Woelk, „Der „Wert des Menschen" in den Bevölkerungswissenschaften vom ausgehenden 19. Jahrhundert bis zum Ende der Weimarer Republik," in *Bevölkerungslehre und Bevölkerungspolitik vor 1933*, ed. Rainer Mackensen (Opladen: VS, 2002), 121-133.

42 Eduard Seidler, „Die Kinderheilkunde in Deutschland," in *Lebendige Pädiatrie,* ed. Paul Schweier und E. Seidler (München: Marseille, 1983), 13-85.

43 Paul J. Weindling, *Health, Race and German Politics between National Unification and Nazism, 1870-1945* (Cambridge: CUP, 1989); Elmer Schabel, *Soziale Hygiene zwischen Sozialer Reform und Sozialer Biologie. Fritz Rott (1878-1959) und die Säuglingsfürsorge in Deutschland* (Husum: Matthiesen, 1995); Siegrid Stöckel, *Säuglingsfürsorge zwischen sozialer Hygiene und Eugenik. Das Beispiel Berlins im Kaiserreich und in der Weimarer Republik* (Berlin: de Gruyter, 1996).

44 Wilhelm Schallmayer, *Vererbung und Auslese im Lebenslauf der Völker* (Jena: Fischer, 1903).

widerlegen: Eine erhöhte Säuglingssterblichkeit zog keineswegs eine niedrigere Sterblichkeit in den höheren Altersgruppen nach sich.[45] Höhe und Trend der Säuglingssterblichkeit wird vielmehr durch ein komplexes Geflecht von Faktoren bestimmt:[46] Legitimität der Säuglinge, Fertilität, Witterung und Klima, verbesserte hygienische Bedingungen im Zuge sanitärer Reformen, öffentliche Gesundheitsfürsorge, Wohnsituation und allgemeine Lebensbedingungen, Bildungsgrad, Wohlstand und Beruf der Eltern sowie allgemeine Einstellungen zu Leben und Tod. Als Schlüsselvariable gilt die Ernährungsweise der Säuglinge, d.h. konkret: die Frage, wie viele Frauen ihre Säuglinge gestillt haben. Die sog. künstliche Ernährung war mit einer hohen Säuglingssterblichkeit verbunden, extensives Stillen dagegen mit niedrigen Sterbeziffern.

Nach Schätzungen zu Beginn des 20. Jahrhunderts war die Sterblichkeit der ‚Flaschenkinder' in Deutschland bis zu sieben mal höher als diejenige der ‚Brustkinder'. Lokale Erhebungen weisen darauf hin, dass die Stillhäufigkeit mit steigendem Einkommen tendenziell abnahm und speziell in den oberen Schichten wenig verbreitet war. Noch markanter waren jedoch die starken regionalen Unterschiede hinsichtlich der Stillquoten. In den östlichen bzw. südöstlichen Gebieten des Deutschen Reiches ging die hohe Säuglingssterblichkeit mit dem Nichtstillen der Säuglinge in diesen Regionen einher.

Damit rückte die Ernährungsweise als entscheidender Faktor für Höhe und Entwicklung der Säuglingssterblichkeit in den Mittelpunkt. Entsprechend wurde die Ernährung des Säuglings zum Herzstück der Sozialpädiatrie und der von ihr lancierten Säuglingsfürsorgebewegung im frühen 20. Jahrhundert deklariert.

Nach einer kurzzeitigen Euphorie für künstliche Ernährung im Zuge der aufkommenden Bakteriologie während der 1880er Jahre, wurde bald das Stillen als alleinige adäquate Säuglingsernährung propagiert und gegen die Nahrungsmittelindustrie polemisiert und protestiert, die ihrerseits versuchte, mit aufwendigen Werbefeld-

---

45 Friedrich Prinzing, „Die angebliche Wirkung hoher Kindersterblichkeit im Sinne der Darwinschen Auslese," *Centralblatt für allgemeine Gesundheitspflege* 22 (1903), 111-129.

46 Reinhard Spree, *Soziale Ungleichheit vor Krankheit und Tod. Zur Sozialgeschichte des Gesundheitsbereichs im Deutschen Kaiserreich* (Göttingen: Vandenhoeck & Ruprecht, 1981); Hallie J. Kintner, "The Determinants of Infant Mortality in Germany from 1871 to 1933." unveröff. Diss., Univ. Michigan, 1982; Arthur E. Imhof, *Lebenserwartungen in Deutschland, Norwegen und Schweden im 19. und 20. Jahrhundert* (Berlin: Akad.-Verl., 1994); Reihard Spree, *On Infant Mortality Change in Germany since the Early 19th Century* (München: LMU, 1995); Michael Haines und Jörg Vögele, "Infant and Child Mortality in Germany, 19th-20th Centuries," Colgate Univ. Dept Economics Working Paper Series 100-10, Hamilton, NY 2000; Jörg Vögele, *Sozialgeschichte städtischer Gesundheitsverhältnisse während der Urbanisierung* (Berlin: Duncker & Humblot 2001).

zügen künstliche Milchersatzprodukte auf den Markt zu bringen. Insgesamt wurde künstliche Ernährung mit einer hohen Säuglingssterblichkeit assoziiert, Vollstillen dagegen mit niedrigen Sterbeziffern. Ziel der Pädiater war es dementsprechend, neben einem allgemeinen hygienischen Umgang mit dem Säugling, vor allem die Stillquoten zu heben bzw., sofern der Mutter das Stillen nicht möglich war, auf eine adäquate Ersatznahrung, die sogenannte künstliche Ernährung, hinzuwirken. Dazu wurden Lehrmaterial und Aufklärungsbroschüren entwickelt, in denen die wissenschaftlichen Erkenntnisse der Kinderheilkunde popularisiert werden sollten. Die vornehmlich in den größeren Städten entstehenden Säuglingsfürsorgestellen zielten angesichts sinkender Stillquoten darauf ab, junge Mütter durch Aufklärungskampagnen und Geldprämien zum Stillen zu bewegen.[47]

(b) Erster Weltkrieg, Geburtenrückgang und Reichswochenhilfe

Die Säuglingsfürsorgebewegung gewann im Deutschen Reich rasch an Popularität, im Jahr 1907 existierten bereits 101 Fürsorgestellen. So sehr sie auch in Einzelfällen erfolgreich gewesen sein mögen, kann den Fürsorgestellen in der Kaiserzeit - epidemiologisch gesehen - kaum durchschlagende praktische Wirkung zugeschrieben werden. Versorgt werden konnten lediglich die von der Polizeiaufsicht erfassten oder von der Armenfürsorge verpflegten Personen. Viele Stellen hatten finanzielle Schwierigkeiten und sahen sich zudem starken gesellschaftlichen Widerständen ausgesetzt, die beispielsweise von niedergelassenen Ärzten oder von Industriebetrieben kamen. Beim Kernstück der Bewegung, den Stillkampagnen, wirkten die Kontrollmechanismen eher kontraproduktiv,[48] vor allem aber liefen viele Elemente den Lebensbedingungen der angesprochenen Zielgruppen entgegen.

Dies änderte sich in den Kriegsjahren. Die Auswirkungen des Ersten Weltkriegs auf die Zivilbevölkerung werden unterschiedlich eingeschätzt.[49] Einerseits herrschten schwierige Lebensumstände, Rationierung und wirtschaftliche Not, anderseits

---

47 Jörg Vögele, *Sozialgeschichte städtischer Gesundheitsverhältnisse während der Urbanisierung* (Berlin: Duncker & Humblot 2001); Silke Fehlemann, *Armutsrisiko Mutterschaft, Mütter- und Säuglingsfürsorge im Deutschen Reich 1890-1924* (Essen: Klartext, 2009).

48 Ute Frevert, "The Civilizing Tendency of Hygiene. Working-Class Women under Medical Control in Imperial Germany," in *German Women in the Nineteenth Century. A Social History*, ed. John C. Fout (New York: Homes & Meyer, 1984), 320-344; Jörg Vögele, *Sozialgeschichte städtischer Gesundheitsverhältnisse während der Urbanisierung* (Berlin: Duncker & Humblot, 2001).

49 Deborah Dwork, *War is Good for Babies and Other Young Children. A History of the Infant and Child Welfare Movement in England 1898-1918* (London: Tavistock, 1987); Jay Winter and Joshua Cole, "Fluctuations in Infant Mortality Rates in Berlin During and After the First World War," *European Journal of Population* 9 (1993), 235-263.

wurde gerade in den Kriegsjahren die Säuglingsfürsorge intensiviert. Zahlreiche fürsorgerische Maßnahmen wurden in die Wege geleitet, und tatsächlich ging die Säuglingssterblichkeit insbesondere in den Städten in den folgenden Jahren 1915 und 1916 signifikant zurück, was im Wesentlichen auf ein verändertes Stillverhalten zurück zu führen ist. So wurden für die ersten Kriegsmonate ein Rückgang der Stillhäufigkeit und ein Anstieg der Säuglingssterblichkeit registriert, mit zunehmenden Ernährungsengpässen erfolgte eine stärkere Hinwendung der Mütter zu ihren Säuglingen, insbesondere durch ein verstärktes Stillen. Dies wurde unterstützt durch die Einführung der Reichswochenhilfe. Die Zahlung der staatlichen Wochenhilfe wurde – anders als die städtischen Stillprämien – nicht von Kontrollbesuchen abhängig gemacht. Zwar leitete sich der Anspruch auf Reichswochenhilfe aus der Kriegsteilnahme des Vaters bzw. Ehemannes ab und bezog sich nicht auf die Stellung der Wöchnerin. Allerdings zahlten auch die Krankenkassen während des Krieges eine erweiterte Wochenhilfe, so dass auch selbstversicherte Frauen diese Leistungen erhielten. Über die Regelungen der Reichswochenhilfe gelang es zudem, die Rolle der Fürsorgestellen zu stärken, indem die in der Reichswochenhilfe festgelegten Stillgelder nach Vereinbarung mit den Krankenkassen in der Regel durch die Säuglingsfürsorgestellen ausgezahlt wurden.

Auf diese Weise konnten die Besuche der Beratungsstellen erheblich gesteigert und zugleich die Mütter langfristiger an die Fürsorgestelle gebunden werden. Die Arbeit der Beratungsstellen wurde so in das öffentliche Leistungsangebot integriert. Daraus erwuchs ein enormer Ausbau von Säuglingsfürsorgestellen während des Ersten Weltkrieges. Marie Baum, die Geschäftsführerin des Düsseldorfer Vereins für Säuglingsfürsorge, kommentierte, dass der Krieg geschafft habe, was sämtliche Stillpropaganda und Stillprämien nicht geschafft hätten, eine Rückkehr der Mütter zum Stillen.[50]

(c) 1960/70er Jahre – ‚Kalter Krieg' und ‚Stillrevolte'

Da die Säuglingssterblichkeit als Indikator für Wohlstand und Entwicklung einer Gesellschaft gilt, ließ sich die unterschiedliche Höhe der Säuglingssterblichkeit in Ost und West in den ideologischen Auseinandersetzungen des Kalten Krieges als propagandistisches Argument gebrauchen. Phasenweise niedrigere Werte in der DDR in den späten 1960er und frühen 1970er Jahren wurden dabei im Westen auf zu dieser Zeit in der DDR neu eingeführte Kriterien für eine Lebendgeburt,[51]

---

50 *Bericht über das neunte Geschäftsjahr des Vereins für Säuglingsfürsorge im Regierungsbezirk Düsseldorf 1915/16* (Düsseldorf: 1916), 65.

51 Während in der BRD seit 1957 neben der Lungenatmung auch Herzschlag oder Pulsieren der Nabelschnur als Lebenszeichen galt, wurden in der DDR seit 1961 für die Einstufung

im Osten auf die dortige intensive Prävention und Fürsorge zurückgeführt, die allerdings langfristig nicht mehr mit der westlichen ‚High-Tech-Medizin' mithalten konnte.[52] Traditionell führte man dabei die Säuglingssterblichkeit als Argument ins Feld, um die Mütter zum Stillen zu bewegen. So wurden beispielsweise in der DDR anfänglich sozialhygienische Ansätze der Weimarer Republik wieder aufgenommen. Gleichwohl geriet man zunehmend in das Dilemma, die in staatlichen Betrieben hergestellten Produkte zur künstlichen Ernährung kaum als ungeeignet deklarieren zu können. Trotzdem galt das Stillen in der DDR weiterhin als vorteilhaft, und es wurde deshalb darauf verwiesen, dass überschüssige Milch in mütterlicher Solidarität ausgetauscht werden kann bzw. von der Frauenmilchsammelstelle abgeholt und dafür ein Entgelt gezahlt wird.[53]

In den 1960er und 1970er Jahren wurden die starren Stillempfehlungen nach ernährungsphysiologischen Erkenntnissen – unterstützt durch Druck der Frauenbewegung – aufgeweicht und ein aus den USA stammendes Self-demand-feeding-Programm propagiert.[54] Auch die starke Betonung des Stillens als Grundvoraussetzung für die gesunde Entwicklung des Säuglings wurde zugunsten der künstlichen Ernährung bereits ab der 3. oder 4. Woche abgeschwächt. Gleichzeitig entwickelten die Forschungslabors der großen Lebensmittelkonzerne industrielle Babynahrung zu einem Hightech-Produkt, das mit ausgeklügelten Werbekampagnen weltweit vertrieben wurde. Die Frage ‚Brust oder Flasche?' wurde für Eltern zunehmend auch eine Frage des Lebensstils.[55]

---

eines Geborenen als Lebendgeburt mindestens zwei Lebenszeichen verlangt, nämlich Lungenatmung und Herzschlag, wodurch bei der Berechnung der Säuglingssterblichkeit aus dem Quotienten von gestorbenen Säuglingen bezogen auf die Lebendgeborenen der Divisor verändert wird, vgl. Stephan Mallik, *Die Entwicklung der Säuglingssterblichkeit im Fokus gesellschaftlicher Bedingungen. Ein Ost-West-Vergleich* (Berlin: IFAD, 2007), 23.

52 Stephan Mallik, *Die Entwicklung der Säuglingssterblichkeit im Fokus gesellschaftlicher Bedingungen. Ein Ost-West-Vergleich* (Berlin: IFAD, 2007); Roland R. Wauer und G. Schmalisch, „Die Entwicklung der Kinder-, Säuglings- und Neugeborenensterblichkeit in Deutschland seit Gründung der Deutschen Gesellschaft für Kinderheilkunde," in *125 Jahre Deutsche Gesellschaft für Kinder- und Jugendmedizin e.V.* (Berlin: 2008), 133-143.

53 Mirka Klimova-Fügnerova, *Unser Kind. Vor der Geburt – Im 1. Lebensjahr – In den Vorschuljahren* (Berlin: Verl. Volk u. Gesundh., 1956), 122.

54 Friedrich Manz, Irmgard Manz und Thomas Lennert, „Zur Geschichte der ärztlichen Stillempfehlungen in Deutschland," *Monatsschrift für Kinderheilkunde* 145 (1997), 572-587.

55 Timo Heimerdinger, „„Brust oder Flasche? Säuglingsernährung und die Rolle von Beratungsmedien‚," in *Bilder, Bücher, Bytes. Zur Medialität des Alltags, 36. Kongress*

In den fortschritts- und technologiegläubigen 1960er und 1970er Jahren fiel die entsprechende Propagierung eines frühen Übergangs zur künstlichen Ernährung auf fruchtbaren Boden. Zudem wurde im Zuge der aufkommenden Umweltbewegung auf die potentielle toxische Belastung der Muttermilch hingewiesen und sowohl in der Wissenschaft – die sogenannte Rückstandskommission der DFG berichtete 1978 über Schadstoffkonzentrationen in der Muttermilch – als auch in den Medien thematisiert. Erst in den letzten Jahrzehnten des 20. Jahrhunderts regte sich Widerstand gegen die Vermarktung von Produkten zur künstlichen Säuglingsernährung insbesondere in den Entwicklungsländern, wo die Nahrungsmittelkonzerne nicht zuletzt angesichts der sinkenden Geburtenraten in den Industrienationen versuchten, neue Märkte zu erschließen. Entsprechend internationalisierten sich die Debatten. Dies führte schließlich zu einem von WHO und UNICEF erarbeiteten und 1981 von 118 Mitgliedstaaten der WHO verabschiedeten ‚International Code of Marketing of Breast-milk Substitutes'. Gleichzeitig verwiesen die Fachleute seit den 1980er Jahren wieder verstärkt auf die gesundheitlichen Vorteile des Stillens und propagierten auch in den industrialisierten Staaten nahezu einhellig eine mindestens sechsmonatige Stillzeit.

3 Ausgewählte Forschungsschwerpunkte und Aufbau des Konferenzbandes

The Global and the Local, Historische Epidemiologie

Im Mittelpunkt einer erweiterten Seuchengeschichte stehen meistens ausgewählte Epidemien bzw. Pandemien, wie etwa der Schwarze Tod als von China ausgehende Pestepidemie, die von 1347 bis 1353 in Europa geschätzte 25 Millionen Todesopfer – ein Drittel der damaligen europäischen Bevölkerung – forderte.[56] Einen breiten Raum in der Forschung nehmen die großen Epidemien des 19. und frühen 20. Jahrhunderts ein: Cholera, Typhus, Pocken und Influenza. Trotz des Konzepts der „mikrobiellen Globalisierung",[57] entwickelt anhand der Ausbreitung der Syphilis

---

der Deutschen Gesellschaft für Volkskunde in Mainz vom 23. bis 26. September 2007, ed. Michael Simon et al. (Münster: Waxmann, 2009), 100-110.

56 Vgl. etwa Mischa Meier (Hg.), Pest. Die Geschichte eines Menschheitstraumas (Stuttgart: Clett-Kotta, 2005).

57 Emile Le Roy Ladurie, «Un concept: l'unification microbienne du monde (XIV.-XVII. siècles),» Schweizerische Zs. für Geschichte 23 (1973), 627-696; Alfred W. Crosby, "Virgin Soil. Epidemics as a Factor in the Aboriginal Depopulation in America," William and

bzw. den Ursachen für hohe Mortalitätsziffern der Indigenen Amerikas sowie der von den USA ausgehenden sog. „Spanish Influenza,"[58] wird in der westlichen Welt der Topos vom „Seuchenherd" zumeist mit dem „Osten" in Verbindung gebracht.[59] Als Vektoren geraten Tiere oder Menschen, d.h. Verkehrsströme und Migrationsbewegungen aber auch Verhaltensweisen in den Blick.[60] Schließlich treffen Seuchen lokal und regional auf unterschiedliche Bedingungen (The Global and the Local). Seit dem Spätmittelalter wurden obrigkeitliche Absperrmaßnahmen entwickelt, gegen deren Nebenwirkungen im 19. Jahrhundert der Antikontagionismus als Ausprägung des bürgerlichen Liberalismus argumentierte.[61] Auch Eradikations- oder Assanierungsbestrebungen waren häufig eng mit politischen bzw. ideologischen Leitbildern verknüpft.[62] Daher erscheint die historische Analyse

---

Mary Quarterly 33 (1976), 289-299; Chr. W. McMillen, "The Red Man and the White Plague: Rethinking Race, Tuberculosis, and American Indians, ca. 1890-1950," *Bulletin of the History of Medicine* 82 (2008), 608-645.

58 Alfred W. Crosby, *America's forgotten pandemic - the influenza of 1918*, 2nd ed. (Cambridge: 2003); Wilfried Witte, *Tollkirschen und Quarantäne: Die Geschichte der Spanischen Grippe* (Berlin: 2008); u.v.a.: Séverine Ansart et al., "Mortality Burden of the 1918-1919 Influenza Pandemic in Europe," *Influenza and Other Respiratory Viruses* 3 (2009), 99-106.

59 Etwa Barbara Dettke, *Die asiatische Hydra - die Cholera von 1830/31 in Berlin und den preußischen Provinzen Posen, Preußen und Schlesien* (Berlin: de Gruyter, 1995); Paul J. Weindling, *Epidemics and Genocide in Eastern Europe, 1890-1945* (Oxford: OUP, 2003).

60 Tom Quinn, *Flu : A Social History of Influenza* (London: New Holland, 2008); Gerardo Chowell et al., "The 1918-1919 Influenza Pandemic in England and Wales: Spatial Patterns in Transmissibility and Mortality Impact," *Proceedings of the Royal Society B - Biological Sciences* 275 (2008), 501-509. Peter Caley, D. J. Philp and K. McCracken, "Quantifying Social Distancing Arising from Pandemic Influenza," *Journal of the Royal Society Interface* 5 (2008), 631-639. Andrea Riecken, *Migration und Gesundheitspolitik: Flüchtlinge und Vertriebene in Niedersachsen 1945-1953* (Göttingen: Vandenhoeck & Ruprecht, 2006); Kai Peter Jankrift, Die Pest im Nahen Osten und in der Mittelalterlichen Arabischen Welt, in *Pest. Die Geschichte eines Menschheitstraumas*, ed. Mischa Meier (Stuttgart: Clett-Kotta, 2005), 225-236.

61 Zur Klassischen These von **Erwin H. Ackerknecht, "Anticontagionism between 1821 and 1867,"** *Bulletin of the history of medicine* 22 (1948), 562-593 – vgl. u.a. Peter Baldwin, *Contagion and the State in Europe, 1830-1930* (Cambridge: CUP, 2005). Zur Quarantäne: Andrea A. Conti and Gian F. Gensini, "The Historical Evolution of Some Intrinsic Dimensions of Quarantine," *Medicina nei secoli* 19 (2007), 173-187; John Booker, *Maritime Quarantine. The British Experience, c. 1650-1900* (Aldershot: Ahgate, 2007).

62 Alfons Labisch, "Species Sanitation of Malaria in the Netherlands East Indies (1913-1942) – an example of applied medical history?," *Michael Quaterly* 7 (2010), 296-306; Gordon M. Patterson, *The Mosquito Crusades: A History of the American Anti-Mosquito Movement from the Reed Commission to the First Earth Day* (New Brunswick: Rutgers

gesellschaftlicher Reaktionen, wie z.B. von Richard Evans zur Choleraepidemie 1892 in der Hafenstadt Hamburg,[63] ebenso aufschlussreich wie historisch-geographische Rekonstruktionen,[64] insbesondere im kolonialen Kontext.[65] So können die sich seit dem ausgehenden 19. Jahrhundert rapide modernisierenden Gesellschaften Asiens, gleichsam im Spiegel ihrer Seuchenbekämpfung d.h. eines Teilbereichs der Medizin als Medium multipler Modernitäten analysiert werden.[66]

UP, 2009); Sandra Sufian, *Healing the Land and the Nation: Malaria and the Zionist Project in Palestine, 1920-1947* (Chicago: Univ. Chicago Pr., 2007); Eric D. Carter, "'God Bless General Perón': DDT and the Endgame of Malaria Eradication in Argentina in the 1940s, " *J History Med. Allied Sciences* 64 (2009), 78-122.

63 Richard J. Evans, *Death in Hamburg 1830-1910: society and politics in the cholera years* (Oxford: OUP, 1987); Robert Barde, "Plague in San Francisco: An Essay Review," *Journal of the History of Medicine and Allied Sciences* 59 (2004), 463-470; Jörg Vögele, "'Tore zum Tod'? Zur Sterblichkeit in Hafenstädten," *Schiff und Zeit* 59 (2004), 28-32.

64 Beispielsweise Akihito Suzuki, "Measles and the Spatio-Temporal Structure of Modern Japan," *Economic History Review* 62 (2009), 828-856; Niall Johnson, *Britain and the 1918-19 Influenza Pandemic: A Dark Epilogue* (London, New York: Routledge, 2006); Flurin Condrau and Michael Worboys, "Epidemics and Infections in 19th C. Britain," *Social History of Medicine* 22 (2009), 165-172. Stephan Curtis, "In-Migration and Diphtheria among Children in the Sundsvall Region During the Epidemics of the 1880s," *Journal of the History of Medicine and Allied Sciences* 63 (2008), 23-64; Carol A. Benedict, *Bubonic Plague in Nineteenth-Century China* (Stanford Ca: SUP, 1996); Myron J. Echenberg, *Plague ports. The global urban impact of bubonic plague, 1894-1901* (New York: NYUP, 2007).

65 David Arnold, *Colonizing the Body" - State Medicine and Epidemic Disease in Nineteenth-Century India* (Berkeley: CUP, 1993); Ka-Che Yip, ed., *Disease, Colonialism, and the State: Malaria in Modern East Asian History* (Hong Kong: HKUP, 2009); Wataru Iijima, "The establishment of Japanese Colonial Medicine: Infectious and Parasitic Disease Studies in Taiwan, Manchuria, and Korea under the Japanese Rule before WW II," *Aoyama Shigaku* 28 (2010), 77-106; Eric T. Jennings, "Confronting Rabies and its Treatments in Colonial Madagascar, 1899-1910," *Social History of Medicine* 22 (2009), 263-282.

66 Shizu Sakai, Alfons Labisch et al., eds., *Transactions in Medicine and Heteronomous Modernization. Germany, Japan, Korea and Taiwan* (Tokyo: 2009); Ann Jannetta, "Jennerian Vaccination and the Creation of a National Public Health Agenda in Japan, 1850-1900," *Bulletin of the History of Medicine* 83 (2009), 125-140; Ruth Rogaski, *Hygienic Modernity. Meanings of Health and Disease in Treaty-Port China* (Berkeley: UCP, 2004); Wataru Iijima, *Kansensho no Chugokushi. Koshueisei to Higashi Asia* (Tokyo: Chuo Koron, 2009); Milton J. Lewis and Kerrie L. Macpherson, eds., *Public Health in Asia and the Pacific: Historical and Comparative Perspectives* (London, New York: Routledge, 2008); Christian Oberländer, "The Rise of Scientific Medicine in Japan: Beriberi as the Driving Force in the Quest for Specific Causes and the Introduction of Bacteriology," *Historia scientiarum [Tokyo]* 13 (2004), 176-199; Barbara Volkmar, "The Concept of

Die erste Sektion „*The Global and the Local*" wird von KARL-HEINZ LEVEN (Erlangen) mit einer Übersicht über methodische Trends der Forschungslandschaft zur Seuchengeschichte im Frühmittelalter unter den Schlagworten „Vandal Minimum and Molecular History" eröffnet und zeigt auf, dass die Interpretationsräume retrospektiver Diagnostik oder politischer Wirkungsabschätzung nicht selten überdimensioniert erscheinen. Exemplarisch stellt FRITZ DROSS (Erlangen) anhand intensiver Quellenstudien eine rätselhafte Massenerkrankung des Spätmittelalters und deren (un)mögliche Interpretationen als Gnade, Stigma oder Skandal am Beispiel der Reichsstadt Nürnberg vor: den „Portzel". Mit weiteren diagnostischen Vorbehalten schildert BRIGITTE FUCHS (Wien) die Beschreibungen der mit deprivierten Lebens- und Wohnverhältnisse einhergehenden Hautkrankheiten unter den Bezeichnungen Skerljevo, Frenjak oder Syphilis durch österreichische Ärzte auf dem Balkan. In einem vergleichbaren Spannungsfeld von Seuchendiskursen und Stigmatisierungen analysiert INDIRA DURAKOVIĆ die Konstruktion von Feindbildern.

Die nächsten Beiträge befassen sich mit globalen Verkehrsknotenpunkten und ihren Hygienemaßnahmen, insbesondere den Hafenstädten. MICHAEL ZEHETER (Konstanz) veranschaulicht, wie Wissensbestände zur Cholera von englischen Erstbeschreibungen in Indien ausgehend im Commonwealth verbreitet und wie diese Informationen beispielsweise in Kanada rezipiert wurden. Die Entwicklung der Quarantänemaßnahmen in Puerto Rico wurde von PAOLA SCHIAPPACASSE (Washington DC) im Detail rekonstruiert. Anschließend wechselt der Fokus nach Ostasien. Zunächst stellt AKIHITO SUZUKI (Tokyo) die Entwicklung der Seuchenbekämpfung in Japan vor, die im Gegensatz zu Europa bis ins 19. Jahrhundert nicht an der Pest als Modellkrankheit, sondern traditionell an den Pocken orientiert und stärker in die Familienstrukturen integriert war. Anschließend rekonstruierte er Inzidenzen und Ausbreitung der Cholera in der Region Tokyo. Daran anschließend werden zeitgenössische Diskurse zum Seuchengeschehen in ausgewählten Hafenstädten vorgestellt: HIDEHARU UMEHARA (Düsseldorf) behandelt die Reaktionen der deutschen, japanischen und chinesischen Experten sowie der Bevölkerung auf die drohende Lungenpest in Nordostasien 1911 und 1917. Dieses Beispiel erscheint besonders geeignet, um das Konzept der Medizin als Medium multipler Modernitäten zu operationalisieren. Im Vergleich dazu berichtet YUKI FUKUSHI (Kyoto) über den „Plague Riot" gegen drakonische Maßnahmen der europäischen Seuchenabwehr in Shanghai und die anschließende Kompromissfindung.

Contagion in Chinese Medical Thought: Empirical Knowledge Versus Cosmological Order," *History and Philosophy of the Life Scinces* 22 (2000), 147-165.

Anschließend werden Seuchenbekämpfung und -berichterstattung in Deutschland fokussiert. ANNETT BÜTTNER (Düsseldorf-Kaiserswerth) beschreibt den Einsatz von Diakonissen in Choleraepidemien, wobei im ausgehenden 19. Jahrhundert die Rezeption antiseptischer oder bakteriologischer Fortschritte eher zögerlich erfolgte. Abschließend stellt MALTE THIESSEN (Oldenburg) grundlegende Überlegungen zur Transregionalität der Seuchengeschichte bzw. zum charakteristischen Stadt-Land-Gradienten der Quellenlage am Beispiel der Spanischen Grippe in Norddeutschland zur Diskussion.

Zum Schluss der Sektion werden anhand neuerer Entwicklungen globale und originelle Perspektiven kombiniert: Die kulturell geprägte Furcht vor Seuchen und Reisekrankheiten kontrastiert JOHANNES SIEGRIST (Düsseldorf) mit epidemiologischen Daten zur Ausbreitung von Zivilisationskrankheiten in Entwicklungsländern. Im gleichen Sinne diskutiert IRIS BOROWY (Paris) die vernachlässigte ‚gesellschaftliche Epidemie' der Straßenverkehrsunfälle vor dem Hintergrund globaler Transitionstheorien und Initiativen der World Health Organization.

Skandalisierung, Emotionale Epidemiologie

Ein weiterer Forschungsschwerpunkt beschäftigt sich mit den kollektiven Ängsten angesichts von Seuchen sowie den Bedürfnissen nach Erklärungen und Kontrolle.[67] Seuchen wurden und werden als gleichsam (über-) natürliche Strafen für Fehlverhalten interpretiert. Hier kann den Funktionsweisen der Attribuierung von Schuld sowie den Interpretationsrahmen von Epidemien nachgespürt werden.[68] Sowohl in der Hochkultur als auch im Alltagsleben haben Seuchenwahrnehmungen unzählige Spuren hinterlassen.[69] Für die Zeitgenossen ein zentrales Element war bzw. ist der

---

67 Per Axelsson, "'Do Not Eat Those Apples; They've Been on the Ground!': Polio Epidemics and Preventive Measures, Sweden 1880s-1940s," *Asclepio* 61 (2009), 23-38.

68 Samuel K. Cohn, "The Black Death and the Burning of Jews," *Past and Present* 196 (2007), 3-36.

69 Mischa Meyer, ed., *Pest. Die Geschichte eines Menschheitstraumas* (Stuttgart: Klett-Cotta, 2005); darin insbes. 317-327 Klaus Bergdolt, „Das Pestmotiv in der Bildenden Kunst"; Jennifer Cooke, *Legacies of Plague in Literature, Theory and Film* (Houndmills NY: Palgrave Macmillan, 2009); Gauvin A. Bailey, *Hope and Healing: Painting in Italy in a Time of Plague, 1500-1800* (Worcester Ms: Univ. Chicago Pr., 2005); Robin Mitchell-Boyask, *Plague and the Athenian Imagination: Drama, History and the Cult of Asclepius* (Cambridge: CUP, 2008); Elina Gertsman, "Visualizing Death. Medieval Plagues and the Macabre," in *Piety and Plague. From Byzantium to the Baroque*, ed. Franco Mormando and Thomas Worcester (Kirksville: Manchester UP, 2007), 64-89.

Umgang mit der Seuchenfurcht.[70] Der Rolle der Medien kann hier eine wichtige Bedeutung zukommen.[71] Auch in der Belletristik wurden Seuchen häufig thematisiert, um einerseits das Faszinosum nach zeitgenössischem Kenntnisstand zu schildern,[72] andererseits auch als Stilmittel um die Handlung in Gang zu bringen.[73] Als Movens werden Seuchen nicht nur in Kultur, Religion, Politik, Presse und Geisteswissenschaften instrumentalisiert,[74] sondern bevorzugt auch in der Gesundheitspolitik. Der durch historisch gewachsene Institutionen begünstigten Überbewertung von Seuchen im Gesamtmortalitätsspektrum[75] durch die Gesundheitsberichterstattung entspricht die Begriffswahl bei weiteren Kampagnen.[76] Diese Phänomene können im Sinne einer emotionalen Epidemiologie oder im Sinne Alfons Labischs als „Skandalisierung" analysiert werden.[77]

---

70 Olaf Briese, *Angst in den Zeiten der Cholera*, 4 Bde. (Berlin: Akad.-Verl., 2003); Philip M. Teigen, "Legislating Fear and the Public Health in Gilded Age Massachusetts," *Journal of the History of Medicine and Allied Sciences* 62 (2007), 141-170; Daniel J. Wilson, "Psychological Trauma and Its Treatment in the Polio Epidemics," *Bulletin of the History of Medicine* 82 (2008), 848-877.

71 Eckard Michels, „Die ‚Spanische Grippe' 1918/19 – Verlauf, Folgen und Deutungen in Deutschland im Kontext des Ersten Weltkriegs," *Vierteljahreshefte für Zeitgeschichte* 1/2010; 1-33.

72 Vgl. z.B. Heiner Fangerau: "The novel Arrowsmith, Paul de Kruif (1890-1971) and Jacques Loeb (1859-1924): A literary portrait of medical science," *Medical Humanities* 32 (2006), 82-87.

73 David E. Shuttleton, *Smallpox and Literary Imagination, 1660-1820* (Cambridge: CUP, 2007); Arnold Weinstein, "Afterword: Infection as Metaphor," *Literature and Medicine* 22 (2003), 102-115; Anja Schonlau, *Syphilis in der Literatur - über Ästhetik, Moral, Genie und Medizin, 1880-2000* (Würzburg: Königshausen & Neumann, 2005).

74 Daniel Beer, "Microbes of the Mind: Moral Contagion in Late Imperial Russia," *Journal of Modern History* 79 (2007), 531-572; Philipp Sarasin, „Ausdünstungen, Viren, Resistenzen. Die Spur der Infektion im Werk Michel Foucaults," *Österreichische Zeitschrift für Geschichtswissenschaft* 16 (2005), 88-108; Daniel T. Reff, *Plagues, Priests, and Demons: Sacred Narratives and the Rise of Christianity in the Old World and the New* (Cambridge: CUP, 2005).

75 Jörg Vögele, *Sozialgeschichte städtischer Gesundheitsverhältnisse während der Urbanisierung* (Berlin: Duncker & Humblot, 2001); Reinhard Spree, *Soziale Ungleichheit vor Krankheit und Tod - zur Sozialgeschichte des Gesundheitsbereichs im Deutschen Kaiserreich* (Göttingen: Vandenhoeck & Ruprecht 1981).

76 Sander Gilman, "Some Weighty Thoughts on Dieting and Epidemics," *Lancet* 371 (2008), 1498-1499; Gary A. Giovino, "The Tobacco Epidemic in the United States," *American Journal of Preventive Medicine* 33 (2007), S318-S326; Katherine K. Christoffel, "Firearm Injuries: Epidemic Then, Endemic Now," *American Journal of Public Health* 97 (2007), 626-629.

77 Alfons Labisch, *Homo hygienicus* (Frankfurt a.M.: Campus, 1992).

Die zweite Sektion „*Decameron revisited: Cultural Impact*" widmet sich methodisch und inhaltlich den kulturgeschichtlichen Auswirkungen von Seuchen, insbesondere der Rezeptionsgeschichte der Pest. Einführend interpretiert KAY PETER JANKRIFT (Augsburg) Darstellungen der Pest in der Grimmschen Sagensammlung. Im Bereich der bildenden Kunst hinterfragt STEFANIE KNÖLL (Düsseldorf) anhand von Graphiken mit Totentanz-Motiven das Verhältnis von Tradition und zeitgenössischer Seuchenerfahrung im 19. Jahrhundert. Vom Choleradiskurs ausgehend kommentiert REINHARD SPREE (Berlin) das Verhältnis von Medizin und Gesellschaft in historischer Perspektive.

Wie Seuchenthemen didaktisch verwendet wurden, stellen die folgenden drei Beiträge dar: Zunächst untersucht ANJA SCHONLAU (Göttingen) am Beispiel von Bert Brecht und Eugène Brieux die dramaturgische Verarbeitung des Themas Syphilis vom sozialhygienischen Drama zur sozialhygienischen Posse. Für den Einsatz historischer oder dramaturgischer Elemente im Unterricht plädiert zunächst IRWIN W. SHERMAN (La Jolla), bevor MAIKE ROTZOLL (Heidelberg) und MARION HULVERSCHEIDT (Berlin) mit studentischen Fortschreibungen belletristischer Seuchenklassiker wie des Dekameron Erfahrungen aus einem medizinhistorischen Lehrexperiment vorstellen.

Men vs. Microbes – and other science studies

In der engeren Medizingeschichte weichen die Schilderungen von abenteuerlichen Expeditionen und spannenden Experimenten als moderne Heldengeschichte(n)[78] weitgehend zeitgemäßen wissenschaftshistorischen Analysen wie Netzwerk- oder Laborstudien.[79] Nicht mehr eine lineare Erfolgsgeschichte, sondern die Historizität der Wege der Forschung steht dabei im Vordergrund.[80]

---

78 Beispielsweise Johannes Grüntzig und Heinz Mehlhorn, *Expeditionen ins Reich der Seuchen – Medizinische Himmelfahrtskommandos der Deutschen Kaiser- und Kolonialzeit* (München: 2005). Vgl. die Klassiker von Paul de Kruif, z.B.: *Microbe Hunters* (New York: Blue ribbon, 1927), *Men against Death* (New York: Harcourt) u.v.a.

79 Etwa Wilfried Witte, „Die Grippe-Pandemie 1918-20 in der Medizinischen Debatte," *Berichte zur Wissenschaftsgeschichte* 29 (2006), 5-20. Alfredo Morabia, "Epidemiologic Interactions, Complexity, and the Lonesome Death of Max von Pettenkofer," *American Journal of Epidemiology* 166 (2007), 1233-1238; Christoph Gradmann, *Krankheit im Labor: Robert Koch und die Medizinische Bakteriologie* (Göttingen: Wallstein, 2005).

80 Alfons Labisch, „Die bakteriologische und die molekulare Transition der Medizin - Historizität und Kontingenz als Erkenntnismittel?" in *Historizität: Erfahrung und Handeln in Geschichte in der Medizin*, ed. Alfons Labisch und Norbert Paul (Stuttgart: Steiner, 2003), 211-223; Tom Koch and Kenneth Denike, "Crediting His Critics' Concerns: Remaking John Snow's Map of Broad Street Cholera, 1854," *Social Science and Medicine* 69 (2009), 1246-1251; S. D. Jones and P. M. Teigen, "Anthrax in Transit: Practical Experience and

Doch gegenüber wirksamen Therapieformen, wie den zunächst empirisch begründeten und erst mit zeitlicher Verzögerung standardisierten Impfmaßnahmen,[81] nicht zuletzt auch bei der Viehseuchenbekämpfung,[82] stand mit dem Siegeszug der Bakteriologie zunächst vor allem die Grundlagenforschung im Vordergrund.[83] Kritisch beleuchtet werden muss die Tendenz zu Humanexperimenten, in der Pionierphase[84] ebenso wie im Zweiten Weltkrieg in Deutschland[85] und Japan[86]

Intellectual Exchange," *Isis* 99 (2008), 455-485; Scott D. Holmberg, *Scientific Errors and Controversies in the U.S. HIV/Aids Epidemic: How they slowed Advances and were Resolved* (Westport, London: Praeger, 2008); Claude Chastel, "Le Centenaire de la Decouverte du Vibrion d'el Tor (1905) Ou les Débuts Incertains de la Septième Pandémie du Choléra," *Histoire des sciences médicales* 41 (2007), 71-82; Hyung W. Park, "Germs, Hosts, and the Origin of Frank Macfarlane Burnet's Concept of Self and Tolerance, 1936-1949," *Journal of the History of Medicine and Allied Sciences* 61 (2006), 492-534.

81 Zur Pockenimpfung vgl. Themenheft *Bulletin of the History of Medicine* 83 (2009) sowie zum Impfwesen John M. Eyler, "The Fog of Research: Influenza Vaccine Trials During the 1918-19 Pandemic," *Journal of the History of Medicine and Allied Sciences* 64 (2009), 401-428; zur Standardisierung u.a. Volker Hess, "The Administrative Stabilization of Vaccines: Regulating the Diphtheria Antitoxin in France and Germany, 1894-1900," *Science in Context* 21 (2008), 201-227; zur Impfgegnerschaft vgl. Eberhard Wolff, *Einschneidende Maßnahmen: Pockenschutzimpfung und traditionale Gesellschaft im Württemberg des frühen 19. Jahrhunderts* (Stuttgart: Steiner, 1998).

82 Katharina Engelken et al., ed., *Beten, Impfen, Sammeln -- zur Viehseuchen- und Schädlingsbekämpfung in der Frühen Neuzeit* (Göttingen: Univ.-Verl., 2007).

83 Vgl. u.v.a. Sylvia Berger, *Bakterien in Krieg und Frieden – Eine Geschichte der Medizinischen Bakteriologie in Deutschland 1890-1933* (Göttingen: Wallstein, 2009).

84 Deborah Neill, "Paul Ehrlich's Colonial Connections: Scientific Networks and Sleeping Sickness Drug Therapy Research, 1900-1914," *Social History of Medicine* 22 (2009), 61-78; Hiroyuki Isobe, *Medizin und Kolonialgesellschaft – Die Bekämpfung der Schlafkrankheit in den Deutschen Schutzgebieten vor dem Ersten Weltkrieg* (Berlin: Lit, 2009); Wolfgang U. Eckart, „Die Kolonie des Laboratoriums: Schlafkrankheitsbekämpfung und Humanexperimente in den Deutschen Kolonien Togo und Kamerun, 1908-1914," in *Kulturgeschichte des Menschenversuchs im 20. Jahrhundert*, ed. Birgit Griesecke (Frankfurt: Suhrkamp, 2009), 199-227.

85 Etwa Marion A. Hulverscheidt und Anja Laukötter, eds., *Infektion und Institution: Zur Wissenschaftsgeschichte des Robert-Koch-Instituts im Nationalsozialismus* (Göttingen: Wallstein, 2009); Christine Wolters, „Zur ‚Belohnung' wurde ich der Malaria-Versuchsstation zugeteilt: Die Karriere des Dr. Rudolf Brachtel," in *Lagersystem und Repräsentation*, ed. Ralph Gabriel et al. (Tübingen: Diskord, 2004), 29-45.

86 Peter Williams, David Wallace, *Unit 731 – Japans Secret Biological Warfare in World War II* (London: Hodder & Stoughton, 1988).

oder im Rahmen der Kriegsforschungen z.B. zur Malaria.[87] Häufig spiegeln Konzepte, etwa der Parasitologie und daraus abgeleiteter Strategien, den Kontext ihrer Entstehung wider, treten als soziale Konstruktion in den Vordergrund und transportieren gesellschaftliche Implikationen.[88] Nicht nur aus der Vormoderne überlieferte Epidemien und Pandemien erscheinen – wie in den ersten Beiträgen dieses Bandes ausgeführt – in der retrospektiven Diagnose problematisch,[89] streng genommen muss auch der epidemiologische Einfluss zeitgenössischer Therapien retrospektiv stets zweifelhaft erscheinen.[90] Angesichts bleibender Unsicherheiten rückversichert sich die Seuchenbewältigung vor Ort daher mit globaler Expertise, z.B. durch internationale Organisationen wie die League of Nations Health Organisation (später WHO), das Rote Kreuz bzw. die Rockefeller Foundation.[91] Der

---

87 Leo B. Slater, *War and Disease: Biomedical Research on Malaria in the Twentieth Century* (New Brunswick: Rutgers UP, 2009); Matthew R. Smallman-Raynor, *War Epidemics: An Historical Geography of Infectious Disease in Military Conflict and Civil Strife* (Oxford: OUP, 2006).

88 Philipp Sarasin, *Bakteriologie und Moderne – Studien zur Biopolitik des Unsichtbaren, 1870-1920* (Frankfurt: Suhrkamp, 2007); Michael Brown, "From Foetid Air to Filth: The Cultural Transformation of British Epidemiological Thought, ca. 1780-1848," *Bulletin of the History of Medicine* 82 (2008), 515-544; Annemarie Kinzelbach, "Infection, Contagion, and Public Health in Late Medieval and Early Modern German Imperial Towns," *Journal of the History of Medicine and Allied Sciences* 61 (2006), 369-389.

89 Karl-Heinz Leven, „Von Ratten und Menschen. Pest, Geschichte und das Problem der Retrospektiven Diagnose, in *Pest. Die Geschichte eines Menschheitstraumas*, ed. M. Meyer (Stuttgart: Klett-Cotta, 2005), 11-34; John Christiansen, "The English Sweat in Lübeck and North Germany, 1529," *Medical History* 53 (2009), 415-429. Brian H. Bossak and Mark R. Welford, "Did Medieval Trade Activity and a Viral Etiology Control the Spatial Extent and Seasonal Distribution of Black Death Mortality?," *Medical Hypotheses* 72 (2009), 749-752. Didier Raoult and Michel Drancourt, *Paleomicrobiology: Past Human Infections* (Berlin: Springer, 2008); Vivian Nutton, ed., *Pestilential Complexities: Understanding Medieval Plague* (London: Wellcome, 2008).

90 Gretchen A. Condran, "The Elusive Role of Scientific Medicine in Mortality Decline: Diphtheria in Nineteenth- and Early Twentieth-Century Philadelphia," *Journal of the History of Medicine and Allied Sciences* 63 (2008), 484-522. Kathryn Hillier, "Babies and Bacteria: Phage Typing, Bacteriologists, and the Birth of Infection Control," *Bull. History Med.* 80 (2006), 733-761.

91 Iris Borowy, *Coming to Terms with World Health - the League of Nations Health Organisation 1921-1946* (Frankfurt: Lang, 2010); Valeska Huber, "The Unification of the Globe by Disease? The International Sanitary Conferences on Cholera, 1851-1894," *The Historical Journal* 49 (2006), 453-476; John Farley, *To Cast Out Disease. A History of the International Health Division of the Rockefeller Foundation, 1913-1951* (New York: OUP, 2004); Paul J. Weindling, ed., *International health organisations and movements, 1918-1939* (Cambridge: CUP, 1995); Susan G. Solomon, L. Murard and P. Zylberman,

dritte Hauptteil widmet sich wissenschaftshistorischen Untersuchungen zu den Experten in Seuchenforschung und Mikrobiologie.

Zum Auftakt referiert REINHARD BURGER (Berlin) über Seuchengeschichte und Bedrohungspotentiale durch Bioterrorismus aus der aktuellen Perspektive des Robert Koch Instituts. Anschließend analysiert GEORG MODESTIN (Solothurn) die Konstruktion von Vergiftungsvorwürfen zur Zeit des Schwarzen Tods und die Judenverfolgungen im Spiegel der Straßburger Ratskorrespondenzen und der zeitgenössischen Chronik des Heinrich von Diessenhofen. Zur Pest vergleicht MARCO NEUMAIER (Heidelberg) englische und deutsche Ratgeberliteratur der Renaissance. Anschließend berichtet CHRISTOPH GRADMANN (Oslo) über Robert Kochs Weiterentwicklung seiner Forschungsstrategien hin zu Tierexperimenten außerhalb des Labors mit Viehherden in Afrika. Methoden und Wege der Seuchenforschung wurden auch von WILFRIED WITTE (Berlin) am Beispiel der *Encephalitis lethargica* in der Zwischenkriegszeit diskutiert und die Folgen für Patienten. Es folgen zwei Beiträge zur Malariologie, zunächst von WATARU IIJIMA (Tokyo) über die Zusammenhänge der japanischen Entwicklungen dieses Faches in Krieg und Frieden. Danach stellt GABRIELE FRANKEN (Düsseldorf) ein Projekt zur Geschichte der Medizin *in* der Medizin vor, das die Entwicklung von Theorien und Forschungsprogrammen zu Malariarückfällen – insbesondere durch sogenannte Hypnozoiten – im 20. Jahrhundert systematisiert. Den Hauptteil über Experten und Expertise beschließen NORBERT W. PAUL und MITA BANERJEE, indem sie kulturelle Grundlagen und komplexe Aushandlungsprozesse eines pandemischen Risikos am Beispiel der sogenannten Schweinegrippe zur Diskussion stellen.

Eine methodisch spannende Abschlussdiskussion für den Gesamtband initiiert ALFONS LABISCH (Düsseldorf) aus der Entwicklung der Sozialgeschichte der Medizin heraus. Seine grundlegenden Fragen kreisen durchaus provokant um die Frage, wie kultur- oder gesellschaftswissenschaftliche mit natur- oder lebenswissenschaftlichen Denkansätzen verbunden werden können, so dass eine „eigene" Geschichte der Medizin entsteht.

Für die Geschichts- und Kulturwissenschaften drängen sich Seuchen als Untersuchungsgegenstand geradezu auf, eröffnen sie doch zentrale Fragen für eine Medizin-, Sozial- und Kulturgeschichte: Wie gingen Gesellschaften mit Seuchen um, welche Akteure nahmen in welcher Form den Kampf gegen Krankheiten auf? Was kann uns der Vergleich über soziokulturelle Kontexte kollektiver Ängste und über Strategien ihrer kommunikativen Aushandlung sagen? Welchen Anteil hatten die Medien am Umgang mit Seuchen, wie prägten sie die Wahrnehmung von Krankheiten und die

---

eds. *Shifting boundaries of public health. Europe in the twentieth century* (Rochester: RUP, 2008).

Vermittlung gesundheitspolitischer und medizinischer Maßnahmen? Während zur Seuchengeschichte von der Antike bis ins 20. Jahrhundert zahlreiche Forschungen vorliegen, sind viele dieser Fragen noch immer ohne Antworten geblieben. Auch in methodischer Hinsicht eröffnet die Seuchengeschichte ein komplexes Feld, das mit neuen sozial- und kulturgeschichtlichen Ansätzen erschlossen werden kann. Die Geschichte der Seuchen hat nach wie vor Konjunktur. Auf dem Düsseldorfer Workshop, dem 2012 eine Tagung in Oldenburg folgte,[92] sollten daher Forschungen zur Geschichte der Seuchen und Infektionskrankheiten diskutiert werden, die Forschungslücken schließen und, wie seinerzeit von Martin Dinges gefordert, „neue Wege in der Seuchengeschichte" beschreiten.

---

92 Tagungsbericht: Infiziertes Europa. Seuchen in der Sozial- und Kulturgeschichte des 20. Jahrhunderts, 23.03.2012 – 24.03.2012 Oldenburg, in: H-Soz-Kult, 24.04.2012, www. hsozkult.de/ conferencereport /id/tagungsberichte-4205. Malte Thießen, Infiziertes Europa: Seuchen im langen 20. Jahrhundert (München: de Gruyter & Oldenbourg, 2014).

I
The Global and the Local

„Vandalisches Minimum" und molekularisierte Medizingeschichte: Neuere Entwicklungen in der Seuchengeschichte des Frühen Mittelalters

Karl-Heinz Leven

> *"For every complex problem, there is a simple solution*
> *... and it is wrong" – M. L. Mencken (1880-1956)*[1]

1 Einführung: „Das Jahr ohne Sommer"

Für das Jahr 536 n. Chr., das 10. Regierungsjahr Kaiser Justinians (527-565), be-richtet der byzantinische Geschichtsschreiber Prokop (ca. 500-ca. 560) über ein „fürchterliches Vorzeichen" (griech. *teras deinotaton*):

> „Die Sonne, ohne Strahlkraft, leuchtete das ganze Jahr hindurch nur wie der Mond und machte den Eindruck, als ob sie ganz verfinstert sei. ... Seitdem aber das Zeichen zu sehen war, hörte weder Krieg noch Seuche (griech. *loimos*) noch sonst ein Übel auf, das Menschen den Tod bringt. Justinian bekleidete um diese Zeit die Kaiserwürde im zehnten Jahr."[2]

Prokop, zuverlässiger Chronist der Kriege Justinians gegen die germanischen Königreiche auf dem Boden des weströmischen Reiches, scheint hier nüchtern das unheilbringende Himmelszeichen rein chronologisch mit der Regierungszeit Justinians in Beziehung zu setzen. Dass er eine auch kausale Beziehung zwischen Sonnenverfinsterung, Pest und Justinians Herrschaft andeutet, ist auf den ers-

---

1 Henry Louis Mencken war ein einflussreicher US-amerikanischer Literaturkritiker und Satiriker; das ihm zugeschriebene Bonmot hier zitiert nach William Rosen, *Justinian's Flea. The First Great Plague and the End of the Roman Empire* (New York: Viking, 2007), 5.

2 Prokop. Vandalenkriege 2, 14, 5f. (Griechisch-deutsch ed. O. Veh, München 1971, S. 262 f.).

ten Blick eigenartig, jedoch vom Autor intendiert, wie noch auszuführen sein wird. Doch zunächst zu dem „fürchterlichen Vorzeichen" selbst: der Glaube, dass Himmelszeichen (Sonnen-, Mondfinsternis, Kometen) auf kommendes Unglück vorausdeuteten, findet sich im Neuen Testament und ist in spätantiken Quellen in Ost und West gleichermaßen häufig zu finden.[3] Katastrophen aller Art – Erdbeben, Überschwemmungen, Dürre, Hungersnot, Seuchen, mithin Phänomene, die in der Neuzeit als „Naturkatastrophen" gelten, aber auch von Menschen gemachtes Unglück wie Kriege – wurden solcherart rückschauend erklärbar; die „Rationalität" derartiger Deutungsversuche ist mit modernen Maßstäben vielleicht nicht zu fassen, aber für das historische Verständnis wesentlich.

In jüngster Zeit mehren sich die Versuche, Berichte über (spät-)antike Naturkatastrophen in modernen naturwissenschaftlichen Kategorien wahrzunehmen; die Klimageschichte erscheint als neues Paradigma berufen, historische Prozesse der Vormoderne zu erklären. Seit einigen Jahrzehnten gibt es Forschungsansätze, die Bedeutung von Klimafaktoren für die Geschichte des frühen Mittelalters, hier insbesondere hinsichtlich der arabischen Expansion im 7. Jahrhundert, zu untersuchen; im Unterschied zur gegenwärtigen Forschungslage, stützte man sich hierbei lange Zeit ausschließlich auf literarische Quellenzeugnisse, um Klimaschwankungen, Dürre, Überschwemmung oder Bodennutzung zu erkennen.[4]

Eine Hypothese, die sich naturwissenschaftlich einkleidet, um komplexe historische Prozesse zu erklären, nutzt eine Art Überraschungseffekt, der ihr gegenwärtig gemeinhin vorteilhaft ausgelegt wird.[5] Allerdings erweist sich bei näherer Prüfung,

---

3   Die „synoptische Apokalypse" (Mt 24, 7; Mk 13, 8; Lk 21, 11) erwähnt in der Version des Lukas ausdrücklich „große Himmelszeichen" (griech. *ap'ouranou semeia megala*). Der „große Stern" Apsinthos vergiftet in der Johannesapokalypse (8, 10f.) die Wasser, so dass die Menschen sterben; vgl. zu den Kometen W. Gundel, „Astrologie", in *Reallexikon für Antike und Christentum (RAC)*, ed. Th. Klauser, Vol. 1, Sp. 817-831 (Stuttgart: Hiersemann, 1950); W. Gundel, „Astronomie", in *RAC* 1, 831-836; B. Croke "Comets," in *Oxford Dictionary of Byzantium* Vol. 1, 486 (Oxford UP, 1991); D. Evers, "Komet," in *Enzyklopädie der Neuzeit* Vol. 6, 973-976 (Darmstadt: Wiss. Buchges., 2007).

4   K. W. Butzer, „Der Umweltfaktor in der großen arabischen Expansion," *Saeculum* 8 (1957), 359-371; die historisch-geographische Zugangsweise für das Byzantinische Reich im Überblick bei Johannes Koder, *Der Lebensraum der Byzantiner. Historisch-geographischer Abriß ihres mittelalterlichen Staates im östlichen Mittelmeerraumraum* (Graz, Wien, Köln: Styria 1984); vgl. auch Johannes Koder, „'Zeitenwenden'. Zur Periodisierungsfrage aus byzantinischer Sicht," *Byzantinische Zeitschrift* 84/85 (1991/92), 409-422.

5   Überblick bei Karl-Heinz Leven, „Kaiser, Komet und Katastrophe – die 'Justinianische' Pest und das Ende der Antike," *Praxis. Schweizerische Rundschau für Medizin* 97 (2008), 1287-1291.

dass einige innovativ erscheinende Ansätze sehr spekulativ sind.[6] Vermeintlich sichere Angaben über „Erwärmung" oder „Abkühlung des Klimas" im Sinne einer „Medieval Warm Period" oder eines „Little Ice Age" erweisen sich bei näherer Prüfung als unzulässige Verallgemeinerungen von lokalen Befunden, die nicht auf größere geographische Räume übertragen werden können.[7]

Das erwähnte „Jahr ohne Sommer" ist von Prokop literarisch bezeugt; eine Klimageschichte, die ihrem Anspruch gerecht werden möchte, benötigt jedoch naturwissenschaftliche Daten, die anderweitig zu beschaffen sind. In Frage kommen hierfür dendrochronologische Untersuchungen (Jahresringe von Bäumen) und Eisbohrkerne aus der Arktis, die vulkanische Asche in den entsprechenden Jahren aufweisen. Derartige Befunde sind in der Dendrochronologie auch für Laien optisch erkennbar; eine methodologisch unverzichtbare Forderung an eine wissenschaftliche Paläoklimatologie ist, dass diese Befunde exakt datiert werden können.[8] Dies ist für Prokops „Jahr ohne Sommer" durchaus überzeugend gelungen.[9]

Hinsichtlich der Verdunkelung der Sonne 536 und in den Folgejahren – „the years without summer" bzw. „Vandal minimum" oder „Early medieval cold period"[10] – wird spekuliert, dieses Klimaereignis sei durch den Einschlag eines „medium sized comet" oder den Ausbruch des Vulkans Rabaul auf Papua New Guinea

---

6 So erscheint die These von Ronnie Ellenblum, *The collapse of the eastern Mediterranean. Climate change and the decline of the East, 950-1072* (Cambridge, New York: CUP, 2012), wonach der östliche Mittelmeerraum (Byzanz, Kalifat) durch klimatische Umwälzungen seit der zweiten Hälfte des 10. Jahrhunderts entscheidend getroffen worden sei, während sich der lateinische Westen der „Medieval Warm Period" erfreut habe, arg überzogen, zumal der Autor weder literarische Quellenzeugnisse noch naturwissenschaftliche Daten vorlegen kann, um seine Konstruktion zu stützen.

7 Ioannis G. Telelis, „Medieval Warm Period and the Beginning of the Little Ice Age in the Eastern Mediterranean. An Approach of Physical and Anthropogenic Evidence," in *Byzanz als Raum. Zu Methoden und Inhalten der Historischen Geographie des östlichen Mittelmeerraumes*, ed. Klaus Belke et al. (Wien: Verl. d. Österr. Akad. d. Wiss., 2000), 223-243; Ioannis G. Telelis, „Historical-Climatological Information from the Time of the Byzantine Empire (4th-15th Centuries AD)," *History of Meteorology* 2 (2005), 41-50.

8 B. Frenzel, „Klimageschichte der Antike nach stabilen Isotopen aus der Zellulose des Holzes mitteleuropäischer Bäume," *Orbis terrarum. Internationale Zeitschrift für historische Geographie der Alten Welt* 9 (2003), 41-70.

9 Karl-Heinz Leven, „Kaiser, Komet und Katastrophe – die ‚Justinianische' Pest und das Ende der Antike," *Praxis. Schweizerische Rundschau für Medizin* 97 (2008), 1288, mit einer Abbildung charakteristisch deformierter Jahresringe einer sibirischen Kiefer für die Jahre 536/37 infolge sommerlichen Frosteinbruchs.

10 F. L. Cheyette, "The Disappearance of the Ancient Landscape and the Climatic Anomaly of the Early Middle Ages. A Question to be Pursued," *Early Medieval Europe* 16 (2008), 127-165, 157.

verursacht worden?[11] Kometen- bzw. Asteroideneinschläge scheinen in unserer Gegenwart überhaupt die populärsten Ausgangspunkte naturwissenschaftlicher Argumentationsketten zu sein, da das Aussterben der Saurier durch einen kosmischen Einschlag heute zum Lehrstoff der Grundschule gehört; insofern dürfen analoge Spekulationen bezüglich der Seuchengeschichte ebenfalls mit einer interessierten Öffentlichkeit rechnen.[12]

Festzuhalten ist hier, dass die bei Prokop angedeutete metaphysische Kausalität zwischen dem Himmelszeichen der verdunkelten Sonne und den folgenden Katastrophen gegenwärtig nunmehr in ein naturwissenschaftliches Paradigma überführt wird: die Verdunkelung der Sonne ist bedingt durch Staub in der Atmosphäre, die wiederum auf einen Vulkanausbruch oder Kometeneinschlag zurückgeführt wird. Damit geraten auch die von Prokop erwähnten Folgeerscheinungen wie die Pest in die Reichweite einer naturwissenschaftlichen Erklärungsweise.

Der Untergang des Römischen Reiches, zumindest des westlichen Teils (der östliche überlebte als „Byzanz" bis zum 29. Mai 1453) und der Übergang ins Mittelalter gehören zu den einschneidenden Ereignissen der abendländischen Geschichte.[13] Die Sache, um die es geht, ist allerdings wesentlich komplexer, als der Begriff „Untergang" vermuten lässt, kann man doch kaum ein Datum dieses Ereignisses angeben. Symbolischen Charakter hatte die Absetzung des (west-)römischen Kaisers Romulus Augustulus am 4. September 476 durch den germanischen Heermeister Odovacar (ca. 430-493); doch war dieses Ereignis nicht gleichbedeutend mit dem „Untergang" des westlichen Imperiums oder gar der *Romanitas*, der römischen Kultur.[14] Umstritten ist, ob es sich überhaupt um einen „Untergang" handelte oder nicht vielmehr um einen von Kontinuität und Wandel geprägten Übergang

---

11   I. Antoniou, and A. K. Sinakos, "The Sixth-Century Plague, Its Repeated Appearance until 746 AD and the Explosion of the Rabaul Volcano," *Byzantinische Zeitschrift* 98 (2005), 1-4; F. L. Cheyette, "The Disappearance of the Ancient Landscape and the Climatic Anomaly of the Early Middle Ages. A Question to be Pursued," *Early Medieval Europe* 16 (2008), 127-165.

12   David Keys, *Als die Sonne erlosch. Die Naturkatastrophe, die die Welt verändert hat* (München: Blessing, 2002); Mike Baillie, *New Light on the Black Death. The Cosmic Connection* (Stroud: Tempus, 2006), gehören in diese Reihe anregender Spekulationen, die nichts schuldig bleiben außer schlüssige Beweise.

13   Alexander Demandt, *Der Fall Roms. Die Auflösung des römischen Reiches im Urteil der Nachwelt* (München: Beck, 1984); Alexander Demandt, *Geschichte der Spätantike. Das Römische Reich von Diocletian bis Justinian 284 – 565 n.Chr.* 2., vollst. bearb. u.. erw. Aufl. (München: Beck, 2008); Jochen Martin, *Spätantike und Völkerwanderung* (München: Oldenbourg, 2001); Jonathan Shepard (ed.), *The Cambridge History of the Byzantine Empire, c. 500-1492* (Cambridge, New York: CUP, 2008).

14   Peter J. Heather, *Der Untergang des Römischen Weltreichs* (Stuttgart: Klett-Cotta, 2007).

von der „Spätantike" – der von Max Weber (1864-1920) 1909 aufgebrachte Begriff insinuiert die Vorstellung von Alterung, Niedergang, Erschöpfung – ins „Mittelalter".[15] Wie kam es, dass das größte und mächtigste Imperium, das es in Europa je gegeben hatte, von zahlenmäßig nur punktuell gelegentlich überlegenen Barbaren überwunden wurde, die „einfache Bauern mit einer Vorliebe für dekorative Sicherheitsnadeln waren"?[16] Welche Faktoren wirkten zusammen, dass sich im Ergebnis der „Völkerwanderung" nach dem 6. Jahrhundert die Mittelmeerwelt vollständig verwandelt hatte?

Hier soll nur ein einziger Faktor dieser Umbruchszeit, die verheerende Pestpandemie des 6. Jahrhunderts, betrachtet werden. Es geht um neuere Erklärungsansätze im Umfeld der Epochengrenze von der Antike zum Mittelalter in medizingeschichtlicher Perspektive. Untersuchungsgegenstand ist somit zum einen die historische Frage, welchen Einfluss die „Justinianische" Pest im Frühen Mittelalter ausübte und die methodologische Frage, welche Rolle naturwissenschaftliche Evidenz bei der Betrachtung dieser Seuche spielen kann und sollte.

Die Epidemie der Jahre nach 541 n. Chr., die modern als „Justinianische" Pest bezeichnet wird, ist in den letzten Jahrzehnten intensiv erforscht worden.[17] In der neueren Forschung stehen sich eine mentalitätsgeschichtlich ausgerichtete Position und eine Richtung gegenüber, die verstärkt naturwissenschaftlich-medizinische Erkenntnisse einbezieht und hierbei ausgiebig das Instrument der retrospektiven Diagnose einsetzt, ohne deren Problematik stets zu erkennen.[18]

---

15 Alexander Demandt, *Geschichte der Spätantike. Das Römische Reich von Diocletian bis Justinian 284 – 565 n.Chr.* 2., vollst. bearb. u.. erw. Aufl. (München: Beck, 2008), 587f.

16 Das Zitat bei Peter J. Heather, *Der Untergang des Römischen Weltreichs* (Stuttgart: Klett-Cotta, 2007), 10.

17 Überblick bei Peregrine Horden, "Mediterranean Plague in the Age of Justinian", in *The Cambridge Companion to the Age of Justinian*, ed. Michael Maas (Cambridge: CUP, 2005), 134-158; wichtig ist der Sammelband von Lester K. Little, ed., *Plague and the End of antiquity. The Pandemic of 541 – 750* (Cambridge, New York: CUP, 2007); vgl. auch Karl-Heinz Leven, „Unfaßbar für den Verstand" – zur Deutung der Pest in der byzantinischen Literatur. *Das Mittelalter. Perspektiven mediävistischer Forschung* 12 (2007), S. 113-126; Dionysios Ch. Stathakopoulos, *Famine and Pestilence in the Late Roman and Early Byzantine Empire. A Systematic Survey of Subsistence Crises and Epidemics* (Aldershot: Ashgate, 2004); Mischa Meier, „Hinzu kam auch noch die Pest …' Die sogenannte Justinianische Pest und ihre Folgen," in *Pest. Geschichte eines Menschheitstraumas*, ed. Mischa Meier (Stuttgart: Klett-Cotta, 2005), 86-107.

18 Mischa Meier, *Das andere Zeitalter Justinians. Kontingenzerfahrung und Kontingenzbewältigung im 6. Jahrhundert n. Chr.* (Göttingen: Vandenhoeck & Ruprecht 2003), erklärt den Übergang vom spätantiken zum byzantinischen Staat mentalitätsgeschichtlich; entscheidend sind für ihn die zahlreichen Katastrophen der justinianischen Zeit, darunter

Unstrittig ist, dass die „Justinianische" Pest, abgesehen vom „Schwarzen Tod"
des 14. Jahrhunderts, eine der größten Katastrophen war, die den Mittelmeerraum
je betraf. Die unmittelbaren Auswirkungen auf Bevölkerungszahl, Religion, Politik, Wirtschaft, Geistesleben sind in zeitgenössischen Quellen fassbar. Indem die
Pest bis in die Mitte des 8. Jahrhunderts periodisch wiederkehrte, ergaben sich
langfristige Folgen, die insbesondere das Byzantinische Reich betrafen; das von
Prokop entworfene „Rundgemälde der verwüsteten Oikumene"[19] ist kein literarischer Topos, den der Geschichtsschreiber aus Hass auf Kaiser Justinian erfunden
hätte, sondern dürfte der Realität nahekommen. Gleichwohl bleibt strittig, ob und
wie die „Justinianische" Pest und ihre Folgeepidemien die Umwandlung der Mittelmeerwelt, so auch den Aufstieg des Islams und dessen Expansion beeinflussten.

2   Methoden der Seuchengeschichte

Um welche Krankheit es sich bei der „Justinianischen" Pest im Sinne einer retrospektiven Diagnose nach modernen Kriterien handelte, ist in den letzten Jahren
im Licht molekulargenetischer Untersuchungen erörtert worden.[20] Ziel ist, den
historischen Seuchenausbruch mit einer erregergebundenen mikrobiologischen
Diagnose zu identifizieren. Festzuhalten ist hier, dass die (spät-)antike Seuchenlehre
mit der mikrobiologischen der Moderne wenig gemeinsam hat. Die Vorstellung,
dass ein mikrobieller Erreger eine bestimmte ansteckende Krankheit hervorruft,
hat sich in der zweiten Hälfte des 19. Jahrhundert entwickelt. In historischer Per-

insbesondere die große Pest; für die Richtung, die tendenziell naturwissenschaftlich
argumentiert, steht musterhaft M. McCormick, "Toward a Molecular History of the
Justinianic Pandemic" in *Plague and the End of antiquity. The Pandemic of 541 – 750*, ed.
Lester K. Little (Cambridge, CUP, 2007) , 290-312; zur Frage der retrospektiven Diagnose
der Pest vgl. Karl-Heinz Leven, „Von Ratten und Menschen – Pest, Geschichte und das
Problem der retrospektiven Diagnose", in *Pest. Die Geschichte eines Menschheitstraumas*,
ed. Mischa Meier (Stuttgart: Klett-Cotta, 2005), 11-32.

19   Bertold Rubin, „Prokopios von Kaisareia", in *RE* XXIII (1957), 273-599; hier zitiert nach
       dem Separatum, Stuttgart 1954, 275.

20   M. McCormick, "Toward a Molecular History of the Justinianic Pandemic" in Plague
       and the End of antiquity. The Pandemic of 541 – 750, ed. Lester K. Little (Cambridge,
       New York: CUP, 2007) , 290-312; Christina Garrelt and Ingrid Wiechmann, „Detection
       of Yersinia pestis DNA in Early and Late Medieval Bavarian Burials," in *Documenta
       Archaeobiologiae: Jahrbuch der Staatssammlung für Anthropologie und Paläoanatomie
       München*, Bd. 1, ed. G. Grupe and J. Peters (Rahden/Westf.: Leidorf, 2003), 247-254.

spektive ist daher bei Infektionskrankheiten zwischen Ursachen und Ursprüngen zu unterscheiden.[21]

Aus naturwissenschaftlicher Sicht sind mikrobielle Krankheitserreger notwendige (allerdings nicht hinreichende) Ursachen der Seuchen; die Krankheitseinheiten selbst sind mikrobiologisch definiert. Demgegenüber ist in der vormodernen Seuchengeschichte, die sich von der Antike bis gegen 1800 erstreckt, der allgemeinere Begriff der (vermuteten) „Ursprünge" von Seuchen als heuristisches Instrument nützlich: Seit der griechischen Antike gab es verschiedene Modelle, um Seuchen zu erklären.[22] Ein naturkundliches, von Ärzten bevorzugtes Konzept, die „Miasma"-Lehre, postulierte „Fäulnis" (griech. *sepsis*) verursachende „Unreinheiten" (griech. *miasmata*) der Luft als Grund für Epidemien. Im Verein mit der „Säftelehre" (Humoralpathologie) wurden durch dieses spekulative Modell Seuchenausbruch und -verbreitung, Massenerkrankung und -sterben, Verschontbleiben und Versuche von Prophylaxe und Therapie theoretisch erklärbar. Seit der griechischen Antike gab es (erstmals bei Thukydides 2, 51, 4) daneben die Vorstellung der Ansteckung, die zwar theoretisch weniger anspruchsvoll, aber empirisch ungemein eindrucksvoll erfahren wurde; hierzu fügte sich die Beobachtung, dass Seuchen von außerhalb eingeschleppt wurden und sich über See- und Handelswege verbreiteten.[23] In einen metaphysischen Deutungshorizont gehörte die religiöse Vorstellung, dass Seuchen als Sündenstrafe oder Prüfung zu verstehen seien; diese Haltung findet sich bereits in der ältesten abendländischen Literatur, der homerischen *Ilias* (1. Gesang).[24] Schließlich gab es seit der Antike (ebenfalls erstmals bei Thukydides erwähnt, hier 2, 48,2) die meist als Gerücht wirkende Angst vor Brunnenvergiftung, wonach dämonische Mächte sich irdischer Agenten bedienten, um Seuchen durch

---

21 Karl-Heinz Leven, „Krankheiten – historische Deutung vs. retrospektive Diagnose" in : *Medizingeschichte: Aufgaben, Probleme, Perspektiven*, ed. Norbert Paul und Thomas Schlich (Frankfurt a. M.: Campus, 1998), 153-185; Karl-Heinz Leven, „Von Ratten und Menschen – Pest, Geschichte und das Problem der retrospektiven Diagnose", in *Pest. Die Geschichte eines Menschheitstraumas*, ed. Mischa Meier (Stuttgart: Klett-Cotta, 2005), 11-32.

22 Karl-Heinz Leven, „Miasma und Metadosis – Antike Vorstellungen von Ansteckung" *Medizin, Gesellschaft und Geschichte (MedGG). Jahrbuch des Instituts für Geschichte der Medizin der Robert Bosch Stiftung* 11 (1992), 43-72; Mischa Meier, hg., *Pest. Geschichte eines Menschheitstraumas* (Stuttgart: Klett-Cotta, 2005).

23 Karl-Heinz Leven, „Miasma und Metadosis Miasma und Metadosis – Antike Vorstellungen von Ansteckung" *Medizin, Gesellschaft und Geschichte (MedGG). Jahrbuch des Instituts für Geschichte der Medizin der Robert Bosch Stiftung* 11 (1992), 43-72.

24 Siegfried Laser, *Medizin und Körperpflege* (Göttingen: Vandenhoeck & Ruprecht, 1983), 62f., 68f.

Gifte künstlich auszulösen bzw. zu verbreiten.[25] Die Vorstellung der künstlichen Seuchenauslösung durch Menschenhand kombinierte gleichsam naturkundliche und metaphysische Erklärungsansätze. Seuchengeschichte kann demnach auf (mindestens) vier Zugangswegen betrieben werden. Die Paläopathologie als jüngste, durch die naturwissenschaftliche Medizin ermöglichte Methode, untersucht organische Reste und erhebt makroskopische Befunde, meist an Knochen (z. B. Lepra); in den letzten Jahren gelingt, wie bereits erwähnt, in Einzelfällen auch der molekularmedizinische Erregernachweis von Yersinia pestis, z. B. aus der Zahnpulpa. Ein zweiter Zugangsweg ist mit dem Begriff der retrospektiven Diagnose zu umschreiben; hierbei werden historische Seuchen-Schilderungen mit modernen medizinischen Darstellungen im Hinblick auf Symptomatik, klinisches Bild und Epidemiologie direkt verglichen.[26] Die dritte Art der Seuchengeschichte folgt der Methodik der historischen Interpretation; hierbei werden überlieferte Zeugnisse einer Quellenkritik unterzogen und historische Fragestellungen nach Form, Zweck und Inhalt der Darstellung bearbeitet. Bei medizinischen Sachverhalten wird nicht modernes, sondern zeitgenössisches Wissen zum Vergleich herangezogen. Untersucht werden auch die sozialen und religiösen Begleiterscheinungen von Epidemien.[27] Als ein vierter Zugangsweg zur Seuchengeschichte hat sich die Archäologie entwickelt; indem nicht Groß- und Repräsentativbauten im Mittelpunkt stehen, sondern die Siedlungsgeschichte ganzer Regionen, ergeben sich Aussagen zur demographischen, wirtschaftlichen und sozialen Entwicklung, die ihrerseits mit Textzeugnissen zu parallelisieren sind. Vor

---

25 Adrienne Mayor, *Greek Fire, Poison Arrows, and Scorpion Bombs. Biological and Chemical Warfare in the Ancient World* (New York u. a.: Overlook Duckworth, 2009).

26 Mirko D. Grmek, *Les maladies à l'aube de la civilisation occidentale. Recherches sur la réalité pathologique dans le monde grec préhistorique, archaïque et classique* (Paris: Payot, 1983) entwirft nach dieser Methode eine „pathocénose" der antiken Welt, ein spekulatives multifaktorielles Gesamtbild antiker Krankheiten und ihrer Verteilung; vgl. hierzu Karl-Heinz Leven, ‚At times these ancient facts seem to lie before me like a patient on a hospital bed' – Retrospective Diagnosis and Ancient Medical History, in: *Magic and Rationality in Ancient Near Eastern and Graeco-Roman Medicine*, ed. Herman F. J. Horstmanshoff and M. Stol (Leiden, Boston: Brill) 2004, 369-386; zum Ganzen auch Andrew Cunningham, "Transforming Plague," in *The Laboratory Revolution in Medicine*, ed. A. Cunningham, and P. William (Cambrigde: CUP, 1992), 209-244.

27 Für die „Justinianische" Pest musterhaft: Mischa Meier, *Das andere Zeitalter Justinians. Kontingenzerfahrung und Kontingenzbewältigung im 6. Jahrhundert n. Chr.* (Göttingen: Vandenhoeck & Ruprecht 2003); Peregrine Horden, "Mediterranean Plague in the Age of Justinian", in *The Cambridge Companion to the Age of Justinian*, ed. Michael Maas (Cambridge: CUP, 2005), 134-158, hier 143, nennt diese Zugangsweise „a version of epistemological relativism."

wenigen Jahrzehnten stellte der Althistoriker Alexander Demandt zur These, der Untergang der antiken Welt sei durch Menschenmangel zu erklären, apodiktisch fest: „Gewiß kann eine demographische Erklärung beanspruchen, einen modernen Ansatz zu repräsentieren. Aber die Quellenarmut und die Beweisdefekte ... dürften diesen Weg für die seriöse Wissenschaft auf absehbare Zeit verbaut haben."[28] Eine monokausale Betrachtung des „Untergangs" verbietet sich zwar weiterhin, aber inzwischen sind ein allgemeiner Niedergang des Städtewesens, des Handels, ein damit verbundener Bevölkerungsrückgang und eine Verarmung für das 6. und 7. Jahrhundert im gesamten Mittelmeerraum nachweisbar.[29] Für den syrischen Raum ist archäologisch nachgewiesen, dass zwischen 540 und 550, also offensichtlich im direkten zeitlichen Gefolge der „Justinianischen" Pest, die Bautätigkeit zurückging und die Grabinschriften gleichzeitig anstiegen.[30] Soweit bei archäologischen Forschungen Gräberfelder untersucht werden, ergeben sich mitunter Gelegenheiten für biologisch-anthropologische und paläopathologische Untersuchungen.

3   Die „Justinianische" Pest im Blick der Naturwissenschaften

Bezüglich der „Justinianischen" Pest ist in den letzten Jahren die Paläopathologie stärker hervorgetreten. Der Mediävist Michael McCormick benennt in einem programmatischen Aufsatz die Richtung, in die er gehen will: *„Toward a Molecular History of the Justinianic Pandemic."* Sein Ziel ist, flächendeckend rund um das Mittelmeer frühmittelalterliche Pestfriedhöfe aufzufinden und (aus Zahnpulpa) den Erreger der Seuche zu isolieren bzw. molekularmedizinisch nachzuweisen. McCormick betont selbst, dass diese Aufgabe als kaum lösbar erscheint, fügt jedoch hintersinnig hinzu: „Of course the absence of evidence is not evidence of

---

28 Alexander Demandt, *Der Fall Roms. Die Auflösung des römischen Reiches im Urteil der Nachwelt* (München: Beck, 1984), 363.

29 Wolfram Brandes, *Die Städte Kleinasiens im 7. und 8. Jahrhundert* (Berlin: Gieben, 1989); Fredric L. Cheyette "The Disappearance of the Ancient Landscape and the Climatic Anomaly of the Early Middle Ages. A Question to be Pursued," *Early Medieval Europe* 16 (2008), 127-165; Michael McCormick, *Origins of the European Economy. Communications and Commerce, A.D. 300 – 900* (Cambridge: CUP, 2001).

30 Leah Di Segni, "Greek Inscriptions in Transition from the Byzantine to the Early Islamic Period," in *From Hellenism to Islam. Cultural and Linguistic Change in the Roman Near East*, ed. by H. M. Cotton, R. G. Hoyland, J. J. Price, and D. J. Wasserstein (Cambridge: 2009), 352 373, 362.

absence" [31] Frühmittelalterliche Pestfriedhöfe aufzufinden, bildet nur das erste einer Reihe von Problemen. Die meisten Bestattungen dürften provisorisch und hastig in Massengräbern stattgefunden haben. Selbst bei sicherer Identifikation und Datierung stellen sich erhebliche weitere Probleme. So ist die Technik des Erregernachweises mittels PCR beim Untersuchungsgegenstand „ancient DNA" hochgradig fehleranfällig durch Verunreinigungen; die erzielten Ergebnisse sind zudem häufig mehrdeutig, auch wenn es unterdessen einige Fälle gelungener Identifikation gibt. [32] Allerdings handelt es sich stets um eine wenige Individuen, bei denen Yersinia pestis nachgewiesen werden konnte. Dies liegt an der geringen Zahl der Funde, aber auch an der außerordentlich kostspieligen und aufwendigen Untersuchungsmethode.

Angesichts der spärlichen naturwissenschaftlichen Daten greifen McCormick und andere Forscher zu dem in der Geschichtswissenschaft umstrittenen Hilfsmittel der retrospektiven Diagnose. Noch bevor überzeugende molekularmedizinische Befunde vorliegen, nehmen McCormick und seine Gefolgsleute das erst noch zu beweisende Ergebnis vorweg und ordnen eine skeptische Gegenposition, die Möglichkeiten und Grenzen der retrospektiven Diagnose betont, bezeichnenderweise unter „heretical views" ein. [33] Aus dieser Perspektive kombiniert McCormick den gegenwärtigen molekulargenetischen Kenntnisstand zum Erreger Yersinia pestis mit den literarischen Zeugnissen des frühen Mittelalters. Seine Argumentation ist gespickt mit Bemerkungen wie „it thus may prove possible", „it is conceivable

---

31 Michael McCormick, "Toward a Molecular History of the Justinianic Pandemic" in Plague and the End of antiquity. The Pandemic of 541 – 750, ed. Lester K. Little (Cambridge, New York: CUP, 2007) , 290-312, 295.

32 Zu einzelnen Identifikationen vgl. die Literatur in Anm. 18 und Michaela Harbeck et al.: "Yersinia Pestis DNA from Skeletal Remains from the 6th Century AD Reveals Insights into Justinianic Plague", PLoS Pathogens 9 (2013), 1-8; bezüglich des "Schwarzen Todes" vgl. Stephanie Haensch et al., "Distinct Clones of Yersinia pestis Caused the Black Death," PLoS Pathogens 6 (2010), 1-8; zu den grundsätzlichen Schwierigkeiten Karl-Heinz Leven, „‚At times these ancient facts seem to lie before me like a patient on a hospital bed' – Retrospective Diagnosis and Ancient Medical History", in: Magic and Rationality in Ancient Near Eastern and Graeco-Roman Medicine, ed. Herman F. J. Horstmanshoff and M. Stol (Leiden, Boston: Brill) 2004, 369-386.

33 Robert Sallares, "Ecology, Evolution, and Epidemiology of Plague," in: Plague and the End of Antiquity, ed. Lester K. Litte (Cambridge, New York: CUP, 2007), 231-289, 231; auch Peregrine Horden, [Rezension von]: "Lester K. Little, ed., Plague and the End of antiquity" Social History of Medicine 23 (2010), 701sq., erwähnt in demselben Sinne: „some heretics will remain obdurate."

that", „it is just imaginable."[34] Es entsteht ein anregendes Bild der Pest ohne rechte Verankerung in Quellen – und weitgehend ohne naturwissenschaftliche Evidenz. Die methodischen Fallstricke der retrospektiven Diagnose – Pathomorphose, d. h. evolutionärer Wandel des Krankheitsbildes in kürzeren oder längeren Zeiträumen, Erregerwandel und andere mikrobiologische Grundtatsachen werden ausgeblendet. Außerdem wird stillschweigend oder explizit angenommen, die „Justinianische" Pest sei die erste von insgesamt drei Pestpandemien gewesen. Bei der zweiten handelte es sich um den „Schwarzen Tod" von 1347/48, bei der dritten um diejenige des späten 19. Jahrhunderts, die 1894 Hongkong erreichte und von dort aus um die Welt ging. In der konventionellen Seuchengeschichte, die Yersinia pestis als verursachenden Erreger aller drei Pandemien sieht, werden literarische Quellen zum „Schwarzen Tod" benutzt, um lückenhafte Erkenntnisse über die Pest des 19. Jahrhunderts zu ergänzen. Im Sinne eines Zirkelschlusses dienen dann diese vermeintlich naturwissenschaftlichen Angaben über die neuzeitliche Pest, um den „Schwarzen Tod" und – davon abhängig – die „Justinianische" Pest zu deuten.[35]

Am schwersten wiegt, dass im Sinne der Vorannahme, die „Justinianische" Pest sei durch Yersinia pestis verursacht worden, der literarische Kontext der frühmittelalterlichen Quellen verloren geht.

Die gelegentlich ins medizinische Detail gehenden Berichte aus dem 6. Jahrhundert verlocken zugegebenermaßen dazu, moderne medizinische Maßstäbe anzulegen; so mag man in Prokops Symptomschilderung durchaus eine Bubonenpest erkennen; doch eine Ähnlichkeit der Symptome sichert keine (mikrobiologische) Diagnose.[36] Dass es sich bei der „Justinianischen" Pest um eine durch Yersinia pestis verursachte Bubonenpest handelte, ist möglich, aber keineswegs so gewiss und vielleicht auch nicht so wichtig, wie mancher molekularmedizinisch begeisterter Seuchenhistoriker glaubt[37]; Dionysios Stathakopoulos versucht in seiner fleißigen

---

34 Michael McCormick, "Toward a Molecular History of the Justinianic Pandemic", in: *Plague and the End of antiquity. The Pandemic of 541 – 750*, ed. Lester K. Little (Cambridge, New York: CUP, 2007), 290-312, 306sq.

35 Peregrine Horden, "Mediterranean Plague in the Age of Justinian", in *The Cambridge Companion to the Age of Justinian*, ed. Michael Maas (Cambridge: CUP, 2005), 134-158, 147.

36 Prokop. Perserkriege 2, 22, 17 [Griechisch-deutsch ed. Otto Veh (München: Heimeran, 1970), 358f.].

37 Geradezu missionarisch in seinem Eifer, hier bezogen auf den „Schwarzen Tod" von 1347/48 ist Ole J. Benedictow, *What Disease was Plague? On the Controversy over the Microbiological Identity of Plague Epidemics of the Past* (Leiden, Boston: Brill, 2010), der über 700 Druckseiten gegen die „revisionists" zusammenschreibt.

Materialsammlung, eine lückenlose Kette von Pestepidemien zu konstruieren.[38] Sie reicht von der initialen „Justinianischen" Pest 541/42 bis 750; wie soll man Stathakopoulos' fast trotzige Feststellung deuten: „We have good reason (and the right) to assume that bubonic plague was the disease that entered the realm of the Byzantine Empire in 541." Offensichtlich geht es hier um mehr als um „richtig" oder „falsch", wenn er skeptische Positionen, die auf die Problematik der retrospektiven Diagnose verweisen, als „a current medical revisionism" bezeichnet.[39] Seuchengeschichte scheint auch eine Sache des Glaubens zu sein.

Die Zeitgenossen des 6. Jahrhunderts versuchten, das Seuchengeschehen naturkundlich-medizinisch und/oder religiös zu deuten; die unmittelbaren sozialen und ökonomischen Folgen der Seuche waren gewaltig. Die Pest, so noch einmal Prokop lapidar, „raffte etwa die Hälfte der restlichen Menschheit hinweg."[40] Diese Äußerung gibt einen Eindruck von der Vernichtungskraft der Seuche, der von Parallelquellen bestätigt wird; allerdings ist auch eine spezielle polemische Zielrichtung der Schrift gegen Justinian in diesem Fall interpretatorisch zu berücksichtigen. Der Kaiser nämlich, in den Schilderungen der Kriege unangefochten Meister des Geschehens, erscheint in Prokops „Geheimgeschichte" (griech. *Anekdota*), einer zu Lebzeiten Justinians wohl nicht veröffentlichten Schmähschrift, als verderblicher Dämon in Menschengestalt.[41] Die „Gottheit" (griech. *to theion*), wie Prokop klassizistisch den christlichen Gott bezeichnet, habe, so vermuteten auch Zeitgenossen, „aus Zorn über seine Verbrechen sich vom Römerreich abgekehrt und das Land den verderblichen Dämonen ausgeliefert."[42] Assistiert wurde Justinian in seiner verderblichen Tätigkeit, so weiter Prokop, von seiner Gemahlin Theodora, über deren niedrige Abkunft aus Zirkuskreisen und ihre frühere Tätigkeit als Prostituierte, Vorwürfe,

---

38 Dionysios Ch. Stathakopoulos, *Famine and Pestilence in the Late Roman and Early Byzantine Empire. A Systematic Survey of Subsistence Crises and Epidemics* (Aldershot: Ashgate, 2004); dass die lückenhaft bezeugten Pestausbrüche der späteren Jahrzehnte und Jahrhunderte nur in einer modernen Konstruktion das Bild wiederkehrender „Wellen" einer als Einheit zu verstehenden Pest ergeben, betont Peregrine Horden, "Mediterranean Plague in the Age of Justinian", in *The Cambridge Companion to the Age of Justinian*, ed. Michael Maas (Cambridge: CUP, 2005), 134-158, 138.

39 S Dionysios Ch. Stathakopoulos, "Crime and Punishment. The Plague in the Byzantine Empire, 541-749", in: *Plague and the End of antiquity. The Pandemic of 541 – 750*, ed. Lester K. Little (Cambridge, New York: CUP, 2007), 99-118, 99.

40 Prokop. Anekdota. 18, 44 [Griechisch-deutsch v. Otto Veh, ed. M. Meier, H. Leppin (Düsseldorf, Zürich: Artemis & Winkler, 2005), 173].

41 Prokop. Anekdota 44 [Einleitung Meier/Leppin; Griechisch-deutsch v. Otto Veh, ed. M. Meier, H. Leppin (Düsseldorf, Zürich: Artemis & Winkler, 2005), 359-363].

42 Prokop. Anekdota. 18, 37 [Griechisch-deutsch v. Otto Veh, ed. M. Meier, H. Leppin (Düsseldorf, Zürich: Artemis & Winkler, 2005), 173].

die auch im zeitlichen Abstand seltsam vertraut erscheinen, Prokop hasserfüllt berichtet. Die Pest und andere Katastrophen werden hierbei als Werkzeuge einer höheren, auf Gerechtigkeit bedachten Macht aufgefasst. Selbst die moderne Bezeichnung „Justinianische" Pest spiegelt Prokops polemischen Standpunkt wider und würde ihm gewiss gefallen.[43]

4 Forschungsperspektiven

Wie ausgeführt, hat sich die Forschung in den letzten 25 Jahren verstärkt der „Justinianischen" Pest in ihrer literarischen Darstellung und ihrer Bedeutung für die spätantike Mittelmeerwelt zugewandt, ohne einstweilen zu einem Konsens zu gelangen. War die Pest lediglich ein zufälliges Ereignis, das politische Prozesse beeinflusste, aber keine entscheidende Rolle spielte, eine „Atempause" in den Gotenkriegen, wie Alexander Demandt beiläufig formulierte?[44] Oder wurde das anfänglich glanzvolle „Zeitalter Justinians" seit 541/42 düster überschattet von der Pest, die entscheidend zum Niedergang des antiken römischen Staates und zum Übergang der Osthälfte in das byzantinische Reich beitrug, wie Mischa Meier herausgearbeitet hat?[45] Weiterhin ist zu fragen, ob die schnelle Ausbreitung des Islams über den östlichen Mittelmeerraum, Mesopotamien, Nordafrika und der gleichzeitige Zusammenbruch der byzantinischen Herrschaft seit den 640er Jahren mit den Verwüstungen durch die periodisch wiederkehrenden Pestwellen auch kausal verknüpft ist?

Im Sinne eines integrativen Ansatzes sind zur Klärung derartiger Fragen die Methoden der Geschichtswissenschaft, hier in erster Linie textbasierter Interpretation, zugrunde zu legen. Ziel ist die Analyse historischer Prozesse in ihrem kultu-

---

43 Peregrine Horden, "Mediterranean Plague in the Age of Justinian", in *The Cambridge Companion to the Age of Justinian*, ed. Michael Maas (Cambridge: CUP, 2005), 134-158, hier 134, schlägt daher die eher neutrale Bezeichnung „early medieval pandemic (EMP)" vor, eine sperrige Formulierung, noch dazu geschlagen mit einer vieldeutigen Abkürzung.

44 Alexander Demandt, *Geschichte der Spätantike. Das Römische Reich von Diocletian bis Justinian 284 – 565 n.Chr.* 2., vollst. bearb. und. erw. Aufl. (München: Beck 2008), 244; eigenartigerweise fehlt in Prokops „Gotenkriegen" ein direkter Hinweis auf die Pest; die Pestschilderung findet sich in Prokops „Perserkriegen", einzelne Nachrichten auch in der „Geheimgeschichte".

45 Mischa Meier, *Das andere Zeitalter Justinians. Kontingenzerfahrung und Kontingenzbewältigung im 6. Jahrhundert n. Chr.* (Göttingen: Vandenhoeck & Ruprecht 2003).

rellen Kontext. Sich ausschließlich auf literarische Quellen zu konzentrieren, mag gelegentlich zum Theoretisieren (ver-)führen. Allerdings ist der Vorwurf naturwissenschaftlich orientierter Forscher, eine historisch-kritische Analyse der literarischen Quellen erlaube am Ende nur noch das Nacherzählen historischer Prozesse und zeitgenössischer Mentalitäten methodisch einfältig und sachlich falsch.[46]

Die in den letzten Jahren verfeinerten naturwissenschaftlichen Fachrichtungen und Methoden, so die historische Klimakunde und die molekularmedizinisch arbeitende Paläopathologie, liefern interessante Einzelbefunde, die für das Gesamtbild mitunter wichtige Ergebnisse beisteuern. So ist das erwähnte „Jahr ohne Sommer" 536 durch entsprechende dendrochronologische Befunde eindeutig nachgewiesen. Klimaschwankungen und Wetterextreme, Kälte, Dürre, Überschwemmungen beeinträchtigten die Landwirtschaft, von der alles abhing; ebenso ist vorstellbar, dass sich Klimaschwankungen auf Wanderbewegungen nomadischer Völker in den Randzonen der spätantiken Imperien auswirkten. In den Einzelheiten kommt man jedoch über plausible Spekulationen kaum hinaus. Gleichwohl ergeben sich interessante Modellstrukturen, die für das Gesamtverständnis der entsprechenden historischen Prozesse nützlich sind.

Die naturwissenschaftlichen Daten sind zumeist Einzelbefunde, sie liefern eine Art „Schlüssellochperspektive", die nicht zu verallgemeinern ist.[47] Derartige Daten überzubewerten, etwa vereinzelte Erregernachweise zu verallgemeinern oder gar insgesamt dem historischen Quellenmaterial überzustülpen, birgt die Gefahr des Präsentismus. Überlieferte Texte dienen dann nur dazu, Lücken eines naturwissenschaftlichen Bildes zu füllen. Sofern naturwissenschaftlich argumentiert wird, muss die Beweiskette lückenlos sein und darf nicht argumenta e silentio oder die retrospektive Diagnose benutzen, um fehlende Glieder zu ersetzen.

Auch die grundsätzlich problematische retrospektive Diagnose hat ihren Nutzen, taugt sie doch dazu, plausible Modelle vom Ablauf historischer Epidemien aufzu-

---

46 Der Vorwurf explizit formuliert bei Dionysios Ch. Stathakopoulos, *Famine and Pestilence in the Late Roman and Early Byzantine Empire. A Systematic Survey of Subsistence Crises and Epidemics* (Aldershot: Ashgate, 2004), 6.

47 Peregrine Horden, "Health, Hygiene, and Healing", in: *The Oxford Handbook of Byzantine Studies*, ed. E. Jeffreys, J. Haldon, R. Cormack (Oxford: OUP, 2008), 685-690, 685, weist warnend auf diese Gefahr der „keywhole view"; Peregrine Horden, "Mediterranean Plague in the Age of Justinian", in *The Cambridge Companion to the Age of Justinian*, ed. Michael Maas (Cambridge: CUP, 2005), 134-158, 148, spricht in diesem Zusammenhang humorvoll von dem „one swallow *does* make a summer principle", in Abwandlung des bekannten aristotelischen Diktums „eine Schwalbe macht keinen Sommer" (Nikomachische Ethik 1098a, 19f.).

stellen; allerdings darf ein derartiges Modell nicht mit der historischen Realität identifiziert werden. Hier droht die Gefahr einer ahistorischen Spekulation.

Geschichte ist das Bild, das sich eine Epoche von einer für sie in bestimmter Weise wichtigen Vergangenheit macht; der Lauf der Geschichte ist auch von einer Vielzahl materieller Faktoren abhängig, die Geschichte selbst jedoch ist nicht aus einem Stoff gemacht, der einer naturwissenschaftlichen Analyse zugänglich wäre. Dass molekularmedizinische Methoden in der Seuchengeschichte des (frühen) Mittelalters gegenwärtig hochgeschätzt und spektakulär sind, ist auch durch die Präferenzen des Wissenschaftsbetriebs bedingt. „Wissenschaft", englisch „science", wird meist mit „Naturwissenschaft" identifiziert; gelingt es einer Kulturwissenschaft wie der Geschichte, direkten Anschluss an naturwissenschaftliche Verfahren und deren Denkweisen zu erlangen, so rückt sie in der allgemeinen Bewertung vor. Wenn naturwissenschaftliche Methoden in nahezu allen Wissensgebieten immer stärker gewichtet werden, drückt sich darin die Deutungsmacht des naturwissenschaftlichen Paradigmas aus. Dass die Mediävistik und die Geschichte der Seuchen an diesem Trend partizipieren möchten, ist ein offenkundiges Phänomen, das selbst Gegenstand für historische Betrachtungen ist, insofern auch die Kulturwissenschaften in den Bereich mess- und zählbarer Befunde streben.

Stigma – Gnade – Skandal: der Nürnberger „portzel"

Fritz Dross

In spätmittelalterlichen Nürnberger Quellen wird verschiedentlich eine merkwürdige Erkrankung geschildert: der „portzel" (auch „purczel"). Erstmals für das Jahr 1387 vermerkt der frühneuzeitliche Chronist Johannes Müllner in seinen „Annalen der Reichsstadt Nürnberg": „Sonsten soll sich dies Jahr eine neue Krankheit erhebt haben, die der gemeine Mann den Purczel genennet."[1] Erneut bei der Erwähnung eines „portzels" im Eintrag zum Jahr 1400 verwendet Müllner überraschenderweise die Marginalie „*Neue* Seuch zu Nürnberg regiert".[2] Drei Ausbrüche verzeichnet Müllner insgesamt, den letzten und vermutlich schlimmsten im Jahr 1483:

> „Es hat dis Jahr zu Nürnberg ein geferliche pestilentzische Seuch regirt, das die Leuth gleich unsinig dahingefallen. Die nurnbergischen Chronicken melden, es seyen in einem halben Jahr uber viertausent Menschen gestorben."[3]

Charakteristika sind nicht leicht auszumachen, insbesondere dann nicht, wenn versucht werden soll, anhand medizinischer Begrifflichkeiten des 20./21. Jahrhunderts ein nachvollziehbares Krankheitsgeschehen zu rekonstruieren.[4] Allenfalls aus der Bezeichnung „purzel", die der größten Plausibilität nach auf das in dem heute

---

1   Johannes Müllner, *Die Annalen der Reichsstadt Nürnberg von 1623*, Bd. II: 1351 bis 1469, hg. Gerhard Hirschmann (Nürnberg: 1984), 109.

2   Ibid., 175.

3   Johannes Müllner, *Die Annalen der Reichsstadt Nürnberg von 1623*, Bd. III: 1470 bis 1544, hg. unter Mitw. von Walter Gebhardt bearb. von Michael Diefenbacher (Nürnberg: 2003), 64.

4   Zum Problem vgl. Jon Arrizabalaga, „Problematizing Retrospective Diagnosis in the History of Disease," *Asclepio* 54, Nr. 1 (2002), 51-70; Karl-Heinz Leven, „Von Ratten und Menschen – Pest, Geschichte und das Problem der retrospektiven Diagnose," in *Pest. Die Geschichte eines Menschheitstraumas*, hg. Mischa Meier (Stuttgart: 2005), 11-32.

noch geläufigen „Purzelbaum" vorhandene „purzeln" im Sinne von „(hin)fallen, stolpern" zurückgeht,[5] wäre auf die Erscheinungsform („das die Leuth gleich unsinig dahingefallen") zu schließen. Selbst hartgesottene Freunde der retrospektiven Diagnose dürften nur äußerst zurückhaltend mit dem Befund einer „epidemischen Epilepsie" vorgehen wollen, an der im Jahr 1483 mehr als 4.000 Menschen in Nürnberg gestorben seien. Das medizinische Wissen des 21. Jahrhunderts, so wird man auf den ersten Blick bescheiden konstatieren müssen, verzweifelt am spätmittelalterlichen „portzel". Archäologische Zeugnisse, insbesondere solche, die einer paläopathologischen Analyse zugänglich wären, liegen nicht vor und sind auch nicht zu erwarten. Auf den zweiten Blick braucht die moderne Medizin sich angesichts des „portzels" daher nicht zu grämen, denn sie hat keine Möglichkeiten, die Opfer – oder auch nur wenigstens eines davon – dieser spätmittelalterlichen Seuche mit ihren Mitteln zu untersuchen. Für die Medizingeschichte unangenehm indes ist der Umstand, dass selbst die Medizin des 15. Jahrhunderts, die hier als Referenz zu Rate zu ziehen wäre, zum „portzel" nichts vermeldet. Der „portzel" ist erst einmal – und das wäre auf jedes andere historische Seuchengeschehen zu übertragen – erzählter Gegenstand der (hier frühneuzeitlichen)[6] Chronistik.

Seuchengeschehen, soviel wird deutlich, ist mit der Einsortierung in einen jeweils zeitgenössischen medizinischen Zusammenhang noch nicht hinreichend historisch analysiert – ganz offenbar werden in vor- und noch in frühmodernen Texten Vorgänge thematisiert und als Seuchen qualifiziert, ohne selbst in der jeweils zeitgenössischen Medizin den Bedarf erregt zu haben, mit einschlägigen Erklärungsversuchen der Angst und Sorge der Zeitgenossen Herr zu werden oder wenigstens ein binäres Konzept von Schuld und Strafe anzubieten. Die historische Deutung des Phänomens massenhaften Erkrankens und Sterbens sowie der Art und Weise, wie darüber berichtet wurde, bedarf eines anderen Blicks.

Deren erster gilt notwendiger Weise der hier mit drei Stellen zitierten Quelle, den 1623 abgeschlossenen Annalen des Johannes Müllner (Molitor).[7] Müllners

---

5   Jacob und Wilhelm Grimm, *Deutsches Wörterbuch*, 16 Bde. in 32 Tbde. (Leipzig: 1854–1954), Tbd. 33: *Quellenverzeichnis* (1889), Sp. 2278, (Leipzig: 1971, Reprint München: 1984), online: http://www.woerterbuchnetz.de/DWB?lemma=purzel> (abgerufen am 24. März 2012); http://www.woerterbuchnetz.de/DWB?lemma=purzelbaum (abgerufen am 24. März 2012); http://www.woerterbuchnetz.de/DWB?lemma=purzeln (abgerufen am 24. März 2012).

6   Die Annalen des Ratsschreibers Johannes Müllner (1585–1634) wurden 1623 abgeschlossen.

7   Ernst Mummenhoff, „Müllner, Johannes," *Allgemeine Deutsche Biographie* 22 (1885), 704–710, online: http://www.deutsche-biographie.de/pnd137953321.html?anchor=adb (abgerufen am 24. März 2012); Gerhard Hirschmann, „Müllner, Johannes," *Neue Deutsche*

Annalen gelten mit guten Gründen als der Grundstein der neuzeitlichen Stadtge-
schichtsschreibung Nürnbergs – als Ratsschreiber verfügte er über den Zugang zu
den reichsstädtischen Archivalien und Dokumenten, die er gründlich auswertete.
Auch die von Müllner auf 1387, 1400 und 1483 datierten „portzel"-Schilderungen
sind Ergebnisse von Müllners Quellenstudium und gehen keineswegs auf persönliche
Beobachtungen oder Erlebnisse zurück. Einen unzweideutigen Hinweis auf seine
Quellen gibt der Ratsschreiber in der zweiten, auf 1400 datierten Schilderung eines
„portzel", in der er allerdings diese Bezeichnung nicht verwendet:

> „Es hat dieses Jahr eine Seuch zu Nürnberg regieret, an der viel Leut gehelings Tods
> gestorben, derwegen man in der Karwochen die Sundersiechen nit in die Stadt las-
> sen wollen, jedoch sie eindlich eingelassen und auf S. Sebalds Kirchhof oder wann
> Ungewitter gewest, auf dem Neuen Bau gespeiset."[8]

Entscheidend ist hier der Zusammenhang mit dem Nürnberger Sondersiechenalmosen,[9] eine aus wenigstens zwei Gründen bemerkenswerte Einrichtung. Auch ohne
an dieser Stelle die Geschichte der Lepra und ihrer Rezeption im Spätmittelalter
zu vertiefen, wird klar, dass das Sondersiechenalmosen die Logik des Aus-Setzens
Leproser verkehrt. Während üblicherweise als lepros begutachteten Menschen
das Leben in der Stadt versagt wurde, und sie in den außerhalb der Stadtmauern
errichteten Lepra-Spitälern versorgt werden sollten,[10] wurden zum Sondersiechen-
almosen als aussätzig begutachtete Menschen, die nicht aus Nürnberg stammten

---

Biographie 18 (1997), 515 f., online http://www.deutsche-biographie.de/pnd137953321.
html?anchor=ndb (abgerufen am 24. März 2012); Michael Diefenbacher und Rudolf
Endres, Hg., *Stadtlexikon Nürnberg* (Nürnberg: 1999), 705; lfd. akt. Onlinefassung
http://www.stadtarchiv.nuernberg.de /stadtlexikon/, Lemma: „Müllner, Johannes M.",
„Müllnersche Chronik" (abgerufen am 24. März 2012).

8   Müllner, *Die Annalen der Reichsstadt Nürnberg*, II, 175.

9   Dazu zuletzt: Fritz Dross, „Patterns of Hospitality: Aspects of Institutionalisation in 15th
    & 16th Centuries Nuremberg Healthcare," *Hygiea Internationalis* 9, Nr. 1 (2010), 13-34;
    Fritz Dross, „Vom zuverlässigen Urteilen. Ärztliche Autorität, reichsstädtische Ordnung
    und der Verlust »armer Glieder Christi« in der Nürnberger Sondersiechenschau," *Medizin,
    Gesellschaft und Geschichte* 29 (2010), 9-46; Fritz Dross und Annemarie Kinzelbach,
    „'nit mehr alls sein burger, sonder alls ein frembder'. Fremdheit und Aussatz in früh-
    neuzeitlichen Reichsstädten," *Medizinhistorisches Journal* 46 (2011), 1-23; Fritz Dross,
    „Seuchenpolizei und ärztliche Expertise: Das Nürnberger ,Sondersiechenalmosen' als
    Beispiel heilkundlichen Gutachtens," in *Seuche und Mensch. Herausforderung in den
    Jahrhunderten*, hg. Carl Christian Wahrmann, Martin Buchsteiner und Antje Strahl
    (Berlin: 2012), 283-301.

10 Dazu zuletzt im rheinischen Zusammenhang: Martin Uhrmacher, *Lepra und Leprosorien
    im rheinischen Raum vom 12. bis zum 18. Jahrhundert* (Trier: 2011)

und in keinem der vier reichsstädtischen Leprosorien lebten, hereingelassen und von Kardienstag bis Karfreitag öffentlich versorgt. Das Almosengeben an fremde Bettler aber hat die reichsstädtische Obrigkeit seit den 1380er Jahren grundsätzlich untersagt und streng reglementiert.[11] Auch wenn in der spätmittelalterlichen Medizin durchaus keine Einigkeit darüber herrschte, ob überhaupt, und falls ja, in welchem Umfang die Lepra als ansteckende Krankheit zu gelten hätte (vom Übertragungsmodus einmal ganz abgesehen), so lag doch auf der Hand, dass der Umgang mit Leprosen gefährlich war. Was unter Gesichtspunkten der spätmittelalterlichen Caritas als besonders verdienstvoll gelten musste – die Versorgung von Aussätzigen – war gleichzeitig nicht nur medizinisch, sondern auch theologisch und in der religiösen Praxis unter Bezugnahme auf das Buch Leviticus des Alten Testaments durchaus kontraindiziert.

Müllners gründlicher Bericht über „Anfang und Stiftung des Sundersiechen Almosens" findet sich in das Etablierungsjahr der Stiftung 1394 eingeordnet;[12] dort bemerkt der Chronist auch:

> „das [Sondersiechenalmosen] hat von Jahren zu Jahren zugenummen und ohne Zweifel verursacht, daß von Sundersiechen in der Marterwochen ein großes Zulaufen worden, derwegen der Rat zu Nürnberg anno 1401 solchs abgeschafft und sie nit in die Stadt gelassen. Dieweil aber bald darauf gefährliche Sterbsleuft eingefallen, daß die Leut nit allein haufenweis dahin gestorben, sonder auch viel von Sinn und Verstand kummen, hat man darfür gehalten, daß es eine Straf wäre wegen der ausgeschafften Sundersiechen."

Während die nürnbergische Obrigkeit also anfangs die Stiftung und ihre caritative Praxis hinnahm, untersagte sie mit zunehmendem Zulauf die öffentliche Fürsorge für Menschen, die aus zweierlei guten Gründen gar nicht erst in die Reichsstadt hätten eingelassen werden dürfen: Zum einen ihrer Qualität als „fremder Bettler", zum anderen ihrer Eigenschaft als Leprose wegen. Den Ausbruch einer Seuche im Jahr des Verbots – das Müllner in dieser Stelle auf 1401, in der zuvor zitierten auf 1400 datiert – verbindet der Chronist in aller der Geschichtsschreibung gebotenen Bescheidenheit und im korrekten Konjunktiv lediglich chronologisch, nicht aber kausal. Allein die Zeitgenossen um 1400 hätten „darfür gehalten, daß es eine Straf wäre wegen der ausgeschafften Sundersiechen."

Dieser Vorgang ist auch an anderer Stelle überliefert. Aus Jahrbüchern des 15. Jahrhunderts stammt der Verweis:

---

11   Willi Rüger, *Mittelalterliches Almosenwesen: Die Almosenordnungen der Reichsstadt Nürnberg* (Nürnberg: 1932).

12   Müllner, *Die Annalen der Reichsstadt Nürnberg*, II, 135–137.

„In dem jar [1400] da wolt man die sundersichen hie an ein ainigung für die stat treiben, wann es kom zu den selben ostern, das vil leut jehling sturben; also ließ man sie doch pleiben pis her in der stat Nürmberg und speiset sie auf sant Seboltz kirchhof oder wenn es ungewiter vor regen oder schnee was so speist man sie in irem newen schlofhaus auf dem Neüenpau."[13]

Der Hinweis auf das 1446–48 errichtete „neue Schlafhaus" bedeutet, dass auch diese Erwähnung des Seuchengeschehens um 1400 mindestens zwei Generationen nach der Seuche verfasst wurde. Mit großer Wahrscheinlichkeit für diese Stelle, mit Gewissheit für die Müllnerschen Ausführungen ist festzuhalten, dass das Stiftungsbuch der Sondersiechen-Stiftung die zu Grunde liegende Erzählung der Geschehnisse bietet. Dort heißt es:

„Darnach [nach der Gründung 1394, FD] da meret es sich mit den gelidern xpi [lies: Christi]. da wurden die armen Sundersiechen versagt gen dem Rate der Stat. Daß der Rate zu Nuremberg wolt auß haben getriben gantz vnd gar die Sundersiechen zu der Osterlichen zeit. Da verhenget vnser lieber herre Jhus xpus das die lewt sturben vnd etliche die lagen Jn iren haupten sam sie synlaß weren vnd heten nit vernuft, das geschahe zu der selben osterlichen zeit. vnd auch die menschen die dy armen siechen gen dem Rate heten versagt die selben sturben auch zu den selben zeiten. das alles geschah Nach xpi gepurt m.iiii.vnd jm funften Jahre. mit dem sterben. vnd mit dem portzel."[14]

Damit bietet das in das Jahr 1462 zu datierende Stiftungsbuch nicht nur eine dritte Datierung des „portzels", nämlich 1405, sondern vor allem die zu Grunde liegende Erzählung, dass es sich dabei um eine göttliche Strafe für die Verlegung des Almosens außerhalb der Stadtmauern handelte, die insbesondere, aber nicht ausschließlich, die verantwortlichen Ratsherren traf.

Mein Vorschlag, mit diesem Befund umzugehen, läuft darauf hinaus, die „portzel"-Berichte als Skandalgeschichten zu verstehen und mit dem 1986 ursprünglich als „skandalierte Krankheit" von Alfons Labisch vorgestellten Konzept zu fassen.[15]

13　*Die Chroniken der fränkischen Städte. Nürnberg*, Bd. 4 (Leipzig: 1872), 137.

14　Stadtarchiv Nürnberg A 21-31 Sondersiechen-Stiftung St. Sebald auf dem Kirchhof, p. 1v–2r.

15　Alfons Labisch und Marie-France Morel, „Aspects historiques, anthropologiques et sociologiques de la santé et de la maladie en France et en Allemagne. Compte rendu de la table ronde internationale du centre de recherches interdisciplinaires (ZIF) de l'université de Bielefeld (11–13 juin 1987)," *Sciences Sociales et Santé* 6, Nr.2 (1988), 79–89; Alfons Labisch, „Zusammenfassende Thesen," in *Maladies et société (XIIe – XVIIIe siècles). Actes du colloque de Bielefeld novembre 1986*, hg. Neithard Bulst und Robert Delort (Paris: Centre National de la Recherche Scientifique, 1989), 405–411.

Entworfen angesichts der augenfälligen Diskrepanz zwischen öffentlicher Wahrnehmung, Mortalität und Morbidität bei AIDS und Malaria im 20. Jahrhundert, in einem zweiten Schritt anschließend auf die Industrialisierungsgesellschaft mit Cholera und Tuberkulose übertragen, kann es im Sinne einer Quellenkunde der Seuchengeschichte die Augen dafür öffnen, dass es die Geschichtswissenschaft im eigentlichen Sinne nicht mit Krankheiten, sondern in ihren Textzeugnissen prima vista mit Wahrnehmungsphänomenen des gefährdeten, beschädigten oder schlicht massenhaft „unnatürlich" beendeten Lebens zu schaffen hat.

Bereits die regelmäßige Veranstaltung des Nürnberger Sondersiechenalmosen stellte einen Skandal dar, insofern gleich mindestens zwei Ordnungsmuster – gegenüber fremden Bettlern sowie gegenüber Aussätzigen – nicht allein stillschweigend übergangen, sondern mit großem Aufwand an prominenter Stelle mitten in der Stadt auf dem Kirchhof St. Sebald öffentlich missachtet wurden. Dies war allein durch den noch größeren Skandal – nämlich das massenhafte Sterben zuvorderst der Ratsherren – einzuholen, den das Abstellen des ersten Skandals verursachte.

Bei spätmittelalterlichen und frühneuzeitlichen Seuchen bzw. den darüber erhaltenen Berichten – so meine Hypothese – handelt es sich stets um Berichte über „skandalöses Geschehen" im Sinne des Skandali(sie)rungsbegriffs. Für die Vor- und Frühmoderne besteht der Skandal vor allem darin, dass eine Obrigkeit ganz offenbar nicht in der Lage war, Leib und Leben der ihr anvertrauten Untertanen zu schützen, und damit riskierte, vor aller Augen de-legitimiert zu sein. Es bestand also ein dezidiert obrigkeitliches Interesse daran, epidemisches Sterben – unabhängig davon, ob auf Hunger, Gewalt oder wie auch immer verursachte „Krankheiten" zurückzuführen – zu bekämpfen. In diesem Zusammenhang wurde heilkundlicher Sachverstand zu einem Instrument obrigkeitlicher Fürsorge und medizinisches Wissen zur sanktionierten Expertise.[16]

Alle hier zitierten „portzel"-Berichte sind als ratsnahe Geschichtsschreibung zu charakterisieren. Das Stiftungsbuch der Sondersiechen-Stiftung entstand 1462, als die Stiftung in die Verantwortlichkeit des Rates durch einen daraus bestimmten Pfleger überging. Es beginnt mit dem Bericht der Geschichte dieser Stiftung seit ihrer Etablierung, der in zweierlei Hinsicht normativen Charakter besitzt.

---

16 In den Worten von Alfons Labisch: „Da öffentliche Gesundheit machtdurchsetzt ist, Eingriffe in die öffentliche Gesundheit immer Herrschaftscharakter haben, bleibt die Rolle der Medizin als Expertise der Körperlichkeit immer der der tatsächlichen Macht-/ Herrschaftsträger nachgeordnet: Die Expertise wird in der entsprechenden Wahrnehmung der sozialen Akteure umdefiniert und mit spezifischen Friktionen in jeweilige Handlungsinstrumentarien der sozialen Akteure umgesetzt. Labisch, „Zusammenfassende Thesen," 409.

Zum einen wird mit dem detaillierten Bericht darüber, wie bisher verfahren worden war, im Sinne des mittelalterlichen Geschichtsverständnisses im Wesentlichen dokumentiert, wie auch weiterhin vorgegangen werden *soll*. Dies aber war ein äußerst riskantes, um nicht zu sagen: skandalöses Vorgehen. Aufgabe der Obrigkeit war es nahe liegender Weise, im Sinne des alttestamentarischen Aussatz-Konzepts[17] die Reinheit der Siedlung zu garantieren und Aussätzige aus der idealiter „reinen" Siedlungsgemeinschaft (hier: der Reichsstadt Nürnberg) auszuschließen, und ganz bestimmt nicht Menschen einzulassen, deren „Unreinheit" bereits feststand. Überdies verstieß die Nürnberger Obrigkeit mit der Hinnahme dieser Praxis gegen die seit dem ausgehenden 14. Jahrhundert in Almosenordnungen dokumentierten Satzungen, „fremde Bettler" nach Möglichkeit erst gar nicht die Stadttore passieren zu lassen. Überdies würde eine rätische Position argumentiert haben, dass die Reichsstadt mit gleich vier Leprosorien hinreichend für ihre Aussätzigen sorge – die allerdings von der Teilnahme am Sondersiechen-Almosen definitiv ausgeschlossen waren.

Zum anderen steht der „portzel"-Bericht des Stiftungsbuches dafür, dass in diesem Fall ein Verbot der gängigen Praxis durch die Verlegung des Geschehens vor die Mauern der Stadt noch riskanter war, indem damit eine Seuche ausgelöst werden konnte, und legitimiert damit diese Veranstaltung in der Verantwortung des Rates. Während also in Texten des 15. Jahrhunderts – zumal medizinischen – hinreichend Indizien dafür vorliegen, den Umgang mit Aussätzigen für gefährlich zu halten und darüber hinaus das Almosengeben an fremde Bettler – zumal in der Reichsstadt Nürnberg – nicht mehr ohne Weiteres als dem Almosengeber förderlich betrachtet werden durfte, war im Fall des Nürnberger Sondersiechenalmosens das Befolgen der sich daraus zwingend ergebenden Regeln im höchsten Maße gefährlich und im Gegenzug die Fürsorge für fremde Bettler und der in diesem Fall überdies damit verbundene persönliche Umgang mit Aussätzigen die einzig heilsame Kur.

Das medizinhistorisch Charmante am „portzel" ist schließlich, dass wir im Stiftungsbuch einen Bericht darüber erhalten, wie diese Seuche erfolgreich zu

---

17 Nach Leviticus 13: 1-59. Vgl. Otto Betz, „Der Aussatz in der Bibel," in *Aussatz – Lepra – Hansen-Krankheit. Ein Menschheitsproblem im Wandel*, Bd. 2: *Aufsätze*, hg. Jörn Henning Wolf (Würzburg: 1986), 45-62; Huldrych Martin Koelbing und Antoinette Stettler-Schär, „Aussatz, Lepra, Elephantiasis Graecorum – zur Geschichte der Lepra im Altertum," in *Beiträge zur Geschichte der Lepra*, hg. ders. (Zürich: 1972), 34-54; zur sozialen Rolle von Reinheitsvorschriften siehe Mary Douglas, *Purity and Danger. An analysis of concept of pollution and taboo* (London, New York: Routledge 2001, Reprint d. 1. Aufl. 1966); für die Moderne: Alfons Labisch, „Hygiene ist Moral – Moral ist Hygiene. Soziale Disziplinierung durch Ärzte und Medizin," in *Soziale Sicherheit und soziale Disziplinierung. Beiträge zu einer historischen Theorie der Sozialpolitik*, hg. Christoph Sachße und Florian Tennstedt (Frankfurt a. M.: 1986), 265-285.

bekämpfen ist – auch darin folgen ihm die späteren Darstellungen der Seuche. Sobald der Magistrat nämlich erlaubte, die fremden Leprosen in der Karwoche einzulassen, war das fürchterliche Sterben beendet:

> „Darnach erlaubet der Rate wider das man die armen Sundersiechen wider ein solt lassen zu den osterlichen zeiten die drey tag jn der marter wochen. Als pald das geschah. da horet der sterb vnd der portzel auf."[18]

Verschiedene Fragen schließen sich an dieser Stelle an. Zuerst wohl diejenige, was den Ratsschreiber Müllner im frühen 17. Jahrhundert veranlasst hat, die Seuchenvorgänge der Jahre 1387 und 1483 expressis verbis mit dem „portzel" um 1400 zu identifizieren. Auf der Hand liegt indes, dass jeder Versuch der Erklärung, woran die Nürnbergerinnen und Nürnberger in diesen Jahren „wirklich" gestorben sind, auf der Grundlage der vorhandenen Quellen scheitern muss, solange „wirklich" allein mit der historisch brutalen Einschränkung verstanden wird, dies in Begriffen zu tun, die der Medizin des frühen 21. Jahrhunderts angemessen wären. Dabei stellt der Nürnberger „portzel" meines Erachtens gerade nicht den Sonderfall, nicht die Ausnahme, sondern die Regel der Seuchengeschichte dar. Ebenfalls bei dem Nürnberger Geschichtsschreiber Müllner finde ich etwa die Erwähnung eines fürchterlichen Sterbens nachdem „Creutz in die Klaider gefallen" seien.[19] Vielmehr scheint sich in diesem Licht besehen die Seuchengeschichte gerade auf die Ausnahmen konzentriert zu haben, in denen die historischen Quellen Krankheitsbezeichnungen verwenden, die den unseren entsprechen, und abseits einer gründlicheren Quellenprüfung darauf verlassen zu haben, damit seien die uns geläufigen „Krankheiten" bezeichnet, die mit der jeweils aktuellsten Medizin erst „richtig" verstanden würden. Recht eigentlich ist der Medizingeschichte indes – im Unterschied zur Medizin – nicht um die Krankheiten, sondern um deren Repräsentanz in den historischer Methode zugänglichen (Text-)Quellen zu schaffen.

---

18   StadtA N, A 21-31 Sondersiechen-Stiftung St. Sebald auf dem Kirchhof, p. 2r.

19   Bspw.: Müllner, *Die Annalen der Reichsstadt Nürnberg von 1623*, 212: „Es sein diß Jahr Creutz aus der Lufft in die Klaider gefallen und ein Landsterb darauff ervolgt, in welchem fast alle gestorben sein sollen, die solche Creutz in ihren Klaidern befunden."

Škerljevo, Frenjak, Syphilis: Constructing the Ottoman Origin of Not Sexually Transmitted Venereal Disease in Austria and Hungary, 1815-1921

Brigitte Fuchs

1 Introduction

In 1921, Dr. Alexander (Aleksander) Glueck (1884-1925) from Sarajevo, Bosnia, presented to the congress of the German Society of Dermatology (Deutsche Dermatologische Gesellschaft) in Hamburg statistical evidence taken from Bosnian cases that non-venereal "endemic syphilis" (bejel) was definitely different to "sporadic syphilis."[1] He based his argumentation in particular on the clinical evidence that so-called metalues (general paresis, paralysis) never occurred in "endemic" cases. Thus, he provided a new argument for the differentiation of venereal and non-venereal treponematoses,[2] while all doubt regarding the exclusively syphilitic nature of general paresis had been eliminated in 1913, after Noguchi and Moore had demonstrated link between nervous diseases and the bacterium. All further

---

1   Alexander Glueck (Sarajevo), "Über die klinischen Eigentümlichkeiten der endemischen Syphilis in Bosnien – Verhandlungen der Deutschen Dermatologischen Gesellschaft, XII. Kongress zu Hamburg, 17.–21. Mai 1921," *Arch. Derm. Syph. (Archives of Dermatological Research)* 138 (1922), 214-21.

2   The recent forms of "endemic syphilis" are yaws (West Africa) caused by Treponema pertenue, bejel (Middle East, Near East) caused by Treponema endemicum and pinta (South-America) caused by Trepeonema carateum. The treponemes are transmitted by direct contact, most commonly among children. The primary stage of the disease is characterised by a cutaneous lesion at the site of infection, which in the 19th century was identified with syphilitic exanthema. The secondary stage, during which the treponemes are disseminated, is without pathological evidence. The third stage, occurring after fifteen to twenty years, is characterised by multiple cutaneous lesions (particularly of throat and mouth) together with the decomposition of bones or cartilage (gummata), corresponding to some of the possible long-term effects of "proper syphilis." Hideyo Noguchi and J. W. Moore, "A demonstration of Treponema pallidum in the brain in cases of general paralysis," *J. Exp. Med.* 17 (1913), 232-8.

clinical evidence for the peculiarity of the endemic form procured by Alexander Glueck such as the lack of primary lesions and the cumulation of tertiary stage symptoms (gummata of the bones) had in fact been recognised widely in nineteenth-century medicine.

Generally, after 1860, against a background of professionalising syphilidology and dermatology, "endemic" ("rural," "primitive") and "ordinary" syphilis were differentiated on clinical grounds.[3] The differentiation had originated particularly in observations of a "new disease" which, around 1800, began to occur in the southern provinces of Austria and Hungary, and in Serbia. In nineteenth-century medical literature it was debated under some of its vernacular local names such as škerljevo (scherlievo) in the Austrian Littoral and in Croatia (Hungary), and as frenga in Serbia.

At a point when distinct venereal diseases had not yet been differentiated, repeated governmental Austrian anti-epidemic missions identified the new disease as syphilis, the occurrence of which was considered to depend at least partly on an illicitly defined extra-marital sexuality, particularly "prostitution". Syphilis experts, however, conceded that the infection, at least to a certain extent, was non-venereal and owed to the rural populations' "unhygienic condition". From 1800 onwards, the presumed huge numbers of infected made Austro-Hungarian rural populations a target of modern bio-politics in the form of a military led compulsory anti-syphilis mass treatment that, after 1860, was accompanied by measures to educate rural populations regarding personal hygiene.

While the definition of any treponematosis as syphilis still prevails, the historical attempt to conceptualise non-venereal syphilis in Austria-Hungary will be the subject of this contribution. The history of the "škerljevo" disease and the Austro-Hungarian official "eradication of syphilis"-campaigning will be the subject of the first section, followed by a section dealing with the debate on the nature of škerljevo and frenga. A third section will focus on endemic syphilis (frenjak) in 1878/79 occupied Bosnia and Herzegovina where the Austro-Hungarian military administration considered the control of syphilis a top priority. Its implementation was accompanied by more systematic research on "rural syphilis". The fourth section deals with the debate as to whether or not syphilis and "endemic syphilis" should be considered as different diseases or not. While the doctrine held that endemic

---

3   Cf. e.g. Etienne Lancereaux, *Traité historique et pratique de la syphilis* (Paris: Bailliere, 1873); Iwan Bloch, *Der Ursprung der Syphilis. Eine medizinische und historische Untersuchung*, 2 vols (Jena: Gustav Fischer, 1901); W.F.R. Essed, *Over den Oorsprong der Syphilis. Een kritisch-historisch epidemiologische studie tevens ontwerp eeiner nieuwe theorie* (Amsterdam: H.J. Paris, 1933), 284-301.

syphilis was just "hereditary syphilis," the proponents of the "endemic theory" gained ground by claiming an Ottoman origin of this peculiar treponematosis.

2 The Škerljevo Epidemics in Slovenia and Croatia

August Hirsch, in his 1860 published *Handbook of Geographical and Historical Pathology,* resumed at first the cumulated Western knowledge of syphilis. In fact, he differentiated between generally prevalent "simple" and "endemic" syphilis and considered the latter to be a more "primordial" form that had been widespread in fifteenth and sixteenth century, but was contemporarily confined to single, particularly littoral places in Europe.[4] Besides the syphilis endemics along the coasts of the North Sea and the Baltic Sea ("Jutland, Dittmarschen, Scotland, Scandinavia") and some interior regions like "East Prussia" and Hesse, Hirsch mentions an endemic extending from Venetia along the Mediterranean coast, "through Dalmatia, Istria, and 'Turkish' Albania, and in the interior to the Tyrol." He reported similar endemics from the "Northern provinces of the Ottoman Empire" such as Serbia, Bulgaria, Moldavia and Wallachia as well as from some parts of the kingdom of Hungary, some parts of Russia, and also Greece.[5] He added that in Turkey, Greece, Moldavia, Wallachia, and Russia "simple syphilis" was also widespread.

The conceptualisation of "endemic syphilis" was due to the occurrence of a "new disease" around 1800 that, in the Habsburg monarchy throughout the nineteenth century, came to be debated as "škerljevo disease" (Škerljevoseuche).[6] It had been a target of governmental epidemics control since the early nineteenth century. Both, the disease, and governmental measures to combat it, have been a subject of intense historic research in Croatia and Slovenia, with the studies by Zvonka Slavec (Slovenia) and Franjo Gruber (Croatia) figuring particularly prominently.[7]

---

4 August Hirsch, *Handbuch der historisch-geographischen Pathologie* (Erlangen: Ferdinand Enke, 1860), 357.

5 Ibidem, 358.

6 Contemporary vernacular terms for the disease related frequently to a local syphilis focus such as, e.g., "Grobnigger Krankheit"; "mal di Fiume", "mal die Breno," or "mal di Ragusa."

7 Zvonka Z. Slavec, "Morbus Škerljevo – An unknown disease among Slovenians in the first half of 19th century," *Wiener Klinische Wochenschrift* 10 (1996), 764-70; Franjo Gruber, "Škrljevo Disease – Two Centuries of History," *International Journal of STD & AIDS* 13 (2000), 207-11; cf. also Amir Muzur and Ante Škrobonja, "Škrljevo disease. Myth and Reality," *Croat. Med. J.* 45 (2004), 226-9.

The škerljevo disease was first mentioned in 1800 when the military administrator (castellan) of Fučine, Trentino, informed the Austrian government that a great number of local young men could not be conscripted, because they suffered from leprosiform ulcerations.[8] As a consequence, an official medical commission presided by the chief district physician of Fiume (Rijeka), Dr. Josip Mašić, came to the conclusion that the disease which he classified as "scabies venera" had prevailed for ten years and was "actually syphilis." Mašić recorded 2,600 diseased in the region.[9]

The term "škerljevo" (scherlievo, scharlievo) was coined by the local physician of Škrljevo village near Rijeka, Giovanni Battista Cambieri (1754-1838), who described the local "epidemic" and came to the conclusion that the "morbus Scharlievo" was a "peculiar form of syphilis."[10] It was Cambieri who made škerljevo a topic of interest in medical circles all-over Europe. He contacted the Medical Academy in Paris as well as Johann Peter Frank (1745-1821) in Vienna. By the late eighteenth century, Frank had reformed the public health system and the medical education in the Habsburg Empire. In 1801, he was engaged by the government to find a cure for the disease. Like Mašić and Cambieri he considered the epidemic to be kind of a malign scabies.[11] Subsequently, three dermatologists from Pest under the direction of Ignaz Stáhly were sent to Rijeka to establish an "epidemic hospital" (Epidemiespital) for the more severe cases, the less severe cases being treated by ten ad-hoc-appointed physicians.[12] The hospital was closed fifteen months later, though particularly after the invasion of French troops in 1805 the further increase of škerljevo cases and the spread of the disease in the Austrian Littoral had been reported.

In 1808, a commission under the auspices of the emperor's personal physician, Andreas Joseph von Stifft (1760-1836), was charged with the control of epidemics in the more recently affected regions. The commission was still active 1815, after the French occupation of the "Illyric Provinces" had ended. The imperial army as-

---

8   Hugo Zechmeister, "Über die endemische Syphilis in Dalmatien und im westlichen Kroatien. Ein Schlußwort zur sogenannten Škerljevofrage," *Das österreichische Sanitätswesen* 15/supplement (1903), 149-57.

9   Cf. Gustav Pernhoffer, *Untersuchungen und Erfahrungen über das Krankheitsübel Škerljevo im croatisch-istrianischen Küstenland. Ein Beitrag zur Syphilis-Lehre* (Vienna: Verlag Tendler & Comp., 1868), 9c; cf. also Muzur and Škrobonja, "Škrljevo disease," *Croat. Med. J.*, 227.

10 Giovanni Battista Cambieri, "Storia della malattia detta Skrielievo ossia di una particolare forma di sifilide, manifestatasi in alcuni distretti del Litorale Illirico," *Anali universali di medicina di Omodei* 12 (1819), 273.

11 Pernhoffer, *Untersuchungen und Erfahrungen über das Krankheitsübel Škerljevo*, 10.

12 Zechmeister, Über die endemische Syphilis in Dalmatien und im westlichen Kroatien," *Das österreichische Sanitätswesen*, 150c.

sisted by the local clergy and local physicians submitted the population in affected areas to compulsory examinations. Those found to be infected were committed to epidemic hospitals, some of which were installed in already existing hospitals in Rijeka and Ljubljana. Other epidemic hospitals had to be built such as those in Bakar, Kraljevica (Portoré), and Postojna;[13] in Kraljevica and Bakar quarantines were also instituted. The diseased had to undergo a compulsory treatment with mercury, sulfur or iodine preparations. The houses and clothing of all affected were disinfected with slaked lime.[14] During the 1820s, in the Austrian Littoral and Carniola more than 125,000 people or 97 percent of the total population were examined,[15] based on census data produced by the medical commissions at the same time.[16] At that point, however, only the 1818 established epidemic hospital in Kraljevica with its 2,000 beds was still running. Between 1818 and 1859 in Kraljevica 14,381 škerljevo cases were treated, five percent of which ended in fatalities.[17]

In 1859, the governmental škerljevo-campaigning was terminated in Carniola, Istria and the kingdom of Croatia. By then, however, new škerljevo cases had been reported from Dalmatia.[18] Around 1860, an international medical consensus took for granted that škerljevo was in fact syphilis. Only after the "Ausgleich" (1867) and the enactment of the "Austrian Public Health Law" (1870), the Austrian supreme sanitary administration at the Ministry of the Interior decided to "eradicate syphilis" in all imperial provinces where health statistics reported that more than ten percent of all patients treated in public hospitals suffered from venereal diseases.[19] As a consequence, "eradication of syphilis"-campaigns were conducted in

---

13 Slavec, "Morbus Škerljevo – An unknown disease among Slovenians," *Wiener Klinische Wochenschrift*, 768.

14 See Gruber, "Škrljevo Disease – Two Centuries of History," *International Journal of STD & AIDS*, 209; see also Slavec, "Morbus Škerljevo – An unknown disease among Slovenians," *Wiener Klinische Wochenschrift*, 766c.

15 Gruber, "Škrljevo Disease – Two Centuries of History," *International Journal of STD & AIDS*, 209.

16 Slavec, "Morbus Škerljevo – An unknown disease among Slovenians," *Wiener Klinische Wochenschrift*, 766.

17 Ibidem, 210.

18 Maximilian Zeissl, "Ueber ‚Škerljevo'. Ein Reisebericht," *Arch. Derm. Syph.* 19 (1887), 297-322.

19 Zechmeister, "Über die endemische Syphilis in Dalmatien und im westlichen Kroatien," *Das österreichische Sanitätswesen*, 151; Anon., "Vorkehrungen gegen Syphilis und venerische Krankheiten in Galizien," *Das österreichische Sanitätswesen* 29 (1907), 293-6, 301-3, 317-9, and 325-7, here 293.

Dalmatia, starting in 1884, Western Croatia, starting in 1889, and South-Eastern Galicia, starting in 1888.[20]

3   Medical Debates on the Nature and Provenance of Škerljevo and Frenga

Immediately after 1800, škerljevo became a subject of debate particularly of numerous dissertations in France, Italy and Austria. Physicians classified the "new disease" either as syphilis or a variation, such as syphilis combined with scabies, leprosy or scurvy. [21] Recent historic studies suggest the škerljevo-"epidemics" in Slovenia and Croatia to have been a kind of a "mass hysteria", and, therefore, a social phenomenon linked to protoindustrialization and to the Napoleonic wars.[22]

Obviously, many of the contemporarily observed symptoms of škerljevo such as diverse rashes, ulcerations, angina, and joint contractures are non-specific. Gummata and the decomposition of bones respectively the "defacement" later described as a consequence of progressed endemic syphilis in the 1840s by Austrian and Serbian physicians,[23] had not yet been observed at that early point. Therefore, many of those who were found to be infected with škerljevo, probably suffered from different diseases.

This view is supported by the historical reports of Austrian syphilis experts who were charged by the government with the study of the epidemics. For example in 1854, Karl Ludwig Sigmund (1810-1883), one of the founders of Vienna School of Dermatology[24] and, since 1849, director of the syphilis clinic in Vienna, had examined 94 škerljevo patients who, at that point, were detained in the epidemic hospital of Kraljevica. He came to the conclusion that 56 were infected with syphilis, while 22

---

20   See Brigitte Fuchs, "Zur Geschichte und Statistik der venerischen Erkrankungen in den Ländern der österreichischen Krone (1815 bis 1914)," in *Demographie – Arbeit – Migration – Wissenschaftsgeschichte*, ed. Tom Buchner et. al. (Munich: Oldenbourg, 2008), 433-59.

21   Muzur and Škrobonja, "Škrljevo disease," *Croat. Med. J.*, 227.

22   Ibidem, 226; 229.

23   Carl Ludwig Sigmund (von Ilanor), "Untersuchungen über die Škerljevo Seuche und einige damit verglichene Krankheitsformen," *Zeitschrift der k.k. Gesellschaft der Ärzte zu Wien* 11 (1855), 32-58, 87-110, and 142-56, here 104.

24   Cf. Karl Holubar, "Institutionalisierung in Österreich/History of Dermatology in Austria of Yesterday," in *Geschichte der deutschsprachigen Dermatologie*, ed. Albrecht Scholz et al. (Weinheim: Wiley-Blackwell, 2009), 223-72.

patients suffered from scrophulosis, and another from scabies.[25] Sigmund considered the rest of the patients who had been committed to the hospital as suffering from various diseases that were simply "repugnant or incurable, making the affected unfit for work."[26] Sigmund further explained that "škerljevo" was not a "scientific term," but rather a "folk concept" signifying in particular "persistent prolonged forms of ulcerations" besides ulcerations located in the mouth, pharynx or nose.[27]

Sigmund, during the 1830s and 1840s, was charged repeatedly with official surveys on the škerljevo disease and its geographical dispersal in Austrian and Balkans territories. He was also involved in an official survey concerning the prevalence of "the endemic disease, referred to as frenga"[28] in Serbia. In 1839 Serbia, at that point a principality under Ottoman suzerainty, set up a sanitarian commission under the direction of surgeon major Imre Lindenmeyer to study and to combat a "new disease" which, as it was put, shocked the population because it made people "decompose."[29] The Commission noted the following characteristics of frenga: (1) frenga signified ulcerations in various body parts and the painful decomposition of bones, particularly the bones of the face; (2) it showed a slow progression, its first symptom consisting in aching bones; (3) it was contagious, its transmission being probably a consequence of the common use of drinking vessels, crockery and smoking utensils within families and neighbourhoods, (4) it was related to a poor social and "natural" condition, and (5) diseased women delivered healthy children.[30]

Based on interrogations among the populations of affected areas, the commission came to the conclusion that the "frenga" had first occurred around 1810 in those places where the Ottoman and the Russo-Serb armies had camped during the Russo-Turkish War (1806-1812).[31] Not least because frenga was a term borrowed from the Turkish language, the commission concluded that the disease had originated in the Ottoman Empire. As Sigmund reports, the idea of the introduction of syphilis by the Ottomans was common in Serbia, and also among some affected Austrian populations, but above all among Serbians living in the areas of the Austrian Military border (Militärgrenze).

---

25 Ibidem, 102.
26 Ibidem, 99c.
27 Ibidem, 102.
28 Miloutine Perichich, *La Syphilis en Serbie* (Nancy: Crepin-Leblond, 1901), 28.
29 Ibidem, 29.
30 Sigmund, "Untersuchungen über die Škerljevo Seuche", *Zeitschrift der k.k. Gesellschaft der Ärzte zu Wien*, 44-5.
31 Ibidem, 33.

Sigmund's report contained a detailed comment on the Serbian findings concluding that škerljevo and frenga were the same disease. He added that the disease
was further identical to the "boăla" in Transylvania and Moldavia, the "Tiroler
Seuche" in the Alps and the "falcadina" in the Trentino. Sigmund had also studied
"rural syphilis" in Italy and in Norway, stating that Norwegian "radesyge" patients
exhibited the same symptomatology as patients of škerljevo and frenga.[32] Sigmund,
however, stated that "radesyge" combined syphilis and lupus, while škerljevo and
frenga combined syphilis and scrupholosis.[33]

Sigmund maintained that the new disease was essentially "syphilis" because
of the adequacy of the same treatment, and he denied that it was endemic.[34] He
assured that it affected less people than frequently assumed by local physicians
who, according to Sigmund, were incapable of correct diagnosis. Sigmund criticised
that they contended with a description of symptoms given by patients instead of
examining their probably affected genitalia.[35] The patients, on the other hand,
would tend to suppress the fact of suffering from venereal infection because of
"shame" or "stupidity."[36]

Sigmund, however, did not argue entirely homogenously. He described škerljevo
and frenga as a "syphilioid of skins, periosteum, and bones", conceding that he had
examined škerljevo patients who did not exhibit the characteristic traces of genital
affections. He concluded that škerljevo (and frenga), therefore, "obviously" had to
be classified as "hereditary syphilis."[37]

According to Sigmund, public opinion regarding the first occurrence of the
disease differed. One rumor suggested that the epidemics had been introduced
originally by a native sailor; the latter was considered to have been infected in
the Russo-Turkish war zone passing on the disease to a prostitute who infected
several native men. Another thesis implied its introduction by Napoleonic troops,
particularly soldiers from Hesse in 1809; a third thesis suggested its introduction
by a native who had had travelled to Dalmatia.[38]

---

32   Ibidem, 106.
33   Cf. Johann Karl Proksch, *Die Geschichte der venerischen Krankheiten. Eine Studie*, 2
     vols (Bonn: Peter Harstein, 1895), II, 817.
34   Sigmund, "Untersuchungen über die Škerljevo Seuche", *Zeitschrift der k.k. Gesellschaft
     der Ärzte zu Wien*, 103.
35   Ibidem, 57.
36   Ibidem, 91-2.
37   Ibidem, 106.
38   Ibidem, 94-6.

Sigmund underlined that most informants had indicated the propagation of the disease by native migrants to cities, soldiers, and local prostitutes. He concluded that the "original" infection had to have been venereal, while he considered its rapid non-venereal spread to be a consequence of the poor personal hygiene prevailing among the populations of infected regions.[39] Further, he was convinced that the epidemic had actually originated in the Napoleonic army, the evidence of which he saw in the coincidence of the occurrence of škerljevo in Ragusa in 1810 and the invasion of the French army. Obviously, after its first occurrence in the Trentino around 1790, the disease had moved continuously southward and eastward; Sigmund remarked that he had come across škerljevo cases from Salzburg to Montenegro.[40] He assumed that the direction of the dispersal was from North to South, and from West to East, not least because "radesyge" in Norway and "sibbens" in Scotland had occurred already in the early eighteenth century.

Sigmund's official škerljevo report after 1860 obtained the rank of a doctrine of the "Vienna School of Dermatology", and it was influential all over Europe. So-called "rural syphilis" became discussed as a form of syphilis initially introduced by migrants or soldiers, after that point spreading by extragenital infection from local "foci" among populations living under unhygienic conditions. The concept of "endemic syphilis", however, was revisited by Austro-Hungarian physicians in occupied Bosnia and Herzegovina.

4   Frenjak in Occupied Bosnia and Herzegovina

Awarded with a mandate of the Congress of Berlin in 1878, Austro-Hungarian troops occupied the Ottoman province Bosnia and Herzegovina in 1879/80.[41] As early as during the occupation, Austro-Hungarian health officers expressed great concern that, in Bosnia, a "well acclimatised syphilis" represented a significant threat to the imperial army.[42] In 1879, Austro-Hungarian military authorities – who generally presumed a compelling correlation between syphilis and prostitution –

---

39 Ibidem, 143-5.
40 Ibidem, 103; 105.
41 Officially a condominium, Bosnia was planned to be integrated into the Dual Monarchy as soon as possible, the integration of Bosnia being considered just a first step for the future takeover of further Ottoman territories by Austria-Hungary.
42 Dr. Ulmer, "Die sanitären Verhältnisse der Truppen im Okkupationsgebiete," *Der Militärarzt* 18 (1884), 121-4, 127-9 and 131-3, here 123.

introduced the registration and compulsory medical inspection of all prostitutes in the occupied territories, representing one of the first Austro-Hungarian public health measures.[43] However Leopold Glueck, head of the Department of Dermatology and Venereology at the provincial hospital in Sarajevo, remarked as to the rural and remote character of the country that, at least before the occupation, prostitution in the proper sense of the word practically did not exist.[44]

The military authorities, quite obviously alarmed by the "shocking" appearance of natives who suffered from a progressed endemic syphilis, characterised "syphilis" in Bosnia and Herzegovina as a "national epidemic" (Volkskrankheit). They took for granted that syphilis must be more widespread in Ottoman than in Western countries. This assumption was partly due to Orientalist stereotypes of Muslim "moral decay" and "polygamy", the latter incorrectly seen as a general institution within Muslim societies.[45] Similar views were further evident in the contemporary medical literature, for example in the works of Eduard Reich (1836-1919), or of Franz Pruner (1808-1882) who had been a professional physician in Egypt during the 1830s and 1840s and reported on the prevalence of "syphilis" among native populations.[46]

Once "syphilis" had been established as a Bosnian "social disease", the authorities in Vienna reacted quickly. Maximilian Zeissl (1853-1925), who had been involved in combating škerljevo in Croatia, claimed to have been informed by an officer from the Ministry of the Interior in 1885 that "in the occupied territories an endemic disease is prevailing that is referred to as 'frenjak' and which presumably is identical with škerljevo."[47] Zeissl, who had already been commissioned to examine the occurrence of cases of škerljevo in Dalmatia, made his way to Bosnia, where Austro-Hungarian health officers in different districts enabled him to visit cases of frenjak. Zeissl asserted that frenjak and škerljevo were identical, which he concluded from the prevalence of primary and tertiary symptoms of syphilis. However, according to the doctrine held by the universities of Vienna and Prague,

43 Paul Myrdacz, *Sanitäts-Geschichte und Statistik der Occupation Bosniens und der Hercegovina im Jahr 1878* (Vienna-Leipzig: Urban & Schwarzenberg, 1881), 275-6.

44 Leopold Glueck, "Prostitution et maladies vénérinnes en Bosnie et Herzégovinie," in *Conférence internationale pour la prophylaxie de la syphilis et des maladies vénérinnes. Rapports préliminaires*, ed. Dr. Dubois-Haverith, tome 1-2, (Bruxelles: H. Lamertin, 1899), 2/307-54, 2/325c.

45 See, e.g., Arthur J. Evans, *Through Bosnia and the Herzegovina on Foot during the Insurrections August and September 1873* (London: Longman, Green & Co, 1876), 191-6.

46 Eduard Reich, *Lehrbuch der allgemeinen Aetiologie und Hygieine* (Erlangen: Enke, 1858), 451-2; Franz Pruner, *Die Krankheiten des Orients vom Standpunkte der vergleichenden Nosologie* (Erlangen: Palm & Enke, 1847).

47 Zeissl, "Ueber 'Škerljevo'. Ein Reisebericht", *Arch. Derm. Syph.*, 299.

Zeissl interpreted the sudden occurrence of non-genital chancres (ulcers) as cases of "hereditary syphilis."[48]

A campaign to "eradicate syphilis" in Bosnia and Herzegovina, therefore, became inevitable, while the Serbian government began to eradicate syphilis systematically in 1881.[49] In 1889, Bosnia's de-facto governor, the Joint Minister of Finance Benjamin de Kállay, commissioned the first full professor of Dermatology and Venereology at the University of Vienna, Isidor Neumann (1837-1906), to conduct "exhaustive studies on the occurrence and spread of syphilis and other skin diseases" in Bosnia "in order to advise the authorities on how to combat it in administrative ways."[50]

Neumann travelled to Bosnia in 1890 and calculated the rate of syphilitics in Bosnia to be 26 per 1,000 of the total population.[51] He recommended an area-wide medical examination of populations in order to identify the single frenjak-foci and their extension and to systematically investigate the "sanitary and hygienic conditions". Following the example of earlier Austrian syphilis campaigns, the authorities were not only instructed to search for cases of syphilis, but to survey the dispersal of lupus, scabies, favus and leprosy all over Bosnia and Herzegovina as well.[52] Neumann advised the authorities to establish hospitals in all districts as well as hospitals in regions that were particularly "contaminated" with syphilis. Moreover, Neumann suggested that systematic medical examinations should be combined with a campaign promoting personal hygiene, for which he recommended the employment of female physicians, especially for the genital examination of the female Muslim population.[53]

These area-wide examinations were carried out in the 1890s, resulting in the discovery that syphilis was endemic only in the districts of Sarajevo and Banja Luka, where provisional hospitals [Barrackenhospitäler] were set up in order to

---

48 Anon., "Note," *Medicinisch-chirurgische Rundschau* 18 (1887), 663.

49 Perichich, *La Syphilis en Serbie*, 33.

50 Landesregierung für Bosnien und die Hercegovina, ed. *Das Sanitätswesen in Bosnien und der Hercegovina 1878–1901* (Sarajevo: Landesdruckerei, 1903), 137.

51 Isidor Neumann, *Syphilis* (Vienna: Hölder, 1896), 33-4.

52 Geza Kobler, "Über das Vorkommen und die Bekämpfung der Lepra in Bosnien und Hercegovina," *Wiener Medizinische Wochenschrift* 60 (1910), 121-4, 129-31, and 157-9, here 158.

53 Cf. Brigitte Fuchs, "Orientalising Disease. Austro-Hungarian Policies Of 'Race', Gender, And Hygiene In Bosnia and Herzegovina, 1878–1914," in *Health, Hygiene and Eugenics in Southeastern Europe until 1945*, ed. Sevasti Trubeta, Marius Turda, and Christian Promitzer, 57-85 (Budapest: CEU Press, 2011), 74-83.

isolate those infected.[54] The Austro-Hungarian authorities obviously assumed a priori that syphilis was more widespread among the Muslim population than among people of other faiths (notably Christians).[55] The Orientalist nature of this assumption is indicated by the impossibility of validating it by statistical data.[56] It should also be pointed out that the popularity of the theory of the Ottoman origin of the disease was a catalyst in the launching of the hygiene campaign as well as the recognition of endemic syphilis.

5 Theories of the Provenance and Nature of Frenjak

According to Neumann, Austro-Hungarian authorities, in 1890, were "informed thoroughly about provenance, forms and dispersal" of "syphilis".[57] The Austro-Hungarian authorities however assured that they had refrained from compulsory syphilis examinations and mercury treatments that had proved to be extremely unpopular among the rural populations in Slovenia and Croatia. A critique of the Austrian škerljevo mass treatment, the Viennese surgeon Friedrich Lorinser (1817-1895), reported that in Croatia the affected were "hunted" by servicemen, in order to commit them to epidemic hospitals. For an indefinite period of time separated from their families, many detained and compulsorily treated škerljevo patients committed suicide.[58] Sigmund, on the other hand, had shown some surprise at the unpopularity of the mass treatment, not least, as he put it, because the affected were fully fed for free in the hospitals.[59] Obviously, the native populations, exhibited a particular dislike for the "objective examination" of their genitalia. Leopold Glueck

---

54 Ferdinand Schmid, *Bosnien und die Herzegowina unter der Verwaltung Österreich-Ungarns* (Leipzig: Veit, 1914), 279.

55 Anon., "Die sanitären Verhältnisse in Bosnien und der Hercegovina," *Das österreichische Sanitätswesen* 1 (1889), 71; see also Leopold Glueck, *Mittheilungen. aus der Abtheilung. für Syphilis und Hautkranke des bosnisch-hercegovinischen Landesspitales in Sarajevo* (Vienna: Josef Šafář, 1898), 86.

56 Cf. Leopold Glueck, "Bericht der Abtheilung für Syphilis- und Hautkranke 1897-1900," *Jahrbuch des bosnisch-hercegovinischen Landesspitales in Sarajewo für 1897, 1898, 1899 und 1900* (Vienna: Josef Šafář, 1901), 371.

57 Neumann, *Syphilis*, 32.

58 Gustav Lorinser, "Ueber die Škerljevo-Krankheit im österreichischen Küstenlande," *Wiener Medizinische Wochenschrift* 15 (1865), 1674-7, and 1689-92, here 1689c.

59 Sigmund, "Untersuchungen über die Škerljevo Seuche," *Zeitschrift der k.k. Gesellschaft der Ärzte zu Wien*, 99.

(1845-1907) remarked that during the 1880s people in the occupied territories initially regarded the Austro-Hungarian with mistrust and usually refused to have themselves examined, and they did not accept any medication.[60]

Glueck, in the 1880s, at that point a physician at the central military prison in Zenica, had studied the question of the origin of syphilis in Bosnia. Based mainly on Franciscan informants, he reported that all native theories suggested an introduction by the Ottomans, be it in 1463, after the fall of the Christian kingdom of Bosnia, be it in 1832 or 1849 when Ottoman troops took action against the native landlords (begs) who resisted to the reforms ordered by the Porte.[61] Glueck assessed 1849 as too late for the introduction of the endemic, and 1463 as ineligible, because syphilis had only first occurred in Europe in 1493. Pointing at the rapid and malignant course of the disease in Bosnia that proved, according to Glueck, that syphilis had only recently been introduced, he concluded that the disease might well have been spread during the 1830s.[62] While he considered the possible "Orientalist," anti-Ottoman character of the native theorising, he also considered an introduction by the Ottomans quite likely, pointing at the fact that syphilis occurred in the east of the occupied territories far more frequently than in in the western parts neighbouring Dalmatia.[63] On the other hand, he did not exclude a further introduction from Dalmatia. Later, he suggested that syphilis had been introduced to Bosnia from different places at different times, and he assumed that the "foci" were of different age.[64]

However, the assumption of an Ottoman origin of frenjak might also have served to establish endemic syphilis as a specific disease. While Sigmund, in 1855, had emphasised that škerljevo was probably more frequently transmitted venereal than patients admitted, Glueck – as Pernhoffer had observed in Kraljevica in the late 1860s and Bozo Pericic in the 1890s in Dalmatia – stated that venereal infection with endemic syphilis occurred, in fact, very rarely. Glueck, once more, claimed, frenjak was mainly transmitted by family members sharing commodities like towels or crockery.[65]

---

60 Glueck, "Prostitution et maladies vénérinnes en Bosnie et Herzégovinie," 342.
61 Leopold Glueck, "Ueber das Alter, den Ursprung und die Benennung der Syphilis in Bosnien und der Hercegovina," *Arch. Derm. Syph.* 21 (1889), 347-352, here 347-8.
62 Ibidem, 349.
63 Ibidem, 350c.
64 Glueck, "Prostitution et maladies vénériennes," 313.
65 Leopold Glueck, "Die volkstümliche Behandlung der Syphilis in Bosnien und der Herzegowina", *Wiener Medizinische Wochenschrift* 40 (1890), 300-3, 350-3, and 394-5, here 300-1, 350.

The hegemonic doctrine at the fin-de-siècle, however, held that "endemic syphilis" had to be identified with "syphilis hereditaria tarda."[66] The latter had been conceptualised by the French syphilis expert Alfred Fournier (1832–1914) and was believed to be congenital, but not manifesting itself until several years after birth.[67] Among those who studied frenjak, on the other hand, the conviction gained ground that endemic syphilis, in fact, was a disease distinct from venereal transmitted syphilis. In 1903 Leopold Glueck called attention to the fact that tabes never occurred in Bosnian endemic cases, and syphilitic women bore healthy children.[68] Further clinical observations in Bosnia compelled Glueck's son Alexander, in 1921, to postulate "endemic" non-venereal syphilis.[69] In the interwar years, the achievements of Leopold and Alexander Glueck for the description and recognition of not sexually transmitted "endemic" syphilis were praised in Southern European countries such as Bulgaria where endemic syphilis, at that point, was a target of governmental eradication of syphilis-campaigning.[70] Such recognition, however, hardly extended to medical communities beyond the affected southeastern European countries.

6   Conclusions

The distinction of endemic syphilis and syphilis is owing to an historic medical discourse referring to the southern provinces of Austria and Hungary where, around 1800, a "new disease" occurred which, initially, was usually classified rather as a not sexually transmitted "syphiloid" (combined with further diseases) rather than "syphilis". Endemic syphilis or škerljevo was also considered a "primitive" form of syphilis, occurring in a similar way to the syphilis epidemics in Europe in

---

66 Cf., e.g., Perichich, *La syphilis en Serbie*; cf. also Emil von Düring-Pascha, "Studien über endemische und hereditäre Syphilis," *Arch. Derm. Syph.* 61 (1902), 3-32 and 357-400.

67 Alfred Fournier, *Vorlesungen über Syphilis hereditaria tarda* (Leipzig, Vienna: Franz Deuticke, 1894).

68 Cf., e.g., (Leopold) Glueck, "Zur Kenntnis der klinischen Eigentümlichkeiten der sog. endemischen Syphilis," *Arch. Derm. Syph.* 72 (1904), 104-11.

69 Alexander Glueck, however, tended to reject the theory of "modified spirochetes," but suggested a probable modified transmission by vermin, cf. (Alexander) Glueck, "Über die klinischen Eigentümlichkeiten der endemischen Syphilis," *Arch. Derm. Syph.*, 221.

70 Cf., e.g., Wladimir St. Maneff, *Über die endemische Syphilis in Bulgarien* (Leipzig: MD thesis, 1934), 3.

the late fifteenth century, the škerljevo disease in Croatia and Slovenia, therefore, illustrating the "first contact situation."[71]

The škerljevo disease aroused initially the interest of the Western medical community with the effect that, on clinical grounds, rural "endemic syphilis" and "syphilis" became differentiated, and "endemic syphilis" was never omitted from relevant literature. After 1860, endemic syphilis was, however, usually considered to be essentially "hereditary syphilis." In order to challenge this theory on the basis of new observations in occupied Bosnia and Herzegovina, Austro-Hungarian physicians, at first, maintained its introduction from the Ottoman Empire, while the doctrine of the Vienna School of Dermatology held its spread from North to South and from West to East. The debate on endemic syphilis, however, after 1860, remained restricted to Austria-Hungary and affected neighbouring countries.

---

71 This idea essentiall inspired y the famous "Tuskegee syphilis experiment", because syphilis experts, in the interwar years, wished to study "ethnic" syphilitics who had not undergone then prevailing Salvarsan treatment, the latter being considered to have probably modified the character of syphilis; cf. Paul A. Lombard and Gregory M. Dorr, "Eugenics, Medical Education, and the Public Health Service: Another Perspective on the Tuskegee Syphilis Experiment," *Bulletin of the History of Medicine* 80/2 (2006), 291-316; cf. also Karl Wilmanns, *Lues, Lamas, Leninisten. Tagebuch einer Reise durch Rußland in die Burjatische Republik im Summer 1926* (Pfaffenweiler: Centaurus, 1995).

Der Einfluss von Epidemien auf die Konstruktion von Feindbildern in Serbien (1830-1914)

Indira Duraković

„Besondere Acht sollten lokale Polizeibehörden auf Herumtreiber, streunende Zigeuner [und] Bettler geben für die erfahrungsgemäß bewiesen ist, dass sie die häufigsten Verbreiter von Infektionskrankheiten sind. All diese Personen sollten erbarmungslos in ihren Wohnort vertrieben und bestraft werden und falls festgestellt wird, dass sie infizierte Häuser betreten haben, dann sollte ihr Gepäck samt aller Gegenstände entwendet und mit Öl abgebrannt werden."[1]

Als der serbische Innenminister Ljubomir Jovanović im Zuge der verheerenden Flecktyphusepidemie von 1914/15 die Vertreibung und Isolation von marginalisierten Bevölkerungsgruppen forderte, bediente er sich gesellschaftlich etablierter Stereotypen, welche häufig zur Legitimierung anti-epidemischer Restriktionen herangezogen wurden. Kollektive Beschuldigungen und pejorative Darstellungen von Minoritäten waren konstante Begleitfaktoren von expandierenden Infektionskrankheiten, welche sich auch auf die Intensität der staatlichen Maßnahmen auswirkten. Insbesondere Krankheitsausbrüche wurden mit wiederkehrenden Deutungsmustern zu erklären versucht, die auf verfestigten Feindbildern basierten und in ihrer Kontinuität den gesundheitspolitischen Umgang mit Epidemien prägten. Diese Aspekte berücksichtigend, wird primär der Zusammenhang zwischen Seuchen und der Stigmatisierung von Randgruppen im Serbien des 19. und frühen 20. Jahrhunderts kritisch beleuchtet. Darüber hinaus werden Abgrenzungsmechanismen

---

1 „Na ročitu pažnju će obratiti mesne policijske vlasti na skitnice, Cigane skitače, prosijake, za koje je iskustvom dokazano, da su najčešće raznosači zaraznih bolesti. Sva ta lica treba nemilosrdno progoniti u njihovo mesto stanovanja i kažnjavati, a i kad se utvrdi da su odlazili u zaražene domove, oduzeti im torbe sa stvarima i jestivom ih sagoreti." Ljubomir Jovanović, *Upustva za suzbijanje bolesti u opšte a pegavog tifusa (pegavca), povratne groznice, trbušnog tifusa (vrućice) i desenterije (srdobolje) posebice* (Niš: Državna Štamparija Kraljevine Srbije, 1915), 9.

gegenüber dem konstruierten „Anderen" sowie die Reproduktion diffamierender Bilder einer Analyse unterzogen.

Seit den 1830er Jahren richteten sich die im westlichen und südöstlichen Grenzgebiet verdichtenden Quarantänestationen vor allem gegen das Osmanische Reich. Von diesen erhoffte sich sowohl die Donaumonarchie als auch das restliche Europa eine entlastende Funktion, weshalb Serbien aufgrund der geografischen Lage eine Schlüsselrolle in der Epidemieabwehr zukam. Demgemäß wurde auch die erste Zäsur im serbischen Gesundheitssystem mit dem Aufbau eines Quarantänenetzes eingeleitet, um das Landesinnere insbesondere vor der Einschleppung der Pest und Cholera aus dem Osmanischen Reich zu schützen.[2] Bereits mit der Errichtung der ersten Station zur Kontrolle des Donauverkehrs am Fluss Poreč (Porečka rijeka) 1829 wurde die bis zu zwanzigtägige Aufenthaltsdauer der Reisenden je nach Herkunftsort reglementiert.[3] Somit war der Schutz vor Infektionskrankheiten aus den Nachbarregionen, die nach ihrer epidemischen Gefährlichkeit klassifiziert wurden,[4] ein entscheidender Faktor für den Aufbau des Quarantänesystems. Seitdem fungierte Serbien als ein „Pufferstaat", welcher ab 1844 intensiv mit den österreichisch-ungarischen Behörden kooperierte.[5] Der monatliche Austausch über potenzielle Gefahren und Epidemie-Ausbrüche sollte der Habsburgermonarchie einen Informationsvorsprung sichern und war somit von großer Relevanz, zumal das osmanische Territorium zu einem Herd infektiöser Krankheiten deklariert worden war.

---

2   Vgl. Ministarstvo unutrašnjih dela. Sanitetsko odeljenje, Hg., *Sanitetski zbornik zakona, uprava, raspisa i prepisa I/1* (Beograd: Državna štamparija, 1879); Vladimir Stojanović, „Čuma u niškoj, pirotskoj, leskovačkoj i vranjskoj nahiji 1837. i 1838. godine. Predanja i istorija," *Arhiv za istoriju zdravstvene kulture Srbije* II/2 (1972), 179-182; Gordana Živković, „Predanja o zaštiti i suzbijanju kuge u Zaječaru i okolini u XIX veku," *Timočki medicinski glasnik* III/7 (1978), 65-69, 66.

3   Nikola Plavšić, „Porečki kontumac i izveštaj o epidemijama iz protokola magistrata nahije porečke (1818-1832)," in *Za zdravlje. Iz istorije narodne medicine i zdravstvene kulture*, Živković Gorana and Paunović Petar, Hg. (Zaječar: Grafomed, 2000), 101-105, 104.

4   Mita Petrović, *Finansije i ustanove obnovljene Srbije do 1842*. Knjiga I (Beograd: Državna Štamparija Kraljevine Srbije, 1897), 350.

5   Dragan Stupar, „Saradnja pančevačkog i zemunskog karantina sa zdravstvenim vlastima Srbije u petoj deceniji XIX veka," in *VI naučni sastanak. Zbornik radova*, Naučno društvo za istoriju jugoslovenske zdravstvene kulture Jugoslavije, Hg. (Bački Petrovac: Kultura, 1975), 135-144.

1 Die Ausprägung des „Orientalismus" in Serbien

Mit der damals üblichen Einteilung der Weltregionen in *mental maps*[6] intensivierte sich auch in Serbien die Abgrenzung gegenüber dem „Osten" oder „Orient", welcher nicht nur geografisch, sondern auch diffamierend-emotional definiert wurde. Im Zuge der Balkankriege weitete sich diese Perzeption auch auf die neu eingenommenen Gebiete und die darin ansässige muslimische Bevölkerung aus. Im Zeitalter von Nationalstaaten waren Minderheiten nicht nur territorial schwerer „fassbar", sondern auch ihre Lebensformen und Traditionen galten oft als unvereinbar mit jenen der christlich-orthodoxen Mehrheit. Durch die Lokalisierung des „Orientalischen" im südlichen Serbien, das als unhygienisch und „rückständig" erachtet wurde, legitimierten serbische Ärzte eine „zivilisatorische Mission" in der ehemaligen osmanischen Region. Sie übernahmen damit jene diffamierende Sichtweise, die west- und mitteleuropäische Staaten dem Balkan, *the other within Europe*, entgegenbrachten.

Mit der Aneignung dieser Perspektive verankerte sich der Orientalismus (*nesting orientalism*)[7] auch in Serbien und prägte das Verhältnis zu den neuen Bewohnern des Landes. Der Überzeugung folgend, dass südöstlich gelegene Regionen und Kulturen „konservativer und primitiver"[8] als die eigenen seien, distanzierte sich die serbische (Ärzte-) Elite zunächst von den Hygienemissständen der ehemaligen osmanischen Gebiete. Daher konzentrierte sich ihre missionarische Tätigkeit primär auf die muslimische Bevölkerung und ihre Verweigerungshaltung gegenüber medizinischen Behandlungen, die auf den Prädestinationsglauben im Islam zurückgeführt wurde. Demgemäß stand die „Umerziehung" dieser Menschen im Fokus, die Fieber zu einer „heilige[n] Krankheit"[9] erklärten und jegliche Therapien als Widerspruch zum Gotteswillen sähen.[10] Mit Aufklärungsmaßnahmen sollte ein Bewusstsein für „gesellschaftlich-hygienische Gerechtigkeit"[11] entwickelt werden, wobei sich Ärzte

---

6   Maria Todorova, *Imagining the Balkans* (New York: Oxford University Press, 1997).

7   Milica Bakić-Hayden, „Nesting Orientalisms: The Case of Former Yugoslavia," *Slavic Review* 54/4 (1995), 917-931.

8   Heinz Fassmann, Wolfgang Müller-Funk und Heidemarie Uhl, Hg., *Kulturen der Differenz – Transformationsprozesse in Zentraleuropa nach 1989* (Wien: Vienna University Press, 2009), 141.

9   St. M. Mijatović, „Slike i prilike naših naroda sa zdravstvenog gledišta. Mitrovica – Kosovo," *Narodno zdravlje. Lekarske pouke narodu* XVIII/2 (1913), 23-34, 32.

10   Milan Jovanović, „Kako se tumači postanak kužnih bolesti," *Narodno zdravlje. Sanitetsko odeljenje Ministarstva unutrašnih dela* I/41 (1882), 500-502, 500.

11   Vladimir Stanojević, *Higijena za srednje i stručne škole. Biblioteka zdravlje. Knjiga 4* (Beograd. Biblioteka Zdravlje, 1921), 131.

– von einem Superioritätsgefühl geleitet – in ihren Berichten als Vermittler neuer medizinischer Standards darstellten. Demnach soll das „türkisch" charakterisierte Ohrid vom „hundertjährigen Ekel und Gestank auf den Straßen"[12] befreit und in eine „moderne Kulturstadt" umgewandelt worden sein. Gleichermaßen galten die hygienischen Missstände in Skopje, die regelmäßig Cholera und Flecktyphus verursachten,[13] erst mit dem Einsatz der serbischen Verwaltung als behoben.

So wurden „orientalische" Einflüsse und fehlendes Sauberkeitsbewusstsein stark mit der muslimischen Bevölkerung in den neuen Landesgebieten konnotiert, die sich nicht einmal an der „Verwesung von Kadavermassen"[14] vor den eigenen Häusern gestört haben soll. Den Einwohnern von Mitrovica wurde sogar unterstellt, sich an Abfallausdünstungen nicht nur gewöhnt, sondern diese sogar als „angenehm"[15] empfunden zu haben. Basierend auf dem unterstellten inadäquaten Hygieneverständnis und der vermeintlichen Ignoranz gegenüber Krankheitsprävention wurde diesen Menschen eine „orientalisch angeborene Gleichgültigkeit"[16] zugeschrieben. Demnach liege gerade den „Mohammedanern" die „[...] Untätigkeit und Faulheit [...] im Blut"[17], welche zur Vernachlässigung der Sauberkeit und zum häufigen Ausbruch von Infektionskrankheiten führe. Letztere würden auch bei der jüdischen Bevölkerung von Skopje – im Gegensatz zu jener Belgrads – vermehrt auftreten, weil diese „[...] sehr rückständig [sei] und wie im Mittelalter leb[e]"[18]. Auch die Gesellschaft zum Schutz der Volksgesundheit (*Društvo za čuvanje narodnog zdravlja*) führte die prekären hygienischen Umstände weniger auf Armut, sondern vielmehr auf die traditionelle Lebensweise der Bevölkerung zurück, die über Jahrhunderte dem Verfall ausgesetzt sei.[19] Die Revitalisierung und Verstärkung kollektiver Beschuldigungen in Kriegs- und Epidemiezeiten verdeutlicht die tiefe Verankerung pejorativer Bilder über spezifische Gesellschaftsgruppen und Regi-

---

12 „Staranje sela, opštine i države o zdravlju naroda," *Zdravlje. Lekarske pouke i obaveštenja o zdravlju i bolesti* 7/9 (1912), 359-362, 361.

13 Grgur Berić, „Higijenske prilike u Skopju," *Narodno zdravlje. Lekarske pouke narodu* XIX/2 (1914), 37-40, 38.

14 Sreten Dinić, „Zdravstvene prilike kod Muhamedanaca," *Narodno zdravlje. Lekarske pouke narodu* XVIII/4 (1913), 88.

15 M. Mijatović, „Slike i prilike našega naroda sa zdravstvenog gledišta. Mitrovica-Kosovo," *Narodno zdravlje. Lekarske pouke narodu* XVIII/1 (1913), 1-6, 2.

16 Laza M. Dimitrijević, *Kako živi naš narod. Beleške jednoga okružnog lekara* (Beograd: Državna Štamparija Kraljevine Srbije, 1893), 18.

17 Mijatović, „Slike i prilike našega naroda," *Narodno zdravlje*, 28.

18 Berić, „Higijenske prilike u Skopju," *Narodno zdravlje*, 39.

19 „Rad Društva za Čuvanje Narodnog Zdravlja u Novoj Srbiji," *Zdravlje. Lekarske pouke i obaveštenja o zdravlju i bolesti* 9/1 (1914), 23f.

onen. Besonders die in den Balkankriegen eingenommenen Gebiete wurden zur „Quelle vieler infektiöser Krankheiten" degradiert, was die vorherrschende Angst verstärkte, dass diese „auch in die alten Grenzen übertragen werden"[20] könnten. Demgemäß war die Beseitigung der gesundheitlichen Missstände am Kosovo und in Mazedonien vorwiegend von utilitaristischen Konzepten geprägt.

Eine kontinuierliche Begleiterscheinung der zahlreichen Seuchenausbrüche war somit die Verortung ihres Ursprungs bei „östliche[n] Völker[n]", die als „unkultiviert und unsauber"[21] erachtet wurden und scheinbar unter einer hohen Choleratodesrate litten.[22] Daher wurden Schiffe mit „Hadschis, Emigranten in großer Anhäufung und Zigeuner[n], unter welchen die hygienischen Bedingungen grundsätzlich und allgemein sehr rostig und schwach"[23] seien, strikten Kontrollmaßnahmen unterworfen. Besonders Roma, „nomadisierende Zigeuner", und „Türken" wurden beschuldigt, Pocken aus dem Osmanischen Reich einzuschleppen.[24] In diesem Sinne beschloss auch das Innenministerium 1911 wegen der Choleragefahr, den „Auswanderern, Arbeitern, Zigeunern und anderer gruppenweise passierenden Personen aus der Türkei"[25] die Einreise nach Serbien zu verwehren. Der explizite Verweis auf Roma verdeutlicht die zeitgenössische Sichtweise auf diese Gesellschaftsgruppe, die häufig für die Verbreitung infektiöser Krankheiten verantwortlich gemacht wurde. Zu spezifischen Gefahrenzonen wurden des Weiteren öffentliche Orte und Transportmittel erklärt, denn „in stärkster Beziehung mit diesen [...] stehen sehr oft unsaubere und verlauste *Herumstreicher* [sic], Bettler, Zigeuner, diverse Reisende, Emigranten, Hadschis u. a.".[26] Die Angst vor infizierten Mekkapilgern

---

20 Dobr. Ger. Popović, „Zarazne bolesti za vreme rata," *Srpski arhiv za celokupno lekarstvo* XVIII/8 (1913), 149-152, 151.

21 Jovan St. Kujačić, *Kolera*, Biblioteka za čuvanje narodnog zdravlja V (Kotor: Bokeška Štamparija, 1912), 52.

22 Savinačka družina za čuvanje narodnog zdravlja, Hg., *Kolera*. II Knjiga (Beograd: Štampa Naumovića i Stefanovića, 1910), 3.

23 „[...] hadžije, emigrante u većim gomilama i cigane, među kojima su higijenski uvjeti i inače u opšte vazda veoma rđavi i slabi" Kujačić, Kolera, 117.

24 Joseph Valenta, „Volkskrankheiten und ärztliche Zustände in Serbien," *Mittheilungen der k.k. Geographischen Gesellschaft in Wien* 15 (1872), 156-172, 161.

25 Österreichisches Staatsarchiv, Allgemeines Verwaltungs- Finanz- und Hofkammerarchiv, Ministerium des Innern. Allgemeine Sanitätsangelegenheiten 1900-1910. Signatur 34A, Griechenland, Bulgarien, Serbien. Signatur 3072. Nr. 53617/8a.

26 Jovan St. Kujačić, *Pjegavac. Prenošenje i širenje njegove zaraze i čuvanje od nje*, Knjižica za čuvanje narodnog zdravlja 10 (Beograd: Zemunska štamparija, 1928), 131.

war auch unter serbischen Ärzten stets präsent,[27] doch die staatliche Zurückweisung spezifischer Bevölkerungsgruppen an den Quarantänen ging über das Motiv eines eurozentrischen Krankheitsschutzes hinaus. Mit dem bereits 1839 initiierten und 1864 verlängerten Einreiseverbot für Bedürftige sollte der Grenzübergang von Roma und Bettlern aus dem Osmanischen Reich,[28] die als finanzielle Last galten,[29] verhindert werden. Gleichermaßen wurden jüdische Migranten beschuldigt, unter „der Ausrede des Handels" in ihrer „Arbeitslosigkeit und ihrem Herumtreiben auf Lasten unserer Leute ihr Leben [in Serbien] verbringen"[30] zu wollen. Xenophobie, Antisemitismus sowie ökonomisch-utilitaristische Denkansätze durchdrangen somit auch gesundheitspolitische Entscheidungen.

2   Von der Stigmatisierung zur Marginalisierung

Ängste vor der Einschleppung und Ausbreitung von Epidemien resultierten in Serbien wie auch in anderen Teilen Europas in Feindbildern und stereotypen Visualisierungen der vermeintlich „Verantwortlichen". Im Rahmen der ärztlichen Diskurse wurden Letztere auch im Landesinneren lokalisiert. Neben „Türken", Roma und Juden waren besonders bedürftige Menschen als Krankheitsträger marginalisiert: „Als ob diese Bettler die Verpflichtung hätten, mit sich die Keime aller möglichen Infektionen zu verbreiten".[31] Dabei handelte es sich um bereits stigmatisierte Bewohner, die sich für die Konstruktion des entgegengesetzten „Anderen" eigneten. Die kollektiven Verdächtigungen beschränkten sich durchgehend auf sozial benachteiligte Gruppen, deren unzulängliche Lebens- und Wohnverhältnisse von der Sanitätsabteilung als eine der Hauptquellen für Seuchenausbrüche gedeutet wurden. Entsprechend würden

---

27 Jovan Danić, „Kolera," *Narodno zdravlje. Lekarske pouke narodu* XIII/6 (1906), 151-157, 153.

28 Vgl. „Raspis za karantine i sastanke 31. Oktombrija 1839," in *Sanitetski zbornik zakona, uprava, raspisa i prepisa I/2*. Ministarstvo unutrašnjih dela. Sanitetsko odeljenje, Hg. (Beograd: Državna štamparija, 1879), 51-52, 51.

29 „Raspis od 10. novembra 1864," in *Sanitetski zbornik zakona, uprava, raspisa i prepisa I/2*, Ministarstvo unutrašnjih dela. Sanitetsko odeljenje, Hg. (Beograd: Državna štamparija, 1879), 52-53, 52.

30 Ibid., 53.

31 Berić, „Higijenske prilike u Skopju," *Narodno zdravlje*, 39; Milan Jovanović-Batut, *Knjiga o zdravlju. Prosto izložene pouke o čuvanju i negovanju zdravlja*, Srpska književna zadruga 35 (Beograd: Državna Štamparija Kraljevine Srbije, 1896), 275.

die dunklen, schmutzigen und überfüllten Räume, „wo die untere Schicht haust",[32] eine zentrale Gefahrenzone darstellen und sogar die Pest verursachen.[33] Folglich orientierten sich viele antiepidemische Konzepte an den „Einwohner[n] niedriger Klasse[n]",[34] welchen insbesondere die Verlausung zur Last gelegt wurde.[35] Die ärmere Bevölkerung war somit seit 1867 stärker den Kontrollen der Sanitätspolizei ausgesetzt, die bei Choleraausbrüchen Wohnhäuser unverzüglich sperrte und die Bewohner aussiedelte.[36] Die intendierte Verschärfung der Präventivmaßnahmen bei den Bedürftigen diente vielmehr dem Seuchenschutz der Wohlhabenderen, die von der Maxime ausgingen, dass die medizinische Versorgung der Armen zugleich die „eigene" Gesundheit garantiere.[37] Die Konzentration auf bestimmte Gruppen verhüllte das tatsächliche Ausmaß der hygienischen und gesundheitlichen Missstände in Serbien und trug zur Fortführung und Verfestigung gesellschaftlicher Abgrenzungsmechanismen bei.

Die mühsamen und oft ergebnislosen Etablierungsversuche eines kollektiven Bewusstseins für Krankheitsprävention verleiteten auch Ärzte zur Verdichtung von Schuldzuweisungen. Diese richteten sich vorwiegend auf „[...] entfernte Gebiete unseres Landes, wo wilde, dumme und ungehorsame Völker [lebten], die aus Faulheit, Unwissen und Aberglauben [...]"[38] an Krankheiten litten. Dabei trat das Motiv

32 Savinačka družina, *Kolera*, 6; Jovan St. Kujačić, „Pjegava groznica (Pjegavi tifus)," *Narodno zdravlje. Lekarske pouke narodu* XVIII/5 (1913), 100-113, 111.

33 Ministarstvo unutrašnjih dela. Sanitetsko odeljenje, Hg., „Kuga u kliničkom i epidemiološkom pogledu," *Srpski arhiv za celokupno lekarstvo* VII/7 (1901), 330-342, 330 und 341.

34 „Akt ministra unutrašnjih dela ministru prosvete i crkvenih dela od 26. Avgusta 1867," in *Sanitetski zbornik zakona, uprava, raspisa i prepisa* I/2. Ministarstvo unutrašnjih dela. Sanitetsko odeljenje, Hg. (Beograd: Državna štamparija, 1879), 99-132, 130.

35 Vgl. P. Dojić, „O bolestima zdravih ljudi," *Narodno zdravlje* VI/3 (1900), 58-64, 60; Hran. M. Joksimović, „Zarazne bolesti i vaši – uši," *Srpski arhiv za celokupno lekarstvo* XVIII/10 (1913), 189-192, 189.

36 Ministar unutrašnjih dela. Sanitetsko odeljenje, „Uputstva protiv kolere propisana na osnovu ranijih naređenja ministarstva unutrašnjih dela, po kojima imaju upravljati policijske i opštinske vlasti i stanovnici cele zemlje" 10. Septembar 1886 KSBr. 5572, *Srpske novine* LIII/203 (1886), 835-836, 835.

37 Ilija Ognjanović, *Kako se valja čuvati i lečiti od kolere* (Novi Sad: Knjižara Luke Jocića, 1884), 23.

38 „[...] samo još po dalekim krajevima naše zemlje, gde žive divlji, glupi i neposlušni narodi, koji iz lenjosti, neznanja ili praznovere neće ruke dići, da sebe odbrane" Milan Jovanović-Batut, *Branič od zaraza*. Knjige za narod 7 (Novi Sad: Štamparija A. Pajevića, 1886), 76f.

der „Bequemlichkeit"[39] von Roma und Juden in zeitgenössischen Publikationen stark hervor, zumal sich dadurch die prekäre gesundheitliche Lage bedürftigerer Menschen auf Selbstverschuldung zurückführen ließ. Sogar die serbische Polizei setzte sich 1898 in ihrem Amtsblatt intensiv mit Roma auseinander und unterstellte ihnen – entgegen der „kulturtragenden" Mehrheit – physische, psychische und moralische Rückständigkeit.[40] Dies verdeutlicht den gesellschaftlich-marginalen Status dieser Bevölkerungsgruppe, welcher durch die staatliche Haltung lediglich zementiert wurde:

> „Mehrmals lassen sich plötzliche Ausbrüche von Infektionskrankheiten nur damit erklären, dass diese von bettelnden und stehlenden Zigeunern eingeschleppt werden."[41]

Derartige Beschuldigungen waren weit verbreitet und erfuhren auch im Laufe der Zeit keine Abschwächung, ganz im Gegenteil. Durch ihre tiefe Verankerung konnten Stereotype besonders in bedrohlich wahrgenommenen Situationen, wie in Epidemiezeiten, leicht (re-) aktiviert werden. Mit verfestigten mentalen bzw. fiktiven Vorstellungen strukturierten Menschen ihre (Um-) Welt und grenzten das Eigene vom Fremden scharf ab. Dabei wurden Bilder kreiert, die nie im abstrakten Bereich blieben,[42] sondern sich als Gebilde wesentlich auf reale Umstände auswirkten. Dem sozialen und kulturellen Umgang mit Infektionskrankheiten und ihren vermeintlichen „Trägern" lag somit die Intention zugrunde, sich der Ängste und Eigenverantwortung des gesellschaftlichen Kollektivs zu entledigen.

---

39 Vgl. Vuk Vrčević, *Ciganija ili Cigani i njihove dosetke u narodnim pripovetkama* (Novi Sad: Knjižara i štamparija braće M. Popovića, 1884), 6, 17; „Kriminalitet kod Jevreja," *Policijski glasnik. Stručni list za sve policijske radnje* IV/29 (1900), 225-226, 225; Tihomir R. Đorđević, *Vera, načini života i zanimanje u cigana Kraljevine Srbije* (Beograd: Državna Štamparija Kraljevine Srbije, 1908), 13.

40 Vgl. Gr. H., „Cigani, njihov život i njihove osobine," *Policijski glasnik. Stručni list za sve policijske radnje* II/44 (1898), 335-336, 336; II/43 (1898), 327-328, 327.

41 „Više puta mogu se i objasniti iznenadne pojave zaraznih bolesti jedino time, da su ih doneli Cigani proseći i kradući." Gr. H., „Cigani, njihov život i njihove osobine," *Policijski glasnik. Stručni list za sve policijske radnje* II/47 (1898), 360-361, 361.

42 Eine ausführliche Analyse der Herkunft und Funktion von Stereotypen, darunter der *stereotypes of race*, findet sich bei Sander L. Gilman, *Difference and Pathology. Stereotypes of Saxuality, Race and Madness* (Ithaca, London: Cornell University Press, 1994), 15f; Wie stark sich unterschiedlich klassifizierte Krankheiten auf Stereotypisierungsprozesse auswirkten, zeigt Gilman auch anhand der Kunst sowie des Wissenschaftsdiskurses in Sander L. Gilman, *Disease and Representation: Images of Illness from Madness to AIDS* (Ithaca, London: Cornell University Press, 1988).

Obwohl um 1900 Roma zunehmend zum Beobachtungs- bzw. Untersuchungs-objekt der serbischen Elite wurden, änderte dieser Umstand kaum etwas an der negativen Perzeption dieser Menschen. Ihnen wurde jegliches Kulturbewusstsein abgesprochen,[43] während Stigmatisierungen sogar auf pseudowissenschaftlicher Grundlage stabilisiert wurden: Von der diskriminierenden Einstellung gegenüber dieser Minderheit zeugen zahlreiche Artikel des Ethnologen Tihomir Đorđević, welcher den „Gestank" und „Schmutz der Zigeuner" als ein „wissenschaftlich erwiesenes Faktum" darstellte. Demnach würden Roma nicht nur auf Grund ihrer fehlenden Körperpflege stinken, sondern auch, weil sie nicht getauft sind.[44] Gleichermaßen problematisch sind die Erläuterungen des Philosophen Vladimir Dvorniković, welcher die Wohngebiete der Roma als „typisch unordentlich, tierisch schmutzig" und als eine „hygienische Last" schilderte.[45] Mit derartigen Auffassungen konnte nicht nur die Ausweitung des öffentlichen Gesundheitssystems, sondern im Besonderen die soziale Kontrolle legitimiert werden. Doch aus dem unterstellten schwachen Sauberkeitsbewusstsein wurden zugleich positiv gewertete Aspekte herausgefiltert, die sich schließlich auch bei „unkultivierten und rückständigen Völkern"[46] fänden, wie etwa die abgehärtete Gesundheit. Während serbische Ärzte die vermeintlich stärkere Widerstandsfähigkeit der Muslime und Roma gegenüber (Infektions-) Krankheiten mit mangelnder Hygiene konnotierten,[47] führten sie die scheinbar geringere Anfälligkeit der jüdischen Bevölkerung für die Pest oder Pocken auf Glaubensvorschriften zurück.[48] Der Einfluss spezifischer Bräuche im Judentum auf den Gesundheitszustand sowie die Natalitäts- und Mortalitätsrate wurde um die Jahrhundertwende besonders im deutschsprachigen Raum vielfäl-

---

43 Đorđević sprach den Roma den Sinn für Musik gänzlich ab. Sie sollen nichts zur ser-bischen Musikkultur beigetragen haben. Sie würden die vorgefundene Musik sogar „decharakterisieren, zigeunisieren" sowie „verderben" Tihomir R. Đorđević, *Cigani i muzika u Srbiji* (Sarajevo: Bosanska vila, 1910), 15f.

44 Tihomir Đorđević, *Naš narodni život*. Knjiga 3 (Beograd: Štamparija Rodoljub, 1929), 122.

45 Vladimir Dvorniković, *Karakterologija Jugoslovena*. Knjiga 2 (Beograd: Prosveta, 1936), 243.

46 M. Mijatović, „Kako se Turci ljube? (Pjegavi tifus)," *Narodno zdravlje. Lekarske pouke narodu* XVIII/5 (1913), 115-116, 115.

47 Vgl. „Podlistak. Iz života našeg naroda s zdravstvenog gledišta," *Narodno zdravlje. Lekarske pouke narodu* IX/12 (1904), 259-263, 261; M. Mijat, „Iz života našega naroda sa zdravstvenog gledišta. Belica," *Narodno zdravlje. Lekarske pouke narodu* IX/12 (1904), 259-265, 261.

48 Vgl. Jovan Danić, „Higijena kod Jevreja," *Narodno zdravlje. Lekarske pouke narodu* XVI/6 (1911), 11-16, 15.

tig diskutiert. Somit lässt sich die Beschäftigung mit diesem Thema in serbischen Medizinzeitschriften in den zeitgenössischen Diskurs einbetten, welcher sich unter anderem im Zuge der Dresdner Hygieneausstellung von 1911 intensivierte. Pejorative Darstellungen von Minderheiten, Migranten und Mittellosen wurden im Kontext eines medizinisch geprägten Nationalismus produziert, welcher auch in Serbien seine Ausprägung fand und zu (General-) Verdächtigungen und Marginalisierungen beitrug. Der damit einhergehenden sozialen Kontrolle unterstanden sowohl muslimische und jüdische Bevölkerungsgruppen als auch Roma, Bettler oder Mekkapilger. Zur „Infektionsquelle" degradiert, galten diese Menschen als eine Bedrohung für die Gesundheit der restlichen Einwohner. Die Charakterisierung von gesellschaftlichen Randgruppen als das konträre „Andere", vor dem sich ein Kollektiv zum Schutz abgrenzen müsse, war ein europaweites Phänomen, das in Serbien gleichermaßen Fuß fasste und sich über Jahrzehnte gegen die gleichen Gruppen richtete. Insbesondere Flecktyphus, Pest und Cholera führten zur Suche nach Schuldigen, die mit immer wiederkehrenden Bildern des „achtlosen, verwahrlosten, unsauberen, ungeordneten und maßlosen"[49] Menschen konnotiert wurden. Grundsätzlich führten Ärzte kaum eine der in Serbien vorkommenden Infektionskrankheiten auf interne hygienische Missstände zurück. Sogar die Sanitätsabteilung forcierte in ihrem Publikationsorgan die Vorstellung, dass „in keiner von diesen Infektionskrankheiten die Quelle [bzw.] die Brutstätte bei uns, sondern bei unseren Feinden"[50] sei.

Mit der kontinuierlichen Rückführung von Epidemien auf gewisse Regionen und Randgruppen wurde die Definition und Kategorisierung der „Feinde" bekräftigt, wobei diese weit in die Zwischenkriegszeit hineinreichte. Trotz der Erfahrungen mit der Flecktyphusepidemie von 1914/15 nahmen kollektive Beschuldigungen gegenüber „schmutzigen Zigeunern"[51] oder Arabern, die „sehr unsauber und verlaust"[52] seien, keineswegs ab, ganz im Gegenteil: Sogar die Anwendung hygienisch-präventiver Maßnahmen zur Läusebekämpfung sei bei „Vereinzelten und Gemeinschaften"[53] vergeblich. So soll die 1830 in Niš ausgebrochene Pest am häufigsten unter „Tür-

---

49 Milan Jovanović-Batut, „Iz prošlosti naše borbe protiv kolere," *Zdravlje. Lekarske pouke i obaveštenja o zdravlju i bolesti* 5/9 (1910), 257-261, 258.

50 Popović, Zarazne bolesti za vreme rata, 150.

51 Klemens M. Moravac, „Pegavi tifus (typhus exanthematicus)," *Srpski arhiv za celokupno lekarstvo* XXI/3 (1919), 111-116, 113.

52 Vladimir Stanojević, *Insekti i zaraze*. Biblioteka zdravlje. Knjiga 3 (Beograd: Štamparija Tipografija, 1921), 43.

53 Stanojević, *Insekti i zaraze*, 61.

ken und Juden" gewütet haben.[54] Die Konnotation von jüdischen Gemeinden mit Krankheiten reicht weit ins Europa des 18. Jahrhunderts zurück,[55] wo diese infolge ihrer Umgebung und Lebensform als anfälliger für physische und psychische Krankheiten erklärt wurden. Auf diese Weise konnte erwählten Personengruppen eine Prädestination für Infektionskrankheiten aufgebürdet werden. Mit der Überzeugung, dass „rassenspezifische" Merkmale und kulturelle Praktiken über die Immunität gegenüber Krankheiten entschieden,[56] gewannen diese Denkansätze auch in Serbien – wenn auch in geringerem Ausmaß – an Boden. Als vermeintliches Erklärungsmuster für Seuchenausbrüche eignete sich darüber hinaus die fehlende Sesshaftigkeit bedürftiger Menschen, denn „diese, herumstreunend von einem Ort zum anderen verbreiten am leichtesten alle Infektionskrankheiten. [...] Zigeuner übertragen am häufigsten Pocken, da sie sich selten impfen lassen".[57] Die Immunisierung der Bewohner Serbiens war jedoch von der gesundheitspolitischen Initiative und Organisation abhängig, die Randgruppen seltener erfasste als die Mehrheitsbevölkerung. Doch dieses staatlich herbeigeführte Ungleichgewicht wurde weder in den zeitgenössischen (Ärzte-) Berichten erläutert noch mit der prinzipiell niedrigen Anzahl Immunisierter in Relation gesetzt. Vielmehr finden sich darin mannigfache Beschuldigungen sowie explizite Direktiven, bei den Roma und Arbeitern aus der Türkei besonders „achtsam zu sein".[58]

---

54 Risto Jeremić, *Zdravstvene prilike u jugoslovenskim zemljama do kraja devetnaestog veka* (Zagreb: Škola narodnog zdravlja, 1935), 28.

55 vgl. Gilman, *Difference and Pathology*, 150f.

56 Warwick Anderson, „Immunität im Empire. Rasse, Krankheit und die neue Tropenmedizin, 1900-1920," in *Bakteriologie und Moderne. Studien zur Biopolitik des Unsichtbaren 1870-1920*. Philipp Sarasin, Silvia Berger, Marianne Hänseler und Myriam Spörri, Hg. (Frankfurt a. M.: Suhrkamp, 2007), 462-496.

57 „[...] ovi, skitajući se od jednog mesta na drugo, najlakše prenesu sve zarazne bolesti. Cigani najčešće prenose velike boginje, u toliko pre, što se oni retko kad pelcuju." Dobr. Ger. Popović, „Zarazne bolesti," *Narodno zdravlje. Lekarske pouke narodu* X/1 (1905), 9-20, 14.

58 St. Vrkić, „Kalemite („pelcujte") decu od boginja," *Zdravlje. Lekarske pouke i obaveštenja o zdravlju i bolesti* I/6 (1906), 143-163, 166. Dobr. Ger. Popović, *Zarazne bolesti* (Beograd: Državna Štamparija Kraljevine Srbije, 1909), 13.

3   Zwischen Verdächtigung und Vernachlässigung von Randgruppen

Nachdem sich in der nordwestlichen Region um Šabac Pocken 1911 rapide vermehrten, wurde diese Krankheit „umherziehende[n] Zigeuner[n]"[59] zur Last gelegt. Folglich ordnete das Innenministerium die landesweite Untersuchung und Immunisierung aller Roma an, da sich der Staat zuvor kaum um systematische und regelmäßige Schutzimpfungen bei dieser Minderheit bemühte. Angesichts der Tatsache, dass in Serbien, wie auch „in vielen kulturtragenden Ländern",[60] Impfungen und Revakzinisierungen bei Neugeborenen, Schulkindern und der Armee gesetzlich vorgeschrieben waren, stellt sich die Frage, warum Randgruppen von diesen Maßnahmen nicht in gleichem Umfang wie die restliche Bevölkerung erfasst worden sind. Dabei sind die äußeren Rahmenbedingungen zu berücksichtigen, schließlich war die medizinische Infrastruktur nicht ausreichend entwickelt. Außerdem zeigten viele Menschen nicht die erforderliche Bereitschaft für ärztliche Behandlungen und der Staat konnte angesichts dieser Defizite die gesetzlichen Immunisierungsvorschriften bei Randgruppen schwerer realisieren.

Obwohl die Statistik ein wichtiges Instrument für die Entwicklung des öffentlichen Gesundheitswesens und somit auch der ökonomischen und militärischen Stärke war, blieben diverse Datenbereiche lange Zeit lückenhaft. Davon zeugt der Umstand, dass (sesshafte) Roma und „Türken" erstmals bei der Volkszählung von 1866, also 32 Jahre nach dem ersten Zensus, erfasst worden sind. Ohne die notwendigen Zahlenwerte, die im Gesundheitsbereich von den seit 1879 obligatorischen Arztprotokollen abhingen, konnte auch keine umfassende medizinische Versorgung initiiert werden. Die staatliche Unkenntnis und das mangelhafte Engagement für marginalisierte Gruppen zeichnet sich im Publikationsorgan der Polizei von 1898 ab, das die grundlegende Frage aufwarf, ob Roma jemals in einem Krankenhaus gesehen worden sind und woran sie überhaupt starben.[61] Erst mit einem Erlass des Innenministeriums vom 18. Januar 1899 wurde die Polizei- sowie Gemeindeverwaltung dazu verpflichtet, die Geburts- und Todesfälle der Roma zu verzeichnen. Die Registrierung erfolgte über Geistliche, die alle Kirchenprotokolle an die Statistikabteilung des Volkswirtschaftsministeriums weiterzuleiten hat-

---

59 R. Vukadinović, „Velike boginje u okolini Šapca," *Zdravlje. Lekarske pouke i obaveštenja o zdravlju i bolesti* 6/5 (1911), 131-136, 131.

60 R. Vukadinović, „Kako ćemo se sačuvati od velikih boginja," *Zdravlje. Lekarske pouke i obaveštenja o zdravlju i bolesti* 6/5 (1911), 136-140, 139.

61 H. Gr., „Cigani, njihov život i njihove osobine," *Policijski glasnik. Stručni list za sve policijske radnje* II/45 (1898), 343-344, 343.

ten.[62] Die Problematik des mangelnden Datenmaterials war den Ärzten durchaus bewusst, dennoch haben sie auch während der 1898 durchgeführten (Re-) Immunisierungen diese Minderheit nicht berücksichtigt.[63] Angesichts des Umstandes, dass ungeimpften Personen viele Berufe sowie Ausbildungsmöglichkeiten verwehrt wurden, hatte diese Benachteiligung eine Verfestigung des marginalen Status und somit der gesellschaftlichen Isolation zur Folge.

Die staatliche Vernachlässigung von Randgruppen im Gesundheitssystem einerseits und die gleichzeitige Beschuldigung dieser Menschen für jegliche Krankheitsausbrüche andererseits, war kontradiktorisch und ineffektiv. Obwohl Serbien während des gesamten 19. Jahrhunderts weitgehend homogen war, standen Minderheiten stets im Verdacht, für Epidemien verantwortlich zu sein. Dass diese nie mehr als ein Prozent der Gesamtbevölkerung betrugen,[64] verdeutlichen – wenn auch mit abweichenden Angaben – zeitgenössische Aufzeichnungen,[65] darunter auch jene des serbischen Statistischen Amtes.[66] Dennoch bezogen sich die kollektiven Unterstellungen nicht auf alle Randgruppen in gleicher Weise: So waren Rumänen – als die größte Minorität des Landes mit ungefähr fünf Prozent um 1900 – innerhalb der ärztlichen Diskurse keinen negativen Erwähnungen oder Diskriminierungen ausgesetzt. Roma hingegen galten stets als (Über-) Träger gefährlicher Krankheiten, obwohl sie um die Jahrhundertwende lediglich zwei

---

62 Vera Đorđević, *način i života i zanimanje u cigana*, 9; Insbesondere in der Zwischenkriegszeit intensivierte sich die Beobachtung der jüdischen Bevölkerung in Serbien, deren Natalitätsrate für die Elite offenbar von großem Interesse schien. Siehe dazu: „Jevreji brojno neobično napreduju," *Zdravlje. Lekarske pouke i obaveštenja o zdravlju i bolesti* 10/12 (1920), 367.

63 M. P. Jevremović, „Izveštaj o redovnom godišnjem kalamljenju sa revakcinacijom u 1897. i. 1898. godini", *Srpski arhiv za celokupno lekarstvo* VII/3 (1901), 133-136, 134f; VII/4 (1901), 181-189, 187.

64 Laut der Volkszählung von 1866 lebten neben der serbisch-orthodoxen Mehrheit mit landesweit 1.206.045 (99,15 %) Menschen lediglich 4.979 (0,41 %) Muslime, 3.405 (0,28 %) Katholiken, 1.560 (0,13 %) Juden und 357 (0,03 %) Protestanten. M. Đ. Milićević, *Kneževina Srbija* (Beograd: Državna Štamparija, 1876), 1145.

65 In der Volkszählung von 1874 wurden in den 17 Kreisen 24.556 Roma verzeichnet, wobei sich ihre Zahl 1910 mit 46.148 fast verdoppelte. Vera Đorđević, *načini života i zanimanje u cigana*, 6, 8.

66 Das statistische Amt verzeichnete 1890 von insgesamt 1.901.736 Millionen Einwohnern lediglich 4.124 Juden (0,217 %), 34.066 Roma (1,791 %) und 1.099 Türken (0,057 %). Uprava državne statistike, Hg., *Statistika država Balkanskog Poluostrva. Kraljevina Srbija I* (Beograd: Državna Štamparija Kraljevine Srbije, 1890), 39f; Im Rahmen der nach Sprachkriterien ermittelten Nationszugehörigkeit wurden auch 1900 lediglich 5.729 Juden und 46.148 Roma erfasst. Uprava državne statistike, Hg., *Statistički godišnjak Kraljevine Srbije 1900/5* (Beograd: Državna Štamparija Kraljevine Srbije, 1904), 66.

Prozent der Gesamtbevölkerung ausmachten. Infolge der ungleich-wertenden Perzeptionen drehten sich die Verdächtigungen stets um Roma und Juden, wobei letztere überwiegend in Belgrad lebten und landesweit mit Deutschen, Arnauten und Ungarn weniger als 0,5 Prozent betrugen.[67] Stereotype Muster wurden auf die Sephardim trotz ihres geringen Anteils überstülpt, welcher weniger als einen Prozent ausmachte.[68] Dennoch war der Antisemitismus in ärztlichen Berichten über das lange 19. Jahrhundert hinaus präsent. Dabei bediente sich die in der Vojvodina wurzelnde antisemitische Literatur europaweit geläufiger Vorurteile, die besonders Jaša Tomić und Vasa Pelagić nährten.[69] Folglich wurde auch in Serbien die in der zweiten Hälfte des 19. Jahrhundert konstruierte „jüdische Frage" öffentlich in pseudowissenschaftlichen Abhandlungen und Pamphleten thematisiert. Diese lassen sich in den steigenden Antisemitismus im restlichen Europa einbetten, welcher unter den serbischen Autoren gleichermaßen ausgeprägt war und sich an die gängigen Motive und Stereotype anlehnte.[70] An diesem Umstand änderte auch die beim Berliner Kongress 1878 initiierte Anerkennung und Gleichstellung von ethnischen Minderheiten nichts.

Trotz der Disproportion zwischen den kollektiven Beschuldigungen marginalisierter Bevölkerungsgruppen und ihrer tatsächlichen Größe blieben die Feindbilder stabil, schließlich war ihr Fortbestand nicht von realen Faktoren abhängig. Die Stereotypisierung der „Anderen" erfüllte eine entlastende und ablenkende Funktion, die nicht von Informationen, sondern Projektionen abhängig war. Mit der Gleichsetzung von Krankheiten und ihren vermeintlichen „Trägern" wurden gefährliche Prozesse eingeleitet,[71] die weit über die Theorie der medizinischen Fachzeitschriften hinausgingen. Die serbische (Ärzte-) Elite nährte jahrzehntelang die Ängste und

---

67 Holm Sundhaussen, *Historische Statistik Serbiens 1834-1914. Mit europäischen Vergleichsdaten* (München: Oldenbourg, 1989), 68f; In der letzten Volkszählung von 1910 wurden von insgesamt 2.911.701 Einwohnern lediglich 0,2 Prozent (5.997) Juden gezählt. Nebojša Popović, *Jevreji u Srbiji 1918-1941* (Beograd: ISI, 1997), 21, 23.

68 In Belgrad gab es 1895 lediglich 3.097, also 5,32 Prozent, Juden. Dietmar Müller, *Staatsbürger auf Widerruf. Juden und Muslime als Alteritätspartner im rumänischen und serbischen Nationscode. Ethnonationale Staatsbürgerschaftskonzepte 1878-1941* (Wiesbaden: Harrassowitz Verlag, 2005), 139.

69 vgl. Jaša Tomić, *Jevrejsko pitanje* (Novi Sad: Parna štamparija Nikole Dimitrijevića, 1884); Vasa Pelagić, *Vjerozakonsko učenje Talmuda ili ogledalo čivutskog poštenja* (Novi Sad: T. Jovanović, 1879).

70 Siehe dazu Nikola Jovanović-Amerikanac, *O Jevrejskom pitanju u Srbiji* (Beograd: Štampa N. Stefanovića i Druga, 1879); Sima Stanojević, *Kakav zao upliv stvara čivutska vera i moral u društvu ljudskom* (Sombor: Nakladom Ž. Stanojević, 1880).

71 Die verheerenden Folgen dieser Entwicklung analysierte Paul J. Weindling, *Epidemics and Genocide in Eastern Europe, 1890-1945* (Oxford: Oxford University Press, 2000).

vertiefte dadurch den Graben zwischen der Mehrheitsbevölkerung einerseits und den ethnischen Minderheiten andererseits. Pejorative Bilder über die Randgruppen blieben somit auch in der Zwischenkriegszeit ein konstanter Begleitfaktor von Seuchen. Lediglich die „Invasions- und Feindmetaphorik"[72] wurde sowohl europa- als auch serbienweit infolge neuer Erklärungsansätze und Krankheiten relativiert. Der Schwerpunkt verlagerte sich allmählich auf die vermeintliche biologische Determination von Randgruppen und ihre daraus resultierende Anfälligkeit für Krankheiten.[73] Die Stigmatisierungsmechanismen wurden somit im Laufe der Zeit nicht reduziert, sondern lediglich verschärft.

---

72 Philipp Sarasin, „Die Visualisierung des Feindes. Über metaphorische Technologien der frühen Bakteriologie," in *Bakteriologie und Moderne. Studien zur Biopolitik des Unsichtbaren 1870-1920*. Philipp Sarasin, Silvia Berger u.a., Hg. (Frankfurt a.M.: Suhrkamp, 2007), 427-462, 458.

73 Dabei wurde die Bedeutung des Blutes immer stärker in den Mittelpunkt gestellt. Bereits zwei Jahre nach dem Ende des Ersten Weltkriegs sprachen die Ärzte von einer „Gefährdung" des Blutes und unterschieden zwischen „reinem" und „gesunden" sowie „verdorbenem" (*iskvarena*) und „versautem" Blut (*pogana krv*). Dr. J., „Upljuvak u čistu krv," *Zdravlje. Lekarske pouke i obaveštenja o zdravlju i bolesti* 10/12 (1920), 363-365, 363.

Zwischen Wissen und Nichtwissen:
Die Cholera in Madras und Quebec City

Michael Zeheter

Zu Beginn des 19. Jahrhunderts trat in Bengalen in Britisch Indien eine neue Seuche auf, die sich rasch im ganzen Subkontinent und darüber hinaus ausbreitete. Sie überraschte die britische Kolonialregierung dort ebenso wie die ihr unterstellten Ärzte. Diese hatten die schwierige Aufgabe, möglichst schnell eine Antwort auf die Krankheit zu finden. Die Symptome, die sie an ihren Patienten beobachten konnten, erinnerten sie an eine altbekannte Durchfallerkrankung: den *cholera morbus*. Zwar stellte sich bald heraus, dass sich die neue Krankheit klar von der alten unterschied, doch der Name blieb.[1]

Diese Episode illustriert, wie wenig über die Cholera zu Beginn des 19. Jahrhunderts in Indien bekannt war. Diese Unwissenheit steht in einem scharfen Kontrast zur Bedeutung der Krankheit in den folgenden Jahrzehnten. Die Cholera stellte sich schnell als eine Herausforderung für Regierungen, Behörden und Ärzte auf der ganzen Welt heraus, die diese das ganze Jahrhundert über beschäftigen sollte. Sie war eine brutale Krankheit, die ihre Opfer nicht nur häufig tötete, sondern auch entstellte und erniedrigte. Panik und Unruhen waren mögliche Folgen, die von den Obrigkeiten vermieden werden mussten. Dies galt besonders für Kolonien wie Indien und Kanada, in denen sich der Kolonialstaat einer Bedrohung seiner Herrschaft durch die Kolonisierten gegenübersah. Die Wahrnehmung der eigenen Situation seitens der Kolonialherren als fragil und prekär wurde durch die Gefahr für das eigene Leben im Fall einer Epidemie noch verstärkt.[2]

---

1   Zur Geschichte der Cholera, siehe R. Pollitzer, *Cholera* (Genf: WHO, 1959); Christopher Hamlin, *Cholera: The Biography* (Oxford: OUP, 2009).

2   Zu Cholera und dem Staat, siehe Richard J. Evans, „Epidemics and Revolutions: Cholera in Nineteenth Century Europe," in *Epidemics and Ideas: Essays on the Historical Perception of Pestilence*, hg. Terence Ranger und Paul Slack (Cambridge: CUP, 1992), 149-173; zur Cholera in Indien, siehe David Arnold, *Colonizing the Body: State Medicine and Epidemic*

Die Folge dieser Herausforderung war eine Explosion des Wissens über die Krankheit. Tausende Bücher, Aufsätze, Essays, Vorlesungen, Zeitungsartikel und amtliche Bekanntmachungen zur Cholera wurden veröffentlicht. Allein die Publikationen mit wissenschaftlichem Anspruch füllen Bibliotheken.[3] Doch trotz dieser Masse an Wissen gelang es den Regierungen, Behörden und Ärzten nicht, die Krankheit wirkungsvoll zu bekämpfen.

Woran lag das? Die einfachste Antwort scheint zu sein, dass die Experten damals einfach nicht genug über die Cholera wussten, um effektiv gegen die Seuche vorgehen zu können. Auf den ersten Blick scheint diese Erklärung durchaus plausibel zu sein. Schließlich ist es kaum zu bestreiten, dass ‚wir' heute mehr über die Cholera wissen, als unsere Vorfahren vor hundert oder beinahe zweihundert Jahren. Gerade was die Behandlung der Krankheit angeht gibt es kaum einen Zweifel, dass die Medizin Fortschritte gemacht hat.[4]

Dennoch können einem Historiker angesichts der unglaublichen Mengen an wissenschaftlichen Publikationen, die während des 19. Jahrhunderts über die Cholera verfasst wurden, Zweifel an einem quantitativen Mangel an Wissen kommen. Nun ist Masse bekanntlich nicht gleich Klasse. Auch wenn es mir fern liegt, die wissenschaftliche Qualität dieses umfangreichen Korpus an Literatur insgesamt zu beurteilen, so bleibt dem Historiker bei näherer Betrachtung nichts anderes übrig, als die penible Arbeit, die Aufmerksamkeit für das Detail und die Offenheit der wissenschaftlichen Debatte zu bewundern. Eine große Anzahl der Choleratraktate des 19. Jahrhunderts strotzt nur so vor Wissen über die Krankheit. Bereits seit Beginn der ersten Cholerapandemie 1817 wurden allerlei Arten von Informationen hinsichtlich der Cholera gesammelt, klassifiziert und interpretiert. Dass manches dabei Spekulation war, sei zugestanden. Auch wenig stringente Argumentationen finden sich zuhauf. Dennoch scheint es ungerecht zu sein, das im 19. Jahrhundert gesammelte Wissen über die Cholera per se als ungenügend abzuqualifizieren. Viele der damals gemachten Beobachtungen müssen auch heute als faktisch korrekt angesehen werden; und andererseits erscheint Robert Kochs Choleratheorie, die heute immer noch als großer Durchbruch gefeiert wird, ange-

---

Disease in Nineteenth-Century India (Berkeley, CA: Univ. of California Pr., 1993), 159-199. Zur Fragilität des Kolonialstaats, siehe George Balandier, „La situation coloniale: approche théoretique," *Cahiers internationaux de sociologie* 11 (1951), 33-79; Jürgen Osterhammel, *Kolonialismus. Geschichte – Formen – Folgen* (München: Beck, 2006); und Frederick Cooper, *Colonialism in Question* (Berkeley: CA: Univ. of California Pr., 2005).

3   Für einen guten Überblick über die Choleraliteratur des 19. Jahrhunderts siehe den „bibliographical essay" in Hamlin, *Cholera*, 331-335.

4   Hamlin, *Cholera*, 234-250.

sichts der Entwicklung der gentechnischen Erforschung des *vibrio cholerae* kaum weniger überholt als die Miasmatheorie eines Thomas Southwood Smith oder die Boden-Grundwasser-Theorie eines Max von Pettenkofer.[5] Wenn man aber das Scheitern der Maßnahmen gegen die Cholera in Madras und Quebec City – und anderswo – während des 19. Jahrhunderts weder mit einem Mangel an oder einer generell ungenügenden Qualität des damaligen Wissens über die Seuche begründet, kann man die Frage vielleicht anders stellen.

War vielleicht nicht eine generelle Unwissenheit das Problem, sondern ein Mangel an der ‚richtigen' *Art* des Wissens? Diese Frage stellte sich schon im 19. Jahrhundert. Denn selbstverständlich fiel es bereits den Choleraexperten der Zeit auf, dass ihre Bemühungen, Choleraepidemien zu verhindern oder zumindest zu begrenzen, trotz allem verfügbaren Faktenwissen über die Krankheit wenig erfolgreich waren. So wurde es geradezu zu einem Topos in vielen Choleratraktaten, dieses Missverhältnis zu beklagen. Häufig ist dort zu lesen, dass man kaum einen entscheidenden Schritt bei der Lösung des Cholerarätsels hinsichtlich der Ätiologie und damit auch einer vollständigen Prävention weitergekommen sei. Dabei wird oftmals im gleichen Absatz auf das umfangreiche Wissen über die Cholera verwiesen.[6]

So sahen sich die Choleraexperten also gefangen in einem Dilemma zwischen ihrem umfangreichen Faktenwissen, vielleicht sogar zu umfangreichem Faktenwissen, auf der einen und einem profunden Nichtwissen auf der anderen Seite.

Nichtwissen hat sich in den vergangenen Jahren als Untersuchungsgegenstand in einer Vielzahl an Disziplinen etabliert, darunter in erster Linie in der Risiko- und Umweltforschung,[7] aber auch in der Literaturwissenschaft,[8] der Soziologie[9],

5 Das zumindest ist die Schlussfolgerung von Hamlin, *Cholera*, 267-300.

6 Nur zwei Beispiele für dieses Dilemma und die daraus resultierende Unsicherheit, auch wenn beide die Erfolge der vorhergehenden Jahrzehnte betonen: Edmund A. Parkes, *A Manual of Practical Hygiene* (London: Churchill, 1866), 448 f.; und Joseph Fayrer, *The Natural History and Epidemiology of Cholera: Being the Annual Oration of the Medical Society of London*, May 7, 1888 (London: Churchill, 1888), 7 f.

7 Siehe dazu und zu anderen Problem- und Forschungsfeldern die Beiträge in Stefan Böschen, Michael Schneider und Anton Lerf, Hg., *Handeln trotz Nichtwissen. Vom Umgang mit Chaos und Risiko in Politik, Industrie und Wissenschaft* (Frankfurt a. M.: Campus, 2004) und Hugo Schmale, Marianne Schuller und Günther Ortmann, Hg., *Wissen/Nichtwissen* (München: Fink, 2009).

8 Achim Geisenhanslüke und Hans Rott, Hg., *Ignoranz. Nichtwissen, Vergessen und Missverstehen in Prozessen kultureller Transformation* (Bielefeld: transcript, 2008) und Andrew Bennett, *Ignorance: Literature and Agnoiology* (Manchester: Manchester UP, 2009).

9 Peter Wehling, *Im Schatten des Wissens? Perspektiven der Soziologie des Nichtwissens* (Konstanz: UVK, 2006).

der Wissenschaftsgeschichte[10] und sicherlich nicht zuletzt der Philosophie.[11] Es handelt sich dabei um ein hochaktuelles Forschungsfeld, das sich in einem fluiden Zustand befindet. Definitionen und Begrifflichkeiten sind uneinheitlich, nicht nur jenseits der Disziplingrenzen, sondern auch innerhalb der Fächer. Dabei hat die Auseinandersetzung mit dem Nichtwissen eine lange Geschichte, die zumindest bis zu berühmten Diktum „Ich weiß, dass ich nichts weiß" des Sokrates zurückreicht. Vorstellungen über das Verhältnis von Wissen und Nichtwissen waren seitdem einem tiefgreifenden Wandel unterlegen.[12] Dennoch bleibt oftmals eine klare Dichotomie zwischen den beiden Kategorien erhalten – wenn auch mit einer ganzen Reihe an Zwischenformen und verwandten Phänomenen, zu denen auch die Unsicherheit, die Ungewissheit und das Geheimnis gehören.

Das Beispiel der Cholera in Madras und Quebec City soll zeigen, dass eine solche implizit dichotomische Herangehensweise an das Phänomen des Nichtwissens demselben nicht gerecht wird. Vielmehr sollen hier zwei Arten des Wissens und Nichtwissens unterschieden werden, die mit miteinander verbunden sind und sich gegenseitig beeinflussen können.

Die erste ist das Faktenwissen, das auf Beobachtung, Wiederholbarkeit, Experiment und Falsifikation beruht. Es existiert also nicht einfach, sondern es muss gewonnen und kann zu großen Massen akkumuliert werden. Faktenwissen stellt in der Vergangenheit gewonnene Daten zur Verfügung, die später für anwendungsorientiertes Wissen genutzt werden können.[13] Es ist jedoch von einem solchen grundlegend verschieden.

Faktenwissen gibt also nicht per se eine Anleitung zum Handeln. Da Handeln in der Gegenwart stattfindet, dabei in die Zukunft gerichtet ist, jedoch zugleich in der Vergangenheit gründet, basiert es häufig auch auf Faktenwissen. Dies gilt insbesondere für komplexe Handlungszusammenhänge, an denen eine Vielzahl von Akteuren beteiligt sind. Während Faktenwissen also in der Vergangenheit verankert ist, ist handlungsleitendes Wissen in die Zukunft gerichtet. Anders als das Faktenwissen trifft es Aussagen über die Konsequenzen seiner Anwendung. Es

---

10 Robert N. Proctor und Londa Schiebinger, Hg., *Agnotology: The Making and Unmaking of Ignorance* (Stanford, CA: Stanford UP, 2008).

11 Bill Vitek und Wes Jackson, Hg., *The Virtues of Ignorance: Complexity, Sustainability, and the Limits of Knowledge* (Lexington, KY: UP of Kentucky, 2008).

12 Wehling, *Schatten des Wissens*, 35-148 gibt einen guten Überblick mit soziologischem Schwerpunkt.

13 Dass Faktenwissen vergangen ist, bedeutet jedoch keineswegs, dass es stabil ist. Ganz im Gegenteil ist es volatil, teils durch Vergessen, teils durch Falsifikation, teils durch Irrelevanz und teils durch die Generierung und Akkumulation von neuem Faktenwissen.

verbindet somit die Erkenntnisse der Vergangenheit mit den gegenwärtigen Umständen des Handelnden und den zukünftigen erwarteten Ergebnissen seines Tuns. Nun ist die Zukunft per se zumindest in Teilen unbekannt. Unser Wissen endet in der Gegenwart und alles, das darüber hinausgeht, ist in einem gewissen Maß Wahrscheinlichkeit, Spekulation und Glauben. Insofern muss handlungsleitendes Wissen immer mit seinem Gegenstück, dem Nichtwissen um die Zukunft, umgehen, da sich sein praktischer Erfolg erst in der Zukunft zeigen kann. Deshalb muss handlungsleitendes Wissen versuchen, die für die intendierten Konsequenzen relevanten Faktoren mit einzubeziehen und deren Verhalten möglichst genau zu prognostizieren.

Natürlich ist nicht jede Form von handlungsleitendem Wissen erfolgreich. Die Gründe dafür können vielfältig sein. Falsches Faktenwissen, auf dem das handlungsleitende Wissen basiert und die Nichteinbeziehung von relevanten Faktoren sind wahrscheinlich die Wichtigsten. Doch gleich welche Gründe es für ein Scheitern von Handlungen gibt, es erweist sich erst nach seiner Implementierung, ob sich das handlungsleitende Wissen als tragfähig erwiesen und damit die intendierten Konsequenzen erreicht hat.

Den Regierungen, Behörden und Ärzten in Madras, Quebec City und anderswo fehlte es gerade an solchem tragfähigen handlungsleitenden Wissen, mit dessen Hilfe sich das vorhandene Faktenwissen für die Prävention, Limitierung oder Behandlung der Cholera hätte nutzen lassen können. Ein tragfähiges handlungsleitendes Wissen würde also bei konsequenter Umsetzung die intendierte Wirkung gezeigt haben. Es sollte eine vorausschauende Planung und einen möglichst nützlichen Einsatz der generell knappen Ressourcen ermöglichen.

Natürlich wurde von der ersten Cholerapandemie an versucht, eine solches tragfähiges handlungsleitendes Wissen zu etablieren. Neben Informationen zum Krankheitsverlauf, der Ätiologie und möglichen Therapien war von Beginn der ersten Cholerapandemie an die Frage relevant, wie man der Krankheit begegnen konnte. Die Kolonialbehörden in Madras hatten mehr als ein Jahr Zeit, um sich auf den Ernstfall vorzubereiten. Die Cholera brach zuerst 1817 in Bengalen aus und bewegte sich nur langsam auf die Hauptstadt Südindiens zu. Dies gab dem *Medical Board* – oder wie es in zeitgenössischen deutschen Berichten über die Cholera heißt: der Medizinalbehörde von Madras – Zeit, Informationen über die neue Krankheit zu sammeln. Als eine Epidemie auch in der Madras Presidency unvermeidbar schien, stellte das Board einen Rundbrief an alle Ärzte und weitere Dienststellen zusammen, der die verfügbaren glaubwürdigen Fakten aber auch darauf basierende Empfehlungen enthielt: mögliche frühere Fälle des Auftretens der Krankheit; der Verlauf der bisherigen Epidemie in Indien; Symptome und Verlauf der Krankheit; und den Gebrauch von Medikamenten und andere Möglichkeiten der Behandlung.

Was jedoch praktische Maßnahmen gegen die Cholera durch die lokalen Behörden anging, war der Rundbrief sehr einseitig. Er schlug die Einrichtung von Kranken-stationen vor, war jedoch relativ vage, was die Behandlung dort anging. Es wurde betont, dass rasches Handeln von äußerster Bedeutung war, nicht jedoch wie genau die lokalen Ärzte vorgehen sollten.[14]

Als die Cholera im Oktober 1818 tatsächlich Madras erreichte, wurden diese Vorgaben mit geringen Änderungen umgesetzt. Krankenstationen versorgten so-wohl indische als auch europäische Patienten.[15] Es stellte sich jedoch schnell heraus, dass die indische Bevölkerung skeptisch auf die Behandlung durch europäische Ärzte reagierte und ihnen indische Ärzte vorzog, die die traditionellen Formen der Medizin praktizierten. Es gab jedoch keinerlei Versuch, die Seuche von der Stadt fern zu halten. Weder gab es einen *Cordon sanitaire* noch eine Quarantäne. Die Behörden versuchten auch nicht, die lokale Umwelt so zu verändern, dass sie nicht länger die Bewohner der Stadt für die Krankheit prädisponierte.[16]

Dieser einseitige Ansatz war sicher zum großen Teil den Limitierungen des Kolonialstaats in Madras geschuldet. Er hatte weder die nötigen finanziellen Mittel noch das Personal, um umfassende Maßnahmen einzuleiten. Der Fokus auf die medizinische Behandlung war aber auch der herrschenden Unsicherheit hinsichtlich der Cholera geschuldet. Die Ärzte konnten zumindest einige Erfolge für sich reklamieren und das Faktenwissen über Behandlungsmöglichkeiten war sicherlich das reichhaltigste und fundierteste. Was die Prävention eines Ausbruchs der Krankheit anbelangte, gab es kein verfügbares handlungsleitendes Wissen. So fanden sie sich in dem bereits beschriebenen Dilemma wieder: Sie wussten bereits nach relativ kurzer Zeit eine ganze Menge über die Cholera, aber ausgerechnet die entscheidenden Informationen, um wirksam und zielgerichtet Handeln zu können, hatten sie nicht. Es blieb den Ärzten und Behörden in Madras nur, die während der Epidemie gemachten Beobachtungen zu sammeln, um vielleicht in Zukunft dem Problem abhelfen zu können.

Das Resultat war William Scot's Report über die Cholera in Madras,[17] der einige Jahre später, als die Cholera das erste Mal Europa bedrohte, dort eine wichtige Quelle

---

14 Circular Letter 3. August 1818, Tamil Nadu State Archives, Public Proceedings (ab sofort TNSA PP), 29. September 1818, Nr. 34.

15 Medical Board an Governor-in-Council, 15. Okt. 1818, TNSA PP, 20. Okt. 1818, Nr. 24.

16 Die einzige Ausnahme bedeutete die Entfernung der Schäden eines Sturmes wie her-untergefallenes Laub oder abgerissene Äste, die für einen Anstieg der Cholerafälle verantwortlich gemacht wurden. Medical Board an Governor-in-Council, Regierung an Road Committee 27. Okt. 1818, 26. Okt. 1818, TNSA PP, 27. Okt. 1818, Nr. 40-41.

17 William Scot, *Report on Epidemic Cholera as It Has Appeared in the Territories Subject to the Presidency of Fort St. George* (Madras: Asylum Pr., 1824).

für Faktenwissen war. Schließlich erlebte Europa die Cholera in den frühen 1830er Jahren zum ersten Mal und musste auf in Indien gemachte Erfahrungen zurückgreifen. Doch die europäischen Regierungen gingen auch andere als die etwa in Madras erprobten Wege: Preußen und Russland versuchten mit *Cordons sanitaires* die Epidemie einzudämmen, während Großbritannien eine Quarantäne für den Schiffsverkehr erließ. All diese Maßnahmen erwiesen sich als wenig erfolgreich und die Seuche bewegte sich weiter Richtung Westen.[18]

Ende 1831 war die Kolonialregierung in Quebec City in einer ähnlichen Position wie ihr Gegenstück in Madras vierzehn Jahre zuvor. Sobald die Cholera Großbritannien erreicht hatte, war die Ausbreitung der Krankheit über den Atlantik zwar nicht sicher, aber schien sehr wahrscheinlich. Denn jedes Jahr verließen zehntausende von Auswanderern die Britischen Inseln, um eine bessere Zukunft in der neuen Welt zu suchen. Wie die Regierung von Madras hatte Quebec City keinerlei Erfahrungen mit der Krankheit und musste sich auf anderswo gemachte Beobachtungen verlassen. Die britische Regierung sandte auch entsprechende Informationen, doch waren die Experten in Europa gespalten hinsichtlich der Ätiologie der Krankheit und damit auch in der Frage, wie sie sich ausbreitete. Die einen Ärzte gingen von einer Übertragbarkeit der Krankheit aus, die eine Quarantäne zur besten Methode der Prävention machen würde. Andere hingegen waren überzeugt, dass die Cholera von Miasmen verursacht wurde und eine Epidemie somit nur durch eine Reinigung der Umwelt zu verhindern sei.[19]

So fand sich auch die Regierung von Niederkanada im Dilemma zwischen Wissen und Nichtwissen wider; einerseits konnte sie auf das in Europa und Indien gesammelte Faktenwissen zurückgreifen, andererseits fehlte ihr eindeutiges handlungsleitendes Wissen. Um diesem Dilemma zu entkommen, versuchten die Kolonialregierung und die Stadtverwaltung von Quebec zwei Fliegen mit einer Klappe zu schlagen und sich für beide möglichen Ausbreitungswege der Cholera zu rüsten. Zum einen wurde eine Quarantänestation auf Grosse Ile eingerichtet, für den Fall der Übertragbarkeit der Cholera. Sie unterstand dem Militär und damit direkt dem Gouverneur. Andererseits sollte die Stadt gründlich gereinigt werden, um gefährlichen Miasmen aus Europa keine Gelegenheit zu geben, sich dort festzusetzen. Für diese Aufgabe wurde ein Board of Health gegründet, das der

---

18 Zu Russland: Roderick E. McGrew, *Russia and the Cholera 1823-1832* (Madison, WI: Univ. of Wisconsin Pr., 1965); zu Preußen: Barbara Dettke, *Die asiatische Hydra. Die Cholera von 1830/31 in Berlin und den Preußischen Provinzen Posen, Preußen und Schlesien* (Berlin: de Gruyter, 1995); zu Europa allgemein: Peter Baldwin, *Contagion and the State in Europe, 1830-1930* (Cambridge: CUP, 1999).

19 Geoffrey Bilson, *A Darkened House: Cholera in Nineteenth-Century Canada* (Toronto: Univ. of Toronto Pr., 1980), 6.

Stadtverwaltung von Quebec unterstand, allerdings für seine finanzielle Ausstattung vom Gouverneur abhängig war.[20]

Beide Ansätze erwiesen sich als wenig erfolgreich. Die Cholera passierte die Quarantänestation im Juni 1832, und auch die größten Anstrengungen, die Stadt sauber zu halten, konnten nicht verhindern, dass sich die Seuche dort rapide ausbreitete. Die Cholera zog eine Spur des Todes durch Quebec City, und die Epidemie endete erst mit dem Einbruch des Winters. Im Jahr 1834, als die Cholera zurückkehrte, verzichtete die Regierung auf kostspielige Reinigungen. Nur die Quarantänestation blieb bestehen.[21]

Das Dilemma, in dem sich die Kolonialregierungen in Madras und Quebec vor und während der jeweils ersten Choleraepidemien gegenübersahen, war sicher nicht spezifisch für diese beiden Städte. Die Krankheit stellte Behörden, Regierungen und Experten auch an anderen Orten vor ähnliche Probleme. Sie konnten das Leiden von hunderten oder gar tausenden von Opfern nicht ignorieren, hatten aber kein tragfähiges handlungsleitendes Wissen, mit dem sie die oftmals katastrophalen Folgen eines Ausbruchs verhindern oder mildern konnten. All das Wissen über die Krankheit, das ihnen zur Verfügung stand, bot keinen Ausweg aus dieser Falle und es scheint sogar, dass genau diese Fülle an Informationen und die daraus resultierende Komplexität der Choleratheorien der Kern des Problems war. In der Folge drohte diese Ineffektivität den sozialen Status der medizinischen Experten zu gefährden, die ihre Funktion als Politikberater nicht erfüllen konnten.

Es ist daher wohl nicht verwunderlich, dass es nicht Ärzte waren, die als erste eine umfassende und allgemein anwendbare Handlungsanweisung gaben, mit deren Hilfe ein großer Teil der meistverbreiteten Krankheiten – und darunter nicht zuletzt die Cholera – vermieden werden sollte. Die Hygienebewegung, die sich in den 1840er Jahren in Großbritannien formierte, fand ihre Leitfigur nicht in einem Arzt sondern zunächst in dem Juristen und Bürokraten Edwin Chadwick, später vor allem in der Krankenschwester Florence Nightingale. Gerade weil Chadwick kein Arzt war, konnte er einen Großteil der medizinischen Literatur zur Ätiologie von Krankheiten, die vor allem die Armen und die Arbeiterklasse plagten, ignorieren oder zumindest sehr selektiv interpretieren. Selbstverständlich hatte Chadwick auch Verbündete innerhalb der Ärzteschaft, wie den bereits erwähnten Thomas Southwood Smith, der wie Chadwick eine extreme Miasmentheorie vertrat. Chadwick etablierte auf Basis dieser Minderheitenposition einen Katalog an Handlungsvorschlägen, der in einem breiten gesellschaftlichen Bündnis mit der englischen Mittelklasse und den

---

20 Resolution Fever Hospital Committee, *Journal of the Legislative Assembly of Lower Canada* (17. Feb. 1832); Bilson, *Darkened House*, 6.
21 Bilson, *Darkened House*, 22-51, 65-72.

politischen Eliten Akzeptanz fand. Mit den Ingenieuren und den Ärzten stießen zwei aufstrebende *professions* schnell zu dem Bündnis. Medizinisches Fachwissen war jedoch nicht wichtig, um sich in der Hygienebewegung zu engagieren. Gerade medizinische Laien konnten hier mitwirken und es ist doch erstaunlich, wie leicht Ärzte aller ätiologischen Überzeugungen diese dem etablierten handlungsleitenden Wissen über Trinkwasserver- und Abwasserentsorgung unterordnen konnten.[22]

Die Hygienebewegung war ein großer Erfolg. Auf der ganzen Welt, und auch in Madras und Quebec, investierten Regierungen in eine sanitäre Infrastruktur, auch wenn das nicht immer ohne Konflikte abging.[23] Häufig konnte in der Folge ein Rückgang bestimmter Krankheiten festgestellt werden, auch wenn in der Forschung umstritten ist, in wie weit dies mit Trinkwasser und Kanalisation zusammenhing, oder ob andere Faktoren wie eine bessere Ernährung nicht eine größere Rolle spielten.[24] Doch ein Ende der Pandemiezüge der Cholera oder anderer Krankheiten konnte sich die Hygienebewegung nicht auf die Fahnen schreiben, auch wenn sie genau dies anfangs versprochen hatte.

Dieses Scheitern ließ die Suche nach den Ursachen der Cholera wieder intensiver werden. Erneut wurde geforscht und zahlreiche Theorien entwickelt – wie Snows Wassertheorie, Liebigs zymotische Theorie und Pettenkofers xyz-Theorie, um nur drei der wichtigsten zu nennen[25] –, die das lang ersehnte Ziel eines Sieges über diese Seuche erreichen sollten. Keine dieser Theorien stand im Widerspruch zu den Errungenschaften der Hygienebewegung. Im Gegenteil vertrauten sie alle auf das Potential von Trinkwasserversorgung und Abwasserentsorgung, wenn es um die Prävention von Choleraepidemien ging. Sie versuchten nur, die vorhandene sanitäre

---

22 Christopher Hamlin, *Public Health and Social Justice in the Age of Chadwick: Britain, 1800-1854* (Cambridge: CUP, 1998); Anne I. Hardy, *Ärzte, Ingenieure und städtische Gesundheit. Medizinische Theorien in der Hygienebewegung des 19. Jahrhunderts* (Frankfurt a.M.: Campus, 2005); Perry Williams, „The Laws of Health: Women, Medicine and Sanitary Reform, 1850-1890," in *Science and Sensibility: Gender and Scientific Enquiry, 1780-1945*, hg. Marina Benjamin (Oxford: Basil Blackwell, 1991), 60-88.

23 Zu Indien allgemein: Mark Harrison, *Public Health in British India: Anglo-Indian Preventive Medicine 1859-1914* (Cambridge: CUP, 1994). Leider existiert keine umfassende Geschichte der Hygienebewegung in Kanada allgemein oder in Quebec im Besonderen. Nützlich ist Jay Cassel, „Public Health in Canada," in *The History of Public Health and the Modern State*, hg. Dorothy Porter (Amsterdam: Rodopi, 1994), 276-312, wie auch die anderen Aufsätze im selben Sammelband zum internationalen Erfolg der Hygienebewegung.

24 Zur deutschen Diskussion: Josef Ehmer, *Bevölkerungsgeschichte und historische Demographie 1800-2000* (München: Oldenbourg, 2004), 86-91.

25 Einen konzisen Überblick über die Choleratheorien der zweiten Hälfte des 19. Jahrhunderts bietet Hamlin, *Cholera*, 179-208.

Infrastruktur so zu verbessern, dass sie den immer noch mysteriösen Eigenschaften der Cholera gerecht würden. Ihr Ziel war also ein spezifisches, nämlich ein für die gegebenen infrastrukturellen, und nicht zu vergessen politischen, Gegebenheiten maßgeschneidertes handlungsleitendes Wissen zu generieren, und das auf der Basis des beinahe schon uferlosen Faktenwissens über die Krankheit.[26]

Letztendlich erwiesen sich diese Versuche gemessen an den eigenen Versprechungen als ähnlich erfolglos, wie die der frühen Hygienebewegung einige Jahrzehnte zuvor. Der Ansatz, der sich durchsetzte, also Robert Kochs bakteriologische Choleratheorie, verfolgte zwar eine ähnliche Strategie hinsichtlich der Adaption der vorhandenen sanitären Infrastruktur, ergänzte diese jedoch mit einer weiteren, dem Labor. Dort konnten die Kommabazillen, die Koch als einzige Ursache der Krankheit identifiziert hatte, beobachtet und manipuliert werden.[27] In der Folge wurden unter Laborbedingungen Methoden zur Bekämpfung der Cholera und anderer von Mikroorganismen verursachter Krankheiten entwickelt – wie etwa Filter und Impfung[28] –, die sich später in der urbanen Umwelt von Hamburg, Quebec oder Madras einsetzen ließen. Das Labor diente also dazu, handlungsleitendes Wissen unter besonderen Bedingungen zu generieren, weil dort der Umfang des relevanten Faktenwissens über die Cholera reduziert werden konnte.

Angesichts der weitverbreiteten Rhetorik zu Kochs angeblichem Sieg über die Cholera darf man auch nicht vergessen, dass die Cholera heute noch aktiv ist, wie die Epidemie in Haiti nach dem Erdbeben 2010 zeigt, die trotz aller Fortschritte in Therapie und Prävention mehr als 6.000 Menschen das Leben kostete.[29] Die Erfolgsversprechen der Bakteriologie, allen Infektionskrankheiten ein Ende zu setzen, erwiesen sich allerdings schon wesentlich früher als voreilig. Die Spanische Grippe der Jahre 1918/19 brachte den schrecklichen Beweis, dass auch das hand-

---

26 Das wird sehr deutlich durch Hardy, *Ärzte*.

27 Bruno Latour, *The Pasteurization of France* (Cambridge, MA: Harvard UP, 1993); Christoph Gradmann, *Krankheit im Labor. Robert Koch und die medizinische Bakteriologie* (Göttingen: Wallstein, 2005).

28 Hamlin, *Cholera*, 209-250; Richard J. Evans, *Tod in Hamburg. Stadt, Gesellschaft und Politik in den Cholerajahren 1830-1910* (Reinbek: Rowohlt, 1996); Ilana Löwy, „From Guinea Pig to Man: The Development of Haffkine's Anticholera Vaccine," *Journal of the History of Medice and Allied Sciences* 47 (1992), 270-309.

29 Haiti Health Cluster, „Cholera and Post-Earthquake Response in Haiti No 29," *Haiti Health Cluster Bulletin* 29 (2011), http://www.who.int/hac/crises/hti/sitreps/haiti_health_cluster_bulletin_7november2011.pdf (abgerufen am 16. Februar 2012).

lungsleitende Wissen der Bakteriologie die Seuche mit der größten Opferzahl in der Geschichte der Menschheit nicht verhindern konnte.[30]

Sind nun die vielen vorbakteriologischen Ansätze, handlungsleitendes Wissen zu generieren, das über das Faktenwissen zur die Cholera hinausging, als Fehlschlag einzuschätzen? Das ist zumindest teilweise der Fall. Weder die ersten Versuche, sei es in Madras oder Quebec City, die Cholera zu stoppen, noch die Einrichtung einer sanitären Infrastruktur durch die Hygienebewegung oder die Bakteriologie mit dem Labor als manipulierbarer Umwelt verfügten über ein Allheilmittel, ihre Versprechungen oder Hoffnungen Wirklichkeit werden zu lassen. Sie schlugen Handlungsmuster vor, die die Behörden in ihrer Not gerne aufgriffen. Doch ihnen allen war gemeinsam, dass eine Widerständigkeit der Cholera blieb. Intentionales Handeln zur Bekämpfung der Seuche hatte nicht-intendierte Folgen. Die Cholera verhielt sich einfach nicht so, wie in den theoretischen Konzepten angenommen, auf denen die verschiedenen Ansätze beruhten. Es gelang nur schwer, Verbindungen zwischen dem verfügbaren Faktenwissen und einem tragfähigen handlungsleitenden Wissen zu etablieren. Das ‚Mysterium' der Cholera schien mehrere Male für einige Zeit entschlüsselt, was sich später als Illusion herausstellen sollte. So blieb auch das handlungsleitende Wissen über ein halbes Jahrhundert hinweg unsicher, an der Grenze zur Spekulation und zum Nichtwissen.

Angesichts des Scheiterns früherer Generationen gibt es für uns keinen Grund zu Arroganz oder Überlegenheitsgefühlen. Die Widerständigkeit von Infektionskrankheiten gegenüber menschlichem Handeln zeigt sich auch heute beinahe jährlich, seien es HIV-AIDS, die Grippepandemien der Stämme H5N1 und H1N1, EHEC oder Ebola. Die Reaktion der Öffentlichkeit ist ähnlich. Sie ist von einem unterschiedlichen Grad an Panik gekennzeichnet und einem daraus resultierenden Handlungsdruck auf medizinische Experten, Behörden und Politiker. Diese sehen sich in diesen Situationen auch heute einem ähnlichen Dilemma gegenüber wie ihre Vorgänger ein oder zwei Jahrhunderte zuvor: Faktenwissen über die jeweiligen Krankheiten muss schnell generiert werden, und ein Mangel an handlungsleitendem Wissen lässt Reaktionen unsicher, ineffektiv oder hilflos erscheinen.

In manchen Fällen gelingt es der Wissenschaft im Zusammenspiel mit Politik und Behörden, erfolgreich handlungsleitendes Wissen zu etablieren, um eine Krankheit zu besiegen. Die Ausrottung der Pocken ist sicherlich das beeindruckendste Beispiel

---

30 Howard Phillips und David Killingray, Hg., *The Spanish Influenza Pandemic of 1918-19: New Perspectives* (London: Routledge, 2003); David Killingray, „A New 'Imperial Disease': The Influenza Pandemic of 1918-19 and Its Impact on the British Empire," *Caribbean Quarterly* 49.4 (2003), 30-49.

für einen solchen Erfolg. Auch die Behandlung der Cholera mit Infusionen von Kochsalzlösung, die zu Beginn des 20. Jahrhunderts als vielversprechendste Form der Behandlung etabliert wurde, ist eine solche Erfolgsgeschichte. Doch bleiben diese die Ausnahme. Tragfähiges handlungsleitendes Wissen unter Handlungsdruck bleibt auch heute angesichts von Epidemien oftmals Mangelware.

The Development of a Maritime Quarantine System in 19th Century Spanish Puerto Rico as a Response to Epidemics and Pandemics

Paola Schiappacasse

The development of a maritime quarantine system in the Spanish Caribbean colony of Puerto Rico during the 19th century responded to concerns regarding the epidemics and pandemics registered worldwide. Although the island had experience with many epidemics between the 16th and 19th centuries the new threat that maritime transportation represented needed to be addressed. This paper explores the initiatives undertaken to establish a quarantine system in the early decades of the 19th century until the construction of the permanent quarantine station of *Isla de Cabras*. An analysis of the history of the development of the quarantine model within the epidemic context will allow one to delineate the efforts undertaken by the Spanish and insular governments.

1   Introduction

The existence of quarantine stations is known for many parts of the world. The boost of maritime mercantilism in 14th century Mediterranean port-cities forced the design of an isolation plan for diseased passengers, crew and merchandise. The increase of traffic between Europe and the Americas since the 15th century presented a whole new arena for the incubation and spread of contagious diseases. The arrival of the Europeans to the Americas resulted in the introduction of epidemic diseases, flora and fauna, all of which changed the ecological balance of the New World. Eventually the flow of commercial ships from Europe and Africa ensured that the Americas were constantly exposed to epidemic diseases from the fifteenth century onward. The 19th century was the setting for the spread of contagious diseases in the shape of epidemics and pandemics that covered Asia and Europe, eventually reaching the Americas. On one hand, the epidemic phenomenon can be attributed to the growth of populations and urban centers; on the other hand, the increase and maintenance of maritime traffic and routes most likely played an equally important role. Therefore the expansion of maritime commerce between the European countries and their Caribbean colonies during the 19th century not only brought economic gains but also new waves of contagious diseases that impacted local populations through lethal epidemics.

There are numerous descriptions of the presence and effects of epidemics in the Caribbean which caused havoc among the population. It is known through historical documentation that in some instances the precautions taken against contagious diseases included the isolation of the victims in maritime and land quarantine stations, the establishment of *cordons sanitaires*, voluntary inoculation, the establishment of almshouses, and separate burial grounds outside the churches and cemeteries. The problems these epidemics represented for the colonial governments at the economic and political levels need to be taken into consideration. Commerce was affected because incoming ships had to undergo sanitation inspections and if disease was found aboard then quarantine was ordered. The isolation of people represented an unexpected expense to the passengers as well as delays in their trip. In case of an epidemic, governments had to take precautions to contain the disease, provide the necessary funds for these actions, and care for the well-being of the resident citizens. The Spanish maritime quarantine model was transplanted to the Caribbean colony of Puerto Rico as early as 1620. This paper explores the events that led to the construction of a permanent maritime quarantine station in Puerto Rico toward the end of the nineteenth century as a response to epidemic diseases.

2   Legislation, epidemics and maritime commerce

Sanitary measures on the island of Puerto Rico followed this hierarchical chain of command: Spanish Crown, Insular Governor, City Council and then the Municipal Board of Health. Throughout the colonization of the Americas the Spanish Crown issued a series of laws regarding specific aspects of the new settlements. Sanitation and health were a primary concern from the beginning of the sixteenth century and this can be construed from numerous accounts in which the King of Spain ordered that the settlements should be located on healthy areas, mandated the establishment of a hospital for noncontagious patients built next to the church as a separate facility for people afflicted with contagious diseases.[1] The governors were instrumental in defining health policies, as can be inferred by the rules or prohibitions they ordered and presented in the *Bandos de Policía* that were enforced by the local police. The Board of Health imposed sanitation visits for all the incoming ships. In terms of hospitals, two were built in the 16th century, two in the 18th century and a handful in the 19th century. The construction of hospitals on the island was limited and it was not until the 1840s when initiatives were taken by the government to provide better healthcare facilities.

The promulgations of legislation by the Spanish Kings and the local governors along with the construction of hospitals demonstrate the concern with maintaining the population disease-free. These concerns were directly linked to the presence of smallpox and measles in Puerto Rico as early as 1519 and well into the early nineteenth century. The first epidemic in colonial Puerto Rico was the smallpox outbreak in 1519, followed by smallpox and measles in 1552-1553.[2] In 1689 enslaved Africans from Guinea brought smallpox to Puerto Rico causing approximately 700 deaths.[3] In April 1747 the city council reported the existence of a smallpox epidemic with at least two, three or four infected people per house, the disease appeared again in February and March of 1792, April 1793, and January 1794. The fear of slave ships bringing diseases to the island became reality in 1818: the ship *Jacinta* coming from Boni, Africa, after 562 days at sea, reported 115 dead passengers, due to smallpox, and 20 passengers alive.[4] Cholera epidemics represented big challenges for Puerto Rico in terms of implementing prophylactic measures and dealing with the diseased. Historian Kenneth Kiple has mentioned that during the 1830s the island managed to avoid the cholera pandemic and that "incoming ships were quarantined, and passengers and crew isolated in *Isla de Cabras*". The mortality rate of the cholera epidemic of 1855 was estimated by Puerto Rican Historian Luis Díaz Soler to be

---

1 Juan Manzano Manzano, *Recopilación de las Leyes de los Reynos de las Indias* (Madrid: Ediciones Cultura Hispánica, 1973), 14.

2 Oscar Costa Mandry, *Apuntes para la Historia de la Medicina en Puerto Rico* (San Juan, Puerto Rico: Departamento de Salud, 1971), 3. Elsa Gelpí Baíz, *Siglo en Blanco Estudio de la Economía Azucarera en el Puerto Rico del Siglo XVI (1540-1612)* (Río Piedras, Puerto Rico: Editorial de la Universidad de Puerto Rico, 2000), 22.

3 Ángel López Cantos, *Historia de Puerto Rico (1650-1700)* (Madrid: Escuela de Estudios Hispanoaméricanos, Consejo Superior de Investigaciones Científicas, 1975), 23.

4 Centro de Investigaciones Históricas, *El Proceso Abolicionista en Puerto Rico: Documentos para su Estudio*, Vol. I: La Institución de la Esclavitud y su Crisis (San Juan, Puerto Rico: Instituto de Cultura Puertorriqueña, 1974), 7.

between 23,000 and 53,928 people.[5] The United States Consul to Puerto Rico, Mr. George Latimer, informed that in 43 days there had been 28,305 reported cases and 11,783 deaths due to cholera.[6] The final numbers published on February 3rd, 1857 by *La Gaceta*, the government's official newspaper, estimated the deaths to be 26,820. Either figure represents devastating demographic effects, considering the mid-nineteenth century population of Puerto Rico was roughly about 500,000 people. It can then be assumed, that either 1/9 or 1/20 of the population was killed by cholera.

Reports of smallpox, yellow fever and measles indicate that there were efforts commanded by the government. Regardless of those attempts, the acknowledgment that diseases could be introduced by the incoming ships represents the origins of a maritime quarantine system in Puerto Rico. The earliest reference can be traced to the seventeenth century when a series of municipal ordinances were presented by the city of San Juan but were not endorsed by the Spanish monarchs. Ordinance 8 stated the unsanitary conditions of ships transporting enslaved Africans, an ideal environment for the incubation and spread of smallpox and measles.[7] In 1768 the government issued the following decree, which is very similar to that of 1620.[8] These documents attest that during the 17th and 18th centuries incoming ships carrying human cargo had to undergo a sanitary visit that could have resulted in the imposition of a quarantine but no references, accounts or details have been found regarding the conditions of the quarantine location, treatment of the diseased, or the amount of ships that were quarantined.

The lack of maritime regulations and power of the insular governors left ample room for improvisation as can be seen during the first four decades of the nineteenth century. Upon their arrival all the ships had to be inspected by the port doctor and ordered to present a 'bill of health'. The 'bill of health' was a document issued at the port of origin and/or previous port by a Spanish consul. In addition to issuing the 'bill', the consuls were responsible for reporting any incidences of disease or epidemics in their regular correspondence to other consuls. The decision to quarantine passengers as well as the length of time was made after considering the information in the bill of health and the results of the inspection, in combina-

---

5   Luis Díaz Soler, Historia de la Esclavitud Negra en Puerto Rico (San Juan, Puerto Rico: Editorial Universitaria, Universidad de Puerto Rico, 1953), 122.

6   Centro de Investigaciones Históricas, El Proceso Abolicionista en Puerto Rico: Documentos para su Estudio, Vol. I: *La Institución de la Esclavitud y su Crisis* (San Juan, Puerto Rico: Instituto de Cultura Puertorriqueña, 1974), 339.

7   Aida R. Caro Costas, *Legislación Municipal Puertorriqueña del Siglo XVIII* (San Juan, Puerto Rico: Instituto de Cultura Puertorriqueña, 1971), 13-14.

8   Ibid., 34.

tion with the official reports. The Municipal Board of Health was in charge of the sanitary visits but the insular governor had the authority to overrule the decisions and actions of the Municipal Board of Health which obviously caused a clash. It was the Board, through its members who made suggestions on how to deal with epidemics, that decided on the construction of hospitals, the implementation of vaccination, and both land and maritime quarantines. Decisions made by the Board were forwarded to the City Mayor who in turn consulted the General Governor; but the final decision on any matter was made by the General Governor, who in many occasions, did not agree with the sanitation concerns presented by the Board. At times it seems as if the governors were more interested in the 'commercial health' of the island than stopping contagious diseases, but then again, a delay in ports translated into monetary losses.

The trade relations with the United States were subject to the maritime health concerns. On July 1835 the General Governor Miguel de la Torre y Pando informed U.S.-Consul Mason that "all ships arriving here from the United States must be provided with bills of health certified by a Spanish consul".[9] A few months later, a letter dated October 1, 1835 from U.S.-Consul Sydney Mason informed the Secretary of State John Forsyth that quarantines had been suspended to ships from the U.S. carrying a clean bill of health.[10] The U.S. consular correspondence reported that Puerto Rico's ports of entry recorded 1,291 ships in 1838 and 1,392 ships from numerous nationalities (Spanish, American, Brazilian, German, Danish, French, Dutch, British, Portuguese and Swedish).[11]

After many decades of trial and error, the insular government understood the risks of the increasing maritime traffic and prepared regulations to prevent the entrance of diseased passengers and/or cargo. The *Reglamento de Sanidad* (Regulations for Sanitation) were formulated on June 5th, 1841 by the Board of Health and published in the official newspaper after receiving the approval of the King of Spain. There were 20 articles regarding maritime sanitation that provided details on how to proceed with a quarantine and all possible scenarios presented by incoming ships.[12]

The section of these regulations pertaining to quarantine stations mentions the absence of a lazaretto and that pontoons were being used for the completion of quarantine activities. Twelve articles detail the measures to be taken regarding

---

9   United States Department of State, *Despachos de los Cónsules Norteamericanos en Puerto Rico(1818-1868)* (Río Piedras: Editorial de la Universidad de Puerto Rico, 1982), 36.
10 Ibid, 40.
11 Ibid, 39.
12 AGPR, Gobernadores Españoles [GE], Caja 183. 1823-1862. "Expediente sobre Reglamento de Sanidad para Puerto Rico, 1841".

the payment for renting ships to be used as pontoons, the need for two guards and their duties, the payment for expenses associated to the quarantine, fumigations of the ships, and the charges for the expedition of a new bill of health.

On June 1843, the US Consul Orlando S. Morse wrote to the General Governor Santiago de Méndez Vigo inquiring about three sailors from the brigantine *Washington*, that were placed under quarantine "(…) in a house destitute of furniture of any kind whatever or any necessary comforts required for the sick. Also depriving them of their attending physician who speaks [sic] their language."[13] The governor immediately responded "I have to state that you are undoubtedly misinformed by the complaints as the lazareto has its doctors, servants and other requirements for the attention to the sick which by a sanitary disposition it has been indispensable to transfer to that place."[14] Unfortunately, neither one provides the name of the locale being used as a quarantine station.

Puerto Rican historian of medicine Arana Soto mentions that in 1845 amendments were required for the *Reglamento* but the Spanish Crown was appalled by the fact that there was no lazaretto on the island and that the insular government believed that pontoons could be contemplated as a viable resource. On June 1853, U.S. Consul George Latimer informed Secretary of State William L. Marcy that because many captains of American ships have "(…) neglected to bring bills of health from the last port of departure they left, or having them neglecting to obtain the Spanish Consuls Certificate thereto, the government of this island has determined strictly to enforce the quarantine laws (…)".[15] A year later Consul Latimer mentions that "there is no quarantine in the island, and only practiced with vessels coming from suspected ports. The charges about $3 p. day. Common bills of health certified by the Sp. consul are required from all vessels coming from any port."[16]

According to the 1845 regulations, the sanitation visits could result in the imposition of observation and quarantine periods ranging from 24 hours to 10 days. The minutes of the Municipal Board of Health for the years 1851, 1856, 1857 and 1858 were examined to analyze the implementation of these regulations. The information contained in the minutes permits one to analyze if the 1855 cholera epidemic impacted the results of the sanitary visits to the incoming ships.

In 1851, fourteen arrivals were recorded in the official documentation, which noted ships that did not have the bill of health or a clean bill of health but coming

13   United States Department of State, *Despachos de los Cónsules Norteamericanos en Puerto Rico (1818-1868)* (Río Piedras: Editorial de la Universidad de Puerto Rico, 1982), 146.
14   Ibid,146.
15   Ibid, 306-307.
16   Ibid, 326.

from a port with evidence of disease, among other concerns. There were three types of action taken: the imposition of an observation period, the imposition of quarantine and 'free practique' (an authorization to enter a port and disembark people and cargo). Three ships were placed under observation, six were quarantined, two were granted 'free practique' and no action was recorded for the remaining two. It is interesting to note that three ships *Júpiter*, *Tigre* and *Árbol de Guernica* were recorded in two instances. *Júpiter* was coming from a diseased provenance and in the second occasion it was granted 'free practique'. The Spanish schooner *Tigre* was imposed a quarantine period on two occasions while the Spanish schooner *Árbol de Guernica* was quarantined twice.

In 1856, a year after the beginning of the cholera epidemic, seven out of ten incoming ships were placed under a 24 hour quarantine period, this could have been due to the lack of a bill of health or because a passenger was sick. The other three ships, whose port of provenance was St. Thomas were placed under a 5 day quarantine which could indicate a foul bill of health. According to the 1845 regulations, quarantines of 5 days or less could have been completed at a safe distance rather than having to move to a quarantine station. For the following year, 1857, six out of eight ships were placed under a 24 hour quarantine period. The other two ships, brigantines coming from Hamburg, were placed under 10 day quarantine. This amount of time corresponds to ships with a foul bill of health and reports of a diseased or deceased passenger during the voyage. Finally, for 1858, seven out of the eight ships recorded were placed under 24-hour quarantine, probably due to the lack of a bill of health or a sick passenger while one was placed under the 5-day quarantine, indicative of a foul bill of health. Data provided by the U.S. consul indicates that in 1858 a total of 1,494 ships arrived in Puerto Rico. When the number is examined against the quarantined ships it can be established that only 0.005 % of the 1,494 incoming ships were placed under quarantine, a significantly small number of instances.

3 Quarantine locations within San Juan

Although *Isla de Cabras* was mentioned in 1620 and 1765 as the place to complete the quarantines, documentary sources from the nineteenth century provide a different story. Compliance with the imposition of quarantine in Puerto Rico took place at various locations. These included onboard the incoming ship, the use of a ship within the San Juan Bay (pontoon), or at the designated *lazareto*. It has been established that the imposition of sanitary visits was lax at times but it would be crucial to ascertain how strict the quarantine process was once the ships or its passengers were quarantined. During the first decades of the 19th century, maritime quarantine was normally carried out at two locations: *Isla de Cabras* or within the San Juan bay at an abandoned ship, commonly referred to as *pontón*[17], to which a ship would be moored. An example from 1833 illustrates the quarantine imposed on the brigantine Carolina, coming from La Habana where yellow fever had been reported. The brigantine's captain was ordered by the Board of Health to unload the passengers and merchandise at *Isla de Cabras*, to ventilate and fumigate both. Additional instructions were given and are here translated:[18]

> "That all passengers, their luggage and cargo of the vessel be transferred to Isla de Cabras, where it will be ventilated with conscientiousness, with the utmost care, because the more accurately they do so it will be easier to alleviate the quarantine, which the board reserves the right to lift whenever appropriate, and if the vessel's captain cannot accommodate this determination and wishes to leave port, both he and the crew and passengers will be let known that every time they come back to this island or in the same vessel or in others, they will be forced to do rigorous quarantine. That consistent with the provisions made by the Board last December 22 the vessel be fumigated three or four times, and placing detachments in *El Cañuelo* and *Punta de Palo Seco*, to prevent communication with people who are in Isla de Cabras, with orders given to the officials at these outposts, and violators will be treated with all the rigor imposed by the sanitary laws in these cases."

Studies were completed in 1835, 1838 and 1840 regarding the designation of a proper place to establish a quarantine station.[19] The use of military locales for provisional quarantine purposes within the north part of the bay included *Santo Toribio* and *San Francisco de Paula*, and *El Cañuelo*, across the bay. In 1841, plans were made and completed by the insular government to repair *El Cañuelo* Fort,[20] and rehabilitate *Santo Toribio* (a military emplacement, in La Puntilla, within the San Juan Bay). The repairs at *El Cañuelo* consisted of a flat roof type shelter built on brick columns and wood partitions with a budget of 2,424.20 pesos.[21] The rehabilitation of *Santo Toribio* to be used the location as a quarantine facility consisted of acquiring

---

17 The use of ships to complete quarantine periods is referred to as "pontón" (pontoon) in the archival documentation of Puerto Rico.

18 Salvador Arana Soto, *La Sanidad en Puerto Rico Hasta 1898* (San Juan, Puerto Rico: Academia Puertorriqueña de Historia, 1978), 154, translation: P. Sch.

19 Archivo General de Puerto Rico [AGPR], Fondo Obras Públicas [OP], Serie Edificios Públicos [EP], Tema Lazareto, Caja 666, Leg. 80, Exp. 6. 1865-1866.

20 AGPR, OP, EP, Tema Lazareto, Caja 666, Leg. 80, Exp. 6. 1865-1866.

21 AGPR, OP, EP, Tema Lazareto, Caja 666, Leg. 80, Exp. 1. 1841.

furniture and other items.[22] By March 1842 *Santo Toribio* had been unoccupied and the items had been stored at the *Casa Consistorial de San Juan* [town hall].

Between 1841 and 1862, quarantine was carried out at the pontoon *Domingo Palati*, which was subsequently auctioned. After this event, the quarantines were completed at another unspecified pontoon and/or onboard the quarantined incoming ship. Immediately after the pontoon was auctioned, plans were carried out to use the military battery *San Francisco de Paula* until a suitable place was identified for the construction of the permanent maritime quarantine station. No references were found at the *Archivo General de Puerto Rico* for the years between 1860-1869 that would provide information on the ships that were placed under quarantine.

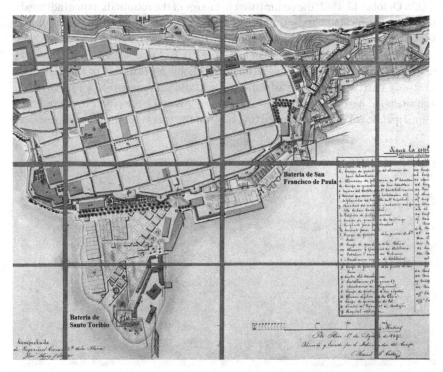

Fig. 1   Map of San Juan by Manuel Castro (1861) showing the location of Bateria de Santo Toribio and Bateria de San Francisco de Paula (courtesy of the San Juan National Historic Site, National Park Service).

22 Ibid.

Records from the Municipal Board of Health dating to June 1862 refer to the poor state of the pontoon that was being used for the completion of quarantines at that time. The Board suggested to General Governor Izquierdo the auctioning of the pontoon and the suppression of the salary of the pontoon's warden.[23] The pontoon was decommissioned and sold for wood. An estimate from the United States for a new floating lazaretto (pontoon) totaling 100,000 *pesos* was presented on August 1863 but dismissed. As a result of decommissioning the old pontoon and not having the funds to purchase a new one, General Governor Izquierdo appointed a commission to complete a reconnaissance of the San Juan bay with the objective of finding a location for a maritime quarantine station. In the meantime, quarantines were to be completed at the *Batería de San Francisco de Paula*, which had been used for that purpose before.

On October 13, 1863, the commission in charge of the reconnais-sance indicated that the islets located windward of the bay did not have the required conditions, the Cañuelo Islet and *Isla de Cabras* although located leeward from the population, bathed by constant currents of clean and pure air, had two negative and well-understood circumstances: they were unapproachable a great part of the year due to strong currents in the bay of San Juan and did not constitute a comfortable and sheltered haven for the ships.[24] After many attempts, the city council and the Municipal Board of Health agreed that none of the islets met the requirements.

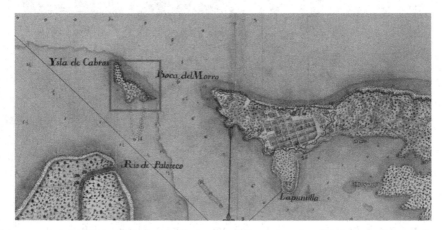

Fig. 2   Map of San Juan showing the location of Isla de Cabras in relation to the San Juan Bay (courtesy of the San Juan National Historic Site, National Park Service).

---

23   AGPR, OP, EP, Tema Lazareto, Caja 666, Leg. 80, Exp. 3. 5. de junio de 1862.
24   Ibid.

In August 1864, a commission, appointed by the Municipal Board of Health for the establishment of a *lazareto*, requested information on the dimensions, circumstances and capacity needed for such a facility. The commission understood that a *lazareto* for the diseased was ideal because it would serve all ships, including those with either a 'clean' or 'foul' bill of health. Documentation from the Board of Health mentions that all lazarettos had to comply with basic requirements, according to a reputable author of public hygiene, the name was withheld.[25] Those requirements are here translated: 1) it should be located at a distance from the general healthy population, leeward from the general winds, not far from the port or haven, and in a ventilated area with an abundant supply of clean water, 2) the spatial distribution of the buildings should include spacious and separated rooms for the employees, clerks, and healthy passengers, an infirmary with a contiguous medicine chest, warehouses to store items, a patio, a chapel, a garden, and a covered gallery, and 3) based on the fact that in the previous years there were barely any quarantined ships, it was determined that an infirmary for 40 or 50 beds was sufficient. Moreover, it was stated that each patient should have 24 cubic meters of air and that beds should be separated at least by one-meter from each other.

During the last months of 1865 and February 1866, General Governor José María Marchessi y Oleaga requested a series of reports from various municipalities in Puerto Rico, in an effort to identify appropriate sites for the establishment of the *lazaretto*.[26] After all the information was submitted, it was decided to dismiss the project because there was no adequate or ideal site. Nevertheless, additional inquiries were made regarding the ports of *Ensenada* and *Jobos*, and the islets of *Caja de Muertos* and *Palominos* to determine if these had better conditions. Eventually, the formal decision for dismissal was informed to the *Ministro de Ultramar*[27] (Overseas Minister) on May 1866. In the meantime the pontoons *Teresita, Anita* and *Julia* were used for quarantine purposes.

---

25 Ibid, 13 de agosto de 1864.

26 AGPR, OP, EP, Caja 666, Leg. 80, Exp. 2. 1865.

27 The Minister was in charge of the administration and government related to the Spanish possessions overseas.

4 Managing disease: the route to a permanent quarantine station

Projects for the establishment of a permanent quarantine station did not yield favorable results. Taking into consideration that in the late 1850s only 0.5 % of the incoming ships to the ports of Puerto Rico were placed under quarantine, the question should be posed: was it necessary to have a permanent quarantine station? Or was it possible to continue using locales within the bay in conjunction with pontoons? The answer to these questions can be found in the minutes produced by the Board of Health that reflect the topics discussed during their meetings. In some instances, the minutes make reference to the sanitary visits paid to the incoming ships, as well as issues regarding disease, health and sanitation within the city of San Juan.

Two journals containing the minutes for the period between 1870-1883 and 1889-1896 are available for consultation at the *Archivo General de Puerto Rico*.[28] The first journal covers the period between January 1870 and February 1883, and includes a record of incoming ships placed under quarantine. The second journal covers the period from April 1889 to September 1898 but there are no references to incoming ships. It is interesting to note that 49 ships were recorded in the minutes for a period covering eight years from a diversity of ports. Ships coming from Uruguay, Brazil, Martinique, St. Thomas, the Dominican Republic, Jamaica, Cuba, the United Stated, Spain, France, Germany, England, Italy and Equatorial Guinea (Africa) were either placed under observation, quarantined, not admitted or admitted 'free practique'. The majority of the problems reported had to do with clean bills of health issued at a port where there were reports of epidemic diseases or ships carrying ill passengers. Three cases are particularly interesting. The first took place on November 1870, a ship that had completed the quarantine period at the station located in the island of Mahón in Menorca, one of the two main stations in Spain. The second case, reported in January 1872, was a ship that was imposed a 15-day quarantine because it had a passenger with measles. The ship was denied entry to San Juan and sent to Culebra, an island-municipality located east of the mainland, to complete the quarantine. Unfortunately, the passenger died and his body was dumped at sea. The third case, in August 1876, was the death of Francisco Abada due to typhoid fever. Immediate arrangements were made to bury him in what was

---

28 The first journal that covers the period between 1840 and 1869 is not available for consultation. The minutes corresponding to 1884 and 1885 are located in a loose file in the Fondo de Documentos Municipales, Serie San Juan, Legajo 124¼ P.II, Expedientes 67a-d. The minutes for 1886 until 1889 have not been found.

planned as the *Lazareto de Isla Cabras'* cemetery. The last two cases reflect a fear not only of the diseased passengers but concerns of where to bury the deceased.

The construction of a permanent maritime quarantine station is directly linked to the increase of trade relations between San Juan (center of government, military and clerical institutions) and worldwide ports during the nineteenth century. Toward the end of the 1870s there were national and international companies servicing Puerto Rico. The possibility of a disease coming from Europe, North America and/ or the Antilles increased along with the frequency of ships casting their anchors in Puerto Rico. Any of those locations could have been responsible for the epidemics registered in Puerto Rico during the later part of the nineteenth century. Therefore it was necessary to have a 'filter' for the incoming passengers and crew members suspected of having a disease.

An incident that changed the perspective on quarantines took place on July 12, 1876.[29] Three crew members from the British brigantine *Orange*, afflicted with yellow fever were admitted at *Casa de Salud San Luis*, a local clinic. Unfortunately, the first patient died on July 14, a second patient on July 15 and the third patient was transferred. In the meantime, the ship was isolated and subjected to a 15-day quarantine with a watchman on board, with all the expenses covered by Leonardo Ingaravidez, the shipping agent. Immediately after the incident with the British brigantine *Orange*, the city council along with the Municipal Board of Health agreed to open an inquiry regarding the construction of a small *lazareto* on Isla de Cabras.

The original project for the construction of the permanent quarantine station was put out for bids in 1876 and completed on September 1877. The history of the station can be divided into two periods. During the first period from 1878-1883 the station was under the responsibility of the San Juan City Council, who financed the construction of the maritime quarantine station, and the Municipal Board of Health, who was responsible for its administration. In the second period from 1883 to 1898 it was under the control of the insular government of Puerto Rico. The facilities of the quarantine station included an arrival, processing and storage area, administration area, convalescing area, and a sick ward area that included a cemetery.

Although efforts were made to prevent the entrance of epidemic diseases to the San Juan port as a way of protecting the general population the timing of the permanent quarantine station was less than ideal. From the available archival data it has been possible to establish that passengers from at least 42 ships were placed under quarantine. This leaves us to wonder was the implementation of the quarantine model so late in the 19th century effective, or necessary? The last decades of the 19th

---

29 AGPR, DM, Serie San Juan, Tema Sanidad-Lazareto, Caja 313, Leg. 130, Folio 340, 1876.

century brought along scientific discoveries on the origins and treatments of those long-feared diseases. Nevertheless, the continuous use of quarantine was probably as a response to the introduction of new diseases. Change on the hegemony, from to the United States resulted on the relocation of the maritime quarantine station to nearby *Miraflores*, within the San Juan bay, and the conversion of the facilities into a leper colony at the beginning of the 20th century. Today what is left of the original maritime quarantine station is part of a recreational park. Nevertheless, efforts should be directed at rescuing this forgotten part of the sanitary history of Puerto Rico and the attempts made at protecting the island from epidemic diseases. Finally, after briefly discussing the attempts to control the entrance of epidemic diseases to the ports of San Juan during the 19th century, and looking at what is being done at ports of entry worldwide in the 21st century, we can see that we have not made much progress.

Cholera in Fishing Villages in Japan in the Late Nineteenth Century

Akihito Suzuki

1 Introduction: Economy and Topography of Fishing Villages

During the pandemic of cholera from the early nineteenth century to the mid twentieth century, countries and regions of the world experienced the epidemics in different ways.[1] England experienced the disease as four distinct gilts in four years of mid-nineteenth century, while India had known cholera as an age-old endemic disease that appeared every year punctuated with seasonal changes. Other countries took some places between these two poles of epidemic outbreak and constant presence. In South East- and East-Asia, cholera was mostly endemic or semi-endemic in the nineteenth- and early twentieth century, with the Ganges River in India and perhaps the River Yang Tze in China as the riverine centres of endemicity.[2] Japan was on the periphery of this disease zone and its experience of cholera showed some feature of semi-endemic nature in the late nineteenth century: from the late 1870s to the 1920s, Japan had cholera cases almost every year, usually with hundreds of patients, and this state of ever-presence was punctuated by large outbreaks in about every five years: 160,000 cases in 1879, 50,000 cases in 1882, 160,000 cases in 1886, 46,000 cases in 1890, and 55,000 cases in 1895. In the early twentieth century, outbreaks of cholera persisted, and both in 1902 and 1916 more than 10,000 patients were reported.[3] [Table 1] The "cholera years" of Japan in the

---

1   For a brief introduction to the history of cholera in the world, see Christopher Hamlin, *Cholera: The Biography* (Oxford: Oxford University Press, 2011).

2   Robert Pollitzer, *Cholera* (Geneva: WHO, 1959).

3   Takano Rokuō, Otsubo Itsuya and Inouye Zenjūrō, *Studies of Cholera in Japan* (Geneva: League of Nations, 1926); Yamamoto Shun'ichi, *Nihon Korera-shi* [The History of Cholera in Japan] (Tokyo: University of Tokyo Press, 1982).

late nineteenth- and early twentieth century thus continued about half a century, during which patients appeared virtually every single year with occasional outbreaks of an enormous number of cases. This was a different pattern than those of the countries in Western Europe and the United States, where the cholera epidemics were restricted to isolated several years in early- and mid-nineteenth century. Cholera in Japan was experienced as long and continuous, with a semi-endemic ever-presence lasting about half a century.

Another interesting characteristic of cholera in Japan was the spatial distribution of the damage. In Japan cholera hit severely both urban and rural areas. While urban prefectures with a major city or an important international port such as Osaka, Tokyo, Nagasaki, Hyogo, and Kanagawa had high morbidities, rural prefectures such as Ishikawa, Okinawa, Ehime and Tomaya were also severely hit.[4] Although historians are now familiar with the vulnerability of a large city in the nineteenth century to water-borne infectious diseases, we know very little about the picture of cholera in rural areas.

Tab. 1 Number of cholera cases in Japan

Year	Cases	Year	Cases	Year	Cases	Year	Cases
1877	13,816	1897	894	1917	894	1937	57
1878	902	1898	655	1918		1938	18
1879	162,637	1899	829	1919	407	1939	
1880	1,580	1900	377	1920	4,969	1940	
1881	9,389	1901	101	1921	29	1941	
1882	51,631	1902	12,891	1922	743	1942	
1883	669	1903	172	1923	4	1943	
1884	904	1904	1	1924		1944	
1885	13,824	1905		1925	624	1945	
1886	155,923	1906		1926	25	1946	1,245
1887	1,228	1907	3,632	1927	2	1947	
1888	811	1908	652	1928	1	1948	
1889	751	1909	328	1929	205	1949	
1890	46,019	1910	2,849	1930		1950	
1891	11,142	1911	9	1931		1951	
1892	874	1912	1,614	1932	4	1952	
1893	633	1913	87	1933		1953	

4   Yamamoto, *Nihon Korera-shi*, 27-182.

1894	546	1914	5	1934		1954	
1895	55,144	1915		1935		1955	
1896	1,481	1916	10,371	1936		1956	

Source: Ministry of Health and Welfare. Japan. *Isei Hyakunenshi* (1976)

One of the reasons of the severe damage of cholera in rural areas is the high toll in a specific type of settlements, i.e., coastal fishing villages. There were three reasons why such settlements were vulnerable to cholera. The first is the high mobility of fishermen and the extensive communication between fishing villages and the centres of commerce. The second is the overcrowding due to the small size of land on which the villagers lived together. The third factor is the scarcity of water mainly due to its economy and topography.

Fishermen formed a highly mobile population, as Yoshikazu Ishida has put succinctly.[5] Unlike farmers who tended crops on their settlements, fishermen chased fish on the sea. They were hunter-gathers and have still remained so. They were away from their home for days, weeks, or even months travelling on seas. The very act of earning their living made fishermen travel much more frequently than their agricultural counterparts. Fishermen were also mobile because they had to exchange. Unlike hunter-gatherers in primitive societies, fishermen in late nineteenth-century Japan were integrated into the early modern market economy: they sold the fish they caught and bought necessities of life such as staple food and clothes. The need for exchange made fishermen visit commercial centres, where many fishermen and merchants gathered. Otherwise, merchants or middlemen visited fishing villages to collect the catches, to send them to markets located in large cities with a large number of consumers, and to supply the fishing villages with food, clothes, and other commodities. Either way, fishermen and fishing villages were far from self-sufficient or isolated communities. They were integrated into a larger economy through extensive communications and exchanges. Indeed, it was the arrival of the market economy connecting large centres of consumption that created many fishing villages in the eighteenth and nineteenth centuries.[6]

---

5   Ishida Yoshikazu, *Nihon Gyominshi* [A History of Fishing People in Japan] (Tokyo: Sanichi Shobo, 1978). For a perceptive discussion of fishery in northern Japan, see David Howell, *Capitalism from Within: Economy, Society, and the State in a Japanese Fishery* (Berkeley: University of California Press, 1995).

6   Habara Yûkichi, *Nihon Kindai Gyogyô Keizaishi* [Economic History of Modern Japanese Fishing Industry], 2 vols. (Tokyo: Iwanami Shoten, 1955).

Overcrowding often characterized these highly mobile settlements. Unlike agricultural villages, fishing villages did not need a large patch of land for the production of the food or commodities. The sea, not the land, was the place where they earned their living. In addition, the topography of many fishing ports in Japan was another contributing factor to the overcrowding. Small estuaries in rias coasts and archipelagos provided a typical landform for fishing villages, due to its easy access to fishing boats and the protection from waves. Such topography meant an extremely small space of land between steep mountains and the sea. Villagers built small houses on such small space of the land secured between the mountain and the sea, which resulted in serious overcrowding. [Figure 1]

Fig. 1   A photo of Tsukinoura village, Ishinomaki, Miyagi in 1963. Tôhoku Rekishi Shiryôkan, Sanriku Engan no Gyoson to Gyogyô Shûzoku [Fishing Villages and Fishing Customs of the Sanriku Coast], 2 vols, (Tôhoku Rekishi Shiryôkan, 1985).

The scarcity of clean water supply was due both to the structure of the economy of fishing villages and to the topography of the places. Their economy did not prioritize securing fresh water into the villages, while agricultural villages in the early modern period invested their effort in getting water through extensive construction works of waterways. Topography was a problem, too. Groundwater suitable for drinking is difficult to get in coastal areas, because of the permeation of saline water from the sea into the underground. [Figure 2] Even when wells were available, they were few in number and people tried to live close to the wells, thus exacerbated the overcrowding. Many coastal villages relied on surface water, which is more likely to be contaminated by human pathogens than groundwater. [Figure 3] Common wells or fountains were often the place where people washed their clothes and obtained drinking water, which posed grave threat to oral-fecal waterborne diseases. Due to the heavy burden on a small number of points of access to water, coastal villages tended to suffer from the deprivation of water and from the consequent risk of catching water-borne infectious diseases.

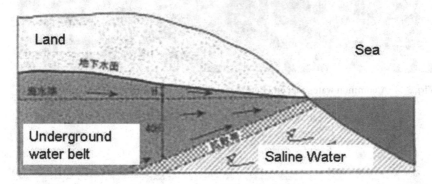

Fig. 2   Hydrological scheme (Tôhoku Rekishi Shiryôkan, 1985).

The economy and topography of coastal fishing villages in Japan thus made them vulnerable to water-borne infectious diseases imported from outside the village and diffused through oral-fecal routes within the community. The high mobility of fishermen and extensive connections with large centres of trade exposed the villages to a high risk of the contagion from outside. Once imported into the village, over-crowding and the overconcentration on limited water resources made the disease easy to diffuse within the community. Both in terms of inter-areal and intra-areal infection, residents in fishing villages lived with a higher risk of catching cholera.

Fig. 3   A common water-pipe in Higashi-Dori village in Aomori, around 1960. Tôhoku
Rekishi Shiryôkan, Sanriku Engan no Gyoson to Gyogyô Shûzoku [Fishing
Villages and Fishing Customs of the Sanriku Coast], 2 vols, (Tôhoku Rekishi
Shiryôkan, 1985).

2   Cholera in Fishing Villages on the Sanriku Coast

The best locale to examine the vulnerability of fishing villages described above is the
Tohoku District, which is situated in the northern part of the Honshu Island of the
Japanese Archipelago. The long coast facing the Pacific Ocean is called the Sanriku
Coast, which has been devastated by the tsunami of the 2011 Tohoku Earthquake.
The Sanriku Coast has a rias shoreline with successions of deeply dented fjord-like
small bays, which provides an ideal topography for small fishing villages. Since the
eighteenth century, fishery became an important industry for the entire coastal
district. Although fishing gave the region the means of economic subsistence, the
district was still an underdeveloped part of Japan in the late nineteenth century.

In the Tohoku District, fishing villages on the Sanriku Coast were often first-hit
and hard-hit places. Cholera arrived much earlier in the coastal villages than it arrived

at inland urban centres. The entry of cholera in fishing villages was often followed by explosive epidemics, resulting in a large number of cases during a short period.

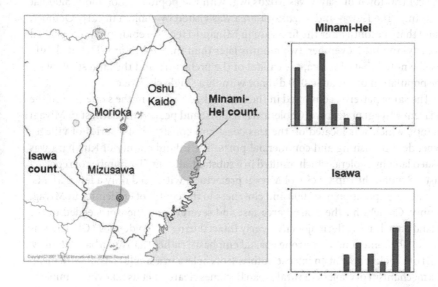

Fig. 4 Weekly number of cases in the outbreak of cholera in Iwate in 1886: Minami-Hei County and Isawa County, calculated from data in Iwate Daily News.

The administrative districts with fishing villages often had the largest number of cholera cases. In the outbreak of cholera in Iwate which had 716 cases in 1882, 504 cases (70.4 %) took place in Minami-Hei county and 126 (17.6 %) cases in Kesen county, both counties having high concentration of small fishing villages.[7] Figure 4 shows the weekly numbers of cholera-patients of two counties of Iwate, one coastal and the other inland, reported in a local newspaper during an outbreak of cholera in 1886.[8] A clear contrast existed between the pattern of the epidemics in the coastal county of Minami-Hei and that of the inland one of Isawa. Cholera visited first in Minami-Hei, which consisted in a number of small villages located along the ria-

---

7   Calculated from the data in *Iwate Nichinichi Shinbun* [Iwate Daily News], October 10, 1882, October 29, 1882, November 3, 1882.

8   The data are taken from *Iwate Nichinichi Shinbun* [Iwate Daily News], September 17, 1886 – November 20, 1886.

coast. The first case was reported in the beginning of September, and an explosive epidemic ensued. In contrast, Isawa is a region situated along the Ōshū Road, a major road which connected Tokyo and other big cities of the Tohoku District. The central town of Isawa was Mizusawa, with the population of about 8,000 at that time. The Isawa- and Mizusawa-area was visited by cholera in early October, more than a month after the first case in Minami-Hei. The epidemic wave peaked in early- to mid-November, two months later than that of Minami-Hei. It should also be noted that Morioka, the capital of the prefecture and the largest city with the population of about 30,000 did not witness a single cholera case.

The same pattern is observed in the outbreak of cholera in the same year in the adjacent Miyagi prefecture. Cholera arrived first and peaked the earliest in Miyagi county, which was located on the rias coast and consisted of a series of villages dependent on fishing and commercial ports. The inland county of Kurihara was visited later by cholera, which resulted in a substantially smaller number of reported cases. Sendai, the capital city of Miyagi prefecture, witnessed only a few patients, despite its population of 67,000 and closeness to the centre of epidemics in Miyagi county. Cholera hit the coastal area fast and severely and then proceeded to the inland area, leaving the major city largely intact during the epidemics.[9] Cholera was a rural phenomenon, with strong coastal emphasis, rather than an urban calamity.

If one looks closer at an intense outbreak of cholera in a single coastal settlement, the mechanism of cholera in rural Japan becomes clearer. Let us take the example of the outbreak of cholera in 1886 in Shirahama village, a small settlement in Hakozaki village, Minami-Hei county in Iwate prefecture. It was the place where the first case in Iwate prefecture was observed and the most explosive outbreak took place which saw forty-nine cases from villagers who were just over one hundred. Shirahama was located at the southern beach of Otsuki-bay, one of many bays in the ria coast of Sanriku. It was a small settlement within Hakozaki village and the former became the latter's branch-village in 1803 with twenty-one households and 126 people.[10] In 1886, it consisted of twenty-eight households in an extremely narrow space carved out between the mountains at the back and the sea in the front. The deprivation of land meant that all households made their living through fishing, and the cereal crop was hard to get. A contemporary newspaper reported that rice was only dreamed of by the villagers, watery porridge of barley was regarded as a food of a better sort, and many had to live on diluted gruel of millets (Iwate Nichinichi Sinbun, 1886.09.27). Al-

---

9   The account is taken from articles in Ôu Nichinichi Shinbun [Ôu Daily News], September
      17, 1886 – November 23, 1886.
10   Tôhoku Rekishi Shiryôkan, Sanriku Engan no Gyoson to Gyogyô Shûzoku [Fishing Villages
      and Fishing Customs of the Sanriku Coast], 2 vols, (Tôhoku Rekishi Shiryôkan, 1985).

though Shirahama was reported to be "one of the poorest villages in the [Minami-Hei] county" (ibid., 1986.09.22), similar poverty and deprivation were widely observed in the area from the mid-nineteenth century. According to a survey conducted in 1862, Ayasato village, a fishing village also situated on the coast, was extremely poor and more than 90 % of the villagers did not have any land nor savings.[11]

The need to sell the fish they caught made the village dependent on the merchants from major centres of commerce, and that connection introduced cholera to the village in late August in 1886. On August 24th, a ship which sailed between the two major ports of Hakodate and Tokyo visited Shirahama. Both Hakodate and Tokyo were having an outbreak of cholera at that time. Especially the cholera-outbreak of Hakodate posed a great threat to the Tohoku District, since Hakodate was the centre of large fishing industry and attracted a lot of migrant labourers from the Tohoku District. A local newspaper of Hakodate continually reported cases of cholera among passengers, many of whom were migrant fishermen or fish dealers on board to prefectures in Tohoku. [Hakodate Shinbun, 1886.08.13, 1886.08.15]

When the ship arrived in Shirahama, the village officers of Hakozaki had already been alerted of the outbreak of cholera in Tokyo and Hakodate. In theory, a strict quarantine should have been established. The sailors, however, were allowed to land at Shirahama and to stay there for a few days at one of the residents' houses. This slackening of quarantine and conferring of favour to the sailors was attributed to the demand of Shirahama's villagers who had been waiting for the ship, because it regularly visited the settlement and bought its marine products in exchange for either cash or goods. Indeed, the ship was known in the settlement as a "treasure ship" [takarabune], a ship which confers riches in popular legends. (Iwate Nichini-chi Shinbun, 1886.09.26) The economic dependence of the small settlement on the economy of large commercial centres made it difficult for Shirahama's village officials to enforce strict quarantine. Cholera took advantage of this situation and made an entrance to the small hamlet.

The Shirahama settlement was also integrated into adjacent villages through cooperation in fishing labour, which helped to diffuse the disease to other villages. Shirahama's residents worked regularly with fishermen from other villages nearby. The regional integration of labour was due to the development of a fishing technique in the early nineteenth century, when the technique known as tate-ami (vertical netting) was first invented in the Yamagata region and was rapidly adopted in other regions in the Tohoku District. The operation of tate-ami involved about thirty fishermen, and the technique necessitated inter-regional collaboration of

---

11 Iwate Prefecture, *Iwateken Gyogyôshi* [History of Fishery in Iwate Prefecture] (Morioka, 1984).

fishermen from different villages. The diffusion of cholera from Shirahama to Ando settlement in Otsuchi village was due to this type of collaboration. Between September 1st and September 4th, one fisherman from Ando worked with those from Shiramaha to fish bonito and caught cholera at work. Likewise, a cholera case took place in Murono-hama settlement on September 6th and spread through working together with fishermen from Shirahama. Cholera thus spread from Shirahama to two other settlements along the coast of Otsuchi bay within one week or so. It also crossed the mountain and reached Kariyado facing the bay to the south of the ria coast. [Iwate Nichinichi Sinbun, 1886.10.27] The high mobility of fishermen and the regional integration of labour thus facilitated the diffusion of cholera from Shirahama to other settlements. [Figure 5]

Despite Shirahama's small size and its apparent isolation, the fishing village was thus connected with major remote centres through commerce and other settlements through labour cooperation. Moreover, this small settlement of just over one hundred people became a formidable spreader of the disease because of its internal chain of infection. In Shirahama, an enormous explosion of infection occurred within a matter of days after the introduction of the disease. The first case was reported on September 4th. Within ten days, forty-nine cases were reported in the settlement. (Iwate Nichinichi Shinbun, 1886.09.17) Explosive infection was also observed in Murono-hama, which witnessed twenty-one cases within a week from the appearance of the first case on September 6th. In Ando, the cases concentrated on

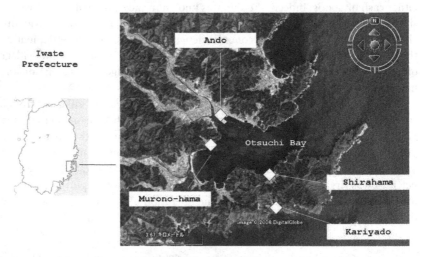

Fig. 5   Otsuchi Bay and settlements hit by cholera in 1886.

three days between the 19ᵗʰ and 21ˢᵗ of September, during which period more than ten patients per day were reported. In total, the four small settlements along the coast of the Otsuchi Bay witnessed more than one hundred patients, about one-fifth of the cases from the entire Iwate prefecture in the year 1886.

The explosiveness of infection in these settlements was attributed by the contemporary observers to the want of water and the closeness of the houses built there. In Shirahama, there was not a single well, and the villagers were dependent on surface water – two streams drawn from the mountain at the back. The water was kept in a few common watering places, where people obtained drinking water and washed clothes. Ando was also said to be "crowded with houses packed into a tiny piece of land". These villages exemplified the environmental problems of coastal fishing villages mentioned above.

The combination of the want of water and overcrowding as the cause of the explosive infection of cholera was observed not just in the Otsuchi Bay area, but also in the town of Shiogama, a much larger town than those along the Otsuchi Bay. It had over seven hundred households, but they were put together on the land of just over sixteen hectare secured between the mountain and the sea. The same problem of overcrowding of houses in a narrow space existed in Shiogama, too. The majority of houses in the village were poorly-built thatched shacks. (Ôu Nichinichi Shinbun, 1886.09.25) Like in many places along the coast, drinking water was hard to get. Especially in the year 1886, Shiogama's want of water was exacerbated because the Tohoku District was hit in the year by the worst drought in the last forty years and serious scarcity of water was reported in many places. (Ôu Nichinichi Shinbun, 1886.08.16, 08.19, 08.20, 09.12) Shiogama thus suffered from the same set of problems experienced by Shirahama and other settlements: overcrowding in a narrow land and the deprivation of the supply of clean drinking water. In addition, gutters in Shiogama were ill-constructed: they did not carry the waste water down to the sea; rather, sea water ebbed into them.

With these deprivations, Shiogama was hard-hit by cholera. On September 16ᵗʰ, the town witnessed one of the earliest cases of cholera in Miyagi prefecture. On the first day, four died of cholera. Within three days, nine cases appeared, and Shiogama continued to witness daily increase of the number of cases. On the 28th of September, twenty-two patients were reported. By the end of September, 114 patients had been reported. As one article in a local newspaper lamented, Shiogama was a place "that is manufacturing epidemics". The article was certainly right in attributing the explosive nature of the outbreak to the chain of infection due to the scarcity of water and the dependence of a large population on a limited resource of water.

The situation of Shiogama is contrasted with that of Sendai, a major city of the population of around 70,000 at that time. As the "castle town" or the seat of the powerful daimyo of Date family, Sendai was equipped with one of the most sophisticated systems of water supply since the eighteenth century, modelled after the waterworks system of Edo (now Tokyo). Sendai's infrastructure of water supply was certainly the reason why it did not suffer from a worse epidemic of cholera. Although cases of cholera took place in the city, they were sporadic and small in number. [Figure 6]

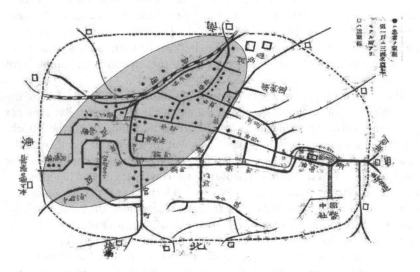

Fig. 6   A contemporary "cholera map" of Shiogama, published in Ôu Nichinichi Shinbun. The houses with more than three cases were concentrated in the south-eastern part of the town.

3   Conclusions

This paper is the first attempt to throw light on the mechanism of the outbreak of rural cholera in nineteenth century Japan. The integration of small fishing villages into the large economic network was one key factor of the frequent introduction of cholera into apparently peripheral regions. The overcrowded living condition of such villages with a lack of water resources made them very vulnerable to cholera. Cholera in Japan could thus flourish in some parts of rural areas, depending on its economy and topography.

Zwischen ‚Kolonisierung des Körpers' und ‚Verteidigung des Körpers': Lungenpest in Nordchina im frühen 20. Jahrhundert

Hideharu Umehara

1   Einleitung

Im 19. Jahrhundert brachen Epidemien wie die Cholera oft in Europa und der ganzen Welt aus und forderten viele Opfer. Zur Bekämpfung dagegen entwickelten die Medizin und Public Health vor allem in Europa und den USA verschiedene prophylaktische Maßnahmen, die auf dem neuesten Fachwissen und den praktischen Erfahrungen der Zeitgenossen basierten. Die Maßnahmen, die in einem Land getroffen wurden, waren abhängig von Verflechtungen politischer, wirtschaftlicher, sozialer, kultureller und geografischer Faktoren.[1] Dass diese Verflechtungen in kolonisierten Gebieten oft viel komplizierter waren als in den Heimatländern der Kolonialmächte, möchte dieser Beitrag anhand der Lungenpestepidemien in Nordchina im frühen 20. Jahrhundert zeigen.[2] Vor allem fokussiert er auf die Provinz Shandong, in der damals die deutsche koloniale Hafenstadt Qingdao (Tsingtau) lag.[3] Während die Lungenpestepidemien aus der Mandschurei diese Region bedrohten, standen sich dort die kolonisierenden Mächte, Deutschland und später Japan, und

---

1   Peter Baldwin, *Contagion and the State in Europe, 1830-1930* (Cambridge: CUP, 1999).

2   Über die Lungenpestepidemien in China im frühen 20. Jahrhundert siehe: Mark Gamsa, „The Epidemic of Pneumonic Plague in Manchuria 1910-1911," *Past & Present* (2006), 147-183; Wataru Iijima, *Pesuto to Kindan Chugoku Eisei no "Seidoka" to Shakai Henyo* [Pest und modernes China. „Institutionalisierung" der Hygiene und soziale Veränderungen] (Tokyo: 2010); ders., *Kansensho no Chugokushi. Koshueisei to Higashi Asia* [Infektionskrankheiten in der Geschichte des modernen Chinas. Öffentliche Gesundheitspflege und Ostasien] (Tokyo: 2009).

3   Als medizinhistorische Studie über Qindao und die Provinz Shandong in der deutschen Kolonialzeit siehe Wolfgang U. Eckart, *Deutsche Ärzte in China 1897-1914. Medizin als Kulturmission im Zweiten Deutschen Kaiserreich* (Stuttgart: Fischer, 1989); Wolfgang U. Eckart, *Medizin und Kolonialimperialismus Deutschland 1884-1945* (Paderborn: Schöningh, 1997), insb. Kap. 4.7.

der kolonisierte Staat, China, gegenüber – und damit auch zwei Entwürfe von Gesundheitswesen: das nationale Gesundheitswesen Chinas[4] und das internationale Gesundheitswesen des Völkerbundes.[5] Die Lungenpestepidemien in Nordchina entstanden gerade in den Spannungen zwischen den Kolonisierenden und den Kolonisierten sowie im Etablierungsprozess des nationalen und internationalen Gesundheitswesens.

Vor diesem Hintergrund sind die folgenden Fragen bei der Diskussion über die Lungenpestepidemien relevant: Welche Staaten trafen auf welcher wissenschaftlichen Basis welche Maßmaßnahmen? Welche Gemeinsamkeiten bzw. Unterschiede sind zu beobachten? Wie reagierten die Betroffenen, vor allem die Chinesen, auf diese Maßnahmen? Und welchen Einfluss hatten die Lungenpestepidemien auf die chinesische Gesellschaft? Mit der Behandlung dieser Fragen versucht der Beitrag die Verhältnisse zwischen den Epidemien, der Medizin bzw. den Experten und der Politik zu diskutieren.

Im Folgenden werden zunächst die Lungenpestepidemien in der Provinz Shandong skizziert. Anschließend werden die deutschen und japanischen Maßnahmen gegen die Lungenpest dargestellt. Drittens wird die Reaktion der chinesischen Seite im nationalen und internationalen Kontext umrissen.

2   Lungenpestepidemien 1910/11 und 1917/18

Im Herbst 1910 setzte ein ortsfremder Unternehmer zur Murmeltierjagd in der Mandschurei chinesische Arbeiter ein, die über keinerlei einheimische Kenntnisse über die Vorbeugung der Lungenpestinfektion verfügten. Schon Anfang Oktober wurden Pestfälle in der Mandschurei registriert, aber kaum Abwehrmaßnahmen getroffen. Dies führte zum Ausbruch der Lungenpestepidemie im November 1910.[6]

---

4   Ka-che Yip, *Health and National Reconstruction in nationalist China. The Development of Modern Health Services, 1928-1937* (Ann Abor: Assoc. Asian Stud., 1995).

5   Iris Borowy, *Coming to Terms with World Health. The League of Nations Health Organization 1921-1946* (Frankfurt am Main: Lang, 2009).

6   Eckart, *Deutsche Ärzte in China 1897-1914*, 81f.

Abb. 1   Pest Quarantäne, Tsingtau 1911, Archiv AA, Peking II 1390, o. Fol.

Die Epidemie verbreitete sich entlang der Bahnlinie. Die Lungenpest erreichte auch die Hafenstädte auf der Halbinsel Liaodong und verbreitete sich noch weiter südlich. Die massenhafte und landesweite Bevölkerungswanderung zum chinesischen Neujahrfest Ende Januar beschleunigte die Verbreitung umso mehr. Viele der ‚Shandong Kuli', die in der Mandschurei lebten, kehrten für das Neujahrfest nach Shandong zurück und brachten die Lungenpest im Januar 1911 in die Provinz.

Im Herbst 1917 brach die Lungenpestepidemie in der Provinz Shanxi, einer Nachbarprovinz von Shandong, aus. Die Epidemie forderte ca. 16.000 Opfer. Anders als bei der Pest von 1911 war aber nicht bekannt, woher die Lungenpest von 1917/18 kam. Wegen der Nähe zur Provinz Shanxi war diese Epidemie auch eine große Bedrohung für die Provinz Shandong.

3   Vergleich der deutschen und japanischen Kolonialmächte

In Qingdao wurden die Pestepidemien in der deutschen und japanischen Besatzungszeit bereits durch bakteriologische Untersuchungen festgestellt. Auch trafen die beiden Gouvernements ähnliche Maßnahmen, um das Einschleppen und die Verbreitung der Lungenpestepidemie in Qingdao zu verhindern. Die Lungenpest wird wie Influenza durch Tröpfcheninfektion übertragen. In den dicht bewohnten Stadtteilen infizierten sich die Bewohner deshalb sehr schnell. Wegen der Bevölkerungswanderung zum Neujahrsfest wurde der Schwerpunkt der Maßnahmen darauf gelegt, die Eisenbahnlinie und die Schiffe sehr streng sanitätspolizeilich zu kontrollieren und die Erkrankten und die Verdachtsfälle unter Quarantäne zu stellen.

Mithilfe der Bakteriologie konnte man feststellen, auf welchen Kanälen sich die Pest verbreitete, mit welchen Mitteln man der Ansteckung vorbeugen konnte, und welche Personengruppen und Stadtteile besonders stark betroffen waren. Die Bakteriologie taugte zur Selektion zwischen ‚sicheren' und ‚gefährlichen' Personen bzw. Orten. Sowohl die deutsche als auch die japanische Kolonialmacht fokussierten ihre Maßnahmen besonders auf die Chinesen und ‚chinesisches' wie die Dschunke, denn für sie signalisierten Chinesen und ‚chinesisches' die Pestgefahr. Dies wurde vor allem bei der scharfen Kontrolle gegen die (Shandong) Kulis deutlich. In Bezug auf die Absperrung des Verkehrs ist ein Unterschied zwischen Deutschen und Japanern in ihrem jeweiligen Verhältnis zu den chinesischen Behörden und den Chinesen zu beobachten.

In der deutschen Besatzungszeit berichteten deutsche Ärzte über gute ‚Zusammenarbeit' der Deutschen mit den Chinesen inner- und außerhalb des Stadtgebiets von Qingdao, sowie im Hinterland des deutschen Schutzgebietes in der Provinz Shandong. In Qingdao schlugen die chinesischen Vertrauensleute bei der Gouvernements-Ratssitzung vom 28. Januar 1911 dem Gouvernement vor, Aufsicht und Kontrolle des Kordons durch Europäer und Chinesen durchzuführen, um Missverständnissen vorzubeugen. Das Gouvernement nahm diesen Vorschlag an.[7] Diese ‚Zusammenarbeit' war für die stabile Versorgung der städtischen Einwohner mit Lebensmitteln sehr bedeutend, weil die strenge Absperrung der Stadt Mangel an Lebensmitteln sowie Preissteigerungen verursachte. Das Gouvernement traf

---

7   Shinji Asada, *Doitsu Tochika no Qindao – Keizai-teki Jiyushugi to Shokuminchi Shakaichitsujo* [Qindao unter der deutschen Herrschaft – wirtschaftlicher Liberalismus und koloniale Gesellschaftsordnung] (Tokyo: 2011), 180.

verschiedene Maßnahmen dagegen, die erst mit chinesischen Händlern erfolgreich durchgeführt werden konnten.[8]

In die Hauptstadt der Provinz Jinan wurde der deutsche Marinearzt Kautsch geschickt. Er verfügte über Chinesisch-Kenntnisse, baute eine gute Beziehung zu dem dortigen chinesischen Gouvernement und den Bewohnern auf und traf Sanierungsmaßnahmen. Zu diesen gehörte eine strenge Meldepflicht, die durch eine chinesische Behörde erfolgte. Ferner wurden alle erreichbaren Orte und Häuser desinfiziert, in denen die Pest aufgetreten war.[9]

Im Gegensatz zur deutschen Besatzungszeit gab es in der japanischen oft Konflikte zwischen Japanern und Chinesen. In der japanischen Besatzungszeit wurde der Erfassung der Erkrankten eine große Bedeutung zugesprochen. Die japanischen Behörden hatten diese Methode schon bei den Beulenpestepidemien um 1900 in Osaka durchgeführt, und fassten die Ergebnisse in ihren Berichten tabellarisch zusammen – so auch bei der Lungenpestepidemie 1911 in der japanischen Kolonie, Süd-Mandschurei, und auch bei der Lungenpest 1917 in Qingdao und der Provinz Shandong. Um die Erkrankten und die Pestverdächtigen zu erfassen, untersuchten die Ärzte und die Militärpolizei in Qindao und den Städten, die an der Eisenbahnlinie zwischen Qingdao und Jinan lagen, einzelne Wohnungen. Die Bewohner reagierten ängstlich auf die Untersuchung und versteckten sich oder flohen aus den Wohnungen.[10]

Die japanische Untersuchung war nicht nur mit dem Widerstand der Bewohner, sondern auch mit dem der chinesischen kommunalen Behörden konfrontiert. Der Konflikt mit den Behörden bezog sich auch auf die Souveränität von China. Die Japaner bestanden darauf, dass sie selber die sanitätspolizeiliche Untersuchung in den Städten und auch außerhalb der japanischen Konzession von japanischen Militärpolizisten durchführen sollten und sprachen der Souveränität von China keine Bedeutung zu.[11] Dies störte die Bemühungen der Regierung der neuen Republik um die Etablierung des neuen Gesundheits- und Sanitätswesens.[12]

---

8   Asada, *Doitsu Tochika no Qindao*, 182.

9   Uthemann, „Wie begegnete das Schutzgebiet Kiautschou der andringenden Pestgefahr? Eine Schlußbetrachtung," *Archiv für Schiffs- und Tropen-Hygiene* 16 (1912), 789-807, 806.

10 *Qingdao Shubigun Densenbyou Yobohonbu* (1919), 118.

11 *Qingdao Shubigun Densenbyou Yobohonbu* (1919), Furoku (Anhang), 2.

12 Vgl. Iijima, *Kansensho no Chugokushi*, 98-120.

4   Etablierung des chinesischen Sanitätswesens im nationalen und internationalen Kontext

Die deutschen und japanischen Ärzte kritisierten das Verhalten der Chinesen bei den Epidemien. Laut dem Bericht des deutschen Marine-Generaloberarztes Uthemann hätten viele Chinesen bei den Pestepidemien sehr oft versucht, jeden Pestfall in ihrem Hause zu verheimlichen. Die Kranken seien verborgen gehalten, die Toten nachts schnell und heimlich beerdigt bzw. einfach auf die Straße geworfen worden. Die Verwandten hätten bei Befragungen alles geleugnet. Auch bei den höheren Beamten bestünde wenig Kooperationsbereitschaft.[13]

Diese Wahrnehmung der deutschen und japanischen Ärzte, dass die Chinesen hinter der westlichen (bzw. modernen) Zivilisation zurückblieben, zeigte sich auch bei den chinesischen Ärzten, die in der westlichen Medizin ausgebildet wurden.[14] Hinter der Kritik dieser chinesischen Ärzte steckten allerdings ein Nationalismus und die Forderung nach moderner Nationalstaatsbildung.[15]

Vor diesem Hintergrund waren die Lungenpestepidemien ein wichtiges Moment zur Etablierung des Sanitätswesens in China auf der staatlichen Ebene. Die auf Bakteriologie basierende Prophylaxe wurde in den Vordergrund gerückt und der chinesische Bakteriologe Wu Lien-teh spielte eine führende Rolle bei der Bekämpfung der Pestepidemien. Vor allem auf der Internationalen Pestkonferenz in Mukden im April 1911 stand er als der wichtigste Arzt und Bakteriologe in China im Zentrum.

Die Internationale Pestkonferenz rückte die Lungenpestepidemien und die Etablierung des staatlichen Sanitätswesens in China in einen internationalen politischen Kontext. Mediziner aus England, den USA, Russland, China, Japan, Deutschland usw. nahmen an dieser Konferenz teil, in der die Ergebnisse von Untersuchungen zur Lungenpest präsentiert wurden.[16] Viele Teilnehmer kamen aus China, Russland und Japan, die relevanten wissenschaftlichen Impulse kamen aber vielmehr von Medizinern aus England, den USA, und Deutschland.

Die Pest-Konferenz von 1911 stellte nicht nur eine Möglichkeit zum Austausch von wissenschaftlichen Meinungen dar, sondern war auch ein Ort für politische

---

13 Uthemann, „Wie begegnete das Schutzgebiet Kiautschou der andringenden Pestfgefahr?" *Archiv für Schiffs- und Tropen-Hygiene*, 792.

14 Vgl. Ruth Rogaski, *Hygienic Modernity. Meanings of Health and Desease in Treaty-Port China* (Berkeley: Univ. Calif. Pr., 2004), 191 ff.

15 Vgl. Rogaski, *Hygienic Modernity*; Iijima, *Kansensho no Chugokushi*, 35f.

16 Der Konferenzbericht wurde als „Report of the international Plague Conference. Held at Mukden, April 1911" veröffentlicht. Richard P. Strong, Hg., *Report of the international Plague Conference. Held at Mukden, April 1911* (Manila: Bureau Printing, 1912).

Demonstrationen. Japan und Russland nutzten den Kongress, um ihre hygienischen und prophylaktischen Maßnahmen und ihre ‚Erfolge' in den Kolonien in Mandschurei zu zeigen.[17] Die chinesische Regierung demonstrierte dagegen ihre Bemühungen um die Modernisierung des Landes. Laut dem Bericht eines deutschen Delegaten sei diese Konferenz wissenschaftlich gering zu schätzen gewesen, auf politischer Ebene aber sei es China gelungen „den aus Anlass der Seuche stark übergreifenden Einfluss Japans, wie Russlands, wieder einzudämmen."[18]

Nach der Konferenz wurde der *Manchurian Plague Prevention Service* (MPPS) gegründet, dessen Leitung Wu Lien-teh übernahm. Wegen der komplizierten nationalen und internationalen politischen Verhältnisse in China war es für MPPS und Wu jedoch schwierig, ihre Aufgabe zu erfüllen und ein modernes Sanitäts- und Gesundheitswesen aufzubauen. Die Tätigkeiten des MPPS wurden auch vor Ort durch Unverständnis und Widerstand der indigenen Bevölkerung behindert.[19]

In den 1920er Jahren hatten über- und nicht-staatliche Gesundheitsorganisationen einen höheren Stellenwert in China. Die chinesische Zentralregierung in Peking wurde von der Rockefeller Foundation unterstützt, um auf staatlicher Ebene ein Gesundheitswesen aufzubauen. Dies vergrößerte den Einfluss der USA auf China, während der Einfluss anderer Länder, vor allem Japans, kleiner wurde. Als das *Peking Union Medical College* mit Unterstützung der Rockefeller Foundation gegründet wurde[20], verstand der Direktor des Qingdao Krankenhauses das als „friedliche Kriegserklärung der USA gegen Japan" und riet dem japanischen Gouvernement dazu, Maßnahmen zu ergreifen.[21] Die Medizin stand im Brennpunkt der nationalen und internationalen Politik.

---

17 Japan lud die Teilnehmer in die Süd Mandschurei ein, vor allem nach Dailen und Port Arthur, und danach auf Russlands Initiative nach Harbin. Vgl. „Bericht von Dr. Heintges im Konsulat in Mukden zum Kaiserlichen Geschäftsträger Grafen von Luxburg vom 1. Mai 1911," Politisches Archiv des Auswärtigen Amtes, Peking II 1390, Bl. 693-695, hier bes. Bl. 694.

18 Ibid., Bl. 709-710.

19 Kai Khiun Liew, „(Re)Claiming Sovereignty: The Manchuria Plague Prevention Services (1912-31)," in *Uneasy Encounters. The Politics of Medicine and Health in China 1900-1937*, hg. Iris Borowy (Frankfurt a.M: Lang, 2009), 125-148.

20 Über Peking Union Medical College und das Rockefeller Foundation siehe Mary Brown Bullock, *An American Transplant. The Rockefeller Foundation and Peking Union Mecial College* (Berkeley et al.: Univ. Calif. Pr., 1980).

21 „Beikoku no Shina ni Okeru Iji-Eisei Shisetsu ni Tsuite" [Bericht des Gouverneurs in Qindao von 1922, betreffend medizinische und hygienische Einrichtungen der USA in China], in: JACAR (Japan Center for Asian Historical Records) Ref. C03025310400, Ohuke Dainikki, Feb. 1922 (National Institute for Defense Studies).

Darüber hinaus versuchte auch die Gesundheitsorganisation des Völkerbundes das Gesundheitswesen in China zu beeinflussen. Insbesondere der Direktor dieser Gesundheitsorganisation, Ludwik Rajchman, ein polnischer Mediziner und Bakteriologe, engagierte sich dafür, zusammen mit der Rockefeller Foundation das chinesische Gesundheitswesen auszubauen.[22] In seinem Asienreisebericht von 1925 betonte er den Auf- und Ausbau der Quarantänestationen der Häfen und hoffte auf weiteres Engagement des Völkerbundes für China.[23] Seit dem späten 19. Jahrhundert wurden die Quarantänestationen nicht China sondern den konzessionierten Ländern – d.h. europäischen Ländern, den USA und Japan – unterstellt. Die Etablierung des nationalen Quarantänedienstes war daher für die Nationalstaatsbildung in China von großer Bedeutung. Wegen einer Petition der chinesischen Regierung besuchte Rajchman 1929 wieder China, und untersuchte große Häfen wie Shanghai, Amoy und Qingdao. 1930 etablierte die chinesische Regierung mit der Unterstützung der Gesundheitsorganisation des Völkerbundes den nationalen Quarantänedienst, dessen Leitung Wu Lien-the übernahm, der seit dem Internationalen Pestkongress in Mukden 1911 eine der zentralen Persönlichkeiten der Pestbekämpfung in China war.[24]

5   Schluss

Der Beitrag behandelte am Beispiel der Hafenstadt Qingdao und der Provinz Shandong die Lungenpestepidemien 1911 und 1917/18 in Nordchina, um die Verflechtungen der Epidemien und der Medizin im nationalen und internationalen Kontext zu analysieren. Die Ergebnisse zeigen zunächst, dass in (Halb-)Kolonien die Frage relevant war, wer die Maßnahmen gegen die Epidemien traf.

Wenn ‚Kolonisierende‘ sie trafen, beschleunigte es die Kolonisierung der betreffenden Regionen bzw. stabilisierte die koloniale Herrschaft. Die deutschen und japanischen Abwehrmaßnahmen gegen die Lungenpest in Qindao und der Provinz Shandong waren hinsichtlich der Kooperationen mit der chinesischen Seite unter-

---

22   Marta A. Balińska, *For the Good of Humanity. Ludwik Rajchman. Medical Statesman* (Budapest: Central Europ. UP, 1998).

23   Susanne Kuß, *Der Völkerbund und China. Technische Kooperation und deutsche Berater 1928-34* (Münster: Lit, 1998), 63 ff; Borowy, *Coming to Terms with World Health*, 305-323.

24   Yip, *Health and National Reconstruction in nationalist China*, 115-119; L. E. Tsao, „Quarantine Service in China," *Information Bulletin* 3, No. 7 (1937), 139-156.

schiedlich, aber das Ziel dieser Maßnahmen bestand darin, die Kolonien vor den Epidemien zu bewahren. Dabei wurden vor allem die Chinesen mit den Epidemien identifiziert, stigmatisiert bzw. diskriminiert. Der englische Medizinhistoriker David Arnold kann in seiner Studie über die englische Kolonialmedizin in Indien überzeugend darlegen, dass die medizinischen und hygienischen Strukturmaßnahmen des englischen Gouvernements zum einen anscheinend für die Wohlfahrt der Bevölkerung in Indien eingerichtet worden waren, dass sie zum anderen aber als Kanäle zur Kolonialisierung der indischen Einwohner funktionierten. Diese Konstellationen nennt er die „Kolonisierung des Körpers".[25] Genauso wie in Indien verbarg sich dieser Kolonisierungs-Versuch auch hinter den deutschen und japanischen Abwehrmaßnahmen gegen die Lungenpestepidemien in Qindao und der Provinz Shandon.

Wenn die ‚Kolonisierten', d. h. die Chinesen, eine zentrale Rolle in den Abwehrmaßnahmen spielten, führte dies zu einer auf westlicher Medizin basierenden ‚Modernisierung' des chinesischen Medizinalwesens, die eng mit dem Aufbau des Nationalstaates in China verbunden war. Dies zeigte sich in dem Bakteriologen und ‚Pest-Bekämpfer', Wu Lien-the, der 1930 die Leitung des Nationalen Quarantänedienstes übernahm. Sein Lebenslauf stellte die Etablierung der „Hygienic Modernity" (Ruth Rogaski) in China dar, bei der es sich nicht um die Kolonisierung des Körpers, sondern um Verteidigung des Körpers handelte. Diese zwei Konzepte standen sich während den Lungenepidemien gegenüber. Durch die Spannungen um die Lungenpestepidemien zwischen Kolonisierenden und Kolonisierten fand eine Politisierung der Medizin und Mediziner statt. Vor allem nach westlicher Medizin ausgebildete chinesische Mediziner strebten nach einer Modernisierung im westlichen Sinne, nicht nur der chinesischen Medizin sondern der chinesischen Gesellschaft. Mediziner über- und nicht-staatlicher Organisationen wie Ludwik Rajchman engagierten sich für die Etablierung des internationalen Gesundheitswesens, obwohl ihre Tätigkeiten nicht den Interessen der Kolonialmächte entsprachen. Die Betrachtung der Lungenepidemien in Qindao und der Provinz Shandong zeigt auf, dass die Medizin und die Mediziner im Ostasien des frühen 20. Jahrhunderts auf nationaler und internationaler Ebene als wichtiger Knotenpunkt wissenschaftlicher und politischer Verflechtungen hervorgehoben werden können.

---

25 Vgl. David Arnold, *Colonizing the Body. State Medicine and Epidemic Disease in Ninetoonth Century India* (Berkeley et al.: Univ. Calif. Pr., 1993).

Public Health and Urban Society in Modern China: Focusing on the 'Shanghai Plague Riot', 1910

Yuki Fukushi

In October 1910, the first case of human bubonic plague in Shanghai was discovered in the northern district of the Shanghai International Settlement. After this discovery, the Shanghai Municipal Council took preventive measures against a plague epidemic. However, the Chinese community in the International Settlement opposed these measures, and public response escalated into a riot in which some were injured. This event is known as the 'Shanghai Plague Riot'.

Scholars have previously researched this topic from various perspectives. In social-historical studies of urban areas, the role of Chinese local elites and their relationship with foreign authorities in the Shanghai Municipal Council was observed.[1] In the field of the social history of medicine, scholars have mainly focused on the composition of opposition and cooperation by the Chinese community with public health measures issued by the Shanghai Municipal Council.[2] I have also previously described this Shanghai Plague Riot as the momentum that Chinese society needed to

---

1 Bryna Goodman, *Native Place, City and Nation: Regional Networks and Identities in Shanghai, 1853-1937* (Berkeley and L.A., California: California University Press, 1995) pp. 150-158.

2 Iijima Wataru, *Pesuto to Kindai Chugoku* (Plague and Modern China) (Tokyo: Kenbun Publishing Co., 2000) pp. 162-165. Hu Cheng, 'Jian yi, zhong zu yu zujie zhengzhi: 1910 nian Shanghai shuyibing li faxian hou de hua yang Chongtu (Quarantine, Nation and the Politics of Foreign Settlement: the conflict between Chinese and Foreigners after discovering plague case in Shanghai 1910)'*Jindai shi Yanjiu*, vol. 4 2007. Li Ting-min, 'Jin dai Shanghai Gong gong zu jie Fang yi Gong zuo Kao cha (Study on the Quarantine Services in Shanghai International Settlement)' Master's Thesis of East China Normal University, 2008. Peng Shan-min, *Gong gong wei sheng yu Shanghai dushi wenming* (Public Health and Urban Civilization in Shanghai) (Shanghai: Shanghai People's Publishing, 2007).

start introducing modern public health measures by themselves rather than under the compulsion of and intervention by Shanghai Municipal Council's quarantine measures.[3]

Based on the above research, this study aims to examine the diversity of ideas and social relations in the field of public health in early 20th century Shanghai by analyzing the activities and notions of people who were connected to the riot, then clarifying the concrete social and cultural background of this incident.

1   Shanghai Society in the Early 20th Century

1.1   Different Administrations

One of the remarkable characteristics of modern Shanghai society is that the city was administratively divided into three parts. After the port was opened in 1842, a British settlement was established in 1845 (merging with the American settlement in 1863 to form the International settlement), and the French concession was established in 1849. The Chinese territory was located around these two settlements (Fig. 1). Each of these two foreign settlements had their own administrative body: the Shanghai Municipal Council (SMC) in the International Settlement and the French Municipal Administrative Council in the French Concession. Chinese territory was under the jurisdiction of the Qing dynasty until the 1911 revolution.

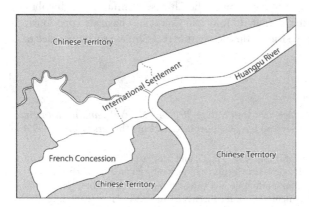

Fig. 1   Map of Shanghai, copyright Fukushi Yuki.

3   Fukushi Yuki, *Kindai Shanghai to Koshu Eisei* (Public Health and Modern Shanghai), (Tokyo: Ochanomizu Shobo, 2010) pp. 54-64.

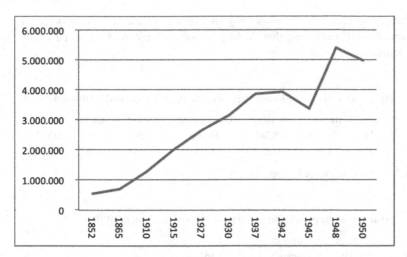

Fig. 2   Total Population of Shanghai (including foreign settlements and
Chinese territory) 1852–1950

Source: Zou Yiren, *Jiu Shanghai renkoubianqian de yanjiu* (Study of population change in
old Shangahi) (Shanghai: Shanghai renmin chubanshe, 1980) pp. 90-91.

At the same time, local Chinese elites had already begun to acquire autonomy
and local autonomous organizations had begun providing public services.[4] In the
International Settlement, the SMC provided public health administration as a part
of the policing program since the 1860s. The public health department, which dealt
with health matters professionally, was established in 1898.[5]

1.2   Structure of the Population

As shown in Fig. 2, the population in Shanghai increased largely after the opening of
the port. This increase mainly depended on migration from other provinces. Table
1 shows the place of origin of Chinese residents in the International Settlement
in 1910, showing a large proportion of individuals native to either the Jiangsu or

---

4   'Cheng Zhen Xiang Difang Zizhi Zhangcheng (Regulation on local self-government
in the cities, townships and rural areas)'*In: Xu Xiu-li, *Zhongguo Jindai Xiangcun Zizhi
Fagui Xuanbian* (Selection from the regulations for modern Chinese local autonomy),
(Zhonghua shuju: Beijing, 2004) pp. 3-4.

5   Fukushi, op. cit., pp. 45-51.

Zhenjiang provinces. Table 2 shows the population structure in the International Settlement in 1910, indicating that the foreign population comprised just 2.7 % of all residents.

Tab. 1   Place of Origin of the Chinese Population in the International Settlement (1910)

	Shanghai	Jiangsu	Zhejiang	Guangdong	Anhui	others	total
No.	72,132	108,199	168,761	39,366	5,263	19,593	413,314
%	17 %	26 %	41 %	10 %	1 %	5 %	100 %

Source: Zou Yiren, op. cit., p. 112, pp. 114-115

Tab. 2   Structure of the population in the International Settlement (1910)

China	Foreign	Britain	4,465
413,314	13,536	Japan	3,361
		Portugal	1,495
		US America	940
		Germany	811
		India	804
		France	330
		Russia	317
		Spain	140
		Italy	124
		Denmark	113
		Austria	102
		others	534

Source: Zou Yiren, *op. cit.*, p. 145.

2   Circumstances of the Shanghai Plague Riot

2.1   The Shanghai Plague Riot

In October 1910, the first human case of bubonic plague in Shanghai was discovered in the northern district of the International Settlement. After this discovery, the SMC declared a state of emergency, taking preventive measures against the development of a plague epidemic including door-to-door inspection, distribution of rat traps, compulsory isolation of suspected and infected cases, disinfection, and so on.[6] In November, Chinese residents rioted against these measures. Some of the health officers and crime investigators were attacked by rioters while on duty. Fearing the plague inspection, some women fled to the French Concession while others barricaded themselves inside their houses. This occurred against the backdrop of rumours, such as "people whose complexion looks yellow must be caught and isolated compulsorily" and "foreign doctors were manufacturing drugs from human bodies at their isolation hospital."[7]

2.2 Negotiation between foreign authorities and the Chinese community

Facing such strong opposition, the SMC had to reconsider their prevention measures. Therefore, foreign authorities from the SMC met with representatives of the Chinese community to discuss the best course of action.[8] The Chinese representatives were not the official bureaucrats of the Qing dynasty, instead they were the so-called local elites who were members of the Shanghai General Chamber of Commerce and also leaders of native and trade associations (Table 3). Such associations and the Chamber played an important role in Shanghai society at that time. Kohama Masako has pointed out that in late imperial China, individuals who wanted to find ways to survive in the competitive urban society began to voluntarily form various kinds of associations, such that the network of these associations came to be one of the bases of local society.[9] Such associations were generally headed by local elites. Therefore, foreign authority regarded the Chinese local elites as the leaders of the Chinese community.[10]

---

6 Shanghai shi dang an guan (Shanghai municipal archive) U1-16-2865.

7 *Shenbao*, 3rd, 5th, 9th, 11th, 12th Nov. 1910; *Shibao*, 5th, 9th, 11th, 12th Nov. 1910.

8 *Shenbao*, 13th Nov. 1910; *Shibao*, 12th, 14th Nov. 1910.

9 Kohama Masako, *Kindai Shanghai no Kokyosei to Kokka* (The Public and the State in Modern Shanghai), (Kembun Shuppan: Tokyo, 2000).

10 Goodman, op. cit., pp. 157 158.

Tab. 3   Chinese attendance at the meeting held on November 18, 1910

Zhou Jinzhen	Chairman of Shanghai Chamber of Commerce, Siming Gongsuo (Ningbo native association) director
Shao Qintao	Vice-Chairman of Shanghai Chamber of Commerce
Wen Zongyao	Guang-Zhao Gongsuo (Guangdong native association) director
Zhong Ziyuan	Guang-Zhao Gongsuo (Guangdong native association) director, Shanghai-Nanjing Railway director
Tian Zhiming	Cotton Yarn Guild director
Shen Dunhe	Siming Gongsuo (Ningbo native association) director, representative of Imperial Bank of China
Yu Xiaqing	Siming Gongsuo (Ningbo native association) director, Netherland Bank comprador
Zhu Baosan	Siming Gongsuo (Ningbo native association) director, Foreign Piece of Goods Guild director
Wang Ruizhi	Shandong Guild director
Zhu Lanfang	Huaxing Flour Company director, Xijin Huiguan (Wuxi native association) director
Xu Gongruo	Huzhou Silk Association director
Chen Yizhai	Native Bankers Association director
Yang Xinzhi	Cocoon and Silk Guild director

Source: *Shenbao* 20, Nov., 1910; Shanghai shi dangan guan ed., *Gong bu ju dong shi hui hui yi lu* (Minutes of director's meeting) vol. 17, pp. 299-501 and pp. 695-696.

There were three main topics of discussion between them in this negotiation. First, they discussed the treatment of dead bodies. The SMC insisted on the need for cremation of infected bodies, but Chinese local elites opposed this in order to protect the traditional methods of burial. Ultimately, the Chinese position was accepted. The second main topic was the isolation hospital. Chinese local elites claimed that the riots were partly caused by people's fear of the SMC's isolation hospital, making it necessary to establish a new isolation hospital of their own. This claim was approved and the Chinese General Hospital was established to resolve this problem. Finally, the third issue was the door-to-door inspections. The SMC strongly stressed the need for these, but the Chinese elites insisted that infected persons or their families would report themselves to a hospital, obviating the need for these inspections. In the end, both sides settled on a mutually agreeable resolution, that is, door-to door inspections run by Chinese western medical doctors including female doctors from the new Chinese General Hospital.[11]

3 Diversity of Ideas and Social Relations over Public Health in Early 20th Century Shanghai

3.1 SMC

As shown by the circumstances related above, the strong compulsory interventions into the Chinese community by the SMC's public health administration triggered the Shanghai Plague Riot. How, then, did the SMC's public health administration relate to the Chinese community before the riot?

As the public health and quarantine measures implemented by the SMC in response to the epidemic diseases threat show, their approach to the Chinese community was rather moderate prior to the riot.[12] In this case, why did they enforce such strict measures during the plague epidemic of 1910? To answer this question, we would like to focus on two aspects of SMC at that time: the political system in the International Settlement and past experiences with the plague.

The political system of the International Settlement consisted of a ratepayers' meeting (which held decision-making authority within their organization), a board of directors (which acted as the highest administrative organ), the Shanghai Municipal Council (which acted as an administrative body), and special committees (which acted as advisory organs). In the early 20th century, membership in the ratepayers' meeting, board of directors and special committee was monopolized by foreigners.[13] In 1910, there was no representation of the Chinese community's opinions in the decision making process which established the quarantine policies.

As a result, it is thought that the measures selected and implemented by these groups in the foreigner's best interests ultimately caused the riots. Li Ting-min has researched the frequency of educational advertisements about the plague in the

---

11 Shanghai shi dang an guan ed., *Gong bu ju dong shi hui hui yi lu* (Minutes of the meeting of Council), (Shanghai Guji Chubanshe: Shanghai) vol. 17, pp. 499-501 (18th Nov. 1910), *Shenbao*, 21st Nov. 1910, *Shibao*, 20th Nov. 1910.

12 Fukushi, *op.cit.*, pp. 23-40. For the public health administration by SMC in the late 19th century, see Kerrie L. Macpherson, *A Wilderness of Marshes* (Oxford University Press: Hong Kong, N.Y., 1987).

13 Xiong Yue-zhi ed., *Shanghai Tongshi* (History of Shanghai) vol. 3 (Shanghai Renmin Chubanshe: Shanghai, 1999) pp. 399-409.

newspapers from 1908 to 1909. She pointed out that many of the advertisements and articles which introduced symptoms and the mechanism of plague infection were seen in the English newspapers, whereas in the Chinese newspapers (even the most famous Chinese newspaper, Shenbao) only four articles on the plague were printed. From this, she has concluded that foreign authorities neglected the Chinese community even though they comprised the majority of the population in the International Settlement.[14]

As for past plague experiences, the famous Hong Kong 1894 plague epidemic was very severe, with 2,552 deaths among 2,679 recorded patients that year.[15] The Shanghai Maritime Customs health authority introduced strict maritime quarantine measures during that plague, governing ships and their passengers coming from southern ports such as Hong Kong, Guangzhou, Shantou, Xiamen, and Fuzhou. This policy probably explains why there was no human case of the plague in Shanghai, as well as why preventive measures governing local residents were not instituted at that time.[16] Thus, the Shanghai foreign authority and the native residents did not experience the imposition of plague prevention measures. However, because the 1894 plague epidemic was in fact very severe, the Shanghai Municipal Council was highly cautious when dealing with the 1910 epidemic, imposing stricter measures on the Chinese community.

3.2   The Chinese community

Resisting plague preventive measures conducted by the SMC, Chinese residents reacted by attacking SMC officials, escaping from the International Settlement, and barricading their homes against inspection. It is important to consider the composition of the rioters. In newspaper articles of the time, the rioters were often described as "ignorant people" or "lower class". These articles also provide a concrete profile of the rioters, mentioning their testimony in court. Rioters included a rickshaw man, a peddler, a shop owner, and so on.[17] As for the women who escaped the barrier or barricaded their homes, they included housewives, female workers, and school girls.[18] It seems that relatively wide-ranged social classes were included.

---

14 Li Ting-min, *op. cit.*, p. 22.
15 Iijima, *op. cit.*, pp. 26-27.
16 Li Ting-min, *op. cit.*, pp. 10-11.
17 *Shibao*, 12th, 15th, 18th Nov. 1910.
18 *Shibao*, 17th Nov. 1910; Shanghai Municipal Archive S37-1-296.

Why did these people show such resistance? It is reasonable to say that a combination of their hatred of the act of trespass, the rudeness of the inspectors, and their fears of both foreigners and western medicine may have been the reason. In addition, we often find descriptions of their fear of compulsory isolation and medical examination. Therefore, in this study we will focus on the Chinese community's attitude toward diseases.

Traditionally, Chinese society had various responses towards disease, such as prayer, escape from disease prevalent areas, self-medication, and isolation of patients from family and community.[19] Of course, receiving medical care was also one of the alternatives. According to the studies of Chinese medical history, one of the characteristics of Chinese people's attitude towards medical care was a framework of 'choosing medicine' rather than being forced to receive it. It was a custom that the decision of how to address disease was an independent choice made by each individual or his family rather than by others outside of these relationships.[20] Although it is not clear how many medical institutions there were at that time in Shanghai, it is supposed that there were already relatively many medical resources including traditional and western medical practitioners, hospitals, dispensaries, clinics, and philanthropic institutions.[21] Thus, urban residents except the lower class had relatively many alternatives for medicine. In this situation, it was natural for patients and their family to choose certain medical resources and receive treatment by their own will.

This attitude towards medicine generally carried on into the early 20th century. When the Shanghai Plague Riot occurred, Zhang Zhu-jun, female doctor and also a principal of Yu Xian girl's school, sent a cautionary note to the SMC. In the note, she mentioned that patients or their family should have the right to decide whether to receive medical care or hospitalization.[22]

---

19 Yu Xin-zhong, *Qingdai Jiangnan de Wenyi yu Shehui* (Epidemics and society in the Lower-yang-zi-area during the Qing period) (Beijing: Zhongguo renmin daxue chubanshe, 2003).

20 Lei Xiang-lin, Fu zaren de yishengyu you xinyang de bingren (Responsible doctors and strong-willed patient) *In:* Li Jian-min ed. *Sheng ming yu yi liao* (Life and Medicine) (Beijing: Zhongguo Da bai ke Quan shu Chu ban she, 2005), pp. 464-502; Yao Yi, *Childbirth, Nation and Society in Modern China* (Tokyo: Kenbunshuppan, 2011) pp. 311-313.

21 Fukushi, op. cit., pp. 32-36; Kohama, op.cit., pp.77-89.

22 *Shibao*, 17th Nov. 1910.

3.3   Chinese Local Elites

We can point out two aspects of the local elites' role in the circumstances surrounding the Shanghai Plague Riot. First, they served as the representatives of the Chinese community. As spokespersons for the Chinese community, they succeeded in maintaining Chinese customs on some health matters. At the same time, through their negotiations, these elites were able to bring about a shift toward modern public health service in Shanghai. Many scholars have pointed out that there had existed a tradition of the Chinese local elites providing free or cheap medicine to the urban population through charitable institutions since the Ming dynasty.[23] The establishment of the Chinese General Hospital can be placed within this tradition. However, its function seemed to be more than to provide traditional medical care. In fact, the Chinese General Hospital played a role in bringing never-before-seen modernized public health services to the Chinese community. The door-to-door inspections and modern public health projects such as examination, hospitalization, and treatment of infectious disease were introduced to the Chinese community through the Chinese General Hospital's public health care activities.

4   Conclusion

These differing ideas and practices in the field of health and diseases between the foreign authorities and the Chinese community served as the background for the Shanghai Plague Riot. In the Chinese community during this period, how to address a disease was an independent decision made by each individual or their family. That is, it was very private matter. On the other hand, the SMC regarded it as a matter of public health. In this situation, the Chinese local elites mediated the different positions of the SMC and the Chinese community. They succeeded in maintaining Chinese health care customs while at the same time introducing modern public health services to the Chinese community through the Chinese General Hospital's healthcare activities.

---

23 Regarding charitable institution, see Liang Qi-zu, *Shishan yu Jiaohua* (Philanthropy and Moral Transformation), (Shiyuanzhuang: Hebei jiao yu chu ban she, 2001).

Konfessionelle Schwestern in der Cholerapflege

Annett Büttner

1 Einleitung

In den vergangenen Jahren erschienen zahlreiche Abhandlungen über die Geschichte der Seuchen, in denen auf ihr klinisches Erscheinungsbild, die Entstehungsursachen und deren sozialen Kontext eingegangen wurde.[1] Stellt man jedoch die Frage, welche Krankenpfleger und -pflegerinnen sich der Seuchenopfer angenommen haben, findet man kaum Informationen.[2] Dies ist um so bedauerlicher, als die Geschichte der Pflege von Cholerakranken, die in diesem Beitrag nur skizziert werden kann, schlaglichtartige Einblicke in die innovativen Impulse, die von Epidemien auf die Krankenpflege ausgingen, ermöglicht. Gleichzeitig werden aber auch retardierende Aspekte deutlich.

Die Cholera war in Indien bereits seit Jahrhunderten endemisch verbreitet, griff aber erst im 19. Jahrhundert auf Europa über.[3] Allein in Frankreich fielen ihr

---

1 Beispielhaft seien hier angeführt: Martin Dinges und Thomas Schlich, Hg., *Neue Wege in der Seuchengeschichte* (Stuttgart: Steiner, 1995); Stefan Winkle, *Geißeln der Menschheit: Kulturgeschichte der Seuchen* (Düsseldorf: Artemis Winkler 2005); Manfred Vasold, *Grippe, Pest und Cholera: eine Geschichte der Seuchen in Europa* (Stuttgart: Steiner 2008).

2 In der Literatur finden sich, wenn überhaupt, nur negative Erwähnungen, wie die der überlasteten Wärter des Hôtel-Dieu in Paris, die 1832 schwerkranke Cholerapatienten „an den Beinen gepackt – wie Rübensäcke – die Korridore entlang" schleiften. Vgl. Winkle, *Geißeln der Menschheit*, 1233, Anm. 39. Selbst die *Pflegezeitschrift* analysierte 2011 in einem Beitrag überwiegend die sozialen Ursachen des Choleraausbruchs in Hamburg im Jahr 1892 und erwähnte die Krankenpflege nur beiläufig. Vgl. Christian Heinemeyer, „Als der Tod nach Hamburg kam," *Pflegezeitschrift* 10 (2011), 626-629.

3 Zur Pathogenese vgl. Winkle, *Geißeln der Menschheit*, 153 ff.

1831/32 etwa 18.000 Menschen zum Opfer, in Preußen waren es fast 42.000.[4] Sowohl die Mediziner als auch die Behörden standen dieser rätselhaften Krankheit völlig hilflos gegenüber. Preußen versuchte ihre Einschleppung durch einen dreifachen Militärkordon an seinen Ostgrenzen aufzuhalten und der Münchner Ordinarius für Medizin, Johann Nepomuk von Ringeis (1785–1880), hielt sie für eine von der Sünde herrührende Krankheit und empfahl Bittprozessionen.[5] Im Zeitalter der Miasmentheorie versuchte man ihrer durch Räucherungen Herr zu werden, die Behandlung mit Blutegeln und Aderlässen ließ den Flüssigkeitshaushalt der Patienten endgültig zusammenbrechen.[6] Die Bekanntmachung des Oberpräsidiums der Rheinprovinz über das bei der Annäherung der Cholera zu befolgende Verfahren vom 17.10.1831 empfahl Mäßigung beim Essen und Trinken sowie warme Bekleidung und wies darauf hin, dass Angst und Furcht manchen für diese Krankheit besonders empfänglich machten und sie geradezu erst erzeugten.[7] „Dagegen schützt davor verständiger Mut, gestärkt durch inniges Vertrauen in die göttliche Vorsehung [...]."[8] An dieser Herangehensweise sollte sich, aller wissenschaftlichen Erkenntnisse ungeachtet, bis zum Ende des Jahrhunderts nichts Wesentliches ändern.[9] Allerdings wurde in der angeführten Bekanntmachung erstmals die Bedeutung einer zweckmäßigen und sorgsamen Pflege erwähnt.

Neben den schlecht beleumundeten weltlichen Wärtern lag die Hauptlast der Krankenversorgung in der ersten Hälfte des 19. Jahrhundert auf den traditionellen und neu entstehenden katholischen Orden und Kongregationen sowie den Schwestern der evangelischen Diakonissenmutterhäuser.[10] Gerade im Fall von Epidemien

---

4 Vasold, *Grippe, Pest und Cholera*, 99-134, hier 105; Winkle, *Geißeln der Menschheit*, 153-251.

5 Vasold, *Grippe, Pest und Cholera*, 100; Winkle, *Geißeln der Menschheit*, 187.

6 Winkle, *Geißeln der Menschheit*, 173, 183.

7 Vgl. Anna Sticker, *Die Entstehung der neuzeitlichen Krankenpflege. Deutsche Quellenstücke aus der ersten Hälfte des 19. Jahrhunderts* (Stuttgart: Kohlhammer, 1960), 79 f.

8 Ibid., 80. Vgl. auch: Archiv der Fliedner-Kulturstiftung Kaiserswerth (künftig FKSK), Nachlass Theodor Fliedner, II Fd 2, „Mittel gegen die Cholera" (1831).

9 Weitere Choleraausbrüche erfolgten in den westlichen Landesteilen Preußens in den Jahren 1849, 1855, 1866 und in den 1870er Jahren. Vgl. die Quellenaufstellung in: Wolfgang Woelk, *Gesundheit in der Industriestadt. Medizin und Ärzte in Düsseldorf 1802-1933* (Düsseldorf: Stadtarchiv, 1996), 239-244.

10 Eduard Seidler und Karl-Heinz Leven, *Geschichte der Medizin und der Krankenpflege* (Stuttgart: Kohlhammer, 2003), 209 ff. In der zweiten Hälfte des 19. Jahrhunderts erhöhte sich die Anzahl der in der Krankenpflege tätigen Personen durch die Gründung weltlicher Schwesternschaften, wie etwa die der Rot-Kreuz-Organisationen und durch freiberufliche Krankenpflege. Im Jahr 1887 waren im Deutschen Reich knapp 13.000 Personen in der Pflege tätig, bis 1909 stieg ihre Zahl bereits auf fast 56.000. Vgl. Eva-Cornelia Hummel,

riefen die überforderten Kommunen oder militärische Sanitätseinrichtungen nach diesen zusätzlichen freiwilligen Pflegerinnen.[11] Unter Gefahr für das eigene Leben begaben sie sich zu den Patienten, um „dem Tode ins Auge zu sehen, um den Todtkranken Christenliebe zu beweisen"[12], wenn weltliche Pfleger längst die Flucht ergriffen hatten. Die geringen kurativen Möglichkeiten der Medizin führten aber auch bei ihnen häufig zu Hilflosigkeit. Daher sind die Deutungsmuster und Bewältigungsstrategien der Pflegenden von Interesse, denen am Beispiel der Kaiserswerther Diakonissen nachgegangen werden soll.

2 Impulse der Choleraepidemien für die Entwicklung der modernen Krankenpflege

Mehrfach sind insbesondere von Choleraepidemien quantitative und qualitative Entwicklungsschübe in der Krankenpflege ausgegangen. Zunächst sei an dieser Stelle auf die katholischen Pflegeorden hingewiesen. Den wenigen, die die Säkularisierungswelle zu Beginn des 19. Jahrhunderts als sogenannte „nützliche" Organisationen mit dem Hauptarbeitsgebiet der Krankenpflege überstanden hatten, traten in der ersten Hälfte des 19. Jahrhunderts zahlreiche Neugründungen zur Seite, sodass von einem regelrechten „Kongregationsfrühling" gesprochen werden kann.[13] Insbesondere die Choleraepidemie der 1830er Jahre hatte in den deutschen Ländern den Mangel an qualifizierten Krankenpflegerinnen deutlich gemacht, „und verhalf den Barmherzigen Schwestern mit einem Schlage zu einer ungeahnten Popularität."[14] Zur ihrer schnellen Verbreitung hatte eine Publikation

---

Krankenpflege im Umbruch (1876-1914) (Freiburg i. Br.: Hans Ferdinand Schulz Verlag, 1986), 33 ff.

11 Vgl. „Die Arbeit unserer Diakonissen bei Seuchen und ansteckenden Krankheiten," in *Jubilate! Denkschrift zur Jubelfeier d. Erneuerung d. apostolischen Diakonissen-Amtes,* hg. Johannes Stursberg (Kaiserswerth: Verlag der Diakonissenanstalt, 1911), 229-233.

12 „Die Kaiserswerther Diakonissen in den Kriegslazaretten," *Der Armen- und Krankenfreund* 7/8 (1866), 133.

13 Zur schwierigen Quantifizierung der Neugründungen vgl. Relinde Meiwes, *Arbeiterinnen des Herrn* (Frankfurt a. M.: Campus, 2000), 74 ff., Übersicht 76. Weltweit erhielten im 19. Jahrhundert 571 Kongregationen die päpstliche Anerkennung, Vgl. Ibid., 73.

14 Erwin Gatz, *Kirche und Krankenpflege im 19. Jahrhundert: Kath. Bewegung u. karitativer Aufbruch in d. preussischen Provinzen Rheinland u. Westfalen* (München: Schöningh, 1971), 276.

des Romantikers Clemens Brentano (1778–1842) wesentlich beigetragen, die von Josef von Görres (1776–1848) durch eine Rezension gefördert wurde.[15]

Auf protestantischer Seite soll an die Hamburgerin Amalie Sieveking (1794–1859) erinnert werden, die sich bereits ab ihrem 18. Lebensjahr mit dem Plan der Gründung einer evangelischen Schwesternschaft nach dem Vorbild der Barmherzigen Schwestern trug. Als 1831 in Hamburg die Cholera ausbrach, erschien ihr dies als „ein Zeichen von oben herab. Nun darfst du!"[16] Sie stellte sich selbst für die Pflege in den Cholerahospitälern zur Verfügung und gründete im folgenden Jahr den „Weiblichen Verein für Armen- und Krankenpflege".[17] Ihre Arbeit wurde eine von mehreren Inspirationen für den Kaiserswerther Gemeindepfarrer Theodor Fliedner (1800–1864), 1836 das weltweit erste evangelische Diakonissenmutterhaus zu gründen, das mit der Einführung eines theoretischen Krankenpflegeunterrichts wesentlich zu einer Professionalisierung der Krankenpflege beigetragen hat.[18]

Einen weiteren Meilenstein in der internationalen Entwicklung der Pflege stellte die Arbeit von Florence Nightingale (1820–1910) in den britischen Lazaretten des Krimkrieges (1853–1855) dar.[19] Wesentliche Kenntnisse in der Krankenpflege hatte sie zuvor während ihrer Aufenthalte in der Kaiserswerther Diakonissenanstalt er-

---

15 Vgl. Clemens Brentano, *Die Barmherzigen Schwestern in Bezug auf Armen- und Krankenpflege* (Koblenz: Hölscher, 1831); Josef von Görres, „Staat, Kirche und Cholera," *Der Katholik* 43 (1831), 145-180.

16 Amalie Sieveking, *Bericht über die Leistungen des weiblichen Vereins für Armen- und Krankenpflege* 10 (1842), zit. nach: Sticker, *Die Entstehung der neuzeitlichen Krankenpflege.*, 176.

17 Auch wenn das Hauptverdienst Amalie Sievekings in der Begründung der religiös motivierten protestantischen Armenpflege liegt, muss ihre Arbeit hier erwähnt werden, da Armen- und Krankenpflege in der in unhygienischsten Quartieren hausenden Hamburger Unterschicht Hand in Hand gingen. Nicht zuletzt war ihre Schülerin Caroline Bertheau (1811-1892) als zweite Frau Theodor Fliedners und Vorsteherin des Kaiserswerther Diakonissenmutterhauses maßgeblich am Aufbau dieser Institution beteiligt. Zu Sieveking vgl. Gabriele Lautenschläger, „Amalie Sieveking," in *Biographisch-Bibliographisches Kirchenlexikon* X (1995), 232-235.

18 Norbert Paul, „Zwischen ,christlichem Frauenamt' und professioneller Krankenversorgung. Zur Entstehung der institutionellen Krankenpflege am Beispiel der Diakonissenanstalt in Kaiserswerth," *Medizin-historisches Journal* 33 (1998), 143-160. Fliedner wollte Sieveking als erste Vorsteherin seiner neuen Anstalt gewinnen, sie sagte ihm jedoch ab, da sie ihre Heimatstadt nicht verlassen wollte. Vgl. Annett Büttner, „Kommentar und Quellenedition des Briefes von Theodor Fliedner an Amalie Sieveking vom 08.02.1837," in *Kleine Quellenedition zum 150. Todestag Theodor Fliedners am 4.10.2014*, hg. Fliedner-Kulturstiftung Kaiserswerth (Düsseldorf: Fliedner-Kulturstiftung, 2014), 22-36.

19 Bis heute gibt es keine deutschsprachige wissenschaftliche Biographie Fl. Nightingales. Vgl.: Lynn Mc Donald, *The collected works of Florence Nightingale*. Vol. 1-13, (Waterloo:

worben.[20] Wie in allen bisherigen Kriegen forderten auch hier Seuchen wie Typhus und Cholera mehr Opfer als die Kampfhandlungen selbst.[21] Durch Einführung einer strikten Hygiene gelang es Nightingale innerhalb eines halben Jahres, die Sterblichkeit in den britischen Lazaretten in Scutari (heute ein Stadtteil Istanbuls) von 42 % auf 2,2 % zu senken.[22] Einer ihrer ersten Schritte war hier die simple Trennung der Verwundeten von den Erkrankten, um die weitere Ausbreitung von Infektionen zu vermeiden.

Die auch nach der Gründung des Deutschen Reiches insbesondere in Preußen immer wieder ausbrechende Cholera hatte positive Auswirkungen auf die weitere Entwicklung der katholischen Pflegeorden. Im Kulturkampf der 1870er Jahre wurden krankenpflegende Genossenschaften auf Grund ihrer Verdienste in den Reichseinigungskriegen und ihrer Unentbehrlichkeit bei der Krankenpflege vom Verbot und der Ausweisung ausgenommen, sie konnten ihre Arbeit sogar wesentlich ausdehnen.[23]

Als Kaiserswerther Diakonissen 1892 zum letzten Choleraausbruch in Deutschland nach Hamburg gerufen wurden, verfügten sie noch nicht über zeitgemäße Kenntnisse der Ansteckungswege.[24] Die Berichte an ihr Mutterhaus führten aber anschließend erstmals zu einer Verankerung von Grundstandards im Umgang mit ansteckenden Krankheiten in der Pflegeausbildung. Fehlten in der „Hausordnung

---

Wilfried Laurier Univ. Pr., 2001- 2009); Sue M. Goldie, „*I have done my duty*": *Florence Nightingale in the Crimean War 1854-56* (Manchester: Manchester Univ. Pr., 1987).

20 Kaiserswerther Diakonie, Hg., *Florence Nightingale. Kaiserswerth und die britische Legende* (Düsseldorf: Kaiserswerther Buchhandlung, 2001).

21 Vgl. Fritz Dross, „Militärmedizin," in *Enzyklopädie der Neuzeit*, 512.

22 Winkle, *Geißeln der Menschheit*, 202.

23 Meiwes hat dies am Beispiel der Paderborner Vinzentinerinnen nachgewiesen, die ihre Mitgliederzahlen in der Periode des Kulturkampfes nahezu verdoppeln konnten. Vgl. Meiwes, *Arbeiterinnen des Herrn*, 298 ff. Vgl. auch: Christoph Schweikardt, "Cholera and Kulturkampf: Government Decisions Making and the Impetus to Establish Nursing as a Secular Occupation in Prussia in the 1870s," *Nursing History Review* 16 (2008), 99-114.

24 Vgl. Annett Büttner, „'Nachricht aus der Stadt des großen Elends': Die Pflege von Cholerakranken in Hamburg im Jahr 1892 durch Kaiserswerther Diakonissen," *Zeitschrift des Vereins für Hamburgische Geschichte* 93 (2007), 179-198; sowie dies., „Quellenedition und Kommentar: Briefe und Berichte von Kaiserswerther Diakonissen aus der Cholerapflege in Hamburg 1892," in *Quellensammlung zur Geschichte der Krankenpflege*, hg. Sylvelyn Hähner-Rombach und Christoph Schweikardt (Frankfurt a. M.: Mabuse, 2008), 305-313. Insgesamt waren in Hamburg ca. 90 auswärtige Ärzte und 600 Pflegekräfte tätig. Evans geht in seiner Publikation über die Choleraepidemie in Hamburg auf diese auswärtige Hilfe kaum ein und nennt als Quelle lediglich die zeitgenössische Presse. Vgl. Richard J. Evans, *Tod in Hamburg. Stadt, Gesellschaft und Politik in den Cholera-Jahren 1830-1910* (Reinbek: Rowohlt, 1996), 420.

und Dienstanweisung für die Diakonissen und Probeschwestern" von 1886 noch
jegliche diesbezügliche Anweisungen, widmete sich in der stark überarbeiteten
Fassung von 1901 ein eigenes Kapitel diesem Problem.[25] Insbesondere die nach
Krankheitsart differierenden Maßnahmen, die eigene Infizierung zu verhindern,
entsprachen jetzt dem aktuellen Kenntnisstand der medizinischen Wissenschaft.

Die in Hamburg gesammelten Erfahrungen führten darüber hinaus zur Einberufung einer Konferenz der deutschen Diakonissenmutterhäuser Kaiserswerther
Prägung im März 1893 in das Mutterhaus Bethanien/Berlin, wo über den künftigen
Modus bei der Entsendung von Diakonissen in Epidemiegebiete beraten wurde. In
Vorbereitung der Konferenz erfolgte eine Befragung der Kaiserswerther Schwestern
nach ihren Erfahrungen und Ratschlägen, die teilweise Eingang in ein [Muster] „Abkommen der Diakonissenhäuser mit Behörden und Vorständen, welche Diakonissen
zur Cholerapflege berufen" fanden.[26] Dazu gehörten Anregungen zur Verbesserung
der Hygiene, zur Trennung der Rekonvaleszenten von Schwerkranken, zum ausreichenden Einsatz von Pflegepersonal sowie zu Aufzeichnungen über den Zustand
der Patienten und zur schnellen Behandlung im Frühstadium der Krankheit.[27]

Die praktischen Erfahrungen in der Cholerapflege bewirkten also letztendlich
mehr als die wissenschaftlichen Fortschritte in der Epidemiologie.

3 Verzögerte Rezeption wissenschaftlicher Erkenntnisse in der Krankenpflege

Es wurde bereits darauf hingewiesen, dass sich die Behandlung von Cholerakranken im Lauf des 19. Jahrhunderts kaum verändert hat.[28] Die Periode bis zur
Entdeckung der Krankheitserreger durch Robert Koch[29] war durch Hilflosigkeit

---

25 Vgl. *Hausordnung und Dienstanweisung für die Schwestern des Diakonissenmutterhauses
    zu Kaiserswerth* (Kaiserswerth: Diakonissenanstalt, 1901), 53-56.

26 FKSK, 2-1 Diakonissenanstalt (DA) 404, „Rückblickende Berichte der Schwestern aus
    der Cholerapflege in Hamburg" (1892) sowie 2-1 DA 408, „Überlegungen zur Vereinheitlichung der Betreuung von Seuchenkranken durch die Diakonissenmutterhäuser"
    (1893). Eine Schwesternbefragung und die sofortige Umsetzung der dabei gewonnenen
    Erkenntnisse stellten ein Novum in der Geschichte der Kaiserswerther Anstalt dar, deren
    Leitungsstil eher paternalistisch angelegt war.

27 Vgl. Büttner, „'Nachricht aus der Stadt des großen Elends'," 196 f.

28 Evans, *Tod in Hamburg*, 425.

29 1883 entdeckte Koch gemeinsam mit seinen Assistenten das Komma-Bakterium als
    Choleraerreger. Vgl. Winkle, *Geißeln der Menschheit*, 215 ff. sowie Johannes W. Grüntzig

der Ärzte und Pflegekräfte gekennzeichnet. Doch auch danach hatte die zögerliche Rezeption seiner Forschungsergebnisse durch den größten Teil des medizinischen Personals eine weitgehend ungebrochene Kontinuität der medizinischen Praxis zur Folge. Da eine ursächliche Behandlung mit Antibiotika und die Stabilisierung des Flüssigkeitshaushaltes durch Infusionen noch nicht möglich war, beschränkte sie sich im besten Falle auf die Linderung der Symptome.[30]

Insbesondere das ungenügend entwickelte deutsche Militärsanitätswesen fiel in den sogenannten Reichseinigungskriegen hinter die von Florence Nightingale im Krimkrieg durch Erfahrungswissen aufgestellten Standards zurück.[31] Selbst einfachste hygienische Maßnahmen, wie die Trennung der verwundeten von den erkrankten Soldaten, wurden nicht umgesetzt. Nach wie vor war die Zahl der an Infektionskrankheiten leidenden Soldaten höher als die der Verwundeten.[32] Insbesondere im Preußisch-Österreichischen Krieg (1866) brach die durch preußische Soldaten nach Böhmen und Niederösterreich eingeschleppte Cholera aus.[33] Rückkehrende Soldaten nahmen die Krankheitserreger im Herbst 1866 in ihre Heimatgebiete mit.[34] Dies lag auch an den mangelnden Kenntnissen über die Verbreitungswege der Cholera[35] und dem Glauben, die Krankheit würde durch

---

und Heinz Mehlhorn, *Robert Koch* (Heidelberg: Spektrum, 2010).

30 Mit Infusionen von Kochsalzlösungen wurde in Hamburg bereits vereinzelt experimentiert, sie galten aber noch nicht als Behandlungsmethode mit günstigen Heilungsaussichten. Vgl. Evans, *Tod in Hamburg*, 432 f.

31 Nicht ohne Grund entstand gerade in dieser Zeit die freiwillige Kriegskrankenpflege zur Unterstützung des völlig überforderten Militärsanitätswesens. Vgl. dazu: Annett Büttner, Die konfessionelle Kriegskrankenpflege im 19. Jahrhundert (Stuttgart: Steiner, 2013; vgl. Diss. phil. Düsseldorf, 2011).

32 Zum ersten Mal in der Kriegsgeschichte kamen im Deutsch-Französischen Krieg von 1870/71 in einem längeren Krieg weniger Soldaten durch Krankheiten um, als durch Verletzungen. Die Ausfälle durch Erkrankungen überstiegen zwar wieder die der Schussverletzungen, sie verliefen aber nicht so häufig tödlich. Vgl. Ibid., S. 197.

33 Allein von Juli bis August 1866 erkrankten 57.989 preußische Soldaten, 12.000 von ihnen an der Cholera. Vgl. Winkle, *Geißeln der Menschheit*, 210.

34 Vgl. beispielhaft: Robert Volz, *Die Cholera auf dem badischen Kriegsschauplatze im Sommer 1866. Amtlicher Bericht. Erstattet an das Großherzoglich Badische Ministerium des Innern* (Karlsruhe: Chr. Fr. Müller'sche Hofbuchhandlung, 1867).

35 Die wenigen zur Verfügung stehenden zivilen und militärischen Krankenwärter steckten sich meist durch Unkenntnis über die Infektionswege selbst an, sodass die Patienten in ihrer Hilflosigkeit sich selbst überlassen blieben. Fritz Fliedner berichtete über zwei Zivilwärter, die in Brünn für die Cholerapflege rekrutiert worden waren, sich aber aus Angst vor Ansteckung stark betrunken hatten. Fliedner legte daraufhin einen von ihnen in das Bett eines soeben verstorbenen Cholerakranken. Während seiner Arbeit in Brünn drückte er nach eigenen Angaben ca. 400 verstorbenen Cholerapatienten selbst

Miasmen hervorgerufen.[36] So überrascht es kaum, dass man die Erkrankten in böhmischen Lazaretten zum Schutz vor Ansteckung soviel wie möglich an die frische Luft brachte.[37] Selbst 1892 war die Miasmentheorie unter den Kaiserswerther Schwestern noch verbreitet.[38]

Die Unkenntnis über die physiologischen Vorgänge bei einer Choleraerkrankung hatte darüber hinaus falsche Diätvorschriften zur Folge. So war den freiwilligen Pflegekräften während des Preußisch-Österreichischen Krieges die Bedeutung eines ausgeglichenen Flüssigkeitshaushaltes insbesondere bei Durchfallerkrankungen nicht bekannt. Obwohl Trinkwasser nicht in ausreichender Menge und Qualität zur Verfügung stand, verabreichten sie den Patienten keinen Wein oder konservierte Fruchtsäfte, die in Flaschen reichlich vorhanden waren.[39] Andere erklärten es zu einer Frage der Selbstbeherrschung, auf Getränke zu verzichten.[40] Insbesondere die Ernährung der Patienten mit Fleisch, Milch, Eiswürfeln und anderen Überträgern der Krankheitserreger, wie sie auch 1892 in Hamburg noch praktiziert wurde, muss aus heutiger Sicht kritisch beurteilt werden. In diese Kategorie fällt ebenfalls die Verabreichung alkoholischer Getränke an Minderjährige.

Die fehlende theoretische Durchdringung des Problems seitens der Medizin und der Krankenpflege führte zu gravierenden Fehlbehandlungen, denn nicht immer beschränkte sie sich auf die Wärmezufuhr mittels heißer Wickel, Bäder und wollener Decken. Der Krampflösung, Durchblutungsförderung und Anregung des Kreislaufs sollten beispielsweise Kampfereinspritzungen dienen. Von rabiaten

---

die Augen zu, ohne sich anzustecken. Vgl. Fritz Fliedner, *Aus meinem Leben* (Berlin: Warneck, 1901), 286 f. Fritz Fliedner (1845-1901), Sohn des Gründers des Kaiserswerther Diakonissenmutterhauses, war 1866 als freiwilliger Felddiakon u. a. in den Choleralazaretten von Brünn tätig.

36 Diese Theorie wurde insbesondere von Max von Pettenkofer (1818-1901), dem ersten deutschen Ordinarius für Hygiene, vertreten. Vgl. Winkle, *Geißeln der Menschheit*, 205 ff.

37 Dies berichteten als freiwillige Krankenpflegerinnen tätige katholische Schwestern: Archiv der Franziskanerinnen Aachen (AF Aachen), Mutterhausarchiv 02-045, „Briefe von Schwester Elisabeth aus Königinhof vom 21.07.1866 und 25.07.1866."

38 Büttner, „'Nachricht aus der Stadt des großen Elends'," 193.

39 AF Aachen, Mutterhausarchiv 02-045, „Briefe von Schwester Elisabeth aus Königinhof vom 21.07.1866 und 25.07.1866."

40 Von einem Cholerapatienten, der sich als Mitglied eines Turnvereins zu erkennen gegeben hatte, wurde beispielsweise verlangt, er müsse doch als ein solcher in der Lage sein, sich auch einmal etwas zu versagen, und wenn es Trinkwasser wäre. Vgl. Fliedner, *Aus meinem Leben*, 286.

abführenden Methoden, die laut Evans in Hamburg weit verbreitet waren, berichteten die Diakonissen dagegen nicht.[41]

Noch 1892 verließen sich die Schwestern eher auf göttlichen Beistand und die Fürbitte ihrer Mitschwestern als auf Desinfektions- und Hygienemaßnahmen.[42] Angesichts der katastrophalen Zustände in den Krankenhäusern und der konfessionellen Ausrichtung des Kaiserswerther Mutterhauses konnte die Interpretation des als bedrohlich empfundenen Seuchengeschehens nur eine religiöse sein.[43] Eine Schwester schrieb von dort: „Daß wir ja bis jetzt noch alle gesund sind, haben sie schon gehört, dem Herrn allein gebührt die Ehre, der uns mitten in der Seuche, so wunderbar erhält, ich zweifle nicht daran, daß wir durch seine Gnade und Hilfe wieder gesund zurück kehren dürfen. Der Herr hat uns sichtbar geschützt, in den ersten 8 Tagen wo das Elend und der Jammer am größten war. Wir hatten nicht die Zeit uns so zu reinigen und desinfizieren, wie es uns gesagt wurde, aber der Herr hielt seine Hand schützend und schirmend über uns, daß uns kein Unfall begegnen durfte."[44] Ungeachtet der schon seit fast einem Jahrzehnt bekannten Krankheitsursachen, betrachteten die Diakonissen auch 1892 in Anlehnung an das Deutungsmuster ihres Mutterhauses die Cholera als Strafe Gottes.[45] Diese Interpretation entsprach der allgemeinen zeitgenössischen Auffassung, denn auch zahlreiche Patienten beklagten ihre Erkrankung als eine ungerechtfertigte und unverschuldete Heimsuchung.[46]

Die skizzierte Herangehensweise den Diakonissen allein zum Vorwurf zu machen hieße jedoch, die Realitäten im Krankenhausalltag zu ignorieren, denn die Schwestern handelten ausschließlich auf Anweisung der Ärzte und hatten auf die

---

41 Vgl. Evans, *Tod in Hamburg*, 426.

42 Vgl. dazu: Büttner, „'Nachricht aus der Stadt des großen Elends'," 193.

43 FKSK, 2-1 DA 405, „Brief von Diakonisse Emma Kahler aus Hamburg vom 9.09.1892." Darin berichtet sie von ihrem Ohnmachtsgefühl angesichts der vielen Schwerkranken und Leichen.

44 Ibid., „Brief von Louise Balzer vom 14.09.1892." Vor allem Psalm 91 diente ihnen zur geistlichen Stärkung. Darin heißt es: „Wer im Schutz des Höchsten wohnt und ruht im Schatten des Allmächtigen, der sagt zum Herrn: Du bist für mich Zuflucht und Burg, mein Gott, dem ich vertraue. […] Du brauchst dich vor dem Schrecken der Nacht nicht zu fürchten noch vor dem Pfeil, der am Tag dahinfliegt, nicht vor der Pest, die im Finstern schleicht, vor der Seuche, die wütet am Mittag […]" Zit. nach: *Die Bibel. Einheitsübersetzung* (Freiburg: Herder 1980), 663.

45 Eine Schwester schrieb: „Der Herr wolle sich über die von Gott abgefallene Stadt Hamburg erbarmen." FKSK, 2-1 DA 405, „Brief von Louise Balzer vom 4.09.1892." In gleichem Tenor war die Abschiedspredigt für die nach Hamburg fahrenden Schwestern gehalten. Vgl. *Der Armen- und Krankenfreund* 7/8 (1892), 97-99.

46 FKSK, 2-1 DA 405, „Brief von Elise Bauch 22.09.1892."

Ausbildungsinhalte keinen Einfluss. Im Jahr des Choleraausbruchs in Hamburg war die wissenschaftliche Diskussion zwischen Max von Pettenkofer (1818–1901) als Vertreter der Miasmentheorie und Robert Koch (1843–1910) als führendem Bakteriologen noch nicht endgültig zu Gunsten Kochs entschieden.[47] Selbst der Hamburger Senat schenkte eher Pettenkofers Ansichten Glauben und ignorierte Kochs Hinweise auf die unhygienische Wasserversorgung der Hansestadt.

Dieser Diskurs spiegelt sich auch in den zeitgenössischen Lehrbüchern der Krankenpflege wieder, die die Erkenntnisse der Bakteriologie in unterschiedlichem Tempo rezipierten. Am schnellsten reagierte das Militärsanitätswesen. Das 1886 erschienene *Unterrichtsbuch für Lazarethgehülfen* widmete den ansteckenden Krankheiten einschließlich der Cholera ein eigenes Kapitel, in dem die Krankheitserreger zwar nicht namentlich genannt, aber auf die Ansteckungswege und entsprechende Hygienemaßnahmen ausführlich eingegangen wurde.[48] Das im darauffolgenden Jahr als Auszug aus diesem Buch aufgelegte „Unterrichtsbuch für die freiwillige Krankenpflege" wiederholte diesen Abschnitt und sorgte dadurch für einen breiten innergesellschaftlichen Informationstransfer.[49] Chronologisch folgte ein staatliches Krankenhaus. Das an der Charité verwandte Buch von Gedike in Überarbeitung durch Friedrich Ravoth enthielt in seiner Ausgabe aus dem Jahr 1874 nur allgemeine Ratschläge zur Hygiene.[50] Die nächste Auflage aus dem Jahr 1889 beinhaltete bereits ein eigenes Kapitel zur Pflege ansteckender Kranker, in der Bakterien als Krankheitsursache der Cholera ausdrücklich erwähnt wurden.[51] Auf die Ausbildungssituation im Kaiserswerther Diakonissenmutterhaus wurde bereits eingegangen.[52] Dort wurde bis in die 1890er Jahre das erwähnte Handbuch der Krankenwartung von Gedike benutzt.[53] Eine 1896 von der Kaiserswerther

---

47 Vgl. Vasold, *Grippe, Pest und Cholera*, 119 ff.; Winkle, *Geißeln der Menschheit*, 209 ff.

48 *Unterrichtsbuch für Lazarethgehülfen* (Berlin: Mittler, 1886), 104-112.

49 „Unterrichtsbuch für freiwillige Krankenpflege." Auszug aus dem *Unterrichtsbuch für Lazarethgehülfen* vom 17.07.1886 (Berlin: Ernst Friedrich Mittler, 1887), 73-80.

50 Carl Emil Gedike, neu bearb. von Friedrich Ravoth, *Handbuch der Krankenwartung*. (Berlin: Hirschwald, 1874).

51 Ibid., (Berlin: 1889), 144 ff. Vgl. auch: Christoph Schweikardt, *Die Entwicklung der Krankenpflege zur staatlich anerkannten Tätigkeit im 19. und frühen 20. Jahrhundert. Das Zusammenwirken von Modernisierungsbestrebungen, ärztlicher Dominanz, konfessioneller Selbstbehauptung und Vorgaben der preußischen Regierung* (München: Martin Meidenbauer, 2008), 132 f.

52 Vgl. Anm. 24 u. 25. Die einzige aus dem 19. Jahrhundert erhaltene Mitschrift eines Krankenpflegekurses um 1845 erwähnt Seuchen- und Cholerapflege nicht als Lehrstoff. Vgl. Sticker, *Die Entstehung der neuzeitlichen Krankenpflege*, 270-280.

53 Vgl. Anm. 50.

Vorsteherin Mina Fliedner veranstaltete Umfrage unter den Mutterhäusern ergab, dass zwölf von 24 das Lehrbuch von Paul Sick[54] und elf das von Paul Rupprecht[55] benutzten.[56] Das Lehrbuch von Sick enthielt in der ersten Ausgabe aus dem Jahr 1884 lediglich unter der Rubrik „Die Thätigkeit des Arztes" kurze Hinweise auf „kleine pflanzliche Gebilde", die im Körper beispielsweise die Cholera auslösten.[57] Statt stopfenden Methoden wird die Abführung mit Rizinusöl empfohlen. Infektionskrankheiten, unter denen die Cholera fehlte, wurden unter der Überschrift „Die für die Krankenpflege wichtigsten Erkrankungen, insbesondere über das Fieber" abgehandelt.[58] Dort sind lediglich Hinweise über die Desinfektion der Darmentleerungen von Typhuskranken durch Eisenvitriol zu finden. Die nächste Ausgabe von 1887 wiederholt diese Textpassagen fast wörtlich, nennt aber schon Karbolsäure als Desinfektionsmittel.[59] Erst die Ausgabe von 1893 berichtet wiederum unter „Die Aufgaben des Arztes" über Kochs Entdeckung des „Cholerabazillus".[60] Auch Rupprechts Lehrbuch referierte erst in der zweiten Ausgabe von 1894 den aktuellen Wissensstand über Infektionskrankheiten.[61] Zu berücksichtigen ist jedoch die Tatsache, dass nur in einem Mutterhaus ein Klassensatz an Lehrbüchern vorhanden war, die meisten arbeiteten ohne Bücher oder mit Material, das sich der Arzt oder die Unterrichtsschwester selbst zusammen gestellt hatten und den Schwestern diktierten. Die genannten Publikationen existierten auf Grund der hohen Kosten lediglich in Einzelexemplaren oder wurden von den Schwestern selbst angeschafft.[62] Einige Mutterhäuser, wie das vom preußischen König Friedrich Wilhelm IV. in Berlin gegründete Bethanien, erteilten überhaupt keinen theoretischen Unterricht.

---

54 Paul Sick, *Die Krankenpflege in ihrer Begründung auf Gesundheitslehre* (Stuttgart: Steinkopf, 1884). Sick war Arzt der Diakonissenanstalt Stuttgart.

55 Paul Rupprecht, *Die Krankenpflege im Frieden und im Kriege* (Leipzig: Vogel, 1890). Rupprecht bekleidete das Amt des Anstaltsarztes des Diakonissenmutterhauses Dresden.

56 FKSK, Nachlass Mina Fliedner VIc2, „Umfrage nach den in anderen Anstalten benutzten Krankenpflegelehrbüchern" (1896). Sechs Mutterhäuser arbeiteten mit dem Unterrichtsbuch für die freiwillige Krankenpflege und befanden sich damit auf dem fachlich aktuellen Stand medizinischer Erkenntnisse.

57 Sick, *Die Krankenpflege in ihrer Begründung auf Gesundheitslehre*, 57.

58 Vgl. Ibid., S. 313 ff.

59 Paul Sick, *Die Krankenpflege in ihrer Begründung auf Gesundheitslehre* (Stuttgart: Steinkopf, 1887), 67, 350 f.

60 Paul Sick, *Die Krankenpflege in ihrer Begründung auf Gesundheitslehre* (Stuttgart: Steinkopf, 1893), 81, 346 ff. Zur Desinfektion wird nun gelöster Kalk empfohlen.

61 Paul Rupprecht, *Die Krankenpflege im Frieden und im Kriege* (Leipzig: Vogel, 1894), 291-299.

62 FKSK, Nachlass Mina Fliedner, VIc25.

Die Lehrinhalte standen also ganz im Ermessen jedes einzelnen Mutterhauses und können heute kaum noch nachvollzogen werden.

Der Vorsteher des Speyrer Mutterhauses formulierte seine Vorstellung von Ausbildung folgendermaßen: „Unsere Schwestern bekommen keinen Leitfaden. Im Mutterhaus haben sie ja den nötigen Unterricht und auf den Stationen müssen sie sich nach den verschiedenen Ärzten richten und bleibt ihnen in der Regel kaum Zeit, um ihre Strümpfe zu stopfen."[63] Die längste Zeit zur Rezeption der neuen Erkenntnisse ließen sich die Rot-Kreuz-Schwesternschaften. Die von der Badischen Schwesternschaft benutzte „Anleitung zur Krankenwartung" von Ferdinand Battlehner von 1880 war selbstverständlich noch ganz von der Miasmentheorie geprägt.[64] Erst siebzehn Jahre später erschien die nächste Ausgabe mit Ausführungen zur bakteriellen Infektion und den notwendigen Desinfektionsmaßnahmen bei Cholera, Ruhr und Typhus.[65] Das erste offizielle Lehrbuch nach Einführung des staatlichen Krankenpflegeexamens in Preußen behandelt ansteckende Krankheiten, ihre Ursache und Verbreitung systematisch in einem eigenen Kapitel.[66]

4   Fazit

Es konnte gezeigt werden, dass die Cholera im 19. Jahrhundert mehrfach zur Weiterentwicklung der Krankenpflege beigetragen hat, gleichwohl muss aber davon ausgegangen werden, dass die meisten Schwestern auch 1892 noch fachlich ungenügend vorbereitet in den Einsatz nach Hamburg geschickt wurden. Insbesondere die Ausbildung in den Diakonissenmutterhäusern, die in ihrer Entstehungszeit maßgeblich zu einer Professionalisierung der Pflege durch systematischen Unterricht

---

63 Ibid., „Brief der Vorstehers Pf. Scherer aus Speyer vom 11.06.1896."

64 Ferdinand Battlehner, *Anleitung zur Krankenwartung und Pflege Verwundeter* (Karlsruhe: Müller, 1880). Die Cholera wird in dieser Ausgabe nicht behandelt. Der Ausbruch von Typhus wird u. a. auf die Beschaffenheit der Luft und übermäßigen Branntweingenuss zurückgeführt, aber auch mangelnde Reinlichkeit und „stehendes, verdorbenes Wasser in den Ortschaften" werden genannt. Vgl. Ibid., 142.

65 Ferdinand Battlehner in Bearbeitung von Theodor Battlehner, *Anleitung zur Krankenwartung und Pflege Verwundeter* (Karlsruhe: Müller, 1897), 145 ff. Eine archivalische Überlieferung zum Krankenpflegeunterricht existiert weder im zentralen Archiv der Rot-Kreuz-Schwesternschaften noch bei den einzelnen Schwesternschaften selbst, so dass hier lediglich auf dieses Lehrbuch verwiesen werden kann.

66 Königlich preußisches Ministerium der Geistlichen, Unterrichts- und Medizinalangelegenheiten, Hg., Krankenpflegelehrbuch (Berlin: Hirschwald, 1909), 24-31.

beigetragen hatten, stagnierte durch Verkrustung von Strukturen und die Über-
betonung des religiösen Elements.[67] Die aus den stark differierenden Curricula der
konfessionellen und weltlichen Mutterhäuser resultierenden Missstände wurden so
offensichtlich, dass sich der preußische Staat gezwungen sah, 1907 ein einheitliches
Krankenpflegeexamen nach einjähriger Ausbildung einzuführen, dem die meisten
anderen deutschen Staaten folgten.[68] Dennoch konnte Deutschland den deutlichen
Entwicklungsrückstand insbesondere zu Großbritannien und den USA kaum noch
aufholen. In beiden Ländern waren zur Jahrhundertwende zwei- bis dreijährige
Ausbildungen an professionellen Krankenpflegeschulen bereits die Regel.[69] Diese
Unterrichtsstätten waren selbständige, nicht mit einem Kranken- oder Mutterhaus
verbundene Einrichtungen, die überwiegend nach dem Vorbild der von Florence
Nightingale am Londoner St. Thomas Hospital errichteten Krankenpflegeschule
arbeiteten. Dadurch entfiel die „ecclesiastical control", die Vermischung von professionellen und religiösen Motiven.[70]

Unter den geschilderten Ausbildungsdefiziten hatten vor allem die Patienten
zu leiden. Aus heutiger Sicht kann ohne Zweifel festgestellt werden, dass angesichts der Behandlungsmethoden im 19. Jahrhundert ein Infizierter nur Dank
seiner eigenen Widerstandskraft überleben konnte. Der altruistische Einsatz der
Schwestern diente lediglich der Grundversorgung und Reinigung der Patienten
und hatte darüber hinaus eine beruhigende und tröstende Funktion bis hin zur
religiösen Sterbebegleitung.[71]

---

67 Silke Köser, *Denn eine Diakonisse darf kein Alltagsmensch sein. Kollektive Identitäten
    Kaiserswerther Diakonissen 1836-1914* (Leipzig: Ev. Verlagsanstalt, 2006).

68 Vgl. dazu Schweikardt, *Die Entwicklung der Krankenpflege*, 222 ff.

69 Vgl. Magdalene Rübenstahl, *„Wilde Schwestern". Krankenpflegereform um 1900* (Frankfurt
    a. M.: Mabuse, 1994), 53 sowie Karin Wittneben, „Die Entwicklung der beruflichen
    und wissenschaftlichen Pflegeausbildung in den USA von 1872-1990," in *Pflegebildung
    und Pflegetheorien*, hg. Maria Mischo-Kelling und Karin Wittneben (München: Urban
    Schwarzenberg, 1995), 11-33. Seit 1899 existierte an der Columbia University New York
    ein universitärer Weiterbildungslehrgang für Leitungs- und Unterrichtsfunktionen in
    der Krankenpflege. 1907 wurde Adelaide M. Nutting dort zur ersten Professorin für
    Kranken- und Gesundheitspflege. Vgl. Ibid., S. 16 sowie Lavinia L. Dock, *Geschichte
    der Krankenpflege*, übersetzt von Agnes Karll (Berlin: Reimer, 1913), 160 ff.

70 Das interne Zitat stammt von Adelaide Nutting. Zit. nach: Wittneben, *Die Entwicklung
    der beruflichen und wissenschaftlichen Pflegeausbildung in den USA*, 17.

71 Susanne Kreutzer und Karen Nolte, „Seelsorgerinnen ‚im Kleinen' – Krankenseelsorge
    durch Diakonissen im 19. und 20. Jahrhundert," *Zeitschrift für medizinische Ethik* 56
    (2010), 45-56.

Pandemics as a Problem of the Province: Urban and Rural Perceptions of the "Spanish Influenza", 1918-1919

Malte Thießen

Pandemics are boundless. This is particularly true for the "Spanish influenza". After all, it pervaded the entire world with breath-taking speed since the spring of 1918, leaving 20 to 50 million dead (Witte 2006; Jones 2007, 13-23; Michels 2010). Was the influenza therefore a global phenomenon? The question seems trivial. However, looking at the various ways in which individual regions coped with the virus raises doubts about the global dimension of this pandemic. These doubts are the starting point of this article: they tell us about the consequences of pandemics in rural areas and indicate significant differences in perception, among contemporaries as well as in science, which would explain why there are huge gaps in the history of pandemics.

My article thus subdivides into three parts: Firstly, I would like to show why the "Spanish Flu" is a problem of the province and not just of the city. Secondly, I will identify four reasons for this problem by comparing two northern German regions – the city of Hamburg and the Oldenburg countryside. Finally, I would like to combine these observations into a plea for a regional comparative and trans-regional history of epidemics, and for a self-reflection of historical research on pandemics.

1   Factors of Pandemic Awareness

What exactly is this "problem of the province" we are talking about here? In fact, all studies of the history of the influenza claim the opposite: "In general", Eckard Michels summarizes, "influenza reached urban centres along the main traffic routes sooner than rural areas and led to higher morbidity. Particularly affected were places where a great number of people were living and working closely together" (Michels 2010, 18). This observation corresponds fully with our ideas of pandemics. Modern infrastructure is used by pandemics to spread. They move "down the urban hierarchy, being dispersed across the country by the transport networks to cities, towns [,] and villages" (Johnson 2003, 146). For scientific approaches a key characteristic of the virus is being a problem of the city. This leitmotif is also very convincing in the way that it corresponds with contemporary perceptions. Already in 1918, the virus was regarded as an urban problem (Hieronimus 2006; Thimm 2007).

All the more surprising are the results when we look at the situation in the countryside. As soon as exact numbers are available, it is obvious that the rates of morbidity and mortality in no way differ from those in the cities, as Michels also admits (Michels 2010, 18-19). The leitmotif of the flu virus being a city problem obviously stands in contradiction to the real impacts of this pandemic. This contradiction will be my starting point: Despite the fact that the flu often was as much of a problem in the province as it was in the city, and sometimes even a bigger one, it has never caught much attention, neither among contemporaries nor in research. The virus was and is primarily regarded as an urban disaster.

This distorted perception can be traced back to four factors: first, the provision of infrastructure and the level of social agglomeration in the respective area, second, the medical infrastructure, third, media and public discourse, and fourth, the politicization of diseases. These four factors determine the "window of attention" in which pandemics can advance into "scandalized diseases" (Labisch 2005), and thus into a significant public topic.

The following comparison between an eminently urban and a rural region, the city of Hamburg and the Oldenburg region, will show the relevance of these four factors. A comparison of both regions is obvious. Both are located in northern Germany, and the flu broke out at the same time. In Hamburg 2.251 deaths were registered, whereas Oldenburg, with not even half of the population of Hamburg, counted at least 1.302 dead. In both areas the mortality rate was between 2 and 3 per thousand (even higher in Oldenburg), and about 40 to 50 per cent of the population were affected.[1] While Hamburg was already a major city in 1918, the Großherzogtum Oldenburg was virtually a prime example of a provincial entity. I will argue that different spatial structures and not the actual impact of the pandemic determined the handling of the influenza.

---

1   Compare the reports from Hamburg a.o. in: Staatsarchiv Hamburg („StAHH"), 111-1, CL. I Lit. T Nr. 17, Vol. 1 Fasc. 9, Inv. 3z15; aus Oldenburg in: Staatsarchiv Oldenburg („StAOL"), 136, 4911.

2   Public Spaces

How do societies determine the occurrence of pandemics? With influenza we encounter always the same, almost stereotype descriptions, such as the following one from Hamburg. Here, a hospital stated in July 1918 "that the disease occurs in nests" and that "some industrial companies were particularly strongly affected."[2] Therefore, a Hamburg employer instructed his employees to strictly avoid all "crowds, theatres, cinemas, schools".[3] Reports like these can be found throughout Europe and in the United States (Hieronimus 2006, 76; Tomkins 1992, 441). The public space always served as a point of reference to describe the outbreak of the pandemic. In October 1918, the newspaper "Hamburger Fremdenblatt" warned of risks of contagion "wherever people gather closely in restaurants and theatres, in trains, on trams or elevated railways".[4] The compressed social space and elements of modern infrastructure were thus the frame of reference in which influenza got its face. But this frame of reference existed in the German Empire at this time only in larger cities.

Following Karl Schlögel, one could say that the fatal consequences of influenza became visible only in the cities (Schlögel 2003, 68), because the urban area brings three elements to the forefront, that give a pandemic its horrible features. In the city they can be perceived on a large scale, here the full extent of the pandemic unfolds. In the face of congestion of traffic, slow-downs of communication and administration, the closure of theatres, movies, and factories, everybody can figure out that the "flu" has arrived in town. The urban area also makes visible the growing dimension of the threat. In October 1918, the "Hamburger Fremdenblatt" warned of a spread of the disease and supported its warning with examples of the stagnation of public life. At the telephone exchange, the "number of infected officers was increasing".[5] Two days later, in the same newspaper, public institutions served again as an indicator for the continuing spread of the flu: "The number of the infected at the telephone exchange is still on the rise; currently 850 officers are sick, way more than half of them suffer from the flu. [...] At the metro it is about 19 out of hundred."[6] Finally, in the city it is possible to reconstruct the pathways

---

2   Report on 08.07.1918 to Prof. Dr. Nocht, in: StAHH, 352-3, III G 3, Bd. 1.
3   Letter Conrad Scholtz AG to Hamburger Medizinalamt, 23.10.1918, in: StAHH, 352-3, III G 3, Bd. 1.
4   *Hamburger Fremdenblatt* [quoted HFB], Die Grippe in Hamburg, 27.10.1918.
5   HFB, Die Grippe, 21.10.1918.
6   HFB, Die Grippe in Hamburg, 23.10.1918.

of dissemination of a pandemic. The urban space, its quarters and traffic arteries form a "mental map" and an "itinerary" for the perception of influenza.

In short: in cities, the consequences of pandemics *seem* more threatening, because they are more apparent here, although in reality they are often less threatening, due to better health care provisions and a better infrastructure than in the province. The urban area thus appears to be a huge projection screen for the perception of pandemics.

3   Medical Resources

A fundamental difference between urban and rural areas lies in the distribution of medical resources and health care infrastructure. Jörg Vögele has shown for Germany that particularly those cities, that for a long time were regarded as highly problematic and an "ideal breeding ground for pandemics" (Vögele et al. 2000), since the end of the 19th century advanced to pioneers of modern health conditions (Vögele 2001). Medical progress of the cities not only improved the level of physical health but simultaneously increased sensitivity to epidemics.

This was particularly true for influenza as the urban-rural comparison demonstrates. By the end of 1918, the German Chancellor sent out a circular to all countries of the German Reich asking them to report about the pandemic.[7] Looking at the responses of Hamburg and Oldenburg, one gets the impression of reading about two different events. For Hamburg we find a presentation of 14 pages with numerous attachments, describing in detail the dissemination and the course of the pandemic, and giving information about medical examinations and countermeasures. Oldenburg just sent a brief report of two and a half pages.[8]

This regional discrepancy is an important indicator for the close connection of pandemic awareness and the level of medicalization of the respective area. This becomes apparent in the distribution of physicians in both regions. At the end of 1918, the entire Reich suffered from a shortage of doctors. In the countryside however, this was a structural problem already before the war (Schweickardt 2006) which

7   StAOL, 136, 4911, Rundschreiben des Reichskanzlers (Reichsamt des Innern) an alle Bundesregierungen, 31.10.1918.

8   Compare StAOL, 136, 4911, Bericht des Landesarztes über „Die Grippeerkrankung der Jahre 1918/19 im Gebiet des früheren Großherzogtums Oldenburg" [undat.; 26.05.1919]; StAHH, 111-1, Cl I Lit T Nr. 17 Vol 1 Fasc. 9 Iuv. 3z 15, „Bericht über die Influenzaepidemie 1918/19" [August 1919].

now intensified. Reports from Oldenburg show that whole communities remained without medical support during the influenza. But exactly *because* the flu had such fatal consequences here, its development was documented much more badly: doctors simply lacked the time for extensive reports because of constant work overload and lengthy travels to their patients.[9] While the Chancellor's question concerning the impact of the pandemic in Hamburg was answered at length and the consequences were even differentiated for individual parts of the town, the Oldenburg country doctor remained extremely vague in his response: "Some villages are particularly strongly affected. No community was spared."[10]

The level of precision with which the influenza was described depended on the spreading, but also on the profile of the community of physicians. In 1918, there were several specialists available in Hamburg who found the influenza to be an exciting field of research. They tested different methods of treatment and collected statistics and courses of disease. Thus, in the city doctors were ambitious and had the necessary resources to document the influenza.

Mainly, these resources were located in hospitals in which series of tests could be observed. Whereas in Oldenburg only one hospital reported on the flu, we find several reports from Hamburg, which characteristically were referred to as "collective research" on the influenza.[11]

The Hamburg Medizinalkollegium in its report to the Senate, the municipal government, could thus proudly highlight that the report was supported by "the material of the three major hospitals St. Georg, Eppendorf, Barmbeck; the state's hospitals Friedrichsberg and Langenhorn [...], and the various other public and major private hospitals".[12]

This support for the reports by the hospitals was of great significance for a comprehensive and accurate picture of the influenza, because hospitals play a major role for the perception of pandemics: they can count the ill and the dead. It is this ability to count that marks a further contrast of pandemic perception in both regions. While in Oldenburg, a single hospital statistic was handed down, several hospitals in Hamburg made an effort to provide an extensive picture of the

---

9 Compare the reports of public health officers to the country practioner Oldenburg since October 1918 in: StAOL, 226, 65.

10 Country practioner's report on „Die Grippeerkrankungen der Jahre 1918/19" (as footnote 6).

11 Compare the corresponding reports of the general hospitals Eppendorf, St. Georg, Barmbek, the state hospitals Bergedorf, Cuxhaven and the Institute of ship- and tropical diseases, all in StAHH, 352-3, III G 3, Bd. 1.

12 StAHH, 111-1, Cl. I Lit. T Nr. 17 Vol. 1 Fasc. 9 Inv. 3z15, report of the „Medizinalkollegium" to the Hamburg senate on the influenza pandemic 1918, 09.08.1919.

influenza. They presented comprehensive tables, detailed diagrams, and coloured graphs on morbidity and mortality.

While the city drew a rich picture, in the country they were happy to be able to present any figures at all. The collection of the above mentioned number of deaths was extraordinarily arduous in the province, as the discouraged Oldenburg country doctor wrote. He had to ask his medical officers repeatedly to send him "very brief but prompt notice on whether and to what extend the flu occurred in their districts".[13] They often responded to this request with just a few and short sentences. Only three out of seven medical officers in Oldenburg came up with fairly accurate figures. Accordingly, we often find extremely vague descriptions in the sources. "The disease occurred in whole villages and no house was spared," wrote the Cloppenburg medical officer. "In individual households I found the entire family sick and in some houses there were 3 to 4 deaths."[14]

Different medical infrastructures and resources resulted in a huge documentation gap between city and country. This documentation gap explains why the influenza was regarded as an urban problem in the entire German Reich: politicians, officials, and journalists to a large extend related in their description of the influenza on reports from cities, because they seemed to provide a more accurate picture. In the country however, the perception was so clouded, that the – nevertheless fatal – consequences did not lead to a coherent picture of the disease.

This is also reflected in the statistics of the German Reich. Here again, experiences from Berlin, Cologne, Frankfurt, Königsberg, Danzig or Altona played a role, but seldom or almost never voices from rural areas. This gap is no surprise when we look at the methods with which the extent of the pandemic was to be recorded on a national level. At the end of October 1918, a questionnaire was sent to inquire about the consequences of the pandemic together with the already mentioned circular of the Chancellor. In rural regions however, officials could not really deal with this sophisticated questionnaire. Questions on dissemination routes, on how strongly various "professional classes" and "age groups" were affected, as well as the results of "autopsies" were either not answered at all by the doctors of the Oldenburg area or the answers remained extremely vague. Obviously, these questions simply went beyond the capabilities of the observers in the rural areas.[15] In Hamburg, however,

---

13 StAOL, 226, 65, country practioner's letter to the public health officer from Wildeshausen, 07.10.1918.

14 StAOL, 136, 4503, annual report of the public health officer from Cloppenburg [undat., beginning of 1919].

15 Compare the corresponding reports of December 1918 from Brake, Delmenhorst, Edewecht, Elsfleth, Friesoythe, Jever, Verden and Wildeshausen in StAOL, 226, 65.

doctors used the questionnaire for extensive descriptions of the spreading of the disease, autopsy results, and attempts of treatment with various medications.[16]

With these remarks the relationship between pandemic awareness and medical infrastructure can be put in a nutshell. Without a doubt the "Spanish flu" had different effects in different areas of the Reich. Some cities were hit less hard, some regions more severe than others. Insofar it is difficult to prove a general urban-rural contrast in the impact of influenza. However, solid evidence can be found for extreme differences in the *documentation* of the pandemic. This documentation gap determined the contemporary perception of the influenza as a problem of the city.

The "inability to find an explanation" was as big in the city as it was in the countryside, as Witte showed for Baden (Witte 2006). In the city, however, the medical reporting system was different. Because cities had engaged successfully in the fight against epidemics since the 19th century, the window of attention was wide open. Only here, it was possible to document the influenza and this nurtured its awareness as an urban phenomenon.

---

4   Media Landscapes

With this medical documentation gap a third contrast between urban and rural regions becomes evident: different media publics. Indeed we are dealing with modern societies in both Hamburg and Oldenburg and in both there was a mass press that served as a publicity forum. Therefore, at first glance a comparison of both media publics comes to astonishing findings: in terms of quantity there is no big contrast in the reports on the influenza. In the local Oldenburg paper, the "Nachrichten aus Stadt und Land", almost 30 articles on the flu appeared between 1918 and 1919. In Hamburg, the number is only slightly higher with 34 articles.

And yet, the difference in coverage could not be bigger. When the disease is discussed in the newspapers of the rural region the articles often do not go beyond a few lines. In Hamburg the disease is covered extensively and we come across multi-paged articles in the metropolitan press. Some of the local studies on the rural regions explained the modest reporting with press-censorship. For Emden and Hesse historians claimed that news about the pandemic from nearby big cities like Frankfurt and Bremen was supposed to distract from the problems in Hesse and the Emsland (Simon 2006, Thimm 2007).

---

16 Compare the reports of the general hospitals Eppendorf, St. Georg and Barmbek in
    StAHHH, 352-3, III G 3, Bd.1 sowie Bd. 2.

A more plausible explanation seems to lie in the different media publics. In Oldenburg the "Nachrichten aus Stadt und Land" was the only newspaper that was read throughout the region. In Hamburg there were a number of daily and weekly newspapers which fostered presentations from different angles and discussions about the influenza. In addition, there were differences in the equipment of the press and the scope of journalistic activities. While in 1918 many urban newspapers could draw upon a large network of correspondents, local papers often had to rely on the information given in larger newspapers and sometimes quoted directly from city newspapers. It is no coincidence that in Oldenburg one of the few extensive reports dealt with general developments in Berlin.[17]

Announcements from the Großherzogtum Oldenburg, in contrast, were usually limited to brief reports of official news like the ones about school closures.[18] In Hamburg the press went into details. The media covered the development of the influenza all over Europe and chose quite a drastic language: the "Hamburger Neueste Nachrichten" reported "six million deaths" because of the influenza and pointed out that the flu "was five times more fatal than the war".[19] They did not spare details of the impact of influenza in the city. In addition to articles about the breakdown of public institutions and the spreading due to the urban infrastructure (s.a.), other reports in Hamburg made use of a certain craving for sensation. The warning of the "Hamburger Fremdenblatt" about the "darkness in the movie theatres"[20] for example was in line with contemporary health concepts, but also served stereotypical ideas of the sick or the sickening metropolis.

Due to diverse media structures, the "Spanish flu" had a significantly larger impact on public discourse in urban than in rural areas. In the city rumours, speculations, and explanations spread faster and with more details among the public – and, they stimulated the imagination of the city dwellers. Here, the "Spanish flu" was a more common public subject than in the country, because it corresponded with the experiences and fears of the city, which will be discussed later on. Moreover, a richer coverage in the cities was not only based on the commitment of journalists. In Hamburg even doctors frequently participated in public debates. While

---

17 *Nachrichten für Stadt und Land* [quoted NSL], Die Grippe weitet sich immer mehr in Europa aus, 19.10.1918.

18 Cf. NSL, Verlängerung der Ferien wegen der Grippe, 06.10.1918; NSL, Aufgrund der herrschenden Grippe werden die Schulferien verlängert, 13.10.1918; NSL, Verlängerung der Grippeferien bis zum 4.11., 23.10.1918.

19 Compare the newspaper article clip of *Hamburger Neueste Nachrichten*, Six million dying of flu, undated [Okt./Nov. 1918], in: StAHH, 352-3, III G 3, Bd. 1.

20 HFB, Die Grippe in Hamburg, 25.10.1918.

in Oldenburg mostly experts from the Imperial Health Office were quoted and discussed, city doctors with the press had access to a forum in which they could express their interpretations.[21]

Contradictory perceptions of diseases in the city and the countryside thus can only be understood if they are embedded into the long-term development of the "century of mass media". The "rapid expansion of mass media in the 20th century" (Frei et al., 2006), as described by Frank Boesch and Norbert Frei, caught on in the cities of Europe much earlier and stronger than in the provinces.

5   Pandemics and Politics

These observations about different media publics lead directly to the fourth factor which can clarify the differences in perception between city and country: the politicization of pandemics. It is a triviality that the state of health of the population in political debates serves as a particular well-worn and striking argument. However, for the urban-rural comparison, this fact is of great relevance, since we find a public political arena mainly in larger cities at the time of the pandemic.

The cities didn't only have a broad presence of media, but also platforms of political discussions in which the pandemic became a public issue. Studies point to Cologne and Frankfurt and the heated debates that ignited in their city councils about the flu (Fritz 1992; Hironimus 2006). In the Cologne city council, the Social Democrats for example, pushed for a stronger support of the population by military doctors, and the administration countered dryly: "first of all we are obliged to take care of our soldiers" (quoted in Hironimus 2006, p.76). Such conflicts about the primacy of the military suggest, especially in times of political upheaval in November 1918, that the influenza served as a political metaphor in discussions of fundamental social questions.

The metaphoric use and the politicization of pandemics were primarily regarded as an urban phenomenon and this was not only a result of political forums. In addition we have to take the influence of the media into account which has been pointed out already. In German cities several daily newspapers offered a voice to the different political provenances and served as a resonating space for contemporary concerns. After all, the most urgent problems of the time seemed to magnify with the influenza. For 1918, these urgent concerns can be summarized into key points,

---

21 Compare also Nachrichten aus Stadt und Land, [without title, report from Imperial Health Office], 21.10.1918, IIFB, Über Gesundheitspflege, 21.10.1918.

because for obvious reasons it was almost all about war and hunger. For these two problems the influenza offered a huge projection screen. Although doctors fiercely quarrelled about the relationship between diet and disease, in the political debate the flu was commonly referred to as the "hunger disease". Wilfried Witte succinctly made a point of this motif with an article from the newspaper "Vorwärts": "Death could only clean up so terribly", the Social Democrats wrote in December 1918, "because the population was extremely weakened and debilitated due to the food shortages" (Witte 2006, 269). And even though the influenza broke out in many regions before soldiers and transports with prisoners of war arrived, it counted as a "war plague".

For the country-city comparison these two motives are of great significance. Starvation and war were considered urban problems in 1918. Although the rural population was also affected by drafts and those killed in action and the injured counted as heavily as in the city. But the contours of the "home front" in the cities were characterized as "sharp contrast between town and country" (Wehler 1992, 203) and much more sharply accentuated than in the country. Moreover, towns were favoured garrison and hospital locations and hubs for military transports and the war economy. Even stronger contrasts existed in terms of nutrition. While even before 1918 people in the cities were often starving, the supply in the countryside remained relatively stable. So it is no coincidence that a relationship between influenza and starvation was seldom a topic in the Oldenburg region, while in German cities the food situation was much more frequently mentioned as a cause of the flu, as Fritz has shown for Frankfurt: „To most people, the interplay between hunger and the flu seemed clear" (Fritz 1992, 17). In August 1918 the "Rheinische Zeitung" got to the heart of the matter in a more prosaic way: "If only we had substantial meals, we could tackle the ghost. But the devil cannot be banned with war loafs. He swings the whip mercilessly" (quoted in Hironimus 2006, 165).

I would like to conclude with some reflections by Alfons Labisch. The influenza transgressed its public "threshold of attentiveness" thanks to its political exploitative potential. It managed to reflect a widespread sense of crisis in its most obvious expression. In the contemporary perception this crisis was above all an urban crisis. Here, the consequences of starvation and war were perceived with an intense awareness which fostered an active confrontation with the virus. In the city the influenza advanced to a "scandalized disease" (Labisch 2005) and its image gained much sharper contours than in the countryside.

6   Conclusion: The global and the local and the local

The history of pandemics, to pinpoint a first result, is the history of its perception. This insight is by no means new. For years, studies have been speaking of "social constructions" when talking about epidemics (Dinges 1995, 7) and collective thinking patterns and symbols have been analysed with which pandemics are communicated and become a social phenomenon. This is also true in the case of the "Spanish Influenza", because its social handling apparently had less to do with its actual consequences than with its visibility in society.

This visibility of the disease, so a second finding, depends on the structure of the affected space. Space impacts the sensibility for the pandemic which leads to serious consequences of regional differences for the respective awareness of the pandemic. For this reason we can widen our comprehension of pandemics by the embedding the local context and by comparing different regions. Only in the local context we will meet the specific perceptions of the persons affected.

For such an embedding of pandemic awareness four factors have been examined in this article in which regional commonalities and differences surface: firstly the structure and compression of the public sphere, secondly its medicalization, thirdly its medialization and, last but not least, the politicization of the pandemic. In the regional comparison it becomes obvious, that these factors are more relevant for a discussion of an epidemic than its actual extent: Although the virus had more fatal consequences in Oldenburg than in Hamburg, it met with less response.

In addition to these factors further aspects could be taken into account with which we can track down the regional differences of pandemic history. One might think of denominational differences, regional and trans-regional networks, e.g. of major towns and port cities, but also of particular experiences with the virus in the region. An increased sensibility of the "Spanish Influenza" in Hamburg can be explained with the cholera epidemic in 1892, which left its mark in the memory of the city for decades (Evans 1990). Although there is much to be done in the comparative history of pandemics, I would like to come to a first plea that aims at two things – a regional perspective and a self-reflection on the research.

A regional perspective seems promising because we can explore the social sphere where pandemics run rampant: "The" local that we put so easily opposite "the" global should be differentiated and compared. "The" local are the cities, towns, regions and villages. With these various localities tremendous differences are reflected in the respective history of pandemics, so that the common opposition of the global and the local could be significantly broadened: A challenge for research would not only be the global and the local but also the local and the local.

This extension is all the more crucial as our regional differences not only tell us something about the various histories of pandemics, but also something about current studies. In the problems of the province our own problems as historians are reflected. Finally these four characteristic factors shape the contemporary as well as our present perspective, our sources and our "point of view" ("Sehepunkt", as Johann Martin Chladenius has put it). In this respect an urban historical perspective on pandemics dominates because it corresponds largely with our awareness of the city perspective. The urban area makes the causes and spreading of diseases not only comprehensible for contemporaries but also for historians, and it can be verified by sources much easier than in rural areas. In this sense the topography of modern cities is an explanation for the present focus of research on pandemics as a problem of the city.

It is for these reasons that pandemics as a problem of the province have been overlooked so far, although in the first half of the 20th century, most Europeans still lived in the countryside. Therefore the problems of the province are not only a rich field of research but also a waking call to us as historians: the problems of the province question our own patterns of interpretation.

Literature

Martin Dinges, "Neue Wege in der Seuchengeschichte?," in *Neue Wege in der Seuchengeschichte* ed. Martin Dinges, Thomas Schlich, (Stuttgart: Franz Steiner, 1995), 7-24.

Richard Evans, *Death in Hamburg. Society and politics in the Cholera years 1830-1910* (London: Penguin, 1990).

Norbert Frei and Frank Bösch. Die Ambivalenz der Medialisierung. Eine Einführung. In *Medialisierung und Demokratie im 20. Jahrhundert*, ed. Norbert Frei and Frank Bösch, 7-23. (Göttingen: Wallstein, 2006), 7-23.

Stephen G. Fritz, "Frankfurt," in *The 1918-1919 Pandemic of Influenza. The Urban Impact in the Western World* ed. Fred R. van Hartesveldt (Lewiston: E.Mellen Press, 1992), 13-32.

Marc Hieronimus, *Krankheit und Tod 1918. Zum Umgang mit der Spanischen Grippe in Frankreich, England und dem Deutschen Reich* (Münster: LIT-Verlag, 2006).

Eckard Michels, "Die Spanische Grippe 1918/19. Verlauf, Folgen und Deutungen in Deutschland im Kontext des Ersten Weltkriegs," *Vierteljahrshefte für Zeitgeschichte* (2010): 1-33.

Johnson, Niall P.A.S, "The overshadowed killer. Influenza in Britain 1918-19," in *The Spanish Influenza Pandemic of 1918-19. New Perspectives*, ed. Howard Phillips and David Killingray (London: Routledge, 2003), 132-155.

Esyllt W. Jones, *Influenza 1918. Disease, Death, and Struggle in Winnipeg* (Toronto: University of Toronto Press, 2007).

Alfons Labisch, "'Skandalisierte Krankheiten' und 'echte Killer' – zur Wahrnehmung von Krankheiten in Presse und Öffentlichkeit," in *Propaganda, (Selbst-)Zensur, Sensation. Grenzen von Presse- und Wirtschaftsfreiheit in Deutschland und Tschechien seit 1871*, ed. Michael Andel, Detlef Brandes, Alfons Labisch, Jiri Presek, and Thomoas Ruzicka (Essen: Klartext, 2005), 273-289.

Karl Schlögel, *Im Raume lesen wir die Zeit. Über Zivilisationsgeschichte und Geopolitik* (München: Hanser, 2003).

Christoph Schweickardt, "Zur Geschichte des Gesundheitswesens im 19. und 20. Jahrhundert," In *Geschichte, Theorie und Ethik der Medizin*, ed. Stefan Schulz, Klaus Steigleder, Heiner Fangerau, and Norbert W. Paul (Frankfurt am Main: Suhrkamp, 2006), 155-164.

Dieter Simon, "Die 'Spanische Grippe'-Pandemie von 1918/19 im nördlichen Emsland," *Emsländische Geschichte* (2006): 106-145 .

Utz Thimm, "Die vergessene Seuche – die 'Spanische Grippe' von 1918/19," in *Mitteilungen des Oberhessischen Geschichtsvereins Gießen* (2007): 117-136.

Sandra M. Tomkins, "The Failure of Expertise: Public Health Policy in Britain during the 1918-19 Influenza Pandemic," in *Social History of Medicine* (1992): 435-454.

Jörg Vögele and Wolfgang Woelk, "Stadt, Krankheit und Tod: Geschichte der städtischen Gesundheitsverhältnisse während der epidemiologischen Transition. Eine Einführung," in *Stadt, Krankheit und Tod: Geschichte der städtischen Gesundheitsverhältnisse während der epidemiologischen Transition*, ed. Jörg Vögele and Wolfgang Woelk (Berlin: Duncker & Humblot, 2000), 11-34.

Jörg Vögele, *Sozialgeschichte städtischer Gesundheitsverhältnisse während der Urbanisierung* (Berlin: Duncker & Humblot, 2001).

Hans-Ulrich Wehler, *Das Deutsche Kaiserreich 1871-1918* (Göttingen: Vandenhoeck&Ruprecht, [7]1992).

Wilfried Witte, *Erklärungsnotstand. Die Grippe-Epidemie 1918-1920 in Deutschland unter besonderer Berücksichtigung Badens* (Herbolzheim: Centaurus Verlag, 2006).

Civilization Epidemics in Countries of Socioeconomic Transition

Johannes Siegrist

1 Background

It has long been observed in medical history that diseases spread across space and time, most impressively in terms of epidemics (Rosen 1958). The far-reaching socio-economic transition from traditional, mainly agricultural societies to modern industrialized nations starting in the late 18th century in several European countries provides a compelling case of this observation. There is no doubt that the process of industrialization, urbanization, scientific, technological and economic progress initiated one of the most far-reaching transformations of human societies in man's history, with substantial impact on changing patterns of morbidity and mortality (Hobsbawm 1969). Importantly, as demonstrated by Thomas McKeown, infant mortality was substantially reduced in the late 18th and early 19th century in Europe, following the structural improvements in hygiene and sanitation, education and nutrition (McKeown 1987). However, infectious diseases and environmental hazards evolving from urbanization and industrialization affected population health during the 19th and early 20th century to a substantial extent. Along this major socioeconomic transformation an unprecedented secular trend became more and more obvious, the 'epidemiological transition' from infectious diseases to chronic degenerative diseases as the dominant threats to population health and health care (Kiple 1993).

While this epidemiological transition occurred initially in modern Western societies, roughly during the past hundred years (Siegrist 2005), it started to expand globally during recent decades, most impressively in rapidly developing countries. There are several drivers of this process of replacing infectious diseases as leading causes of mortality by chronic diseases, or, more precisely, of 'transferring' the burden of chronic diseases from economically advanced countries to rapidly developing countries. Among these, economic globalization played – and continues to play – a crucial role. Globalization is commonly defined as a process of expansion of technological innovations in conjunction with free market principles from economically advanced to less advanced societies (Spiegel et al. 2004). It becomes manifest in these latter countries as rapid industrialization and urbanization, it increases national employment rates and the gross national product. However, with enhanced geographical and social mobility, with the global spread of modern information technology, of Western patterns of consumption und of other facets of people's lifestyles, a major socio-cultural transformation, the so called 'coca-colonization' of developing countries is taking place. In the remaining part of this contribution the impact of this 'civilization epidemic' is described in more detail.

2   The burden of chronic diseases in rapidly developing countries

It is instructive to describe more exactly what we mean by changing lifestyles with impact on an increased occurrence of chronic diseases. The term 'lifestyle' is used in medical sociology to delineate the spectrum of material and non-material resources as well as the shared social norms and attitudes that are available to distinct socioeconomic or socio-cultural groups within a society, thus shaping their health-related behaviors (Cockerham 2001). Lifestyles are transmitted across generations via socialization processes, or they are adapted over the life course through social learning and social pressure. The main dimensions of health behaviors that are related to distinct lifestyles include nutrition, physical activity, alcohol consumption, cigarette smoking, illicit drug abuse, risky sexual behavior, and antisocial behavior (e.g. aggressiveness, violence). A substantial body of empirical research has demonstrated that these behaviors cluster within distinct health-related lifestyles, and that these lifestyles vary in a systematic way according to people's socioeconomic position or socio-cultural and ethnic background (Emmons 2000, Lynch et al. 1997). Importantly, a social gradient of health-related lifestyles has become evident, with more health-damaging behaviors occurring among people with lower socioeconomic position (Stringhini et al. 2011). Moreover, as mentioned, a typical 'Western' lifestyle has been developed in connection with economic and technological modernization, and this lifestyle is currently invading those countries that are subjected to rapid socioeconomic change (Zimmet 2000).

What are the consequences of an unhealthy lifestyle with regard to chronic disease manifestation? Probably best known are associations of cigarette smoking with lung cancer and some other forms of cancer (Peto et al. 1992), of heavy alcohol consumption with liver cirrhosis, hypertension and neurodegenerative disorder (WHO 2009), and of unsafe sexual behavior with risk of HIV and other sexually transmitted diseases (Murray and Lopez 1997). Furthermore, unhealthy diet is strongly linked to elevated risks of obesity, coronary heart disease, and type 2 diabetes (Zimmet 2000). Comparably rich scientific evidence points to elevated risks of a variety of chronic diseases and of premature mortality due to a lack of physical activity resulting from a sedentary lifestyle (Hardman and Stensel 2010). Yet, the impact of unhealthy lifestyles on the burden of disease is even larger as risky behaviors contribute to accidents, homicides and suicides, and increased disability risks (Ezzati et al. 2002). Finally, powerful socioeconomic threats and challenges trigger chronic stress reactions in exposed individuals which exert both indirect and direct effects on chronic disease development (Marmot and Wilkinson 2006). Indirect effects are produced via more intense and more frequent unhealthy behavior as a way of coping with stressful experience, whereas direct effects are mediated by psychobiological pathways that trigger 'allostatic' load within different stress-sensitive bodily systems (McEwen 1998). The direct impact of socioeconomic threats and challenges on chronic disease development is most obvious in occupational life (see below).

In addition to epidemiologic cohort studies from single countries which underwent rapid socioeconomic change there are official projections of the burden of chronic disease and selected causes of mortality from present to the year 2030 for different regions of the world undertaken by the World Health Organization (Mathern et al. 2008). According to these projections, by the year 2030 ischemic heart disease, stroke and cancer will be the leading causes of death globally, and absolute numbers of deaths due to these diseases in middle-income countries by far exceed those estimated for low income and high income countries. As some of the countries with largest populations, such as China, India and Brazil, belong to this category a substantial majority of the world's population will be exposed to elevated chronic disease risks in the near future.

Additional highly prevalent chronic disorders include depression and type 2 diabetes, two disorders which often appear as co-morbid risks in the development of cardiovascular pathology (Grippo and Johnson 2009). Type 2 diabetes is becoming a considerable health risk in Asian countries where evidence demonstrates a close association between the degree of socioeconomic modernization and the increase in disease incidence and prevalence (Zimmet 2000). Concerning depression a recent international investigation concludes that depressive episodes are a major health problem in all parts of the world and that they contribute to a substantial degree to the global burden of disease and associated direct and indirect costs (Luppa et al. 2007; Bromet et al. 2011).

3   Work stress in a globalized economy and health risks

Rapidly developing countries experience major changes of work and employment. Industrialization and growth of the service sector go along with a high level of unemployment and a segmentation of national labor markets into a small, highly skilled, privileged group of employees and self-employed people on one hand and a large poorly qualified workforce confined to precarious employment, suffering from low wages, exposure to hazards and low safety at work on the other hand (Tausig and Fenwick 2011). Employed people in these countries are increasingly exposed to work intensification, as is the case in technologically more advanced regions of the world, due to economic globalization. This intensification of work often goes along with an increase in job instability and insecurity, reduced salaries, blocked promotion prospects, involuntary part-time work and temporary unemployment. Thus, large parts of the workforce in rapidly developing countries suffer from unhealthy working conditions in terms of occupational hazards and of a stressful psychosocial work environment (Schnall et al. 2009).

For a long time, exposure to stressful psychosocial work environments was considered a particular challenge of economically advanced societies. Yet, most recent socio-epidemiological research has revealed that psychosocial stress at work is of growing concern among large professional and occupational groups in rapidly developing countries as well. Respective research is mainly based on internationally established theoretical models of work stress, such as the demand-control and the effort-reward imbalance models. The former model identifies stressful work in terms of job task profiles defined by high psychological demands and a low degree of control or decision latitude (Karasek and Theorell 1990). Stressful experience resulting from this exposure is due to limited experience of control and self-efficacy in combination with continued high work pressure. 'Effort-reward imbalance' was developed as a complementary model with a primary focus on the work contract and the principle of social reciprocity lying at its core (Siegrist 1996). Rewards received in return to efforts spent at work include money, esteem and career opportunities. The model asserts that lack of reciprocity (high effort in combination with low reward) occurs frequently, in particular if workers have no alternative choice in the labor market.

These models were applied in studies of workers in several rapidly developing countries, such as China (Xu et al. 2004, Li et al. 2005, Xu et al. 2009), South Korea (Eum et al. 2007), Thailand (Buapetch et al. 2008) or Brazil (Chor et al. 2007) and were shown to contribute to the explanation of work-related health risks. One such study is of particular interest as it links psychosocial stress at work with coronary heart disease in an urban population of employed Chinese men and women (Xu et al. 2009). In this case-control study 388 patients were included who underwent coronary angiography following hospitalization due to acute chest pain. 296 patients were diagnosed as cases suffering from coronary heart disease (CHD), whereas in 96 patients this diagnosis was not substantiated (control group). An independent assessment of psychosocial work-related stress based on the effort-reward imbalance model was accomplished, and comparisons of level of work stress between cases and controls were conducted, using multivariate logistic regression analysis. Results displayed in Figure 1 indicate a 5.5 times elevated odds ratio of high work stress among CHD cases as compared to controls.

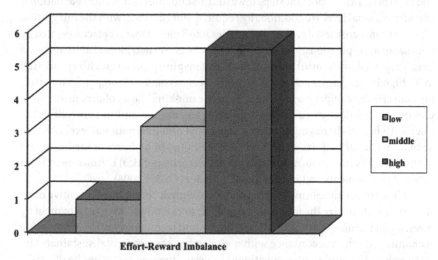

Adjusted for age, and sex; Additionally adjusted for hypertension, diabetes mellitus, smoking, BMI, CHD family history, educational level, and marital status; *p<0.05; **p<0.01; ***p<0.001

Fig. 1   Associations between work stress (effort-reward imbalance) and prevalence of coronary heart disease: Logistic regression analysis (Source: Xu W. et al. *J Occup Health* 51 (2009): 107-113).

Although these results point to direct effects of work stress on coronary heart disease indirect effects mediated by unhealthy lifestyles and associated traditional cardiovascular risk factors (e.g. hypertension) were also documented (e.g. Xu et al. 2004). It is therefore important to extend the assessment of main determinants of the burden of chronic disease in these countries beyond the well established behavioral risk factors. The policy implications of these findings are discussed in the concluding paragraph of this contribution.

4   Implications for prevention

There is no doubt that man-made civilization epidemics can be controlled and eventually reduced by addressing their determinants or driving forces by appropriate policy measures. Although health promotion initiatives in schools, communities and enterprises are important steps towards this end, preventive efforts at national and international level are additionally required. For instance, with the integration of population-dense less developed countries into a global market place operated by transnational corporations, local nutritional products and nutritional habits are being largely replaced by the availability of health-damaging products such as processed foods high in fats, sugars and salt. Furthermore, international companies intensify their advertising campaigns in favor of cigarette smoking and alcohol consumption. Clearly, the public sector's role in regulating the market and in controlling the trade with health-damaging products at national and international level needs to be reinforced. Such efforts go beyond the traditional boundaries of medicine and health policy as they require a broader inter-sectorial political commitment from national governments and international agencies (CSDH 2008).

   With regard to unhealthy working and employment conditions preventive mea-sures should prioritize the following targets: (1) to extend access to employment by investing in training, improved infrastructure and technology and by stimulating economic growth in accordance with a strategy of environmental sustainability; (2) to reduce the burden of occupational injuries, diseases and other health risks by enforcing national regulations, by strengthening preventive efforts amongst vulnerable groups, such as migrant workers, and by developing appropriate human and financial resources of occupational safety and health services; (3) to promote efforts of securing and extending healthy work and employment conditions at the sub-national level of branches, occupational groups, companies and of collaborative links with community health promotion programs (Siegrist et al. 2012). Again, in addition to national and local efforts international agencies and organizations as well as transnational corporations are important partners of a 'health-in-all-policies' approach that is required to successfully tackle the threats of civilization epidemics.

Literature

Bromet, E., L. H. Andrade, and I. Hwang et al. "Cross-national epidemiology of DSM-IV major depressive episode." *BMC Medicine* 9 (2001): 90.

Buapetch, A., S. Lagampan, J. Faucett, and S. Kalampakorn, "The Thai version of effort-reward imbalance questionnaire (Thai ERIQ): A study of psychometric properties in gar ment workers." *Journal of Occupational Health* 50 (2008): 480-491.

Chor, D., G. L. Werneck, E. Faerstein, M. G. M. Alves, and L. Rotenberg, "The Brazilian version of the effort-reward imbalance questionnaire to assess job stress." *Cadernos de Saude publica* 24 (2007): 84-93.

Cockerham, W.C. *The Blackwell Companion to Medical Sociology* (Oxford: Blackwell, 2001).

Commission on Social Determinants of Health, eds. *Closing the gap in a generation.* Final report of the Commission on Social Determinants of Health (Geneva: World Health Organization, 2008).

Emmons, K. M. "Health behaviors in a social context." In *Social Epidemiology*, ed. by L.F. Berkman and I. Kawachi. New York: Oxford University Press, 2000, 242-266.

Eum, K., J. Li, H. E. Lee et al. "Psychometric properties of the Korean version of the effort-reward imbalance questionnaire." *International Archives of Occupational and Environmental Health* 80 (2007): 653-661.

Ezzati, M., A. D. Lopez, A. Rodgers, S. Vander Hoorn, and C. J. L. Murray. "Selected major risk factors and global and regional burden of disease." *Lancet* 360 (2002): 1347-1360.

Grippo, A. J., and A. K. Johnson. "Stress, depression, and cardiovascular dysregulation: A review of neurobiological mechanisms and the Integration of research from preclinical disease models." *Stress* 12 (2009): 1-21.

Hardman, A. E., and D. J. Stensel. *Physical Activity and Health* (London: Routledge.

Hobsbawm, E. J. *Industrie und Empire, britische Wirtschaftsgeschichte seit 1750.* Frankfurt: Suhrkamp, 1969.

Karasek, R. A., and T. Theorell. *Healthy Work.* New York: Basic Books, 1990.

Kiple, F. *The Cambridge world history of human disease.* Cambridge: CUP, 1993.

Li, J., W. Yang, Y. Cheng, J. Siegrist, and S. Cho. "Effort-reward imbalance at work and job satisfaction in Chinese health care workers: a validation study." *International Archives of Occupational and Environmental Health* 78 (2005): 198-205.

Luppa, M., S. Heinrich, M. C. Angermeyer, H. H. König, and S. G. Riedel-Heller. "Cost-of-illness studies of depression." *Journal of Affective Disorders* 98 (2007): 29-43.

Lynch, J. W., G. A. Kaplan, and J. T. Salonen. "Why do poor people behave poorly? Variation in adult health behaviours and psychosocial characteristics by stages of the socioeconomic lifecourse." *Social Science & Medicine* 44 (1997): 809-819.

Marmot, M., and R. Wilkinson, eds. *Social Determinants of Health.* Oxford: Oxford University Press, 2006.

Mathern, C., and D. MaFat. *The Global Burden of Disease: 2004 Update.* Geneva: World Health Organization, 2008.

McEwen, B. S. "Protective and damaging effects of stress mediators." *New England Journal of Medicine* 338 (1998): 171-179.

McKeown, T. *Die Bedeutung der Medizin.* Frankfurt: Suhrkamp, 1987.

Murray, C. J. L., and A. D. Lopez. "Alternative projections of mortality and disability by cause 1990–2020: Global Burden of Disease Study." *Lancet* 349 (1997): 1498-1504.

Peto, R., Lopez, A. D., Boreham, J., Thun, M, and Heath, J. C. "Mortality from tobacco in developed countries: indirect estimation from national vital statistics." *Lancet* 339 (1992): 1268-1278.

Rosen, G. *The history of Public Health.* New York: MD Publications, 1958.

Schnall, P., Dobson, M., Rosskam, E., Baker, D., and Landsbergis, P., eds. *Unhealthy work: Causes, consequences and cures.* Amityville, NY: Baywood Press, 2009.

Siegrist, J. *Medizinische Soziologie.* München: Elsevier, 2005.

Siegrist, J. "Adverse health effects of high-effort/low-reward conditions." *Journal of Occupational Health Psycholology* 1 (1996): 27-41.

Siegrist, J., Rosskam, E., and Leka, S. *Review of social determinants of health and the health divide in the WHO-European region: Employment and working conditions including occupation, unemployment and migrant workers.* Copenhagen: World Health Organization (unpublished report), 2012.

Spiegel, J. M., Labonte, R., and Ostry, A. S. "Understanding 'globalization' as a determinant of health determinants, a critical perspective." *International Journal of Occupational and Environmental Medicine.* 10 (2004): 360-367.

Stringhini, S., Dugravot, A., Shipley, M., et al. "Health behaviours, socioeconomic status, and mortality: Further analyses of the British Whitehall II and the French GAZEL Prospective Cohorts." *PLoS Medicine* 8, no. 2 (2011): e1000419 DOI: 10.1371/journal.pmed.1000419.

Tausig, M., and Fenwick, R. *Work and Mental Health in Social Context.* New York: Springer, 2011.

World Health Organization. *Global health risks: mortality and burden of disease attributable to selected major risks.* Geneva: World Health Organization, 2009.

Xu, L., Siegrist, J., Cao, W., Li, L., Tomlinson, B., and Chan, J. "Measuring job stress and family stress in Chinese working women: A validation study focusing on blood pressure and psychosomatic complaints." *Women & Health* 2 (2004): 31-46.

Xu, W., Zhao, Y., Guo, L., Guo, Y., and Gao, W. "Job stress and coronary heart disease: A case-control study using a Chinese population." *Journal of Occupational Health* 51 (2009): 107-113.

Zimmet, P. "Globalization, coca-colonization and the chronic disease epidemic: can the Doomsday scenario be averted?" *Journal of Internal Medicine* 247 (2000): 301-310.

"… to study 'accidents' as a whole may be like studying 'disease' as a whole."[1] The Epidemic of Road Traffic Injuries

Iris Borowy

---

1   Introduction

At the beginning of the twentieth century a new pathogen arrived on the world scene. Initially, it had only limited impact but it soon turned into a formidable public health threat. The pathogen is called motorized vehicle, it comes in the forms of cars, buses and trucks, and it causes road traffic accidents, affecting public health by causing road traffic injuries (RTIs) which are fatal to part of the people affected and leave many more permanently disabled. The WHO speaks of a rising global epidemic.[2] By 2009, it killed more than 1.2 million people each year, and left up to 50 million others injured. And like in infectious diseases, over 90 % of deaths occurred in low- and middle-income countries and many of the victims were children.[3]

For many years, the response to this health threat has been strangely muted, both among health experts and among the public at large, sometimes incomprehensively so, given the available health statistics. To explain this apparent discrepancy, observers sometimes suggest that RTIs were not primarily regarded as a disease or even as a health issue. Thus, in a 2004 article, a physician is quoted as saying that RTIs had long been regarded fatalistically as inevitable acts of God, fundamentally different from diseases.[4]

---

1   Leslie G. Norman, *Road Traffic Accidents. Epidemiology, Control, and Prevention* (Geneva: World Health Organization, 1962), 29.

2   World Health Organization (WHO), "Global Health Observatory," www.who.int/gho / road_safety/en/ (accessed March 5, 2012).

3   WHO: *Global Status Report on Road Safety. Time for Action* (Geneva: WHO, 2009), iv, vii.

4   Samuel N. Forjuoh, quoted in Richard Dahl, "Vehicular Manslaughter: The Global Epidemic of Traffic Deaths," *Environmental Health Perspectives* 112, no. 11 (2004), A

However, this impression appears to be misleading. A survey of existing literature reveals the impressive degree to which RTIs have been compared to a disease and have been perceived as and expressed in those terms. A 1962 report on *Road Traffic Accidents* by the Chief Medical Officer of the London Transport Executive, was published by the WHO under the sub-title of "Epidemiology, Control, and Prevention" and explained in its preface that "while medical science [had] conquered the ravages of many diseases, accidents [had] become a new 'epidemic' of public health importance calling for equal effort for control and prevention."[5] It equated the three factors connected to epidemic infectious diseases: host, agent and environment, with "three analogous factors: the road user, the vehicle and the road" and declared that "epidemiological studies" on RTIs concerned all three.[6] More recent assessments have continued along this line. Publications in the twenty-first century referred to RTIs as a "neglected epidemic"[7], a "global epidemic"[8], or a "global road trauma pandemic"[9] or compared RTI to Aids, insisting that one epidemic provided lessons to be applied to fighting the other.[10]

But have they? In view of humanity's long experience with epidemics, it seems that it should be well equipped to deal with a new form. Indeed, the structural similarities are more far-reaching than may be obvious at first sight. Thus, the 1962 comparison of the host, agent and environment of epidemic diseases with the road user, the vehicle and the road of RTIs can be modified into the following model:

629-631.

5   Norman, *Road Traffic Accidents*, 7.

6   Norman, *Road Traffic Accidents*, 18-19.

7   V. M. Nantulya and M. R. Reich, "The neglected epidemic: road traffic injuries in developing countries," *BMJ* 324 (2002), 1139-1141.

8   Richard Dahl, "Vehicular Manslaughter: The Global Epidemic of Traffic Deaths," *Environmental Health Perspectives*, 112, no. 11 (2004), A 629-A631.

9   Ian Roberts, Dinesh Mohan and Kamran Abbasi, „War on the roads," *BMJ* 324 (2002), 1107-1108.

10 Dahl, "Vehicular Manslaughter," *Environmental Health Perspectives*, A 631.

Tab. 1   RTIs as Epidemic Disease

Category	Disease	RTIs
Pathogen	Biological pathogens: lethality	Motorized vehicles: technical equipment (breaks, belts, airbags etc.)
Environment	Living conditions: population density, sanitation, housing	Roads: their size, surface, markings, signs, maintenance, position
People	General health status (nutrition, immune system etc.): education; life-style choices: physical activities, smoking, eating habits, sex practices	Education: Driving style, use of helmets, safety belts etc.
Medical care	Hospitals: availability of trained doctors and other specialized staff	Hospitals: availability of staff trained in RTI treatment, ambulances

And just as in any other reaction to diseases, policies can take different forms: vertical or horizontal, specific or holistic, addressing pathogens, patients or the environment, emphasizing prevention or therapy.

This paper explores how the response of authorities to RTIs have resembled or differed from that to diseases.

2   Phase 1: the Epidemic in the North

RTIs have their roots in the mobility revolution, which followed the industrial revolution. Cars first spread in the United States, and their beginnings were marked by public outrage at the danger they posed to innocent road users, especially children. Throughout the 1910s and 1920s, an angry animosity greeted cars, as traditional street users resented drivers who were perceived as disturbing the public order and as endangering people's lives. Most urban RTI victims were pedestrians, and most of these were children.[11] In marked contrast to later times, early observers blamed motorists for their deaths, not children who had played on the streets or parents who had failed to watch them, since children were supposed to play on the streets without needing surveillance. However, the car industry engaged in inten-

---

11   Tom McCarthy, *Auto Mania. Cars. Consumers, and the Environment* (New Haven: Yale University Press, 2007), 7-11.

sive lobbying and people on the American countryside, notably country doctors, began appreciating fast and reliable transportation.[12] Mass production brought the car within reach of most Americans, and between 1909 and 1920 the number of registered cars increased by 2750 %.[13] Gradually, Europe followed suit.

Inevitably, RTIs increased and they changed character in the process. While initially collisions had primarily involved one vehicle and fixed objects or pedestrians, the rising presence of cars on the streets meant that accidents increasingly engaged several of them. In the UK, accidents involving three or more vehicles represented a mere 1.5 percent in 1936-37 but 4.7 percent in 1953. In the USA, deaths resulting from collisions of vehicles with fixed objects increased by 80 percent from 720 in 1930 to 1300 in 1952 but during the same period deaths resulting from collisions between two or more vehicles increased by 140 percent from 5.880 to 14.100. Meanwhile, pedestrian deaths increased in absolute terms but decreased relative to accidents and car density.[14]

In 1957, the WHO carried out a survey regarding motor vehicle accidents. 47 member states returned questionnaires: between them they had recorded 102.552 deaths (79.810 of them males) out of a population of 650 million people, and numbers were rising.[15] It became clear that RTIs affected predominantly young males and children: in "Canada, the United States, Austria, the Netherlands, Australia, and New Zealand, deaths from motor vehicle accidents in males in 1958 exceeded those due to tuberculosis (all forms), acute poliomyelitis, typhoid fever, diphtheria, and diabetes mellitus added together. Among females in these countries fatal road traffic accidents were fewer but were still prominent among the causes of death."[16] In the United Kingdom, RTIs killed fifteen times as many children as poliomyelitis in 1956, and twice as many as during the worst post-war polio epidemic. In a complaint that was to be repeated many times during the following decades, the author of one study observed that these numbers aroused a fraction of the interest of that dedicated to other epidemics.[17] Indeed, by now the main reaction tended to hold the weakest of potential victims responsible. The First International Congress of Traffic Police, held in Eindhoven at that time, discussed road safety measures and

---

12 McCarthy, *Auto Mania*, 36.
13 McCarthy, *Auto Mania*, 45-47.
14 Norman, *Road Traffic Accidents*, 25.
15 Norman, *Road Traffic Accidents*, 13.
16 Norman, *Road Traffic Accidents*, 14.
17 A.M. Johnston, „Social Patterns of Road Accidents to Children," *British Medical Journal* (Feb 14, 1959), 409-413.

recommended better education of road users, especially of children.[18] No similar demand was made for special education for men.

But a few years later, the perspective changed. Ralph Nader's 1965 book *Unsafe at any Speed* alerted the public to the dangers of road traffic accidents. Unlike earlier recommendations, Nader focused on the auto industry as a key responsible element and its apparent lack of interest in safety considerations. The book aroused public indignation which became politically effective. One year later, Lyndon Johnson signed into law two bills raising safety standards in cars and roads. These laws and campaigns to foster safer traffic behavior were credited with substantially lowering RTI mortality in the US.[19] In fact, RTI mortality decreased drastically in virtually all industrialized countries between 1975 and 1998: by 63.4 percent in Canada, by 58.3 percent in Sweden and by 27.2 percent in the USA.[20] In 1987, a researcher observed that a 200-fold increase of cars had been accompanied by an only 20-fold increase in RTI deaths and that the RTI death rate, which had risen from 1909 to 1934, was lower in 1985 than at any time during the preceding 60 years except in 1948. Impressed, he commented: "The epidemic of road traffic deaths may be most remarkable for the way it has been controlled."[21]

He should have been warned. Twenty-five years earlier, Nobel prize laureate McFarlane Burnet had referred to infectious diseases as approaching "something that has passed into history."[22] Some years later, US Surgeon General William Stewart had famously declared the "war against infectious diseases" won.[23] By the mid 1980s, the survival capacity of malaria and the emergence of Aids had proved them wrong. The fate of RTIs proved no different.

---

18 Norman, *Road Traffic Accidents*, 10.
19 Dahl, "Vehicular Manslaughter," *Environmental Health Perspectives*, A 631.
20 WHO/World Bank, *World Report on Road Traffic Injury Prevention* (Geneva: 2004), 37.
21 Richard Doll, "Major Epidemics of the 20th Century: From Coronary Thrombosis to AIDS," *Journal of the Royal Statistical Society. Series A (General)* 150, no. 4 (1987), 373-395, quote in abstract.
22 M. Burnet, *Natural history of infectious disease* (Cambridge: Cambridge University Press, 1962), 3; Cited in: F.R. Lashley and D. Durham, Preface to F.R. Lashley and D. Durham, eds., *Emerging Infectious Diseases* (New York: Springer, 2002), xv.
23 A.S. Fauci, "Infectious diseases: considerations for the 21st century," *Clin. Infect. Dis.* 32 (2001), 675–685; Cited in: David M. Morens, Gregory K. Folkers and Anthony S. Fauci, "The challenge of emerging and re-emerging infectious diseases," *NATURE* 430 (July 8, 2004) 242 249, hier 242.

3   Phase 2: The Epidemic in the South

While RTI mortality declined in high-income countries between 1975 and 1998, RTI deaths increased by 237.1 percent in Colombia, by 243 percent in China and by 383.8 percent in Botswana. Given the simultaneous rapid population increase in developing countries, RTIs turned into an increasingly serious global health threat. In 1990, RTI assumed place nine in contributors to the global burden of disease. Globally, road traffic deaths increased from ca. 990.000 per year in 1990 to nearly 1.2 million in 2002.[24]

Pedestrians were particularly at risk, not only due to their high numbers and general vulnerability, but also because the majority had never driven a car themselves and had difficulties understanding the speed and general behavior of motorized vehicles. According to available data, 64 percent of RTI fatalities in Nairobi between 1977 and 1994 were pedestrians. Besides, the pathogen had mutated: vehicle passengers tended to be different in poorer countries, usually forming part of a multi-passenger vehicle such as buses or taxis, often overloaded, so that individual accidents involved more people than the average accident in a rich country, affecting more typically the driver(s) of one or several cars involved. In addition, the lethality of RTIs was exacerbated by a lack of effective first aid and emergency medical care. According to a Harvard study on RTIs in developing countries at the turn of the century, 10.000 crashes resulted in 66 deaths in the US, but in 1.786 in Kenya and 3.181 in Vietnam.[25]

These data provided the basis for a growing number of research publications and initiatives dedicated to RTIs in the following years. In 1999, the World Bank established the Global Road Safety Partnership (GRSP), a network of representatives of business, civil society and government organizations, which supported projects designed to improve road safety in several countries around the world.[26] Projects ranged from targeting drunk driving and speeding behaviors to promoting the use of helmets, seat belts and similar protective gear to the separating motorized and non-motorized traffic or promoting public transportation.[27] Generally speaking, they tended to shift attention away from cars to the behavior of potential victims as those responsible for RTI deaths. Thus, the Global Road Safety Partnership argued that children lacked sufficient skills and knowledge to cope with complex road traffic. These recommendations, however, were based on what was perceived as

---

24 WHO/World Bank, *World Report on Road Traffic Injury Prevention*, 37.
25 Dahl, "Vehicular Manslaughter," *Environmental Health Perspectives*, A 630.
26 Dahl, "Vehicular Manslaughter," *Environmental Health Perspectives*, A 631.
27 Dahl, "Vehicular Manslaughter," *Environmental Health Perspectives*, A 631.

common sense rather than reliable data. A 2002 meta-study of controlled trials of pedestrian education programs in high-income countries showed no evidence that such programs reduced the risk of road accidents involving child pedestrians. No similar studies exist for developing countries.[28] By contrast, the European Enhanced Vehicle Safety Committee (EEVC) proposed changes to the fronts of vehicles, which promised saving lives but which were not on the agenda of car manufacturers of safety agency in 2002.[29] Meanwhile, the call for more traffic education for vulnerable road users, particularly children, has remained a standard part of recommended policy packages to reduce the burden of RTIs.

In the 1990s, economic growth entered the discourse as a means of reducing RTIs. The idea to look for a correlation between health and economic growth was not new. The theories of demographic and epidemiological transition had postulated reactions to development, widely defined as economic growth: both mortality and fertility would fall, infectious diseases would decrease, chronic diseases would increase and – ironically – injury mortality would remain unaffected.[30] In 1975, Thomas McKeown argued that the decrease in overall mortality in Britain in the second half of the nineteenth century resulted entirely from declines in infectious diseases brought about by rising living standards, especially improved nutrition, and sanitation.[31]

At the same time, Samuel Preston paired life expectancy and national income for numerous countries for the years 1900, 1930 and 1960. The resulting curves ("Preston curves") showed positive relations between national income and health expectancy for all three curves, albeit at different levels of life expectancy and with falling marginal health gains with every unit of economic growth. Though Preston insisted that an increase in national income was neither the only nor necessarily always a positive influence on public health, his two-variable curve, encouraged a

---

28 O. Duperrex and F. Roberts I., "Safety education of pedestrians for injury prevention: a systematic review of randomized controlled trials," *BMJ* 324 (2002), 1129-1131.

29 J.R. Crandall, K.S. Bhalla and N.J. Madely, "Designing road vehicles for pedestrian protection," *BMJ* 324 (2002), 1145-1148.

30 Simon Szreter, "The Idea of Demographic Transition and the Study of Fertility Change: A Critical Intellectual History," *Population and Development Review* 19, no. 4 (1993), 659-701; A.R. Omran, "The Epidemiologic Transition: A Theory of the Epidemiology of Population Change," *The Milbank Memorial Fund Quarterly* 49, no. 4 (1971), 509–538, reprinted *The Milbank Quarterly* 83, no. 4 (2005), 731–757.

31 Thomas McKeown, "An interpretation of the decline of mortality in England and Wales during the twentieth century," *Population Studies* 29 (1975), 391-422; Thomas McKeown, *The Modern Rise of Population* (New York: Academic Press, 1976).

simplistic image of a correlation between economic growth and life expectancy.[32] This image of health being fostered by economic growth was forcefully confirmed by the World Bank in its World Development Report on health in 1993.[33]

A similar attempt was made to analyze a possible correlation between economic growth and RTIs, and researchers found the Kuznets Curve. The curve went back to a theory presented by Simon Kuznets in 1955. Drawing on historical data of industrialized countries he argued that social inequality increased in the early phase of modernization but decreased from a turning point onward as national income would continue to grow, forming a curve the shape of an inverted U.[34] In the 1990s, the model received a second life as a description of the relationship between economic growth and some pollutants, notably SO_2 and smoke, and became known as the Environmental Kuznets Curve.[35] In 2000, van Beeck et al. appear to have been the first to observe a Kuznets Curve of RTIs in relation to "prosperity levels". Prosperity growth, they argued, was "not only associated with growing numbers of motor vehicles in the population, but also seems to stimulate adaptation mechanisms, such as improvements in the traffic infrastructure and trauma care."[36] This view suggested that economic growth would in itself lead to a reduction of RTIs, making a rise in GDP the best strategy to reduce the health burden of widespread motorization.

This view found a substantial following, especially among institutions friendly to economic interests. In 2003, the World Bank Development Research Group on Infrastructure and Environment issued a Policy Research Working Paper, on Traffic Fatalities and Economic Growth.[37] Analyzing vehicles per person (V/P) and fatalities per vehicle (FN) data from 88 countries for the period 1963–99 they

32 Szreter, "Population Health Approach," 424.

33 The World Bank, *Investing in Health, World Development Report 1993* (Oxford: Oxford University Press, 1993).

34 Simon Kuznets, "Economic growth and income inequality," *American Economic Review* 45 (1955), 1-28.

35 World Bank, *Development and the Environment, World Development Report 1992* (New York: Oxford University Press, 1992), 41.

36 Eduard van Beeck, Gerard Borsboom and Johan Mackenbach, "Economic development and traffic accident mortality in the industrialised world, 1962–1990," *International Journal of Epidemiology* 29, no. 3 (2000), 503-509.

37 Elizabeth Kopits and Maureen Cropper, "Traffic Fatalities and Economic Growth," *Policy Research Working Paper* 3035 (April 2003), www-wds.worldbank.org/servlet/ WDSContentServer/ WDSP/IB/2003/05/23/000094946_03051404103341/Rendered/ PDF/multi0page.pdf (accessed October 3, 2011); later republished as E. Kopits E, M. Cropper, "Traffic fatalities and economic growth," *Accid Anal Prev* 37 (2005), 169.

found a confirmation of the Kuznets Curve with a turning point of $8.600 in 1985 international dollars. On the basis of these data and of prognoses of population and income growths, they projected that it would take many years for developing countries to achieve an RTI fatality rate of high income countries. Under given circumstances, India, for instance, which had a per capita income of only $2.900 in 2000, would only begin to decline in 2042 after a peak of at least 24 fatalities per 100.000 persons, or 34 when adjusted for estimated underreporting. Brazil would 'already' peak in 2032 and would experience an RTI mortality rate of 26 deaths per 100.000 persons as late as 2050, compared to a rate of 11 enjoyed by high income countries in 2000. The text did mention on the last page that these projections were based on a continuity of ongoing policies, while measures such as mandatory helmet wearing or effective traffic separation might lower those numbers.[38] The overriding message, however, was the link between RTI mortality and economic growth, so that a more rapid rise in national income would speed the arrival of the turning point and thereby reduce the number of RTI victims.

Walter McManus of the University of Michigan Transportation Research Institute followed up on the World Bank approach in a study that was financially supported by the automobile industry. He calculated the lives that would be saved by lowering either vehicles per capita or the fatalities by vehicle. Both would save lives but, he concluded: "Reducing motorization (vehicles per capita) is unlikely to be used as a policy to reduce fatalities because it is inextricably linked to economic growth. Consequently, the focus should be on reducing fatalities per vehicle."[39] Similarly, a 2006 analysis of data from 41 countries about the years 1992–1996 by David Bishai et al. found that in low-income countries a ten percent rise in GDP increased RTIs by 4.7 percent and RTI deaths by 3.1 percent. By contrast, GDP increases in high-income countries reduced the number of deaths, though not of accidents or injuries. The turning point appeared to be between $1.500 and $8.000 per capita income.[40] These findings seemed to suggest an increase of economic growth as an effective strategy and necessary precondition for a reduction of RTIs.

Meanwhile, international attention to RTIs increased. In March 2000, the WHO established a *Department of Injuries and Violence Prevention*, designed to develop

---

38 Kopits and Cropper, "Traffic Fatalities," 31-32.

39 Walter McManjue, "The Economics of Road Safety: An International Perspective," Report No. UMTRI-2007-23 (University of Michigan, October 2007) quote in abstract. http://deepblue.lib.umich.edu/bitstream/2027.42/61190/1/99864.pdf (accessed October 3, 2011).

40 David Bishai et al.,"National road casualties and economic development," *Health Economics* 15, no. 1 (2006), 68-81.

and implement a "5-year WHO strategy for road traffic injury prevention." It also declared a need to "[p]romote long-term epidemiological monitoring of road traffic injuries using standard, scientifically-based data collection methods."[41] Some years later these research activities bore fruit. In August 2003, the UN Secretary-General presented as UN document a report on the "Global road safety crisis," a WHO study which had been revised according to comments from various UN bodies. The report established the size of the problem as well as its social component, pointing out the mortality rate difference between as well as within countries. Referring to the World Summit on Sustainable Development of only a year earlier in Johannesburg the report advocated integrating RTI consideration into a broader vision of urban development and transportation planning which also included alternative modes of transport. A one-sided concentration on a car-based system of traffic was portrayed as aggravating social inequality since "the trend of investing increasing resources in the building and maintenance of an infrastructure for private motorized transport, while overlooking the public transport needs of the larger part of the population."[42] It also contributed to further health problems since in "many high-income countries, increasing use of cars has led to a general decline in walking and an increase in sedentary lifestyles, which in turn has had adverse consequences in terms of increasing obesity and cardiovascular health problems."[43]

Effective strategies to reduce RTIs were said to require a "systems approach", aimed at identifying and addressing all relevant factors. Rather than targeting mainly the road users by means of education, supervision and enforcement, as had been the case so far, systems-based policies should take the fallibility of road users into account and address the driver, the road infrastructure and the vehicle. Successful strategies of high-income countries could serve as orientation, but policies in low-income countries would have to be adapted or even newly created according to local circumstances. Given this insistence on a new approach, the list of relevant factors (speeding, alcohol, helmets, safety devices, trauma care, road safety standards, traffic safety regulations, vehicle safety) was remarkably conventional and addressed, again, to a large extent the behavior of road users.[44] Nevertheless the text provided

---

41 WHO, *A 5-year WHO strategy for road traffic injury prevention* (Geneva: WHO, 2001), 9. http://www.who.int/violence_injury_prevention/publications/road_traffic/5yearstrat/en/index.html (accessed September 30, 2011).

42 Report of the Secretary-General, Global road safety crisis, A/58/228, Fifty-eighth session of UNGA, August 7, 2003. www.unece.org/fileadmin/DAM/trans/roadsafe/docs/SG_report_e.pdf (accessed September 30, 2011), 3.

43 Ibid., 4.

44 Ibid., 5-6.

a change of perspective with semi-revolutionary potential. This was the first time that a high level report on RTIs welcomed – and by implication recommended – a cutback in the use of cars as one strategy to decrease the RTI burden.

A similar approach was adopted by a 2004 *World Report on Road Traffic Injury Prevention*, issued jointly by the WHO and the World Bank. Though it presented a wealth of new data, its central perspective and recommendations entailed little more than a repetition, sometimes verbatim, of the brief UN/WHO report of a year before. Key features included the insistence on a "systems approach" and the need to adapt or reinvent strategies according to local needs.[45] The conclusions listed 47 measures designed to curb RTIs. Their main focus was to raise the status of RTIs as a serious health issue and to incorporate it in existing administration infrastructures. Thus, a majority of 14 recommendations referred to upgrading the issue of RTIs within state institutions. In line with conventional attitudes, eight recommendations were directed at changing people's behavior and seven addressed the safety of vehicles. Two recommendations referred to a change in mobility system which would reduce the use of motorized vehicles.[46] While this may not seem like a large number, it is noteworthy, particularly in a report for which the World Bank was co-responsible. These recommendations were in line with tangible proposals made in the text which aimed at reducing motor vehicle traffic, including measures such as intelligent urban planning, encouraging work at home using online communication and bans on freight transport.[47]

Such steps had been included in successful programs of RTI reduction in Sweden and the Netherlands, which the report singled out for praise for their overall health benefits: "Such good practice can also have other benefits. It can encourage healthier lifestyles involving more walking and cycling and can reduce the noise and air pollution that result from motor vehicle traffic."[48]

Thus, in the early twenty-first century, there is no consensus on how to reduce RTIs, in spite – or because – of a growing urgency of the issue and increased international attention: according to the latest WHO Global Status Report on Road Safety, RTIs are projected to become the fifth leading cause of death by 2030. In March 2010, the UN General Assembly proclaimed the period 2011-2020 as the Decade of Action for Road Safety.[49] Researchers still point to a fateful combination

---

45 WHO/World Bank, *World Report*, 157-158.
46 WHO/World Bank, *World Report*, Box 5.1, 159-160.
47 WHO/World Bank, *World Report*, 109-111.
48 WHO/World Bank, *World Report*, 158.
49 WHO, 2nd Global Status Report on Road Safety, flyer, undated, www.who.int/violence_injury_prevention/global_status_report/flyer_en.pdf (accessed February 5, 2012).

of elements as reasons for a rising RTI burden, including a "traffic mix of incompatible users (pedestrians, cyclists, motorbikes, cars, and trucks) with, for example, communities living within the vicinity of roads or the lack of pavement along large urban streets," citing patients, hosts, pathogens, environment, i.e. all components that make an epidemic disease.[50]

4   Conclusions

The policies recommended and implemented in order to reduce RTIs and RTI mortality have been remarkably similar to those employed against biological epidemics. They range from technical approaches to educating potential victims, state intervention, economic growth and demands to address social inequality.

Tab. 2   Approaches RTIs and Epidemic Diseases

	Disease	RTIs
Technical fix	Vaccination	Technical improvements in vehicles
Education	Health education	Traffic education
State intervention	Regulations: housing, food, drugs, working conditions, standards etc. Implementation and control mechanism	Regulations: licenses, minimal age, speed limits. Implementation and control mechanisms
Development / economic growth	Theories: McKeown; transition theories	Theories: Kuznets curve
Social medicine	Improvement of social status	Improvement of social status
Eradication	Eradication campaigns	(pedestrian zones; urban planning)

In many ways, RTIs can be regarded as an epidemic like any other, albeit with one remarkable difference: there has never been any serious attempt to eradicate the pathogen. While the WHO spent up to a third of its budget on an unsuccessful malaria eradication program and still substantial sums on a successful smallpox eradication campaign later, no similar effort has ever been considered to eradicate RTIs.

---

50   Emmanuel Lagarde, "Road Traffic Injury Is an Escalating Burden in Africa and Deserves Proportionate Research Efforts," *PLoS Medicine* 4, no. 6 (2007), 968.

Revealingly, WHO-supported Stop-TB-Partnership has earmarked $ 47 billion for a five year campaign against TB whose ultimate objective is "to eliminate TB as a public health problem and, ultimately, to secure a world free of TB."[51] Meanwhile, the similarly WHO-supported Road Safety Fund has organized a UN Decade of Action for Road Safety 2011–2020 with the official goal of "stabilizing and then reducing the forecasted level of global road fatalities" for which a "combined effort of the international community towards funding" was "roughly estimated to be between US$ 10–25 million per year."[52] Granted, TB kills an estimated 1.7 million people per year[53] and RTIs 'only' 1.3 million.[54] Nevertheless, the differences in funding and goals appear strangely out of proportion in relation to the difference in mortality.

The reasons appear obvious enough: unlike biological pathogens, the car had not only harmful effects but also a lot of consequences perceived as beneficial, notably increased mobility for people and transportation for goods as well as a major industrial sector. Nevertheless, it is noteworthy that for a long time virtually no effort was made to look for ways to arrive at the benefits without having to pay the epidemic price.

On the contrary, policies emphasizing economic growth implicitly entailed an increase in cars.

Secondly, individual cars represented not only the threat of the pathogen but also the protection against it. As all studies showed, RTIs are most lethal when they involve a contact between motor vehicles and "vulnerable road users," i.e. pedestrians and cyclists. In its simplest form, RTI prevalence is therefore a function of the quantity of these contacts: either few cars or few pedestrians on the street provide for low RTI prevalence.[55] Reducing cars has been considered economically more painful than reducing pedestrians, therefore most policies have favored the latter.

51 Stop-TB-Partnership, *The Global Plan to Stop TB 2011-2015. Transforming the Fight: Towards Elimination of Tuberculosis*, undated, iv. http://www.stoptb.org/assets/documents/global/plan/TB_GlobalPlanToStopTB2011-2015.pdf (accessed February 5, 2012).

52 *Global Plan for the Decade of Action for Road Safety 2011-2020*, undated, quotes 3 and 20
http://www.decadeofaction.org/documents/global_plan_en.pdf (accessed March 5, 2012).

53 WHO, *TB facts*, http://www.who.int/tb/publications/global_report/2010/en/index.html (accessed March 5, 2012).

54 WHO, Fact Sheet 358: *Road Traffic Injuries*, Sept 2011 www.who.int/mediacentre/factsheets/fs358/en/index.html (accessed March 5, 2012).

55 L. J. Paulozzi et al., "Economic development's effect on road transport-related mortality among different types of road users: a cross-sectional international study," *Accid. Anal. Prev.* 39, no. 3 (2007), 606-617.

However, there are some initiatives to the contrary. Pedestrian zones in urban areas can be regarded as eradication policies on a micro level. The recent WHO reports show an increasing interest in a "systems approach" which includes considerations of how to organize cities and working lives with less need for cars. Eventually, peak oil may entail its own eradication effect on the pathogen, at least in its present form.

The time does not appear near, but at some point in the future, RTIs may decrease and retain merely a shrinking number of pockets where the pathogen survives longer. Like polio.

II
Decameron Revisited:
Cultural Impact

Das blaue Flämmchen:
Die Pest im kulturellen Gedächtnis

Kay Peter Jankrift

1 Die Pest im deutschen Sagenschatz

Es war einmal, so erzählte man sich jahrhundertelang in manchen Gegenden der Eifel, dass die Pest viele Menschen plötzlich dahinraffte.[1] Da fiel den verängstigten Einwohnern von Dudeldorf nahe Bitburg eines Tages ein kleines blaues Flämmchen auf, das vor Häusern, Ställen und Hütten umher tanzte. Dort aber, wo die Lichterscheinung innehielt, starben tags darauf alle Bewohner des Hauses. Um dem todbringenden Flämmchen nicht zu begegnen oder diesem gar Einlass zu gewähren, verkroch sich ein jeder in den hintersten Winkel seiner Behausung, wohlweislich Türen und Fenster versperrend. Eines Tages aber, fasste sich ein alter Mann ein Herz. Er sagte sich: *Ich bin alt und ob der Tod mich jetzt oder später holt ist einerlei!"* Am Abend, als alle Straßen und Gassen verlassen da lagen, trat der

---

1 Hans-Peter Pracht, Bearb., *Sagen und Legenden der Eifel* (Köln: 1999), 200-202. Die in diesem Beitrag verwendete Bezeichnung *Pest* greift die in den Sagen und der Erzähltradition verwendete Begrifflichkeit auf. Dies erfolgt im Bewusstsein, dass die in den historischen Schriftzeugnissen mit dem Namen *Pest* belegte Seuche nicht unbedingt mit der heute definierten Krankheitseinheit identisch sein muss und sich durchaus verschiedene Infektionskrankheiten dahinter verbergen können. Entscheidend ist für die vorliegenden Ausführungen lediglich der Aspekt, inwiefern seuchenbedingtes Massensterben das kulturelle Gedächtnis geprägt hat. Zu den methodischen Einwänden gegen Versuche einer retrospektiven Diagnostik siehe vor allem Karl-Heinz Leven, „Krankheiten – historische Deutung versus retrospektive Diagnose," in *Medizingeschichte – Aufgaben, Probleme, Perspektiven*, hg. Norbert Paul und Thomas Schlich (Frankfurt am Main/ New York: 1998), 153-185. Karl-Heinz Leven, *Die Geschichte der Infektionskrankheiten. Von der Antike bis ins 20. Jahrhundert* (Landsberg am Lech: 1998), 13-15. Wolfgang Uwe Eckhart und Robert Jütte, *Medizingeschichte. Eine Einführung* (Köln et al: 2007), 325-333. Siehe zudem die Beiträge in Vivian Nutton, Hg., *Pestilential Complexities. Understanding Medieval Plague* (London: 2008).

Alte aus seinem Haus und hielt Ausschau nach dem unheimlichen Totenlicht. Er brauchte nicht lange zu warten, da sah er auch schon das Flämmchen über einem Dachfirst tanzen und alsbald in einer Mauerritze verschwinden. Der Alte zögerte nicht lange. Eilig verstopfte er die Ritze mit einem Stein und Lehm. Damit fand die Pest in Dudeldorf ihr Ende. Die Leute lebten wieder glücklich und froh. Der alte Mann aber sprach mit Niemandem über sein Geheimnis.

Nachdem sieben Jahre vergangen waren, trieb ihn die Neugier. Er wollte sehen, ob das Flämmchen noch immer in der Mauerritze brannte. So ging er heimlich zu der Mauer, in der er das Totenlicht einst eingesperrt hatte und zog den Verschlussstein hinaus. Sofort sprang das Flämmchen heraus und die Pest begann erneut genauso arg zu wüten wie zuvor. Von Gewissensbissen geplagt, versuchte der Alte das Unglück wieder gut zu machen. Doch so sehr er sich auch bemühte – dieses Mal gelang es ihm nicht, das Flämmchen wieder einzufangen. Schließlich aber hatte er doch Glück. Er beobachtete, wie die Erscheinung vor einem Wegkreuz außerhalb der Siedlung tanzte. Eilends warf er sich auf das Totenlicht und nagelte es am Holz des Kreuzes fest. Damit war die Pest gebannt. Seither geht zur Erinnerung an diesen Tag alljährlich eine Prozession zu dem Kreuz, um für die Erlösung von der Seuche zu danken.

Ähnliche Erzählungen finden sich auch in Westfalen. Darin ist allerdings häufiger von einer bläulichen Wolke oder Schürze in der Luft die Rede; so in einer Sage aus Altenberge bei Münster.[2] Dieser zufolge starben alle Menschen, die unvorsichtigerweise unter die unheimliche Erscheinung gerieten. Ein Junge, so heißt es, habe eines Tages gesehen, wie diese Pestschürze in ein Astloch gezogen sei. Schnell griff er sich einen Holzzapfen und verschloss damit das Loch. *Da saß das blaue Flämmchen gefangen und die Pest war zu Ende,* schließt die Erzählung nicht ohne zuvor zu betonen, dass von dieser Zeit an jeden Donnerstag eine Pestmesse in Altenberge gelesen werde. Die Grundstruktur der Pestsagen ist in vielen Fällen gleich. Auch in Hollich nahe Burgsteinfurt berichtet eine Erzählung von einer (blauen) Pestwolke.[3] Als diese im Loch einer alten Kopfweide verschwand, verschlossen die Dorfbewohner eilends die Öffnung. Das Massensterben war damit beendet. Erst als ein Neugieriger den Verschlusszapfen entfernte, kam die Pest wieder zum Vorschein und begann erneut zu wüten. Eine Sage aus Welbergen, gelegen zwischen Ochtrup und Neuenkirchen im nordwestlichen Münsterland, berichtet in einer anderen Variante über das Ende des Peststerbens.[4] Dieser zufolge war die Pest in Form einer blauen Schürze der

---

2   Heinz Bügner, Hg., *Münsterländische Sagen. Geschichten aus dem alten Landkreis Steinfurt und angrenzenden Gebieten* (Münster: 1929) [Nachdruck: Münster 1982], 24.

3   Ibid., 25.

4   Ibid., 25.

Fronleichnamsprozession entgegengekommen. Daraufhin habe der Priester der gefürchteten Erscheinung mutig die Monstranz mit der Hostie entgegen gestreckt und das Kreuzzeichen geschlagen. Dieser Beweis festen Gottvertrauens, so will es die Erzählung, habe die Seuche in Welbergen zum Stillstand gebracht. Dies ist nur einige von zahlreichen Beispielen dafür, wie die Erinnerung an das von Seuchen verursachte Massensterben Einzug in den deutschen Sagenschatz gefunden hat. Mit der Bedeutung solcher Erzählungen für die medizinhistorische Forschung, mit ihrem bis in die Gegenwart hinein sichtbaren Niederschlag auf lokalspezifische religiöse Traditionen wie auch mit den Hintergründen verschiedener Erzählelemente wollen wir uns im Folgenden eingehender befassen.

2   Die Pest im kulturellen Gedächtnis

Die traumatischen Erfahrungen des Schwarzen Todes zur Mitte des 14. Jahrhunderts und der nachfolgenden Pestwellen schlugen sich über viele Generationen hinweg im kollektiven Gedächtnis Europas nieder.[5] Die breite Wirkung spiegelt sich vor allem im Sagenschatz wider, der zunächst vor allem mündlich weitergegeben wurde. Im Gegensatz zur Pandemie der sogenannten „Justinianischen Pest" zur Mitte des 6. Jahrhunderts, die insbesondere im Mittelmeerraum zahlreiche Opfer gefordert hatte und dennoch im späten Mittelalter weitgehend in Vergessenheit geraten war, sicherte allerdings der inzwischen fortgeschrittene Stand einer weiterhin zunehmenden Schriftlichkeit dem Schwarzen Tod und seinem Gefolge auch ein dauerhafteres Andenken durch die Geschichtsschreibung.[6] Nicht nur die Aufzeichnungen von Augenzeugen, sondern auch lange nach dem Wüten dieser zweiten Pandemie

---

5   Zur Definition des kulturellen Gedächtnisses siehe insbesondere Jan Assmann, *Das kulturelle Gedächtnis. Schrift, Erinnerung und politische Identität in den frühen Hochkulturen* (München: 2007). Aus der überaus reichen Literatur zu Geschichte und Wirkung der Pest seien stellvertretend genannt Klaus Bergdolt, *Die Pest. Geschichte des Schwarzen Todes* (München: 2006). Joseph P. Byrne, *Encyclopedia of the Black Death* (Santa Barbara: 2012). Rebecca Carol Noel Totaro, Hg., *Representing the Plague in Early Modern England* (London: 2012). Birsen Bulmuş, *Plague, quarantines and geopolitics in the Ottoman Empire, 1300-1838* (Edinburgh: 2012). Pierre Gresser, *La peste en Franche-Comté au Moyen Age. Essai de synthèse et perspectives de recherches* (Besançon: 2012).

6   Hierzu unter anderem Kay Peter Jankrift, *Mit Gott und Schwarzer Magie. Medizin im Mittelalter* (Darmstadt: 2005), 95-102. Mischa Meier, Hg., *Pest. Die Geschichte eines Menschheitstraumas* (Stuttgart: 2005). Kay Peter Jankrift, „The Language of Plague and its Regional Perspectives: The Case of Medieval Germany," in *Pestilential Complexities. Understanding Medieval Plague* (London: 2008), 53-59.

entstandene Schriftzeugnisse heben immer wieder deren beängstigende Wirkung hervor. Wie ein roter Faden zieht sich die Erinnerung an das unabwendbare Grauen durch die Schriftzeugnisse des Spätmittelalters und der frühen Neuzeit, um sich im 17. Jahrhundert allgemein unter der Begriff „Schwarzer Tod" zu verfestigen und schließlich im 19. Jahrhundert unter dem Eindruck der Cholera im deutschen und angelsächsischen Kulturkreis zu verfestigen.[7] Wie sich diese Bezeichnung in der Folgezeit durchsetzte, veranschaulicht unter anderem die *Kleine Pest-Chronik. Zeiten und Zeichen der orientalischen Pest*, die im Jahre 1880 in Aachen erschien.[8] Der Verfasser Bernhard Maximilian Lersch, der sein Werk vor allem als hilfreiche Übersicht für die Ärzteschaft verstanden wissen wollte, spricht darin vom *„schwarzen Tod, wie man die Epidemie jetzt [!] zu nennen pflegt."*[9]

Das Maß des Gedenkens an die Schrecken des Schwarzen Todes verringerte sich zwar im Laufe der letzten zwei Jahrhunderte. Dies liegt wohl nicht zuletzt daran, dass die Pest in Westeuropa seit langem verschwunden ist und im Bewusstsein heutiger Zeitgenossen keinerlei Bedrohung mehr darstellt. Dennoch sind bis in die Gegenwart hinein auf verschiedenen Wirkungsebenen verstreute, oftmals von der zeitgenössischen Gesellschaft kaum als solche wahrgenommene Erinnerungsfragmente an das verheerende Seuchensterben zur Mitte des 14. Jahrhunderts und die zahlreichen Pestepidemien der Folgezeit erhalten geblieben. Diese manifestieren sich insbesondere in religiösen Lokaltraditionen. Ein herausragendes Beispiel für ein solches Nachwirken des vormodernen Seuchengeschehens im deutschen Sprachraum bieten bis heute die in regelmäßigem Turnus von 10 Jahren aufgeführten Passionsspiele im bayerischen Oberammergau.[10] Der Ursprung des Schauspiels,

---

7   Neithard Bulst, „Der Schwarze Tod. Demographische, wirtschafts- und kulturgeschichtliche Aspekte der Pestkatastrophe von 1347-52. Bilanz der neueren Forschung," in: *Saeculum* 30 (1979), 45. Zur Verwendung des Begriffs *Schwarzer Tod* im 18. Jahrhundert vgl. Rainer Kössling, „Der Schwarze Tod in zeitgenössischen Zeugnissen des 15. und 16. Jahrhunderts," in *Seuchen in der Geschichte: 1348-1998. 650 Jahre nach dem Schwarzen Tod. Referate einer interdisziplinären Ringvorlesung im Sommersemester 1998 an der Universität Leipzig*, hg. Ortrun (Aachen: 1999), 78. David Herlihy, *Der Schwarze Tod und die Verwandlung Europas* (Berlin: 1997), 10. Zur Durchsetzung des Begriffs im 19. Jahrhundert Justus Friedrich Karl Hecker, *Der Schwarze Tod im vierzehnten Jahrhundert. Nach Quellen für Aerzte und gebildete Nichtaerzte bearbeitet* (Berlin: 1832). Elizabeth Cartwright Penrose, *A History of England from the First Invasion by the Romans to the Present* (London: 1859).

8   Bernhard Maximilian Lersch, *Kleine Pest-Chronik. Zeiten und Zeichen der orientalischen Pest* (Aachen: 1880).

9   Ibid., 28.

10 Zur Geschichte der Oberammergauer Passionsspiele und der kritischen Auseinandersetzung mit antijüdischen Inhalten siehe James Shapiro, *Bist Du der König der Juden. Die*

das besonders in jüngerer Zeit wegen seiner antijüdischen Judas-Darstellung Kritik auf sich gezogen hat, reicht bis in das Jahr 1633 zurück. In den Wirren des Dreißigjährigen Krieges wurden viele Städte und Dörfer des Deutschen Reiches von der Pest heimgesucht.[11] Der Überlieferung zufolge leisten die Oberammergauer das Gelübde, regelmäßig zu Ehren Gottes ein Passionsspiel aufzuführen, wenn sie von der Seuche verschont würden. Das Peststerben blieb tatsächlich aus. Im folgenden Jahr, 1634, erfüllten die Einwohner des Ortes ihr Eidesversprechen und führten erstmals die Passionsspiele auf. Diese haben in der Folgezeit ihre eigene Geschichte geschrieben, auf die in diesem Rahmen nicht näher eingegangen werden muss. Festzuhalten gilt allerdings: Die verstärkte Hinwendung zur Religion spielte während des Mittelalters und der Frühen Neuzeit eine wesentliche Rolle für die Auseinandersetzung der Menschen mit dem Seuchensterben.[12] Dies klingt auch in den eingangs wiedergegebenen Sagen an, die auf ihre eigene Art spezifische Aspekte zeitgenössischer Religiosität widerspiegeln. Die Macht des Kreuzes, Zeichen der Erlösung, konnte wie in den Beispielen aus Dudeldorf und dem münsterländischen Welbergen nach zeitgenössischer Auffassung ein Ende des Peststerbens herbeiführen. Dies galt ebenso für das Zeigen der Hostie, des Leibes Christi. Ein weiteres Element der Frömmigkeitsbezeigung waren Prozessionen, mit denen der Seuche Einhalt geboten werden sollte. Auch dieser Aspekt scheint im Sagenschatz durch. Ebenso taucht die Einrichtung regelmäßiger Pestmessen zum Dank an das Ende des Massensterbens auf. Die Tradition hat sich vielerorts erhalten. So etwa

---

Passionsspiele in Oberammergau (München: 2000). Ludwig Utschneider, *Bibliographie zur Geschichte Oberammergaus und der Passionsspiele* (Oberammergau: 2003).

11 Michael Braun, „Dreißigjähriger Krieg und Pest. Auszüge aus der Pfarrchronik," in *Heimatbuch der Gemeinde Schnaitsee 2* (2010), 733-740. Manfred Peter Heimers, *Krieg, Hunger, Pest und Glaubenszwist. München im Dreißigjährigen Krieg* (München: 1998). Gundula Gahlen, „'Die Pest hatte sie schon sehr verderbet, aber die Feinde noch viel mehr.' Bevölkerungseinbußen der Stadt Perleberg im Dreißigjährigen Krieg," in: *Simplicina 33* (2011), 137-158.

12 Thilo Esser, *Pest, Heilsangst und Frömmigkeit. Studien zur religiösen Bewältigung der Pest am Ausgang des Mittelalters* (Altenberge: 1999). Neithard Bulst, „Heiligenverehrung in Pestzeiten. Soziale und religiöse Reaktionen auf die spätmittelalterlichen Pestepidemien," in *Mundus in imagine, Bildersprache und Lebenswelten im Mittelalter. Festschrift für Klaus Schreiner*, hg. Andrea Löther et al. (München: 1996), 63-97. Heinrich Dormeier, „Laienfrömmigkeit in den Pestzeiten des 15. und 16. Jahrhunderts," in *Maladies et société; (XIIe – XVIIIe siècles). Actes du colloque de Bielefeld, novembre 1986*, hg. Neithard Bulst und Robert Delort (Paris: 1989), 269-306.

in Nottuln bei Coesfeld, wo die St.-Antoni-Bruderschaft alljährlich im Januar die Gestaltung dieses besonderen Gottesdienstes übernimmt.[13]

Weniger im Bewusstsein präsent und im volkstümlichen Sagenschatz seltener anzutreffen sind Hinweise auf die Verbindung zwischen dem vergangenen Pestgeschehen und besonderen Altarstiftungen, bestimmten Schutzheiligen oder Erinnerungsorten wie Pestkreuzen und –säulen.[14] Doch nicht nur die Hintergründe der Entwicklung religiösen Brauchtums im Zusammenhang mit seuchenbedingtem Massensterben scheint in den Erzählungen auf. Vielmehr liefern diese der medizinhistorischen Forschung Einblicke in allgemeine, unter der zeitgenössischen Bevölkerung vorherrschende Vorstellungen über die Ursachen des Seuchensterbens.

3   Blaue Flämmchen, Irrlichter und Teufelswerk – Die Pest im Spiegel der Sagen

In vielen Sagen hat die Pest eine sichtbare, materielle Gestalt. Sie erscheint als blaues Flämmchen, als blaue Wolke oder als blaue Schürze in der Luft. Auch vermag sie sich aus eigener Kraft schnell zu bewegen. Wer zu nah mit der Erscheinung in Berührung kommt – sei es im Freien oder in seinem Haus – stirbt rasch. Die Opfer sind zahlreich. Es ist kaum möglich, dem unheimlichen Phänomen entgegenzutreten. Heilkundige oder Arzneien gegen die Pest finden in aller Regel keine Erwähnung. Mutige Zeitgenossen, vor allem aber das Vertrauen auf die Kraft religiöser Symbole und Bräuche können der Seuche Einhalt gebieten, doch kehrt diese nach einiger Zeit stets zurück. Unschwer ist in dieser Beschreibung die antike Miasmen-Theorie zu erkennen, der zufolge Seuchen durch schlechte Dämpfe und Dünste verursacht wurden und die bis ins mikrobiologische Zeitalter hinein allgemein anerkannt

---

13   http://www.wn.de/Muensterland/Kreis-Coesfeld/Nottuln/2012/01/St.-Antoni-Bruderschaft-Gelungene-Jahresversammlung-der-St.-Antoni-Bruderschaft (abgerufen am 5. September 2012).

14   Reingard Witzmann, „Die Pestsäule am Graben in Wien. The Plague Column on the Graben in Vienna", *Wiener Geschichtsblätter* 4 (2005). Karl Bauer, „Die ‚Pestsäule' vor dem Jakobstor in Regensburg," *Steinkreuzforschung* 27 (2002), 51-52. Karl Benyovszky, *Die Pestsäule zu Aussee. Ein Originalbeitrag zur Heimatgeschichte von Bad Aussee*. Auf Grund unveröffentlichter Dokumente (Bad Aussee: 1948). Heinz Mühlhofer, „Das Pestkreuz am Klosteracker. Cahrivari-Fund, in: *Zwischen Amper und Würm. Heimatbeilage für den Landkreis Starnberg und das Würmtal*, (Starnberg: 1997), 71.

wurde.[15] Aber dies ist nur ein Aspekt. Die Ausführungen verweisen sowohl auf die rasch todbringende Wirkung der Seuche wie auch auf das massenhafte Sterben. Chroniken wie auch städtisches Schriftgut belegen darüber hinaus – wie in den Sagen geschildert – die häufige Wiederkehr der Pest im Abstand weniger Jahre. So etwa im westfälischen Soest. Zwischen 1350 und 1600 lassen sich mit Hilfe der Quellen in der bedeutenden Hansestadt 36 Jahre von Seuchenausbrüche oder anhaltendem Massensterben belegen.[16] Die Hilflosigkeit und Verzweiflung angesichts des Grauens wird in den volkstümlichen Erzählungen deutlich. In den Augen der Zeitgenossen war die Pest nur schwer zu bekämpfen. Das verdeutlicht nicht zuletzt der Hinweis auf die Geschwindigkeit der Erscheinung. Mut und Gottvertrauen, nicht aber Heilkundige und ihre Medizin erscheinen deshalb als die einzigen Mittel zur Abhilfe. Welche Vorstellungen aber verbergen sich hinter der Betonung, dass es sich um eine *blaue* Erscheinung, ja ein *Flämmchen*, handelte?

In diesem Zusammenhang bieten sich vorrangig zwei Deutungsmodelle an. Zum einen könnte durch die Erwähnung eines Flämmchen das zeitspezifische Konzept von *Ansteckung* zum Ausdruck kommen.[17] Zum anderen wurden Lichterscheinungen, insbesondere blaue, von den Menschen der Vormoderne unter anderem als Geisterspuk gedeutet.[18] Der Reformator Martin Luther (1483-1546) brachte diese gar mit Teufelswerk in Verbindung.[19] Die Vorstellung von den magischen Kräften solcher Phänomene begegnet uns wieder in dem bekannten Märchen „Das blaue Licht" im Werk der Gebrüder Grimm.[20] Es erzählt von einem Soldaten, der

---

15 Karl-Heinz Leven, „Miasma und Metadosis – antike Vorstellungen von Ansteckung," in *Medizin, Gesellschaft und Geschichte. Jahrbuch des Instituts für Geschichte der Medizin der Robert Bosch Stiftung* 11 (1992), 43-73. Robert Parker, *Miasma. Pollution and Purification in Early Greek Religion* (Oxford: 1996). Karl-Heinz Leven, „Pneuma und Miasma," in *Luft*, hg. Bernd Busch (Köln: 2003), 225-235.

16 Kay Peter Jankrift, „Gesundheit, Krankheit und Medizin in Soest von der Zeit der Karolinger bis zum Ende des 16. Jahrhunderts," in *Soest. Geschichte der Stadt*, Bd. 1: *Der Weg ins städtische Mittelalter. Topographie, Herrschaft, Gesellschaft*, hg. Wilfried Ehbrecht (Soest: 2010), 487-519.

17 Karl-Heinz Leven, *Die Geschichte der Infektionskrankheiten. Von der Antike bis ins 20. Jahrhundert* (Landsberg am Lech: 1998), 21-22.

18 Herbert Freudenthal, *Das Feuer im deutschen Glauben und Brauch* (Berlin/Leipzig: 1931).

19 „Irrlicht" in *Handbuch des Aberglaubens*, hg. Ulrike Müller-Kaspar et al. (Wien: 1999), 422.

20 Hans und Jacob Grimm, *Kinder- und Hausmärchen. Ausgabe letzter Hand mit den Originalanmerkungen der Brüder Grimm. Mit einem Anhang sämtlicher, nicht in allen Auflagen veröffentlichter Märchen und Herkunftsnachweisen*, hg. Heinz Rölleke, Bd. 3: *Originalanmerkungen, Herkunftsnachweise, Nachwort. Durchgesehene und bibliogra-*

nach einer Verwundung nicht mehr in den Krieg ziehen kann und von seinem
undankbaren König weg geschickt wird. So macht sich der Invalide auf den Weg
und gelangt zum Haus einer Hexe. Diese stellt dem Soldaten drei Aufgaben. Unter
anderem soll er ihr ein blaues Licht aus einem trockenen Brunnen bringen. So
steigt er in den Brunnenschacht hinab und findet tatsächlich an dessen Grund ein
Lämpchen. Weil er eine List der Hexe fürchtet, weigert es sich jedoch das Licht
herauszugeben, bis diese ihn aus dem Brunnen wieder herausgezogen hat. Wütend
lässt ihn die Hexe daraufhin vom Seil abstürzen. Als sich der verzweifelte Soldat
seine Pfeife an dem Lämpchen anzünden will, entdeckt er die magische Kraft des
blauen Lichts: Ein kleines, schwarzes Männchen erscheint und fragt ihn nach
seinem Begehr. Im weiteren Verlauf des Märchens erfüllt das blaue Licht seinem
Besitzer zahlreiche Wünsche und rettet ihn sogar vor dem Galgen. Die Vorlage für
das Motiv der blauen Flamme bildeten die zeitgenössischen Vorstellungen von den
Irrlichtern. In den unterschiedlichen Kulturkreisen Europas wurden diese bläu-
lich-grünlichen Lichterscheinungen, die zumeist über Mooren und Sumpfflächen
aber auch Friedhöfen auftreten, unterschiedlich gedeutet.[21] In den nordischen
Ländern wähnte man Naturgeister und Zwerge hinter dem Phänomen. In den
übrigen Teilen Europas brachte man allerdings Wiedergänger und die Geister
ungetaufter Kinder, Selbstmörder, Grenzfrevler, Ertrunkener oder Übeltäter mit
den Irrlichtern in Verbindung. Immerhin, so der Aberglaube, erschienen diese in
einsamen Gegenden, um Wanderer ins Moor und damit in den sicheren Tod zu
locken. Hier schließt sich der Kreis zum todbringenden Pestflämmchen. Somit tritt
in den Sagen der Glaube an unheilvolles Geister- und Teufelswerk zur Erklärung
von Seuchenausbrüchen neben das Miasmen-Modell. Doch die Pest nimmt in den
Sagen bisweilen auch die Gestalt des Gevatters Tod an. So in dieser Erzählung aus
dem bayerischen Donau-Raum.

Darin heißt es: Der Fährmann von Heiningen im Bayerischen Wald wollte gerade Feierabend machen, als ein unheimlicher Fahrgast eindringlich forderte, ihn
über die Donau überzusetzen.[22] Die hagere Gestalt im blutroten Mantel verlangte,
dass der Fährmann sein größtes Floß nehme, obwohl er doch ganz allein war
und versprach ihm reichen Lohn. Als das Floß in der Mitte des Stroms war, sank

---

phisch ergänzte Ausgabe (Stuttgart: 1994), 208-209. Eine Variante des Märchens unter
dem Titel „Das Feuerzeug" findet sich in der Märchensammlung von Hans Christian
Andersen.

21   „Irrlicht", 422; Friedrich Ranke, „Irrlicht" in *Handwörterbuch des deutschen Aberglaubens*,
Bd. 4, hg. Hanns Bächtold-Stäubli unter Mitwirkung von Eduard Hoffmann-Krayer
(Berlin: 1931/32), Sp. 779-785; Leander Petzoldt, *Kleines Lexikon der Dämonen und
Elementargeister* (München: 2003), 105-107.

22   Hertha Kratzer, *Donausagen. Vom Ursprung bis zur Mündung* (Wien: 2003), 30.

dieses tiefer und tiefer – so als ob hunderte von Menschen darauf wären und nicht bloß zwei. Am anderen Ufer angelangt, reichte der Fahrgast dem Fährmann mit knöcherner Hand eine Goldmünze zum Lohn, verließ das Floß und verschwand in der Dunkelheit. Von Grauen gepackt ruderte der Fährmann zurück und warf das Goldstück in den Fluss. Er hatte den Tod über die Donau gesetzt. Im ganzen Bayerischen Wald begann am nächsten Tag ein Sterben an der Pest, so dass ganze Dörfer entvölkert wurden. Kein Pfarrer überlebte, der die Toten einsegnete, kein Totengräber, der sie begrub. Erst als ein Waldvogel den Menschen ein Heilmittel verriet, nahm die Seuche ein Ende.

Auch in dieser Sage wird die massive Wirkung der Pest deutlich. Allerdings unterscheidet sich die Darstellung ansonsten recht wesentlich von den eingangs genannten Beispielen aus dem Nordwesten Deutschlands. Möglichweise klingt in diesem Fall – beeinflusst durch die lange Anwesenheit der Römer im Donau-Raum – eine späte Reminiszenz an die griechisch-römische Antike an. Der namenlose Fährmann erscheint dabei in der Rolle des Charon, der die Toten über den Unterweltfluss Styx in den Hades übersetzte.[23] Die Goldmünze, welche der Tod überreicht symbolisiert an dieser Stelle den Obolus, der den Verstorbenen als Fährgeld unter die Zunge gelegt werden musste, um in die Unterwelt gelangen zu können.

Ein weiterer Unterschied findet sich mit der Erwähnung eines Heilmittels. Hier wird ein weiteres Mal die unmittelbare Beziehung zwischen den Inhalten der Sage und dem Lebensraum ihrer Erzähler deutlich. Zwar taucht auch in dieser Variante kein Heilkundiger auf, doch entdeckten die Menschen offenbar durch die Erfahrungen im Umgang mit der Flora und Fauna des Waldes ein Mittel, das den Erkrankten in ihren Augen Linderung verschaffte. Dabei hat die Wirkung der Pest es mit sich gebracht, dass sich das Seuchengeschehen bisweilen auch auf topographische Bezeichnungen auswirkte.

4 Die Pest und ihr Niederschlag auf topographische Bezeichnungen

Spuren des vergangenen Seuchengeschehens tauchen neben Sagen und dem religiösen Brauchtum noch immer in verschiedenen topographischen Bezeichnungen auf, über deren Ursprünge heutige Zeitgenossen kaum mehr bewusste Kenntnis haben. So lebt in Münster bis heute der Straßenname „Grüne Gasse" fort. In die-

---

23 Jan N. Bremmer, „Hades," in *Der Neue Pauly (DNP)*, Bd. 5 (Stuttgart: 1998), Sp. 51-53; Lars Albinus, *The house of Hades. Studies in Ancient Greek Eschatology* (Aarhus: 2000).

ser Gasse, so will es die heute nahezu vergessene Überlieferung, starben während eines Seuchenausbruchs um die Mitte des 16. Jahrhunderts so viele Anwohner, dass man sie verschloss.[24] Weil der Weg über lange Jahre unbenutzt blieb, spross überall grüner Pflanzenbewuchs, als man die Absperrmauer später einriss. Ein weiteres Beispiel für diese unbewussten Erinnerungsfragmente findet sich in der Nähe von Minden. Der Überlieferung zufolge geht der Name des Städtchens *Todtenhausen* ebenfalls auf das Wirken einer Seuche zurück.[25] Ein Junge der allein und verängstigt auf der Straße nach Minden gefunden wurde, antwortete auf die Frage nach dem Ort seiner Herkunft, er sei aus Todtenhausen gekommen. Dort sei niemand mehr am Leben. Nicht in allen Fällen entstanden an solchen Stellen erneut Siedlungen. Mancherorts, dies lässt sich aus der Pestschilderung aus dem Bayerischen Wald entnehmen, blieben nur mehr die heute von den Archäologen untersuchten Wüstungen.

5   Fazit

Doch welche Bedeutung hat die volkstümliche Überlieferung für die wissenschaftliche Erforschung des Seuchengeschehens? Diese Frage ist umso berechtigter, so es denn in der Regel an einer zeitlichen Zuordnung der Sagen mangelt. Historikern nützt die Aussage „*Es war einmal*" im Allgemeinen nichts. Mitunter aber wird der zeitliche Rahmen der Überlieferung im Verlauf der Erzählungen deutlich. Die Sagen des schwäbischen und des Allgäu-Raumes verweisen oft auf die Zeit des Dreißigjährigen Krieges. Andere Berichte sind das Konglomerat verschiedener Seuchenausbrüche. Doch werden bei einem großen Vergleich Unterschiede hinsichtlich der regionalen Verbreitung und der Anzahl an Pestsagen überdeutlich. Daraus lassen sich folgende Schlüsse ziehen:

1. Die regionale Verbreitung der Sagen und ihre Zahl sind zugleich ein Indiz für die Intensität des Seuchengeschehens.
2. In den Erzählungen spiegeln sich zeitgenössisch-volkstümliche Vorstellungen von Seuchen ebenso wider wie Maßnahmen zur Abwehr. Auch regionalspezifische Besonderheiten und die historische Prägung unterschiedlicher Kulturräume scheinen in der Überlieferung durch.

---

24 Verena Hellenthal, *Märchen aus dem Münsterland* (Erfurt: 2012), 76.
25 Carl Günther Ludovici, *Großes Universal-Lexicon aller Wissenschaften und Künste*, Bd. 44 (Leipzig/Halle: 1745), 688.

3. Die Sagen werfen ein Schlaglicht auf Hintergründe religiösen Brauchtums und zeitgenössische Vorstellungswelten, so im Bereich des Wirkens von Naturgeistern, Geistwesen, Teufeln und „übernatürlichen" Phänomenen wie etwa Irrlichtern.

Für Historiker, die das lokale Seuchengeschehen untersuchen, sind Sagen aus diesen Gründen eine kulturhistorische Quelle ersten Ranges, in der sich wie in kaum einer anderen Überlieferung der Zusammenhang zwischen Pest und kulturellem Gedächtnis offenbart.

Seuche und Totentanz: Rezeption und Fortschreibung eines Topos im 19. Jahrhundert

Stefanie Knöll

"...To hold medieval plagues responsible for the spread of macabre imagery is highly problematic. To begin with, both geographical and temporal frameworks of the development of the macabre do not coincide with the disastrous progress of the Black Death through Europe. ....the Dance of Death gained popularity by the end of the fifteenth century, when the epidemics had subsided considerably and lost their initial horrifying moral impact."[1]

In ihrem Verweis auf fehlende Beweise für einen konkreten Zusammenhang zwischen dem Auftreten der Pest und der Entstehung eines Totentanzgemäldes soll Elina Gertsmans Aussage von 2007 als symptomatisch für die neuere Totentanzforschung angeführt werden.[2] Sie wendet sich damit bewusst gegen die Mehrzahl der Studien zu diesem Thema, die im Laufe des 20. Jahrhunderts entstanden sind und beinahe standardmäßig die Entstehung der monumentalen Totentänze im Kontext der mittelalterlichen Pestepidemien verortet hatten.[3]

---

1 Elina Gertsman, „Visualizing Death. Medieval Plagues and the Macabre," in *Piety and Plague from Byzantium to the Baroque*, hg. Franco Mormando (Kirksville: Truman State Univ. Press, 2007), 64–89, hier 78–79.

2 Vgl. auch: Franz Egger, „Mittelalterliche Todesbilder," in *Todesreigen – Totentanz. Die Innerschweiz im Bannkreis barocker Todesvorstellungen*, hg. Joseph Brülisauer (Luzern: Raeber, 1996), 9–33, hier 14; Reiner Sörries, „Der monumentale Totentanz," in *Tanz der Toten – Todestanz. Der monumentale Totentanz im deutschsprachigen Raum*, hg. Zentralinstitut und Museum für Sepulkralkultur (Dettelbach: Röll, 1998), 9–51, hier 22; Uli Wunderlich, „Der Totentanz. Eine kurze Geschichte von A (den Anfängen) bis Z (wie Zens)," in *Zens. Der neue Lübecker Totentanz*, hg. Georg Peithner-Lichtenfels (Wien: Galerie Peithner-Lichtenfels, 2003), 23–37, hier 26.

3 Vgl. z. B.: Hellmut Rosenfeld, *Der mittelalterliche Totentanz. Entstehung – Entwicklung – Bedeutung* (Köln und Wien: Böhlau, 1954), 60–61; Erwin Koller, *Totentanz. Versuch einer Textembeschreibung* (Innsbruck: Bader, 1980), 299–300; Franz Link, „Tanz und

Es war wohl Matthäus Merian, der als erster diese Verbindung herstellte, indem er den Basler Totentanz im Vorwort seiner Publikation zu diesem berühmten Wandgemälde als ein Erinnerungsmal an einen realen Pestausbruch beschrieb. Er schreibt:

> „Es ist aber solches ein altes Monument und rare Antiquität, welches [...] bey Zeiten Kaysers Sigismundi in dem grossen Concilio allda gestifftet worden von denen anwesenden Vättern und Prälaten, zur Gedächtniß des grossen Sterbens oder Pest, so allda Anno MCDXXXIX [1439] in noch währendem Concilio grassirt, und sehr viel Volcks weggerissen hat [...]".[4]

Hiervon ausgehend wurde die These auch auf andere Totentänze und makabere Darstellungen übertragen. Publikationen wie Abraham à S. Claras berühmtes Werk mit dem Titel *Mercks Wien* (1680), das in Form eines Totentanzes Informationen über die Wiener Pestepidemie lieferte, trugen zur Festigung der Verbindung bei.[5] Spätestens ab dem 18. Jahrhundert wurde sie zum unhinterfragten Topos.

Im Folgenden wird es nicht darum gehen, die Validität dieser These zu überprüfen und damit den Ursprung der Totentänze zu erklären. Vielmehr soll die Entwicklung der These selbst im Mittelpunkt stehen. Welche Konsequenzen hatte die immer wieder propagierte Verbindung von Totentanz und Seuchenerfahrung für die wissenschaftliche Erforschung des Motivs ab dem frühen 19. Jahrhundert? Und welche Bedeutung kommt der eigenen Seuchenerfahrung des 19. Jahrhunderts zu?

Als Justus Friedrich Karl Hecker im Jahre 1832 sein einflussreiches Werk über den schwarzen Tod im 14. Jahrhundert veröffentlichte, begründete er die Beschäftigung mit dieser „längst entschwundenen Zeit" mit den aktuellen Ereignissen. Er schrieb: „Eine neue Weltseuche hat fast dieselbe Ausdehnung erreicht, und wenn auch weniger furchtbar, doch ähnliche Erscheinungen zum Theil hervorgerufen, zum Theil angedeutet."[6]

Tod in Kunst und Literatur: Beispiele," in *Tanz und Tod in Kunst und Literatur*, hg. Franz Link (Berlin: Duncker & Humblot, 1993), 11–68, hier 11.

4   Zitiert nach Matthäus Merian, *Todten-Tantz, wie derselbe in der löblichen und weitberühmten Stadt Basel Als ein Spiegel Menschlicher Beschaffenheit, gantz künstlich gemahlet und zu sehen ist* (Franckfurt am Mayn: Andreä & Hort, [1725]), 3.

5   Uli Wunderlich, „Zwischen Kontinuität und Innovation – Totentänze in illustrierten Büchern der Neuzeit," in *'Ihr müsst alle nach meiner Pfeife tanzen'. Totentänze vom 15. bis 20. Jahrhundert aus den Beständen der Herzog August Bibliothek Wolfenbüttel und der Bibliothek Otto Schäfer in Schweinfurt*, hg. Hartmut Freytag und Winfried Frey (Wiesbaden: Harrassowitz, 2000), 137–202, hier 200.

6   Justus F.C. Hecker, *Der schwarze Tod im vierzehnten Jahrhundert* (Berlin: Herbig, 1832), V.

Die Rede ist – natürlich – von der Cholera, die in der zweiten Pandemie seit 1830 Europa in Atem hielt. Von Indien kommend hatte sie im September 1830 Moskau erreicht, im Sommer 1831 Berlin und 1832 London und Paris. Über Spanien gelangte die Cholera 1835 nach Italien, um schließlich 1836 in München anzukommen. Es schlossen sich weitere Cholera-Pandemien innerhalb des 19. Jahrhunderts an.[7] Zeitgenössische Texte zeigen, dass die eigenen grauenvollen Erfahrungen mit der Cholera den Menschen des frühen 19. Jahrhunderts wie eine Spiegelung der mittelalterlichen Pestepidemien erschienen. Und so schlug die Seuchenerfahrung eine weitere Brücke in eine Zeit, der man sich im Zuge der romantischen Mittelalterverehrung ohnehin verbunden fühlte. Es mag daher kaum verwundern, dass die traditionell enge Verbindung zwischen Pest und Totentanz nun auch auf die mit der Pest gleichgesetzte Cholera übertragen wurde. Vielfach wurde sie als unliebsamer, fürstlicher Gast bezeichnet, der „verheerend durch die meisten Länder Europas schritt" und immer noch nicht seinen „Todtentanz vollendet hat".[8] Selbst ein Zeitungsartikel zur Effektivität von Quarantänemaßnahmen rief allen Skeptikern, die nur an die „ungeheure Belästigung des Handels und des Verkehrs" dachten, zu: „Wohl, so laßt die Seuche ein. Aber dann jammert auch nicht, wenn sie, durch Europa ziehend, euch einen neuen Todtentanz aufführt!"[9]

Der Begriff ‚Totentanz' war damit in aller Munde. Doch ergaben sich daraus auch Konsequenzen für die Beschäftigung mit dem Totentanz-Motiv? Genau dies scheinen zahlreiche Texte der 1830er Jahre zu belegen. Zeitgenössische Autoren wie der Germanist Hans Ferdinand Massmann sprechen von einer Zunahme an Publikationen zum Thema Totentanz. Als Auslöser für das gesteigerte Interesse nennt Massmann das „Hereinrücken der großen Mahnerin Cholera"[10], die den

---

7   Hans Wilderotter, Hg., *Das große Sterben. Seuchen machen Geschichte*, Ausst. Dresden 1995–1996 (Berlin: Jovis, 1995), bes. 215–231.

8   Christoph Friedrich Jacobi, *Historisch-pädagogische Reise nach Sachsen und einem Theile von Preussen* (Nürnberg: Riegel und Wießner, 1835), 1. Theil, 52.

9   „Ist die Cholera durch Quarantäne abzuhalten oder nicht?," *Der Sammler* (Beilage zur Augsburger Abendzeitung) 34, Nr. 98 (15.08.1865), 375. Zu den hier wirksamen Topoi der literarischen Seuchendarstellung vgl.: Rudolf Käser, „Wie und zu welchem Ende werden Seuchen erzählt? Zur Kulturellen Funktion literarischer Seuchendarstellung," *Internationales Archiv für Sozialgeschichte der deutschen Literatur* 29 (2004), 200–227, bes. 206–207; Marco Pulver, *Tribut der Seuche oder: Seuchenmythen als Quelle sozialer Kalibrierung. Eine Rekonstruktion des AIDS-Diskurses vor dem Hintergrund von Studien zur Historizität des Seuchendispositivs* (Frankfurt a. M. u. a.: Lang, 1999).

10 Hans Ferdinand Massmann, „Hans Holbein's Todtentanz," *Wiener Jahrbücher der Literatur. Anzeige-Blatt für Wissenschaft und Kunst* 58 (1832), 1–24, hier 1. Vgl. auch H.F. Massmann, „Einleitung," in *Hans Holbein's Todtentanz: in 53 getreu nach den Holzschnitten lithographirten Blättern*, hg. Joseph Schlotthauer (München: 1832), 3–11,

Zeitgenossen den Tod so nahe brachte und dafür sorgte, dass „in der Zeit gerade für solche Erscheinungen eine gewisse Empfänglichkeit, Reife und Erfüllung sowohl der künstlerischen, als der mehr innerlichen, sittlichen Ansicht"[11] lag. Noch 1866 machte der Kunsthistoriker Wilhelm Lübke darauf aufmerksam, dass man derzeit wieder empfänglicher sei für Gedanken an die Vergänglichkeit, da „der Würgengel mit den Schwertern des Kriegs und der Pestilenz" erst kürzlich „über die deutschen Lande dahingerauscht"[12] war.

Doch es war nicht nur ein Mitfühlen mit der Vergangenheit, das den Blick des 19. Jahrhunderts auf die spätmittelalterlichen Totentänze lenkte. Vielmehr könnte man im Sinne von Jaeger und Rüsen von einer „Krisenverarbeitungsstrategie"[13] sprechen. Durch die Erforschung der damaligen Leidenserfahrungen wie auch der moralischen und kulturellen Auswirkungen der europaweit grassierenden Seuche versuchte man eine Orientierung für die eigene Zeit zu finden. Die Beschäftigung mit den spätmittelalterlichen Totentänzen scheint zu diesem Zweck besonders geeignet gewesen zu sein. Die Bildwerke benannten die Seuche nicht offen und schürten damit keine allgemeine Panik.[14] Und dennoch waren sie im Denken der Zeit eng genug mit der Seuche verknüpft, dass sie als Mittel der Besinnung, als moralische Unterweisung und Anleitung zum Umgang mit der Krise betrachtet wurden. So heißt es in einem Beitrag in den Preußischen Provinzial-Blättern des Jahres 1834:

> „Die Cholera [...] bildete wie in vielen Städten so auch in der Geschichte der unsrigen, einen wichtigen Zeitabschnitt. Nur hie und da ließ sich tröstend die Stimme der Kunst vernehmen. Man vergegenwärtigte sich die heiteren Bilder, unter denen die Vorzeit die Schrecknisse der Seuche auffaßte. So gab Frenzel in Dresden und Schlotthauer in München Holbeins Todtentanz heraus. Vermeintlich in gleicher Absicht ist in Brüssel La danse macabre par Jacob erschienen."[15]

---

hier 3: „Den Mitgenossen unserer Tage, welche den Tod unter so vielerlei Gestalten gesehen und sein Geschrei gehört haben, legen wir hier ein Büchlein vor Augen...".

11 Massmann, „Hans Holbein's Todtentanz," *Wiener Jahrbücher der Literatur*, 1.

12 Wilhelm Lübke, „Ein Todtentanz zu Badenweiler," in: Wilhelm Lübke, *Bunte Blätter aus Schwaben 1866-1884*, [Orig. Allgemeine Zeitung 1866] (Berlin: Spemann, 1885), 21–30, hier 30.

13 Friedrich Jaeger und Jörn Rüsen, *Geschichte des Historismus* (München: Beck, 1992), 24.

14 Zur Vermeidung der Seuchen-Benennung vgl. Käser, „Wie und zu welchem Ende werden Seuchen erzählt," *Internationales Archiv für Sozialgeschichte der deutschen Literatur*, 215.

15 „V. Rückblick auf die drei Ausstellungen (Aus dem vom Kunst- und Gewerbe-Verein herauszugebenden Jahresbericht)," *Preußische Provinzial-Blätter* 11 (1834), 46–66, hier 46.

Wenn die Autoren des 19. Jahrhunderts immer wieder nachdrücklich betonen, dass der Zusammenhang zwischen der Pest und der Entstehung der Totentänze nicht diskutabel sei und jedem makaberen Gemälde ein Ausbruch der Pest zugeordnet werden könne[16] – was aus heutiger Sicht nicht korrekt ist – dann stellt sich die Frage, wie es mit der Produktion zeitgenössischer künstlerischer Werke aussah. Finden also nicht nur die Seuchenerfahrungen des Mittelalters im 19. Jahrhundert ihre Entsprechung sondern ähneln sich auch die kulturellen und künstlerischen Auswirkungen?

Das wohl bedeutendste Kunstwerk des 19. Jahrhunderts zur Cholera entstand erst 1851. Geschaffen hat es Alfred Rethel. Er bezieht sich auf einen Bericht Heinrich Heines über den Ausbruch der Cholera in Paris im Jahr 1832.[17] Sich nicht um die Ankündigung der im Februar desselben Jahres in London aufgetretenen Seuche und die damit verbundenen Warnungen[18] kümmernd, hatte die Pariser Bevölkerung sorgenlos und – wie Heine sagt – ‚leichtsinnig' einen ausgelassenen Straßenkarneval gefeiert. Und genau dort wurden die Maskierten von der Seuche, die einem raschen Tod gleichkam, überrascht.

Die Dramatik der Ereignisse setzt Rethel gekonnt ins Bild: tot liegen einige der überraschten Karnevalisten am Boden, während im oberen Teil des Blattes die letzten fliehenden Gäste des Maskenballes zu sehen sind (vgl. Abb. 1). Seuche und Tod sind in Rethels Holzschnitt als Personifikationen vorhanden. Hinter dem dominierenden, auf Knochen geigenden Tod, erkennen wir in der rechten Bildhälfte die personifizierte Cholera mit einer dreischwänzigen Geißel.

---

16 „Und es ist Thatsache, daß wirklich das Jahr eines jeden der bekannten Todtentanz-Gemälde, so wie vieler gedruckten Ausgaben, ein bestimmtes Pestjahr gewesen ist." (Massmann, „Hans Holbein's Todtentanz," *Wiener Jahrbücher der Literatur* 24).

17 Manfred Windfuhr, Hg., *Heinrich Heine. Historisch-kritische Gesamtausgabe der Werke* (Hamburg: Hoffmann und Campe, 1980), Bd. 12/2 (Apparat), 848. Dazu auch: Frank Schwamborn, *Maskenfreiheit: Karnevalisierung und Theatralität bei Heinrich Heine*, (München: Iudicium, 1998), 115.

18 Windfuhr, *Heinrich Heine* Bd. 12/2, 847.

Abb. 1   Alfred Rethel, Der Tod als Erwürger, 1851.
Aus der Graphiksammlung Mensch und Tod der Heinrich-Heine-Universität Düsseldorf.

Interessanterweise finden sich im 19. Jahrhundert insgesamt nur wenige Werke, die Cholera und Totentanz miteinander verbinden. Eine größere Zahl von Kunstwerken widmet sich der Pest, wobei hinzugefügt werden muss, dass der Begriff sicher auch seinem lateinischen Ursprung entsprechend als Synonym für die Seuche schlechthin gelten kann.

Karl Theodor Piloty schuf im Jahr 1855 eine Bleistiftzeichnung zu einem Gedicht Hermann Linggs. Die Pest erscheint hier in Gestalt des Sensenmannes, der Trauerkränze überbringt. Mit der Vermischung der Personifikation von Pest und

Tod greift Piloty eine Darstellungsform auf, die erst Januarius Zick Ende des 18. Jahrhunderts in einem eindrucksvollen Gemälde eingeführt hatte.[19] Im 19. Jahrhundert fand sie rege Nachfolge und trug damit zur engmaschigeren Verknüpfung von Totentanz und Pest bei. Beispielhaft seien drei Werke von Ensor, Böcklin und Klinger angeführt.

James Ensors Radierung *Le roi peste* (1895) bezieht sich auf Edgar Allan Poes Erzählung „König Pest" aus dem Jahr 1835. König Pest, hervorgehoben durch die strahlenartig angeordneten Federn auf seinem Kopf, sitzt an einem Tisch, über dem ein Skelett von der Decke hängt.

Arnold Böcklins berühmtes Pest-Gemälde von 1898 geht zurück auf einen zwanzig Jahre zuvor entstandenen Entwurf zu einem Gemälde, das die Cholera zum Thema haben sollte. Doch auch wenn das geflügelte drachenartige Wesen dort bereits angelegt ist, so hat die Einführung der Todesgestalt doch zu einer Steigerung der Dramatik beigetragen.

Max Klingers furchteinflößende Darstellung in seinem Radierzyklus *Vom Tode II.* (ab 1898) lässt die Seuche schließlich in Form von großen Rabenvögeln in einen Krankenhaussaal eindringen.

Die Dramatisierung der Pestdarstellungen sowie deren auffällige Häufung in der letzten Dekade des 19. Jahrhunderts ist angesichts der Tatsache, dass Pestepidemien seit dem 18. Jahrhundert nicht mehr in Europa aufgetreten waren, zunächst verwirrend. Doch mag die Entdeckung des Erregers und des Ansteckungsweges der Pest im Jahre 1894 einen Anlass geboten haben, der eine Beschäftigung mit dem Thema aktueller denn je machte.

Angesichts der Vielzahl der literarischen, wissenschaftlichen und künstlerischen Positionen – auf die ich leider nur ansatzweise eingehen konnte – mag es kaum verwundern, dass die Verknüpfung zwischen Seuche und Totentanz immer enger und die These von der Entstehung makabrer Darstellungen in Seuchenzeiten deutlich nachvollziehbar wurde. Zum Ende des 19. Jahrhunderts hatte sie sich so sehr in das kollektive Bewußtsein eingebrannt, dass im 20. Jahrhundert kaum Zweifel daran geäußert wurden.[20] Erst in den 1980er Jahren kamen kritische Stimmen auf, die, wie die eingangs zitierte Arbeit von Elina Gertsman darauf hinwiesen, dass Beweise für einen konkreten Zusammenhang zwischen Pest und Totentanz-Motiv immer noch fehlen.[21] Leitend für die Auseinandersetzung mit dem Ursprung der Totentänze war also stets die jahrhundertealte These.

---

19 Wilderotter, *Das große Sterben*, 112.

20 Vgl. Anm. 3.

21 Richard Gassen weist 1986 immerhin darauf hin, dass die Beziehung zwischen Totentanz und Pest „nicht direkt und ursächlich" sei (Richard Gassen, „Pest, Endzeit und Revolution.

Wenn ich hier versucht habe, die Entwicklung dieses Diskurses zu verfolgen, dann geschah dies nicht mit der Absicht, ihn „durch Rekonstruktion seiner Genealogie" zu legitimieren. Vielmehr steckt dahinter der Versuch, sich, im Sinne Hubert Lochers, „Klarheit über aktuelle Interessen zu verschaffen."[22] Die alte These von einer kausalen Verknüpfung zwischen Pest und Totentanz hat, wie gezeigt wurde, im 19. Jahrhundert durch die eigene Seuchenerfahrung an Bedeutung gewonnen. Erst wenn wir uns dieser entscheidenden Prägung des Diskurses bewusst sind, können wir mit unverstelltem Blick erneut auf die Suche nach dem Ursprung der Totentänze gehen.

Totentanzdarstellungen zwischen 1348 und 1848," in *Totentanz. Kontinuität und Wandel einer Bildidee vom Mittelalter bis heute*, hg. Friedrich Kasten, Ausst. Mannheim 1986 (Darmstadt: Verlag der Saalbaugalerie, 1986), 11–26, hier 11). Kritische Stimmen werden ab den 1990er Jahren lauter: „Die Forschung wies immer wieder auf den engen Zusammenhang zwischen Pestepidemien und Totentänzen hin, obwohl in kaum einem einzigen Fall der ursächliche Zusammenhang bewiesen werden konnte." (Franz Egger, „Mittelalterliche Todesbilder," in *Todesreigen – Totentanz. Die Innerschweiz im Bannkreis barocker Todesvorstellungen*, hg. Joseph Brülisauer (Luzern: Raeber, 1996), 9–33, hier 14); „Die Einschätzung der Pest als auslösendem Faktor der Totentänze, früher die Regel, ist deshalb heute eher einer berechtigten Skepsis gewichen." (Reiner Sörries, „Der monumentale Totentanz," in *Tanz der Toten – Todestanz. Der monumentale Totentanz im deutschsprachigen Raum*, hg. Zentralinstitut und Museum für Sepulkralkultur (Dettelbach: Röll, 1998), 9–51, hier 22); „Als Favorit zur Erklärung des Phänomens [Totentanz] galt die Pest. Dass jene Epidemien im späten Mittelalter eine Grundvoraussetzung für die Entstehung der Totentänze waren, wird von den jüngeren Wissenschaftlern meiner Ansicht nach mit guten Gründen angezweifelt. [...] Die Forscher verwechselten kausale und synchrone Zusammenhänge [...]" (Uli Wunderlich, „Der Totentanz," 26).

22 Hubert Locher, *Kunstgeschichte als historische Theorie der Kunst* (München: Fink, 2001), 25.

Seuchen in historischer Perspektive: Wissen – Moral – Politik

Reinhard Spree

Wir schreiben das Jahr 1892. In Osteuropa wütet die Cholera. Mittel- und Westeuropa scheinen vor ihr sicher zu sein. Da bricht die Seuche völlig unverhofft im August in Hamburg aus und nimmt rasch schlimme Ausmaße an. Die Öffentlichkeit ist bestürzt, die Angst grassiert. In dieser Situation gibt die berühmteste Schauspielerin der damaligen Zeit, Sarah Bernhardt, anlässlich eines Gastspiels in Brüssel ein Interview. Zur allgemeinen Choleraangst befragt, meint sie: „Ich strafe die Cholera mit Verachtung, denn ich bin überzeugt, dass eine derartige Krankheit gar nicht existiert. Es mag sein, dass es einen gewissen atmosphärischen Zustand gibt, der bei ungesunden und schmutzigen Leuten zum Tode führt. Das ist alles. Der Cholerabazillus erscheint mir als das absurdeste Zeug der Einbildung. Ich bin bereit, nach irgend einer von der Seuche ergriffenen Stadt zu gehen und dort zum Besten der ‚sogenannten' Cholerakranken zu spielen."[1]

An dieser Meinungsäußerung sind drei Dinge bemerkenswert. Als erstes erscheint mir beachtlich, dass die Seuche schlicht verleugnet wird; eine derartige Krankheit existiere gar nicht. Wie das, fragt man sich, gab es noch keine Erfahrungen mit der Cholera? Doch, doch, sogar sehr nachhaltige. Immerhin handelte es sich nicht um die erste Pandemie, die Mittel- und Westeuropa heimsuchte, sondern um die vierte und letzte. Man konnte zu dieser Zeit, 1892, auf sechs Jahrzehnte leidvoller Erfahrung mit epidemischen Wellen von Cholera zurückblicken, die bekanntlich erstmals 1831 Mittel- und Westeuropa erreicht hatten. Das Beispiel Sarah Bernhardt zeigt jedoch, und das gilt bis in unsere Tage: Ist ein Ereignis zu Schrecken erregend, so unheimlich, bedrohlich und zugleich widerwärtig, wie die Cholera, gibt es immer wieder Menschen, die die Gefahr einfach leugnen. So schützen sie sich vor allzu großer bewusster Angst.

---

1   Zitiert nach *Hamburger Cholera-Tropfen. Blüthen-Lese Von Curiositäten Aus Ernster Zeit* (Hamburg: von Döhren, 1892), 6.

Bemerkenswert ist darüber hinaus, dass ausdrücklich der Krankheitserreger erwähnt und ebenfalls für nicht existent erklärt wird. Wusste man damals noch nicht genau, wie die Cholera entsteht? Hatte nicht Robert Koch bereits Jahre zuvor den Krankheitserreger entdeckt? Nun – ganz so eindeutig, wie man es heute in manchen medizingeschichtlichen Lehrbüchern nachlesen kann, war der Kenntnisstand um 1892 tatsächlich noch nicht. Die Wissenschaftler waren sich uneinig, worin die eigentlichen Ursachen der Cholera zu sehen seien. Persönlicher Ehrgeiz der führenden Forscher, Missgunst, Angst um Reputation und Einfluss sowie das Bemühen um die Sicherung von Forschungsgeldern spielten eine entscheidende Rolle bei der Verzögerung des Erkenntnisfortschritts. Ähnliche Problemlagen lassen sich auch in der Gegenwart immer wieder beobachten – man denke nur an den lang anhaltenden Streit zwischen Luc Montagnier vom Pasteur Institut in Paris und Robert Gallo vom National Health Institute der USA, wer von beiden das AIDS-Virus entdeckt habe.[2] Es geht natürlich um mehr als die Ehre oder den Ruhm. Das lässt sich u. a. daran ablesen, dass das Gallos Institut im April 1984 den Patentschutz der Vereinigten Staaten für den AIDS-Antikörper-Test zugesprochen erhielt, obwohl ein entsprechender Antrag der französischen Forschergruppe bereits seit Dezember 1983 anhängig war.[3] Wegen des aktuellen Bezugs sei etwas intensiver auf die genannte historische Situation eingegangen.

Tatsächlich hatte Robert Koch 1883 während der Cholera-Epidemie in Alexandria und anschließend in Kalkutta den Kommabazillus, den Vibrio Cholerae, als Erreger der Cholera ausgemacht und ihn fachgerecht unter Laborbedingungen gezüchtet. Damit stand der bakteriologische Beweis für die Kontagiösität der Cholera, für die Ansteckungs-Theorie, auf einer sicheren wissenschaftlichen Basis. Im Grunde handelte es sich um eine Wiederentdeckung, denn bereits 1854 hatte der italienische Arzt Filippo Pacini den von ihm so genannten Vibrio Cholera mikroskopisch beobachtet und als Choleraerreger beschrieben.[4] Allerdings ist der Kommabazillus eine notwendige, nicht jedoch schon eine hinreichende Bedingung für das Auftreten von Cholera. Das gilt ja auch für das Verhältnis zwischen dem Humanen Immundefizienz Virus (HIV) und der AIDS-Erkrankung. So soll laut WHO die Diagnose AIDS in bestimmten Fällen auch gestellt werden, obwohl keine

---

2 Vgl. u. a. http://de.wikipedia.org/wiki/Robert_Charles_Gallo (abgerufen am 24. September 2011).

3 Vgl. u. a. www.nzz.ch/nachrichten/panorama/der_fall_robert_gallo_1.1048967.html (abgerufen am 25. September 2011).

4 Vgl. N. Howard-Jones, „Choleranomalies: The Unhistory of Medicine as Exemplified by Cholera" *Perspectives in Biology and Medicine* 15 (1972), 422. Zur Entdeckungsgeschichte auch online http://www.ph.ucla.edu/epi/snow/firstdiscoveredcholera.html (abgerufen am 24. September 2011).

Infektion mit dem HIV nachweisbar ist, z. B. bei Vorliegen des Kaposi-Sarkoms bei Patienten unter 60 Jahren oder bei Diagnose einer Pneumocystis Carinii Pneumonie.[5] Für den Ausbruch der Cholera müssen andere Bedingungen zur Aufnahme des Cholera-Vibrio hinzutreten. Und genau dieser Sachverhalt, den Koch und die Bakteriologen lange Zeit bestritten, eröffnete seinem Widersacher Max von Pettenkofer und dessen Schülern die Chance, ihre aus der alten Miasma-Lehre abgeleiteten Theorien weiter aufrecht zu erhalten.

In seinen späten Arbeiten bestritt Pettenkofer die Mitwirkung des Cholera-Vibrio bei der Cholera-Entstehung nicht, obwohl er seine Hypothese, es handele sich um eine giftige Substanz, nie ganz verworfen hat. Wichtiger war ihm aber die Feststellung, dass der Bazillus für sich allein, von Pettenkofer als X-Faktor bezeichnet, nach oraler Aufnahme nicht zwingend die Krankheit verursache. Örtliche Nebenbedingungen, besonders die Bodenbeschaffenheit, der Grundwasserstand, das Vorhandensein faulender Materie, Ausdünstungen des Bodens und das spezifische Klima, zusammen der Y-Faktor nach Pettenkofer, begünstigten die Ausbreitung des Erregers und disponierten die diesen Bedingungen ausgesetzten Menschen. Die Krankheit breche dann als miasmatische Infektion aus – das sei der Z-Faktor.[6] Damit wurde vor allem die zunächst von Koch aufgestellte Trinkwasser-Theorie, wonach Cholera durch verseuchtes Trinkwasser übertragen werde, infrage gestellt. Man kann also behaupten, dass die vorhin zitierte Ignoranz der Sarah Bernhardt in Bezug auf den Cholerabazillus unter den damaligen Verhältnissen keineswegs als Dummheit abzuqualifizieren ist. Vielmehr erscheint sie mit dem Hinweis auf bestimmte atmosphärische Zustände, die tödlich wirken können, als Anhängerin der seinerzeit noch nicht völlig verworfenen Miasma-Lehre.

Allerdings spitzte sich der Theorienstreit im Herbst 1892 deutlich zu. Unter dem Eindruck der Cholera-Epidemie in Hamburg war es Koch gelungen, eine Expertenkommission auf Reichsebene einsetzen zu lassen, die ein ‚Reichsgesetz zur Bekämpfung der gemeingefährlichen Krankheiten' vorbereiten sollte. In dieser Kommission, überwiegend mit Schülern und Anhängern von Koch besetzt, war Pettenkofer mit seinen Argumenten isoliert. Als Abwehrmaßnahmen gegen epidemische Krankheiten wie die Cholera wurden die von Koch streng bakteriologisch begründeten, von Pettenkofer jedoch aufgrund seiner Boden-Theorie stets als unwirksam und gesellschaftlich schädlich abgelehnten Mittel, wie großräumige

---

5 Vgl. M. A. Koch u. a., „Aids und HIV in Der Bundesrepublik Deutschland," in *Bga Schriften* 3/90: *Statistik meldepflichtiger übertragbarer Krankheiten*, hg. H.P. Pöhn und G. Rasch (München: MMV Medizin Verlag, 1990), 100 ff.

6 Vgl. R. Evans, *Death in Hamburg. Society and Politics in the Cholera Years 1830-1910* (Oxford: Clarendon Press, 1987), 496.

Quarantäne, Isolation der Erkrankten, Desinfektion usw., vorgesehen. Pettenkofer, bis in die 1880er Jahre die allseits anerkannte Autorität in Sachen Gesundheits- und Hygienepolitik, sah sich durch den 25 Jahre jüngeren Koch um die Früchte eines langen Arbeitslebens betrogen.

Nun befinden wir uns 1892 immer noch in der ‚heroischen Phase' der Entwicklung der Naturwissenschaften. Damals lag es nahe, sich in einer solchen Situation nicht nur mit verbalen oder schriftlichen Attacken zu begnügen. Von den Kommissionsberatungen in Berlin heimgekehrt, beschloss Pettenkofer, den definitiven Beweis für die Richtigkeit seiner Theorie in Form eines Selbstversuchs anzutreten. Seinen Mitarbeitern erklärte der 74jährige, wenn der Selbstversuch für ihn tödlich enden würde, dann wäre er im Dienste der Wissenschaft gestorben, wie ein Soldat auf dem Feld der Ehre.[7] Am 7. Oktober 1892 löste Pettenkofer, um die Magensäure zu neutralisieren und den Cholerakeimen günstige Bedingungen zu schaffen, 1g doppeltkohlensaures Natron in 100ccm Leitungswasser auf, goss 1 ccm frische Cholerakultur dazu, die er sich von Kochs Mitarbeiter Gaffky hatte herstellen und zusenden lassen, und trank den Becher aus. „Am 10. Oktober und an den folgenden beiden Tagen bekam Pettenkofer dünnen und missfarbigen Stuhl und eine Darmverstimmung bei gutem Appetit. Zu einer besonderen Diät entschloss er sich erst am 13. Oktober, als sich ein ausgesprochener Durchfall einstellte. Aber schon am folgenden Tag war der Stuhlgang wieder normal und am 15. Oktober schwanden alle Zeichen einer Darmirritation."[8] Pettenkofer überlebte also. Damit war für ihn und seine Schüler die Trinkwasser-Theorie widerlegt: Die Aufnahme der Bazillen genügt nicht, um zwangsläufig eine Cholera zu verursachen. Es muss etwas hinzukommen. Allerdings wissen wir heute, dass es nicht der Boden oder das Miasma ist, sondern die von vielen Faktoren abhängige individuelle Disposition. Robert Koch wiederum zeigte sich ziemlich unbeeindruckt von Pettenkofers Selbstversuch. Er kritisierte die Versuchsbedingungen, die keinen wissenschaftlich korrekten Test seiner Hypothese erlaubten. In den entscheidenden Gremien des Reichs, besonders im Kaiserlichen Gesundheitsamt, war sein Ruf inzwischen sowieso derartig gefestigt, dass sich in der Seuchengesetzgebung und in der Praxis der Seuchenbekämpfung die Kochsche Position klar durchsetzte.

War das nun eigentlich ein ausschließlich wissenschaftsinterner Streit, der für die Gesellschaft folgenlos blieb? Immerhin hatte bereits nach der Cholera-Epidemie von 1848 der Berliner Medizinalrat Schütz in Bezug auf die Auseinandersetzungen zwischen Miasmatikern und Kontagionisten notiert: „Mag das Agens der Cholera

---

7   Vgl. Evans, *Death in Hamburg*, 497.
8   Erich F. Dach, „Selbstversuche von Ärzten mit lebenden Krankheitserregern: Cholera," *Ciba-Zeitschrift* 5 (1934), 144.

ein contagiöses oder miasmatisches oder eine Vermischung von beiden sein, die Maßregeln der Gesundheitspflege werden im Wesentlichen in allen Fällen dieselben bleiben".[9] Dieser Eindruck trügt jedoch. Quarantäne, Isolation und radikale Desinfektion waren die wichtigsten Seuchenbekämpfungsmaßnahmen der Ansteckungstheoretiker. Ihr Lehrmeister war die Pest. Der Sozialhistoriker Neithard Bulst formulierte diesen Zusammenhang so: „Umgang mit Krankheit in der alteuropäischen Gesellschaft war in erster Linie Umgang mit der Pest. In Auseinandersetzung mit ihr wurden Methoden der Prävention und des Schutzes entwickelt, erwuchsen den Obrigkeiten Aufgaben und Kompetenzen, die auch noch für den Kampf gegen Epidemien im 19. Jahrhundert konstitutiv waren."[10] Die Kontagionisten nahmen dafür in Kauf, dass die wirtschaftlichen und gesellschaftlichen Austauschprozesse unterbrochen wurden, dass die Freiheit des Individuums zumindest vorübergehend aufgehoben und der Schutzraum der Familie verletzt wurde. Die obrigkeitlichen Anordnungen dominierten somit Gesellschaft und Individuen.

Dagegen forderten die Miasmatiker, Handel und Wandel unberührt zu lassen und ebenso die Freiheitsrechte des Individuums. Diese Zwangsmaßnahmen seien wirkungslos gegenüber den Krankheit erregenden verseuchten Böden und giftigen Dämpfen. Sie erschienen den Miasmatikern sinnlos und zugleich schädlich. Ihre Reaktion auf Seuchen, wenn sie einmal ausgebrochen waren, bestand im Abwarten. Nicht untypisch z. B. die Empfehlungen des Arztes Wilhelm Cohnstein gegen die Cholera, 1831 unter dem Titel publiziert *Trost- und Beruhigungsgründe für die durch das Herannahen der Cholera aufgeschreckten Gemüther*. Für ihn war das Wichtigste, einen kühlen Kopf zu bewahren und Angst zu vermeiden. Dazu sollten beitragen: 1. Vertrauen in die göttliche Vorsehung, 2. Vertrauen in die Anordnungen der Obrigkeit und 3. Studium der Eigenschaften der Cholera.[11] „Die Schutzmittel gegen die Cholera bestehen (nach Cohnstein; R.S.): 1. in strenger Vermeidung des Ansteckungsstoffes. 2. In Furchtlosigkeit und dem Vermeiden aller niederdrückenden Gemütsaffekte (...); auch der Zorn ist sehr schädlich. 3. In einer solchen Lebensweise, vermöge welcher unsere Organe (...) in sanfter, ruhiger Tätigkeit (...) erhalten werden (...). Vorzugsweise ist auf die stete regelmäßige Fortdauer der Haut- und Darmfunktion Rücksicht zu nehmen".[12] Die anschließend aufgezählten Details, auf die ich hier

---

9   Zitiert nach Hoffmann-La Roche AG, Hg., *Epidemische Episoden 2: Controverses zur Cholera*, (Grenzach: o. J.), 16.

10 N. Bulst, „Krankheit und Gesellschaft in der Vormoderne. Das Beispiel der Pest," in *Maladie et Société (XIIe – XVIIIe siècles)*, hg. ders. und R. Delort (Paris: 1989), 20 f.

11 W. Cohnstein, *Trost- und Beruhigungsgründe für die durch das Herannahen der Cholera aufgeschreckten Gemüther (...)* (Glogau u. Lissa: 1831), 5.

12 Cohnstein, *Trost- und Beruhigungsgründe*, 19.

nicht eingehen möchte, verdeutlichen, wie lebendig noch im frühen 19. Jahrhundert das in hippokratischer Tradition stehende diätetische Denken war.

Allerdings sollte nach Meinung der Miasmatiker die Obrigkeit präventiv tätig sein, indem sie die Ursachen von Miasmen beseitigte, z. B. durch Trockenlegung von Sümpfen, Beseitigung von Feuchtgebieten in den Ortschaften, Straßenreinigung, Abwässerbeseitigung usw. Im 19. Jahrhundert wurden auf diese Weise die Miasmatiker zu Vorreitern der Städteassanierung. Der Zürcher Medizinhistoriker Erwin Ackerknecht hat in einem berühmten Aufsatz analysiert, dass die Anhänger der Miasma-Lehre im 19. Jahrhundert typischerweise politisch liberal dachten, während die Kontagionisten etatistisch ausgerichtet waren.[13] Die Differenzen zwischen Koch und Pettenkofer hatten also durchaus eine beachtliche politische Dimension: Koch, der typische Etatist, gegen den gesundheitspolitisch liberalen Pettenkofer. Schon bei der ersten Cholera-Epidemie auf deutschem Boden, 1831, äußerten sich diese Gegensätze in völlig unterschiedlichen politischen Reaktionen auf städtischer und auf gesamtstaatlicher Ebene. Die Kommunen, meist von wirtschaftlichen Interessen geleitet, verzichteten so weit wie möglich auf Quarantänen und Zwangsisolation. Sie begründeten das mit der Miasma-Theorie. Dagegen reagierten die Flächenstaaten wie Preußen, Sachsen oder Bayern schon auf das Herannahen der Cholera mit der Bildung von speziellen Exekutivorganen, die später militärische Cordons (nach dem Vorbild der Pestbekämpfung) bildeten, mit denen die Grenzen hermetisch abgeriegelt wurden. „Der preussische Cordon (von 1831/32; R.S.) wies alle 3.000 Schritte Wachttürme auf; dazwischen patrouillierten Tag und Nacht scharfschiessende Posten; das widerrechtliche Überschreiten des Cordons war mit mehrjähriger Zuchthausstrafe bedroht. Legal konnte man von Russisch Polen nach Preussen nur durch (...) Quarantänestationen gelangen, wie sie auch in Seehäfen üblich waren."[14] Mit diesen Maßnahmen hat sich die Cholera übrigens niemals aufhalten lassen; sie waren – auch für die Zeitgenossen schon erkennbar – als Präventionsinstrumente wirkungslos.

Einige Fallbeispiele mögen illustrieren, welche Auswirkungen die letzten Endes aus den Pestzeiten überlieferten, später durch die Bakteriologen nur besser begründeten und differenzierten Maßnahmen zur Bekämpfung der Cholera dagegen auf der individuellen Ebene hatten. Im September 1892 hatte der Hamburger Pferdehändler Simon Levy eine Koppel Pferde nach der Zuckerfabrik Wolfersschwende am Harz überführt und befand sich auf dem Weg zur Bahn, die ihn nach Hamburg zurückbringen sollte. In einem Dorf ging er in den Gasthof, um etwas zu essen.

---

13 E. H. Ackerknecht, "Anticontagionism between 1821 and 1867," *Bulletin of the History of Medicine* 22 (1948), 562-593.
14 Hoffmann-La Roche, *Epidemische Episoden*, 2, 19.

Dort sahen ihn einige Bauern, denen er durch seine Tätigkeit bekannt war. Sie alarmierten den Schulzen, der in Begleitung des Gemeindedieners auftauchte und Levy zum Mitkommen aufforderte. „Im Spritzenhaus war der Rath des Dorfes versammelt. Der Schulze studirte eifrig die Bekanntmachung des Landraths und kam zu dem Schluss, der Delinquent müsse desinficirt werden. Wie das aber anstellen, da ein Desinfections-Apparat im Dorfe nicht vorhanden war. Den gordischen Knoten löste endlich ein Hausschlächter, der vorschlug, den Verdächtigen einige Stunden in der Räucherkammer des Schulzen unterzubringen und schwach anzuräuchern. Der Vorschlag wurde ausgeführt. Einige Stunden später erfuhr der berittene Gendarm von dem Vehmgericht. Als vernünftiger Mann befürchtete er, dass der Angeräucherte erstickt sein würde. Mit Angst und Sorge schlich der Gemeinderath zur Wurstkammer. Statt des Todten, den man zu finden befürchtete, erblickte man ... Levy ganz gemüthlich auf einer Kiste sitzend und eine mächtige Wurst verzehrend."[15] Levy hatte den Schieber zugeschoben, der den Rauch aus dem Schornstein in die Räucherkammer leitete, und sich somit gerettet.

Und ein Fall aus der Bodensee-Region: Etwa 50 Personen aus dem österreichischen Montafon, Männer mit ihren Frauen und Kindern, hatten sich zur Hopfenernte nach Tettnang, Württemberg, verdingt. Als sie im September 1892 wieder in die Heimat zurückkehren wollten, verwehrten die Österreicher das Passieren der Grenze: ganz Österreich war inzwischen durch einen Cordon Sanitaire abgeriegelt. Die Montafoner sollten ihre sämtlichen Habseligkeiten, einschließlich der Fahrzeuge, verbrennen. Das verweigerten sie. Für eine Dampferfahrt nach Bregenz und anschließende ordnungsgemäße Desinfektion im dortigen Hafen hatten sie nicht das nötige Geld. „So blieben sie denn an der Grenze liegen und bettelten die ganze Gegend ab zur argen Belästigung der bayerischen Ortschaften, bis das (...) Bezirksamt eingriff und die ganze Gesellschaft auf den Schub mit dem Dampfschiff nach Bregenz bringen ließ."[16] Um das Ungeheuerliche der Situation zu verstehen, muss man ergänzen, dass 1892 in ganz Süddeutschland kein Cholerafall beobachtet worden ist.

Schlagen wir kurz einen Bogen zur Gegenwart, so ist ersichtlich, dass die vor allem in der Frühphase der AIDS-Bekämpfung von verschiedenen Seiten erhobene Forderung nach Absonderung der HIV-Positiven, in Schweden ja auch eine Zeitlang mit Isolations-Lagern realisiert, eine alte Tradition hat. Es ist die erstmals in der Geschichte gegenüber den Leprösen im Mittelalter praktizierte Übung, die später unter dem Pestregiment aufgegriffen und ausgebaut wurde. Sie kam, wie wir sahen, im 19. Jahrhundert in variierter Form wieder zu Ehren, diesmal als Maßnahme

---

15 *Hamburger Cholera-Tropfen* (1892), 10.
16 Ibid, 17.

gegen die Cholera. Und man darf wohl unterstellen, dass heutzutage Befürworter und Gegner solcher Maßnahmen sich durch die ebenfalls im 19. Jahrhundert ausgeprägte Frontlinie zwischen etatistischer und liberaler Grundhaltung unterscheiden. Aber kommen wir nun zu dem dritten bemerkenswerten Element in dem Statement von Sarah Bernhardt. Ich sehe es in der Behauptung, obwohl es die Cholera als Krankheit nicht gebe und auch keinen Choleraerreger, stürben doch möglicherweise Gruppen von Menschen, die als ungesunde und schmutzige Leute bezeichnet werden. Diese Beobachtung ist empirisch zutreffend: Cholera hat stets in den Armenquartieren der Städte weit größere Opferzahlen gefordert als in den Quartieren der Wohlhabenden. Sie ist ja noch heute, während sie immer wieder epidemisch in Süd- und Mittelamerika wütet (z. B. Peru 1991; Haiti 2008), eine typische Armenkrankheit. Ein Zeitungsbericht über die Epidemie in Peru war überschrieben „Lima im Elend der Cholera – Wo das Leben schrecklicher ist als die Krankheit"[17], und das könnte sinngemäß auch für die Situation in Haiti stehen. Schon August Hirsch stellte diese soziale Ungleichheit vor der Cholera in seinem berühmten *Handbuch der historisch-geographischen Pathologie* fest, wenn auch ziemlich pauschal.[18] Richard Evans wiederum hat in der Studie über die Cholera in Hamburg 1892 überzeugend erklären können, warum die Armenviertel eine hohe Cholerasterblichkeit aufwiesen, während einige wohlhabende Stadtteile fast gar nicht betroffen waren.[19] Nicht zuletzt war es die Erwerbsarbeit, die bestimmte Personenkreise besonders gefährdete. Vor allem Frauen aus den ärmeren Schichten, die als Dienstboten arbeiteten, aber auch Männer, z. B. Gerber, Schauerleute oder Flößer, die eben häufig mit kontaminiertem Wasser in Berührung kamen, wiesen eine überproportional hohe Cholera-Morbidität und -Mortalität auf. Diese Befunde hat Annette Voß in ihrer Arbeit über die Cholera-Epidemie in München 1873/74 bestätigen und teilweise ergänzen können.[20] So wird u. a. deutlich, dass auch in

---

17 J.P. Dubois, „Lima im Elend der Cholera: Wo das Leben schrecklicher ist als die Krankheit: Ein Tagebuch der Apokalypse," *Die Zeit*, 12. 4. 1991, S. 90; vgl. zu Peru auch online: http://www.colorado.edu/geography/gcraft/warmup/cholera/cholera_f.html und zu Haiti http://www.zeit.de/gesellschaft/zeitgeschehen/2010-10/cholera-haiti-hilfsorganisationen (abgerufen jeweils am 25. September 2011).

18 Hirsch konstatierte ein „Vorherrschen der Cholera im Proletariate, das immer und überall das bei weitem grösste Contingent zur Zahl der Erkrankungen und Todesfälle an dieser Krankheit gestellt hat, nicht selten der fast ausschließlich leidende Theil der Bevölkerung […] gewesen ist." A. Hirsch, *Handbuch der historisch-geographischen Pathologie*, Bd. 1 (Stuttgart: 1881), 334.

19 Vgl. Evans, *Death in Hamburg*, besonders 403-469.

20 Wichtigste Quelle war eine Aufstellung aller an Cholera Erkrankten und Gestorbenen mit Angabe von Alter, Geschlecht, Beruf sowie Wohnort. Vgl. A. Voß, „Soziale Ungleichheit

den wohlhabenderen Stadtteilen nicht die eigentlichen Bewohner an Cholera erkrankten, sondern vornehmlich deren Dienstboten und Handwerker.[21] Betrug die durchschnittliche Morbidität an Cholera 1873/74 in München 1,6 %, stieg sie bei den Tagelöhnern mit 2,7 % und bei den Dienstboten mit sogar 3 % auf fast das Doppelte an.[22] Dieselbe überproportional hohe Morbidität betraf die ‚Hausfrauen‘, also Frauen, die kein eigenes Gewerbe ausübten.[23] Insgesamt waren Frauen stärker von der Cholera betroffen; sie erkrankten und starben deutlich häufiger an Cholera als Männer, wobei festzuhalten ist, dass mindestens 70 % der an Cholera erkrankten Frauen primär im Haushalt tätig (als Dienstboten oder Hausfrauen) und deshalb besonders gefährdet waren.[24] Cholera ebnete nicht etwa soziale Ungleichheit ein, wie das gelegentlich in Bezug auf Seuchen und Epidemien unterstellt wird, sondern akzentuierte und verstärkte sie sogar. Dazu trug auch die finanzielle Situation bei, die Arme aufgrund ihrer Lebenssituation zu allen Zeiten besonders stark gegenüber einer Cholera-Infektion exponierte (unhygienische, beengte Wohnverhältnisse; häufiger, evtl. berufsbedingter Kontakt mit belastetem Wasser; mangelnde Kenntnisse und Muße für Individualhygiene usw.).

Was aber Sarah Bernhardt meinte, ist wohl nicht dieser empirische Sachverhalt; das Statement enthält vielmehr einen moralischen Unterton. Hier scheint das bürgerliche Vorurteil durch, das sich in der ersten Hälfte des 19. Jahrhunderts ausgebildet hatte und von den Medizinern der damaligen Zeit argumentativ unterstützt worden war: Entsittlichung und Unmoral führen zu Krankheit und diese wiederum zu Armut. Als wichtigste Krankheitsursachen und vor allem als Ursachen der Cholera-Anfälligkeit werden in zahllosen medizinischen Traktaten aus den 1830er bis 1850er Jahren genannt: Alkoholismus, Lüsternheit bzw. sexuelle Ausschweifung, Verschmutzung und Liederlichkeit. So gesehen, sind die Armen selbst schuld an ihrem Schicksal. Diese Art individueller Schuldzuweisung führte in der Tendenz zu einer Stigmatisierung der Kranken mit Hilfe medizinischer Konzepte.[25] Aber

---

vor der Cholera, dargestellt am Beispiel der Münchner Epidemie 1873/74,“ (unveröff. MA-Arbeit, Universität München, Seminar für Sozial- und Wirtschaftsgeschichte, 1997), 22.

21 Ibid., besonders 41 f., 54.

22 Ibid., 42, 62 f.

23 Ibid., 78, 87-93.

24 Ibid., 72 f., 80, 88.

25 Vgl. dazu ausführlich U. Frevert, *Krankheit als politisches Problem 1770-1880. Soziale Unterschichten in Preußen zwischen medizinischer Polizei und staatlicher Sozialversicherung* (Göttingen: 1984), 125-148. Für England ganz in diesem Sinne R. Davenport-Hines, *Sex, Death and Punishment. Attitudes to sex and sexuality in Britain since the Renaissance* (London: 1990), 158.

nicht nur das: Aus der moralischen Verurteilung folgte meist, und das lässt sich bis
in die Gegenwart verfolgen, eine Gesundheitspolitik mit Zielsetzungen, die weit
über Krankheitsbekämpfung oder -prophylaxe hinausgingen.

Schon die sich in den 1840er Jahren formierende so genannte Medizinalreform-Bewegung, als deren prominentester Vertreter Rudolf Virchow gelten kann,
wehrte sich gegen die Stigmatisierung der Armen und stellte weitreichende politische
Forderungen auf. Diese Gruppe von Medizinern sah die Armen als Opfer ihrer un-
verschuldeten schlechten sozialen und wirtschaftlichen Lage und ihre Krankheiten
als deren Konsequenz.[26] Sie forderten, u. a. gestützt auf die Miasma-Theorie,[27] den
Staat bzw. die Kommunen auf, die Lebensverhältnisse der Unterschichten im Sinne
einer Umwelthygiene (so genannte Konditionalhygiene[28]) wirksam zu verbessern.
Damit würden auch die Armenkrankheiten eingedämmt.

Die Medizinalreform-Bewegung stellte jedoch eine kleine Minderheit dar. Do-
minant war bis in die 1850er Jahre die Position, die Cholera und andere epidemische Krankheiten als Anlass für soziale Ausgrenzung zu benutzen. Gemäß dieser
Position hatten die Konzepte zur Seuchenbekämpfung nicht zuletzt die Aufgabe,
Instrumente bereitzustellen, mit Hilfe derer im Fall des Seuchenausbruchs die
Armenviertel in den Städten von den bürgerlichen wirksam isoliert werden konnten. Zugleich jedoch sollten die Maßnahmen gegen die Kranken, wie zwangsweise
Einweisung in ein Spital und Desinfektion der Wohnungen, bürgerliche Standards
von Ordnung, Sauberkeit und Moral in die Unterschichten hineintragen; sie waren
immer auch ein implizites Erziehungsprogramm.

Während der zweiten Hälfte des 19. Jahrhunderts wandelte sich diese Auffassung rasch, nicht zuletzt unter dem Einfluss der Experimentellen Hygiene, mit

---

26 Vgl. u. a. J. Bleker, „Die Medizinalreformbewegung von 1848/49. Zur Geschichte des ärzt-
    lichen Standes im 19. Jahrhundert," *Deutsches Ärzteblatt* 73 (1976), 2901-2905, 2982-2988;
    Diess., „Von der medizinischen Volksbelehrung zur Popularisierung der medizinischen
    Wissenschaft. – Ideen einer ‚demokratischen Medizin' um 1848," *Medizinhistorisches
    Journal* 13 (1978), 112-119; P. Thoma, „Sozialmedizin und Medizinsoziologie –
    Problemgeschichte und Begriffsbestimmung," in *Medizinsoziologie*, hg. B. Geissler
    und P. Thoma (Frankfurt a. M./ New York: 1975), 12-20.

27 Z. B. erklärt Virchow den Ausbruch der Typhusepidemie in Oberschlesien 1847 durch
    den Zusammenstoß polarer und äquatorialer Luftmassen, die ein Miasma gebildet
    hätten; dies verursachte im Zusammenhang mit der Hungersnot die Seuche. Als soziale
    Randbedingungen nennt Virchow enges Zusammenleben, überfüllte Wohnungen und
    mangelnde Lüftung derselben. Vgl. R. Virchow, „Mittheilungen über die in Oberschlesien
    herrschende Typhus-Epidemie," *Archiv für pathologische Anatomie und Physiologie und
    für Klinische Medizin* 2 (1848), 143–322.

28 Vgl. A. Labisch, *Homo Hygienicus. Gesundheit und Medizin in der Neuzeit* (Frankfurt
    a. M.: 1992), 114-123.

Hilfe derer Pettenkofer seine hygienepolitischen Forderungen untermauerte. Dass die Umweltbedingungen als Ursachen von Seuchen gerade im Sinne der Pettenkoferschen Bodentheorie nicht von der Armenbevölkerung geschaffen oder in Eigeninitiative zu verändern seien, wurde allgemein akzeptierte Auffassung. Sie half, die Städteassanierung auf den Weg zu bringen.

Dennoch taucht die Stigmatisierung gegen Ende des 19. Jahrhunderts wieder auf und wird erneut Element der Gesundheitspolitik, besonders deutlich bei der Bekämpfung der Geschlechtskrankheiten. Die um die Jahrhundertwende große Breitenwirkung gewinnende Kampagne ging von der Unterstellung aus, dass es eine enge Verbindung gebe zwischen sexueller Selbstkontrolle und Anerkennung der sozialen Verhaltensnormen, die sich im bürgerlichen Familienideal zusammenfassen lassen. Die Unterschichten wurden verdächtigt, dies Familienideal abzulehnen und stattdessen Promiskuität bzw. sexuelle Haltlosigkeit zu praktizieren. Eine angeblich überproportionale Häufigkeit von Geschlechtskrankheiten in diesen Schichten sei die Folge. Sie bedrohe den Volkskörper von innen, und zwar sowohl durch die Lustseuche selbst als auch durch deren vermeintliche Konsequenz, den Rückgang der Geburtenziffer. Das Arbeitskräftepotential und die Wehrkraft erschienen bedroht. Die Hygienepolitik als Kampf gegen die Geschlechtskrankheiten hatte deshalb bis in die Weimarer Zeit stets auch die Funktion, die Sexualität an die Ehe zu binden und ganz in den Dienst der Fortpflanzung zu stellen. Das ist am deutlichsten abzulesen an der bis in die Nachkriegszeit andauernden Diskriminierung, ja zeitweise massiven Verfolgung der Werbung für Empfängnisverhütungsmittel, besonders für das Kondom.[29]

Gibt es nicht auch unter dem Aspekt der sozialen Diskriminierung Parallelen zur heutigen AIDS-Politik? Sie treten uns entgegen in der Haltung gegenüber den sogenannten Risikogruppen. Es ist zwar in den westlichen Industrieländern klar erwiesen, dass der Anteil der HIV-Infizierten außerhalb der Risikogruppen der Homosexuellen, Swinger und Fixer verschwindend klein ist, und die Seuche kaum in das heterosexuelle Milieu der großen Mehrheit vordringt. Dies Faktum wird aber häufig in Abrede gestellt, um die Angst vor AIDS zu schüren. Auch in diesem Fall geht es um die Zielsetzung, die bereits Anfang des 20. Jahrhunderts dominierte: die Wiedererrichtung von Moralstandards, die Sexualität an die Ehe und Fortpflanzung binden sollen. Der moralische Kreuzzug der Päpste während der

---

29 Vgl. dazu u. a. L. Sauerteig, *Krankheit, Sexualität, Gesellschaft. Gesundheitspolitik in Deutschland im 19. und frühen 20. Jahrhundert* (Stuttgart: 1999); G. Göckenjan, „Syphilisangst und Politik mit Krankheit. Diskurs zur Geschichte der Geschlechtskrankheiten," in *Sozialwissenschaftliche Sexualforschung*, Bd. 2 (Berlin/New York: 1989), 47-62; J. Woycke, *Birth Control in Germany 1871-1933* (London/New York: 1988).

letzten Jahrzehnte macht eine hintergründige Analyse unnötig; die Ziele werden offen benannt und mit Kritik am allgemeinen Zustand der Unmoral im Westen verbunden. Nicht viel anders verhält es sich mit der Propaganda der fundamentalistischen Christen in den USA.

Sehr klar tritt die Vermischung von medizinisch fundiertem Urteil und moralischer Motivation in der heutzutage häufig benutzten Diagnose ‚gestörtes Verhalten' im Fall von Gewalttätern zutage. Der Sozialwissenschaftler und Psychologe Michael Buchholz erklärte anlässlich der Diagnosestellung bezüglich des norwegischen Massenmörders Breivik: Die Definition von ‚gestörtem Verhalten' könne „insgesamt weniger durch präzise Diagnostik beantwortet werden – vielen Beobachtern der psychiatrischen Diagnosesysteme fällt auf, wie sehr sich darin moralische Bewertungen im Mantel der Diagnostik durchsetzen."[30]

Politik mit Gesundheitsargumenten lässt sich auch immer wieder im Bereich des Agrarprotektionismus beobachten. So wurden die Tierzüchter bzw. die Fleisch produzierenden Landwirte im deutschen Kaiserreich seit den 1880er Jahren zunehmend durch eine Außenhandels-Politik vor internationaler, hier speziell osteuropäischer Konkurrenz geschützt, die behauptete, der Seuchenabwehr zu dienen. Als besonders wirksam erwiesen sich nicht-tarifäre Regulierungen wie das Seuchenverhütungsgesetz von 1880, dem Verordnungen zur Schlachtvieh- und Fleischinspektion folgten. Die Wirkungen fasst Wehler wie folgt zusammen: „Bis 1889 waren die Reichsgrenzen gegen die Einfuhr von Lebendvieh faktisch dichtgemacht worden. Durch die lückenlose Kontrolle von importiertem Kühlfleisch, konserviertem Fleisch und Würsten gelang es, bis 1895 den gesamten Rind- und Schweinefleischimport um neunzig Prozent zu drosseln."[31] Möglicherweise sind die im Zusammenhang mit der BSE-Seuche in England während der späten 1980er Jahre erlassenen Importverbote für britische Rindfleischprodukte in den meisten EU-Ländern ebenfalls eine mit der Behauptung des Gesundheitsschutzes begründete Politik des Agrarprotektionismus gewesen.[32] Staatliche Maßnahmen, die den Verdacht auf Politik mit der Krankheit nahelegen, ließen sich während der letzten Jahrzehnte mehrfach im Zusammenhang mit Tierseuchen und durch Lebensmittel übertragene Krankheitskeime beobachten, etwa bei der Schweinegrippe. Hier

---

30 Zitiert nach C. Fetscher, „Sie gehören zu uns," *Der Tagesspiegel*, Nr. 21176, 4. Dezember 2011, S. 25.

31 H.-U. Wehler, *Deutsche Gesellschaftsgeschichte*, Bd. 3 (München: 1995), 651.

32 Vgl. die Hinweise auf wissenschaftliche und kritische Literatur unter http://de.wikipedia. org/ wiki/ Bovine_spongiforme_Enzephalopathie (abgerufen am 14. Februar 2012).

verbanden sich vermutlich protektionistische Interessen deutscher Agrarpolitiker mit den Profitinteressen der einen Impfstoff herstellenden Pharmaindustrie.[33]

Zusammenfassung

Abschließend möchte ich zusammenfassen. Während des letzten Drittels des 19. Jahrhunderts begann „der moderne Siegeszug der Naturwissenschaften über die Infektionskrankheiten und Seuchen".[34] Mit großer öffentlicher Aufmerksamkeit wurden die Erfolge bei dem „heroischen Kampf gegen die Volkskrankheiten" im Spiegel der wöchentlich publizierten Sterblichkeitsstatistiken des 1876 gegründeten Kaiserlichen Gesundheitsamts verfolgt. Die innerhalb weniger Jahrzehnte anfallenden, bahnbrechenden Erkenntnisse der Bakteriologie und die um die Jahrhundertwende sich ausbildende Sozialhygiene stellten die Seuchenbekämpfung auf eine dem Augenschein nach strikt wissenschaftliche Basis. Damit erreichte das seit Beginn der Neuzeit sichtbare Bemühen der von Ärzten beratenen Obrigkeit um eine rational begründete Politik gegen die Seuchen und Epidemien einen Höhepunkt. Auffällig ist allerdings, dass die Konzepte und Kampagnen zur Bekämpfung von Seuchen seit dem frühen 19. Jahrhundert stets darüber hinausgehende, meist rhetorisch verdeckte Ziele verfolgten. Gelegentlich blieb sogar die eigentliche Absicht, die Prävention bzw. Eindämmung von Seuchen, auf der Strecke.

So dienten die allein schon aufgrund der Unkenntnis über die Ursachen und Verbreitungswege seit den 1830er Jahren gegen die Cholera ergriffenen relativ ineffizienten Abwehrmaßnahmen primär der Verbreitung von bürgerlichen diätetischen Regeln und Sauberkeitsmaßstäben in den als schmutzig, liederlich, trunksüchtig und deshalb besonders krankheitsanfällig geltenden Unterschichten. Paul Weindling hat analysiert, dass die in den 1890er Jahren einsetzende Kampagne zur Bekämpfung der Tuberkulose als Volkskrankheit (ebenso wie die Bekämpfung des Alkoholismus und letztlich auch die der überhöhten Säuglingssterblichkeit) nicht zuletzt dazu diente, Bündnisse zwischen den konservativen politischen Eliten und den bürgerlichen Mittelschichten zu stiften und dem Staat die Ressourcen privater Wohltätigkeit zu erschließen.[35] Die Politik zur Eindämmung der Geschlechtskrank-

---

33 Vgl. http://www.spiegel.de/wissenschaft/medizin/0,1518,799993,00.html (abgerufen am 14. Februar 2012).

34 P. Diepgen, *Geschichte der Medizin*, Bd. 2,2 (Berlin: 1955), 262.

35 Vgl. P. Weindling, „Hygienepolitik als sozialintegrative Strategie im späten Deutschen Kaiserreich," in *Medizinische Deutungsmacht im sozialen Wandel*, hg. A. Labisch und

heiten seit der Jahrhundertwende wiederum wurde als Kampagne zur Veränderung von Moralstandards, zur Abwertung sexueller Bedürfnisse und zur Stabilisierung einer auf den Fortpflanzungsaspekt konzentrierten Ehe geführt.

Die Geschichte des Umgangs mit Seuchen kann uns keine Rezepte für angemessenes politisches Handeln liefern. Wir können nicht in diesem platten Sinne aus der Geschichte lernen. Historische Situationen wiederholen sich nicht, auch wenn es gelegentlich phänomenologische oder auch strukturelle Ähnlichkeiten geben mag. Doch kann uns die seuchenhistorische Forschung den Blick schärfen für die oft unerwünschte und zudem meist die Effizienz beeinträchtigende Indienstnahme der Gesundheitspolitik für letztlich sachfremde politische Ziele oder allgemeine Wertvorstellungen, für die unerwünschte Politik mit der Krankheit.

R. Spree (Bonn: 1989), 37-55.

Die ästhetische Bekämpfung des Skandalösen

Von Brieuxs sozialhygienischem Antisyphilis-Drama zu Brechts sozialhygienischer Antisyphilis-Komödie

Anja Schonlau

Solange es keine Möglichkeit zur Heilung einer gefährlichen und weitverbreiteten Krankheit gibt, spielen Aufklärung und Prophylaxe eine besondere Rolle. Ende der 80er Jahre entstehen aus dieser Überlegung heraus die Kampagnen zur Aids-Aufklärung. Zu dieser Zeit gilt eine offensive sexuelle Aufklärung in den Medien als politisch korrekt: „Rita, wat kosten die Kondome?" lautet der energische Schlachtruf eines vom Bundesministerium für Gesundheit geförderten Kurzfilms. Hier erweist sich die Furcht vor der Peinlichkeit des Kaufs von schützenden Verhütungsmitteln an der Kasse als überflüssig.[1] Problematisch aber wird es, wenn das medizinisch notwendige Gebot der Aufklärung mit den ästhetischen Grenzen einer Gesellschaft in Konflikt gerät. Beide Aspekte treffen auf die Geschlechtskrankheit Syphilis zu, insbesondere um die ästhetisch wie politisch sensible Wende des 19. Jahrhunderts. Syphilis bildet zu dieser Zeit zusammen mit Alkohol und Tuberkulose das bedrohliche ‚Dreigestirn der großen Volkskrankheiten'.[2] Im Folgenden soll gezeigt werden, welche Rolle ästhetische Strategien bei ihrer öffentlichen Bekämpfung spielen – und wann und wie diese scheitern müssen.

---

1 Wegen der Namensgleichheit mit der Bundesgesundheitsministerin Rita Süßmuth wurde der Vorname später zu „Tina" verändert.

2 Anja Schonlau, *Syphilis in der Literatur. Über Ästhetik, Moral, Genie und Medizin (1880-2000)* (Würzburg: Königshausen & Neumann, 2005), 5.

1   Eugène Brieuxs sozialhygienisches Antisyphilis-Drama

Frankreich verfügt seit den Symbolisten – allen voran Charles Baudelaire (1821-1867) – über eine besondere Toleranz gegenüber jeglicher Ästhetik des Hässlichen. Baudelaires skandalöser Gedichtband *Les Fleurs du Mal* (1857) spielt mit dem sinnlichen Ekel des kranken bzw. alten Körpers. Gleichzeitig entwickelt sich in Frankreich eine große Tradition hygienischer Volksaufklärung. So fand im Jahre 1867 der erste ,medicinisch-internationale Kongress' zur Bekämpfung von Geschlechtskrankheiten in Paris statt.[3] Und der Mediziner Alfred Fournier (1832-1914) vom Pariser Hôpital du Midi, der Nachfolger Ricords, tritt seit Anfang der 60er Jahre mit einer Reihe von Fachpublikationen zu Forschungsfragen der Syphilis hervor, aber auch mit zahllosen Aufklärungsarbeiten wie der 1879 veröffentlichte Monographie *Syphilis et mariage* (deutsch 1881: *Syphilis und Ehe*).[4]

In diesem kulturellen Umfeld ist es möglich, dass seit den 1890er Jahren eine regelrechte, sozialhygienisch ambitionierte Antisyphilis-Literatur entsteht. Dabei handelt es sich ausschließlich um Romane und Novellen, z. B. Paul Vérolas Roman *L'infamant* (1891). Das ändert sich erst im Jahre 1901, als der französische Dramatiker Eugène Brieux (1858-1932) sein Antisyphilis-Drama *Les Avariés* veröffentlicht. Dem Medium *Drama* wird seit Aristoteles eine besondere Möglichkeit der Publikumsbeeinflussung durch die Rezeption von Emotionen im Kollektiv zugeschrieben. Genauso sieht das auch die französische Zensur: Nach der ersten (öffentlichen) Lesung von *Les Avariés* bleibt die Aufführung des Stückes vier Jahre lang in Frankreich verboten. Gleichzeitig erlebt der gedruckte Text noch im Jahr seiner Erstveröffentlichung die sechste Auflage. *Les Avariés* wird rasch übersetzt, in Adaptionen als Roman und Novelle verbreitet und dient international als Vorlage für weitere Antisyphilis-Dramen.[5]

In Deutschland erscheint 1903 die erste Übersetzung mit dem wörtlich übersetzten Titel ,Die Schiffbrüchigen', wobei *Les Avariés* auch die Assoziation an ,verfault, verkommen' enthält. Die Übersetzung und Aufführung des Dramas wird von

---

3   Dominique Puenzieux und Brigitte Ruckstuhl, *Medizin, Moral und Sexualität. Die Bekämpfung der Geschlechtskrankheiten Syphilis und Gonorrhöe in Zürich 1870-1920* (Zürich: Chronos Verlag, 1994), 13; vgl. auch 33 f.; Claude Quétel, *History of Syphilis* [Le Mal de Naples: histoire de la syphilis, Paris: Edition Seghers, 1986] (Baltimore: The John Hopkins University Press, 1990), 134 f.

4   Vgl. Puenzieux und Ruckstuhl, *Medizin, Moral und Sexualität*, 103 f.

5   Zum Verbot vgl. Quétel, *History of Syphilis*, 157; auch Jean Goens, *De la Syphilis au Sida. Cing siecles des mémoires littéraires de Vénus* (Brüssel: Presses Interuniversitaires Europeennes, 1995), 170 f.; insgesamt Schonlau, *Syphilis in der Literatur*, 353 f.

der ‚Deutschen Gesellschaft zur Bekämpfung der Geschlechtskrankheiten' nachdrücklich unterstützt. Dem Text ist ein Vorwort von dem Medizinprofessor Max Plesch voran gestellt, dem Vorsitzenden der Frankfurter Ortsgruppe der DGBG. Die Frankfurter DGBG finanziert auch eine unterschiedlich erfolgreiche Tournee des Dramas durch Deutschland.[6]

In drei Akten führt das Drama die zentralen Topoi der antisyphilitischen Aufklärung vor, verbunden durch die positive Figur des vorbildlichen Arztes. Das Stück beginnt mit einem Arzt-Patienten-Gespräch zwischen dem namenlosen Arzt und einem jungen Syphilitiker namens Georg Dupont, der heiraten möchte. Im Mittelpunkt des Gesprächs stehen die Krankheitsgeschichte, männlich-bürgerliche Sexualmoral und die Diagnose und versöhnliche Prognose des Arztes. Der zweite Akt zeigt exemplarisch die Folgen der Missachtung ärztlicher Vorgaben: Duponts Familie ist verzweifelt über die schwere Erkrankung des Säuglings. Eine vom Land geholte Amme ist zunächst ohne ihr Wissen ansteckungsgefährdet und droht dann mit Erpressung und Prozess. Am Ende des Aktes erfährt auch Duponts ahnungslose Ehefrau von der Syphilis ihres Mannes; damit ist die Ehe zerrüttet. Der dritte und letzte Akt zeigt die gesamtgesellschaftliche Dimension des vermeintlichen Einzelfalls. Hier wird der Arzt von Duponts Schwiegervater aufgesucht, der die Scheidung seiner Tochter vorantreiben will. Der Arzt führt ihn von diesem persönlichen Motiv zunehmend weg zu dessen öffentlicher Verantwortung als Deputierter. Er führt dem empörten Schwiegervater drei Fallbeispiele von syphilitischen Patienten vor, die die sozialen Ursachen der Krankheit zeigen.

Das Aufklärungsdrama ist dem eingangs erwähnten populären französischen Syphilisspezialisten Alfred Fournier gewidmet. Sein medizinischer Inhalt orientiert sich an Fourniers Thesen zu *Syphilis und Ehe*. Dazu gehört auch die zeitgenössisch längst umstrittene Vererbung der Syphilis vom Vater auf das Kind bei einer gesunden Mutter.[7] Medizinisch ist das Drama also nicht auf dem neusten Stand; stattdessen enthält es durchweg positive Prognosen. Voraussetzung für eine erfolgreiche Behandlung ist allerdings, dass die medizinischen Anweisungen des Arztes befolgt werden; d. h. vor allem: Nach der Ansteckung ist eine Wartezeit vor der Eheschließung einzuhalten; und es muss eine Behandlung durch einen ausgewiesenen Arzt – und nicht etwa einen ‚Kurpfuscher' – erfolgen.

---

6 Vgl. Petra Ellenbrand, *Die Volksbewegung und Volksaufklärung gegen Geschlechtskrankheiten in Kaiserreich und Weimarer Republik* (Marburg: Görich & Weiershäuser, 1999), 154-158; ausführlich Lutz Sauerteig, *Krankheit, Sexualität, Gesellschaft: Geschlechtskrankheiten und Gesundheitspolitik in Deutschland im 19. und frühen 20. Jahrhundert* (Stuttgart: Steiner, 1999), 213-215.

7 Vgl. Schonlau, *Syphilis in der Literatur*, 192-194.

Welche ästhetische Strategie verfolgt dieses Stück in Bezug auf Syphilis? Erstmals in einer Ästhetik erwähnt wird die Geschlechtskrankheit in Karl Rosenkranz' Monographie *Die Ästhetik des Hässlichen* aus dem Jahre 1853. Als Nachhegelianer ordnet Rosenkranz die Syphilis dem ‚Geisthäßlichen' – aufgrund der ‚lebendigen Verwesung' – und darüber hinaus dem Ekelhaften zu. Ekel entspricht der traditionellen ästhetischen Besetzung der Syphilis. Die Frage ist, wie der Ekel in welchem ästhetischen Kontext funktionalisiert wird. Solange das Ideal des Schönen und Guten literarisch dominiert, gehört Syphilis zweifellos zu den ‚niedrigen Stoffen' und wird als komisches und/oder derbes Nebenmotiv eingesetzt. Erst 1881 steht in Henrik Ibsens Enthüllungsdrama *Gengangere* (*Gespenster*) mit der progressiven Paralyse Oswald Alvings eine syphilitische Spätkrankheit im Mittelpunkt eines Theaterstücks. Die Geschlechtskrankheit erhält hier – allerdings als ‚Erbe der Väter' – die Dignität eines Tragödienstoffes. Dessen Darstellung zeichnet sich dadurch aus, dass die Geschlechtskrankheit namentlich nicht erwähnt wird. Der kranke Oswald wertet sogar das Wort „Gehirnerweichung" ästhetisch auf, wie die progressive Paralyse umgangssprachlich bezeichnet wird:

> „Osvald Alving: […] Denn es braucht nicht gleich tödlich zu sein, sagte der Arzt. Er nannt' es eine Art Gehirnerweichung oder so ähnlich. *Lächelt schwermütig.* Ich finde, der Ausdruck klingt so schön. Ich muß dabei immer an Vorhänge von kirschrotem Seidensammet denken, – an etwas, woran sich's delikat herunterstreichen läßt."[8]

„Gehirnerweichung", wie hier übersetzt wird, ist ein veralteter Ausdruck der Medizin.[9] In Ibsens Stück geht es allerdings um verkrustete Gesellschaftsstrukturen, so dass die Absenz des Krankheitsnamens die bürgerlichen Sprachnormen repräsentiert. Und Oswalds sinnliche Ästhetisierung zeigt bereits die pathologische, merkwürdig intime Außenseiterperspektive des Kranken.

Für Brieuxs Stück *Les Avariés* gilt dies gerade nicht. Im Gegensatz zu Ibsens Enthüllungsdrama ist hier die Funktion der Krankheit außerliterarisch und dient der sozialhygienischen Prophylaxe. Dadurch muss das Stück Syphilis thematisieren und eine entsprechende ästhetische Strategie zur Zuschauerinformation entwi-

---

8   Ibsen, Henrik. *Sämtliche Werke in deutscher Sprache.* Erste Reihe, 10 Bde, vom Dichter autorisiert, durchgesehen und eingeleitet von Georg Brandes, Julius Elias und Paul Schlenther; Zweite Reihe, nachgelassene Schriften, 4 Bde, hg. von Julius Elias und Halvdan Koht. (Berlin: S. Fischer, 1898-1909), Reihe 1, Bd. 7 (1901), 85 f.; Henrik Ibsen, *Samlede Verker*, 10 Bde., hg. Didrik Arup Seip (Oslo: Gyldendal, 1952), Bd. 4, (1952), 282. „For det behøver ikke å ende dødelig straks, sa lægen. Han kalte det et slags bløthet I hjernen – eller noe slikt. (smiler tingt.) Jeg synes det uttrykk høres så smukt. Jeg kommer alltid til å tenke på kirsebærrøde sikefløyels draperier, – noe som er delikat å stryke nedad."

9   Schonlau, *Syphilis in der Literatur*, 133, 182.

ckeln. Denkbar sind hier zwei Strategien, zum einem eine plakative Ästhetik des Schreckens, um den Theaterbesucher von sorglosen Sexualkontakten abzuhalten, zum anderen eine besondere ästhetische Behutsamkeit, um nicht gegen bürgerliche Anstandsvorstellungen zu verstoßen. Brieux entscheidet sich für letztere Strategie; der Text zeigt deutlich, dass das ästhetische Potential Syphilis an Ekel an keiner Stelle ausgeschöpft werden soll. Auch in der größten Verzweiflung beschreibt der Syphilitiker sich oder die progressive Krankheit nicht als ekelhaft:

> „Ja ... ja ... ich weiß ... die Haare fallen aus, Kamillentee als Cocktail, der Rollstuhl auf dem Trottoir mein Automobil, eine Stange mit Griff als Lenkstange in der Hand, dahinter ein Wärter zum Schieben ... Und dabei mache ich ga – ga – ga – ga ... (Weinend.) Das ist der Überrest des schönen Raoul ...; ich war ja der schöne Raoul!...“[10]

Eine Klage über ausgefallene Haare, Rollstuhl und retardierende Sprache erscheint angesichts der Möglichkeit von Inkontinenz, Impotenz und der berüchtigten Schamlosigkeit des Paralytikers vergleichsweise dezent.[11] Der Arzt, ungebrochene Identifikationsfigur des Autors, argumentiert gerade gegen die fatale Tabuisierung aufgrund der ‚ekelhaften' Natur der Krankheit:

> „Da sehen Sie, das wahre Heilmittel besteht in einer Änderung der Sitten. Es muß ein Ende damit gemacht werden, daß man die Syphilis wie eine geheime Krankheit behandelt, deren Namen man nicht einmal aussprechen darf...“[12]

Aufklärung heißt hier also inhaltliche Information und nicht Schrecken. Die aufklärerische Botschaft kommt allerdings nicht in jedem Fall an. Einerseits avanciert das Stück z. B. im Hamburger Schiller-Theater „zum beliebtesten Stück der Spielzeit 1912/13“,[13] so dass ein befriedigtes Rezeptionsinteresse vorausgesetzt werden kann.

---

10 Eugène Brieux, Die Schiffbrüchigen [Les Avariés]. Ein Theaterstück in drei Akten. Mit einer Vorrede von Prof. Dr. med. Max Flesch (Berlin: Bühnenverlag Ahn & Simrock, 1914), 8. „Qui... oui... je sais... Les cheveux qui tombent, la camomille comme cocktail, la petite voiture sur le trottoir comme automobile, avec une tige à poignée comme volant de direction et un larbin derrière pour l'avance à l'allumagne... Et je ferai ga, ga, ga, ga... (Pleurant.) Voilà ce qui restera du beau Raoul..., car j'étais le beau Raoul!...“ Eugène Brieux, Théatre Complet, 9 Bde., Bd. 6 (Paris: Librairie Stock, 1923), 12.

11 Vgl. Schonlau, Syphilis in der Literatur, 104.

12 Brieux, Die Schiffbrüchigen [Les Avariés], 71. „Vous le voyez, monsieur, le vrai remède est dans une modification des mœurs. Il faudrait qu'on cessât de traiter la syphilis comme un mal mystérieux dont on ne doit même pas prononcer le nom... “ Brieux, Théatre Complet, Bd. 6, 93.

13 Jan Lazardzig, „Inszenierung wissenschaftlicher Tatsachen in der Syphilisaufklärung. Die Schiffbrüchigen im Deutschen Theater zu Berlin (1913),“ Der Hautarzt 53 (2002),

Andererseits ist dieses sehr explizit angelegte Stück auch nicht vor Rezipienten wie dem Modefotografen Erwin Blumenfeld gefeit, der in seiner Biographie bekennt, aufgrund der ‚nur symbolischen' Darstellung nichts verstanden zu haben.[14] Und natürlich gibt es Literaturkritiker, die das Stück ‚ekelhaft' finden – ganz abgesehen von seiner verheerenden künstlerischen Bewertung.[15] Unabhängig von der Rezeption ist aber festzuhalten, dass der Text ästhetisch nicht mit Ekel oder Schrecken arbeitet. Wie eingangs erwähnt, avanciert dieses Drama zum Archetypus der sozialhygienischen Antisyphilis-Literatur, so dass diese Form der Darstellung die nachfolgende Antisyphilis-Literatur in hohem Maße ästhetisch prägt. Es richtet sich gerade gegen zweifelhaften Aktionismus, der aus der panischen Angst vor Syphilis entsteht, d. h. gegen eine plakative Ästhetik des Schreckens.

2   Ästhetik der Hygienebewegung

Gleichzeitig, so hat die Forschung herausgestellt, ist jedoch Abschreckung die entscheidende Strategie der Hygienebewegung. Da Werbung für Schutzmittel gegen Geschlechtskrankheiten wie Kondome verboten war, setzten die Verantwortlichen auf Abschreckung.[16] Abschreckung bedeutet im Fall der Syphilis visuellen Schrecken und Ekel. So war es...

> „Ziel der Ausstellungen [...], den Besucher auf möglichst anschauliche und eindringliche Weise die schrecklichen Symptome von Geschlechtskrankheiten sinnlich erfahrbar vor Augen zu führen. Das durch das Betrachten der Moulagen hervorgerufene Erschaudern, so glaubte man, werde die Besucher zu einer Änderung ihres Sexualverhaltens bewegen."[17]

Auf der ‚I. Internationalen Hygiene-Ausstellung' in Dresden 1911 (6. Mai – 13. Oktober 1911) gestaltet die ‚Deutsche Gesellschaft zur Bekämpfung der Geschlechtskrankheiten' einen Pavillon. Schutzmittel dürfen nicht gezeigt werden. Aber in einem für Jugendliche nicht zugänglichen Raum werden Abbildungen und Moulagen von Geschlechtsteilen gezeigt. Der Besucherstrom ist erstaunlich groß und wird mit der öffentlichen Ausstellung von Geschlechtsteilen erklärt, die sonst nicht sichtbar

---

270.
14   Ibid., 273.
15   Ibid.
16   Sauerteig, *Krankheit, Sexualität, Gesellschaft*, 209.
17   Ibid., 211.

sind. Die ästhetische Strategie wird explizit formuliert: „Wir wollen ja abschrecken", erklärte der Vorsitzende Albert Neisser auf einer Mitgliederversammlung zur Dresdner Hygieneausstellung.[18] Folgerichtig trägt der separierte Raum mit den Genital-Moulagen, den der Dresdner Dermatologe Eugen Galewsky betreut, im Volksmund den Namen ‚Galewskys Schreckenskammer'.[19]

Diese Strategie des Schreckens verfolgen auch spätere Ausstellungen nach dem Krieg. Die Deutsche Gesellschaft zur Bekämpfung von Geschlechtskrankheiten veranstaltet beispielsweise vom 5. bis zum 21. September 1919 eine Ausstellung in Augsburg mit medizinischen Vorträgen. Parallel zu der sozialhygienischen Literatur entstehen medizinisch-informative, aber auch fiktionale Aufklärungsfilme, die in der Regel von der Deutschen Gesellschaft zur Bekämpfung von Geschlechtskrankheiten unterstützt werden.[20] Hier wird Richard Oswalds erfolgreicher Aufklärungs-Stummfilm *Es werde Licht* (1917) schnell zum Maßstab.[21] In den Zeitungsanzeigen wird ausdrücklich daraufhin gewiesen, dass dieser Film „mit Unterstützung der Deutschen Gesellschaft zur Bekämpfung der Geschlechtskrankheiten" gezeigt wird.[22] Nicht zuletzt, weil derartige Ankündigungen mit Inhaltsangaben und Rezensionen dieser Filme in den Zeitungen erscheinen, ist das Thema in aller Munde.

Das fällt auch einem ästhetisch interessierten Literaten wie Bertolt Brecht auf. Er schreibt im Jahre 1919 über die Aufklärungsfilme im Artikel *Aus dem Theaterleben*: „Wenn die Kinos weiterhin solche Schweinereien wie eben jetzt spielen dürfen, dann geht bald kein Mensch mehr in die Theater rein."[23] Aus dem Kontext des Artikels geht hervor, dass Brecht sich auf Aufklärungsfilme über die sogenannten

---

18 Albert Neisser, „Begrüßungsrede des Vorsitzenden Herrn Geheimrat Neisser zur VIII. Jahresversammlung zu Dresden am 9./10. Juni," *Mitteilungen der deutschen Gesellschaft zur Bekämpfung der Geschlechtskrankheiten* 9 (1911), 75-78; Zitiert nach Sauerteig, *Krankheit, Sexualität, Gesellschaft*, 211.

19 Ibid., 212.

20 Vgl. Anita Gertiser, „Der Schrecken wohnt im Schönen: Darstellung devianter Sexualität in den Aufklärungsfilmen zur Bekämpfung der Geschlechtskrankheiten der 1920er-Jahre," *zeitenblicke* 7, Nr. 3 (2008) http://www.zeitenblicke.de/2008/3/gertiser/index_html (abgerufen am 17. September 2012); auch dies., „Ekel. Beobachtungen zu einer Strategie im Aufklärungsfilm zur Bekämpfung der Geschlechtskrankheiten der 1920er Jahre," *figurationen. Gender literatur kultur* 1 (2008), 61-75.

21 Gertiser, „Der Schrecken wohnt im Schönen," *zeitenblicke*, 217 f.

22 So z. B. in der Voranzeige des Theaterstücks ‚Die Schiffbrüchigen' in der Zeitung ‚Vorwärts' vom 24. Juni 1913.

23 Vgl. den Kommentar zur Entstehung: Bertolt Brecht, „Lux in tenebris," in *Werke. Große kommentierte Berliner und Frankfurter Ausgabe*, hg. Werner Hecht et al., 30 Bde., (Berlin/ Weimar: Aufbau; Frankfurt a. M.: Suhrkamp-Ausgabe, 1988-2000), Bd. 1, Stück I, (1989), 291-308, 576-578, hier 576.

‚gefallenen Mädchen' bezieht. Vor Geschlechtskrankheiten wird stereotyp in Zusammenhang mit Prostitution und Alkohol gewarnt, d. h. er bezieht sich hier auf Anti-Syphilis-Filme. Das Kino überbietet – oder unterbietet – also die Ästhetik des Theaters, indem es die ästhetische Tabuschwelle senkt. Dabei, das ist Brechts Formulierung „Schweinereien" zu entnehmen, wird das Aufklärungsmaterial voyeuristisch rezipiert.[24]

3 Bertolt Brechts Antisyphilis-Komödie

Die Brecht-Forschung vermutet, dass Brecht die bereits erwähnte Augsburger Hygiene-Ausstellung im September 1919 besucht hat.[25] Im Herbst 1919 verfasst er nämlich den Einakter *Lux in tenebris*, der sich des Themas der Hygieneausstellung in Form einer Komödie annimmt. Der Titel *Lux in tenebris* weist auf den oben erwähnten erfolgreichen Aufklärungsfilm *Es werde Licht* von Richard Oswald hin.[26] Das Stück ist einer von fünf Einaktern, die Brecht im Herbst 1919 verfasst. Die Einakter sind Gattungsexperimente des jungen Dramatikers. Diese Gattung erfreute sich „in der Zeit des sich etablierenden Kinos großer Beliebtheit".[27]

Im Gegensatz zum bekannteren Einakter *Die Kleinbürgerhochzeit* (Uraufführung 1926) gibt Brecht *Lux in tenebris* nie zur Aufführung frei.[28] Das Stück wird zu Brechts Lebzeiten weder gedruckt noch gespielt und erst 1969 in Essen uraufgeführt, nachdem 1966 ein Erstdruck bei Suhrkamp erscheint.[29] Auch in der Forschung wird *Lux in tenebris* wenig rezipiert und allenfalls als ‚Vorausdeutung' der „wichtigen Themen

---

24 Bayerdörfer weist auf Brechts poetische Verwendung des Begriffs der ‚Schweinerei' als vom Spießbürger lüstern erwartete Anzüglichkeit, die der unbürgerliche Dichter zur Unterhaltung leisten soll; Hans-Peter Bayerdörfer, „Die Einakter – Gehversuche auf schwankendem Boden," in *Brechts Dramen. Neue Interpretationen*, hg. Walter Hinderer (Stuttgart: Reclam, 1984), 249 f., 252.

25 Vgl. Brecht, *Werke*, Bd. 1, 576. Eröffnet wird die Augsburger Ausstellung von Sanitätsrat Dr. Raff, der anhand von Wachsmoulagen die Geschlechtskrankheiten erläuterte. Raff war ein Freund von Brechts Vater; ihm ist es zu verdanken, dass Brecht unter ihm im Militärlazarett arbeiten konnte, anstatt Waffendienst zu leisten. Jürgen Hillesheim, *„Ich muß immer dichten". Zur Ästhetik des jungen Brecht* (Würzburg: Königshausen & Neumann, 2005), 231.

26 Vgl. auch Brecht, *Werke*, Bd. 1, 576.

27 Hillesheim, *„Ich muß immer dichten". Zur Ästhetik des jungen Brecht*, 100.

28 Bayerdörfer, „Die Einakter – Gehversuche auf schwankendem Boden," 249.

29 Vgl. Brecht, *Werke*, Bd. 1, 576.

des späteren Werks" gesehen.[30] Geschätzt wird *Lux in tenebris* vor allem deswegen, weil es als erstes Brecht-Stück Kritik am Kapitalismus übt.[31] Brecht „bestimmt [...] erstmals das Bordellwesen als Sinnbild des kapitalistischen Tauschverkehrs."[32] Gerade diese Kapitalismuskritik reflektiert die Ästhetik der Hygiene-Ausstellung. Verkauft wird vom Veranstalter Paduk der ‚wohlige Schauer':

> PADUK Weicher Schanker eine Mark! Tripper eine Mark und sechzig! Syphilis zwei Mark fünfzig!   Nicht drängen!
> EIN MANN Ist jetzt Vortrag?
> PADUK In drei Minuten.
> EINE FRAU Ist es Wachs?
> PADUK Hier vierzig Pfennige retour. Syphilis wünschen Sie nicht?
> EINE FRAU Ist es Wachs oder ...
> PADUK Wachs und Spirituspräparate.
> DIE FRAU Dann auch Syphilis.[33]

Die naturnahe Abbildung der Krankheit durch Wachspräparate genügen der namenlosen Besucherin nicht: Zu Kauf einer Karte reizen erst die Spirituspräparate, d. h. echte menschliche Körperteile mit Syphilisbefall. Welches Rezeptionsinteresse die Besucher haben, wird explizit formuliert: „Nein, nur Syphilis. Das ist das Schaurigste, nicht wahr?"[34] Brecht legt hier in seiner Posse die Schwachstelle der Hygienekampagnen bloß: Abschreckung funktioniert nicht, wenn der Schrecken der Unterhaltung dient. Denn die Gründe für den Besuch liegen mitnichten in der Absicht der Besucher, sich aufklären zu lassen: Eine Frau erklärt: „Ich dachte mir auch, jetzt kann ich auch einmal dahergehen. Sonst gehe ich donnerstags in Kino."[35] Kino und Hygieneausstellung erscheinen als austauschbare Abendunterhaltungen, ganz wie es Brecht mit seiner oben zitierten Bemerkung über „Schweinereien" im Kino prophezeit hat.[36] Und wie reagiert das Publikum auf die ausgestellten Syphilis-Devotionalien?

---

30   Hillesheim, *„Ich muß immer dichten".* Zur *Ästhetik des jungen Brecht*, 109.

31   Vgl. Brecht, *Werke*, Bd. 1, 576.

32   Isabelle Siemes, *Die Prostituierte in der Literarischen Moderne 1890-1933* (Düsseldorf: Hagemann, 2000), 189.

33   Brecht, *Werke*, Bd. 1, 293.

34   Ibid.

35   Ibid.

36   Vgl. dazu ausführlich Schmidt, der die Bedeutung von Lichtspiel/Kino für den Einakter betont. Dietmar Schmidt, *Geschlecht unter Kontrolle. Prostitution und moderne Literatur* (Freiburg im Breisgau: Rombach, 1998), 362-368.

DIE LEUTE Mir ist ganz übel. – Ich habe mich erbrochen. Gut, daß Kübel aufgestellt sind. – Ich sage dir: der Ekel danach, das ist geradeso wie der, wenn man aus einem Bordell selbst kommt.[37]

Wird die Rezeptionsqualität des Besuches einer Hygieneausstellung synonym zum Bordellbesuch gesetzt, erscheint der Ekel nur als physiologische Reaktion auf die drastische Aufklärung, nicht als Einsicht in die hygienische Gefährdung. Die einzigen Personen, bei denen die Abschreckung wie gewünscht funktioniert, sind die Prostituierten, die sich nach einer fulminanten Rede Paduks ‚heulend' ins Bordell flüchten.

Der Veranstalter Paduk wird bei Brecht auch nicht von aufklärerischen Gedanken beseelt, sondern von einer phantasievollen Rachestrategie: Er wurde vor seiner Tätigkeit aus dem Bordell am Ende der Gasse hinaus geworfen. Die Hygieneausstellung ist für ihn nur eine einträgliche Möglichkeit, die Gasse zu beleuchten, so dass das Bordell keine Besucher mehr hat. Die Bordellmutter Frau Hogge weist Paduk daraufhin, dass die Aufklärung ‚ihrer Mädchen' die Prostitution verhindere und damit auch seine Geschäftsgrundlage unterminiere. Paduk wird daraufhin Teilhaber in ihrem Bordell.[38] Und plant in seiner letzten Figurenrede bezeichnenderweise ein „Kino für Aufklärungsfilme".[39]

Literaturgeschichtlich gesehen ist es geradezu konventionell, Syphilis als komisches, anzügliches Motiv zu verwenden, schon Shakespeare tränkt sein Werk mit Anspielungen auf die „pox".[40] Als pikanter Vorwurf an Freier und Prostituierte – gerne auch religiöse Würdenträger – hat die sexuell übertragbare Krankheit lange vor dem ästhetischen Paradigmenwechsel im 19. Jahrhundert Eingang in die Literatur gefunden.[41] Bei Brecht sind es aber dezidiert die medizinischen Aufklärungsbemühungen, die der Lächerlichkeit preisgegeben werden. Dabei erscheint das Aufklärungsbemühen nicht als naiv, sondern als verlogen und die Rezipienten nicht als übereifrig-bigott, sondern als sensationslüstern. Es sind die Menschen („DIE LEUTE"!), welche – mit Ausnahme der Prostituierten – verächtlich erscheinen, nicht die medizinische Aufklärung selbst. Und Brechts Gesellschaftskritik ist nicht

---

37 Brecht, *Werke*, Bd. 1, 297.
38 Schmidt sieht hier einen Mechanismus dargestellt, bei dem die sozialhygienische Aufklärung zu weiterer Verbreitung der Syphilis führt. Das mag für die literarische Darstellung der Antisyphilis-Konferenz gelten, in Brechts Stück gibt es aber nach der Aufklärung nicht mehr Prostitution, sondern genauso viel wie vorher. Die zusätzliche Option ist das Aufklärungskino für Voyeure. Schmidt, *Geschlecht unter Kontrolle*, 364.
39 Brecht, *Werke*, Bd. 1, 308.
40 Schonlau, *Syphilis in der Literatur*, 50-54.
41 Ibid., 60-76.

nur Kapitalismuskritik, wie die Forschung bislang annimmt, sondern auch ganz wesentlich Kritik an der menschlichen Sensationslust, die heute unter Voyeurismus fällt und im Mittelalter als sündige ‚Schaulust' verdammt wird.

4 Brieux versus Brecht

In bezug auf das sozialhygienische Anliegen ist Brecht nicht weniger Moralist als Brieux, wenn ihre ästhetische Darstellung der Syphilis auch denkbar gegensätzlich ist. Dazu seien der dramenpoetische Ansatz der Autoren, die werkgeschichtliche Stellung der beiden Stücke und ihre Position in der Literaturgeschichte der Syphilis kurz zueinander ins Verhältnis gesetzt.

Der frühere Bankangestellte und spätere Journalist Eugène Brieux hat mit sozial ambitionierten Thesenstücken bzw. Tendenzdramen in Paris Erfolg. Der Durchbruch gelingt ihm 1892 mit dem Stück *Blanchette*, das von André Antoine am Théâtre libre aufgeführt wird und sich mit dem Problem der Arbeitslosigkeit befasst. Brieuxs erfolgreichstes Stück *Les Avariés* wird zu seiner mittleren Schaffensphase gezählt, in der er u. a. in *Les Remplaçents* (1901) das „Ammenunwesen"[42] kritisiert und sich in *Maternité* (1903) den Mutterschutz auf die Fahnen schreibt.[43] Hier hat ein Dramenautor seinen Gegenstand und daraus resultierend auch seine Dramenform gefunden: Brieuxs Thesenstücke stehen in der französischen Tradition der sozial engagierten Naturalisten, allerdings ohne inhaltlich oder dramenpoetisch innovativ zu sein. Die Stücke leben von der Dignität des sozialpolitischen Anliegens. Ein Thesenstück ist hinsichtlich seiner poetischen Qualität ohnehin tendenziell gefährdet, da seine Funktion sich allzu schnell auf das Außerliterarische beschränkt. So urteilt auch Eric Bentley 2008: "The social drama, as practiced by nongeniuses such as Brieux, ran into fatal clichés."[44] Entsprechend sind auch Brieuxs Figuren in *Les Avariés* mit einer Ausnahme die Prototypen der sozialhygienischen Aufklärung: Eine ideale Arztgestalt, ein aufklärungsbedürftiger, (natürlich) männlicher Syphilitiker, eine gefährdete Amme vom Land und ein erbärmlich krankes Baby bilden gemeinsam mit einer jungen, unschuldigen Ehefrau

---

42 Günter Möller, *Henry Becque und Eugène Brieux, Das naturalistische und das Thesendrama, eine Untersuchung über ihr Wesen und ihr Verhältnis zueinander* (Breslau: R. Nischkowsky, 1937), 26.

43 Ibid., 27.

44 Eric Bentley, *Bentley on Brecht* (Evanston, Illinois: Northwestern Univ. Press, 2008), 273.

ein didaktisches Tableau. Die geringfügige Rolle der Ehefrau harmoniert gut mit ihrer Abwesenheit in den zeitgenössischen medizinischen Berichten. Originell ist vor allem die Figur der Großmutter des Kindes, welche die tragische Dimension der Situation aufzeigt: Einerseits will sie die (noch) gesunde Amme bedenkenlos dem Gedeihen des schwachen Säuglings opfern, andererseits hätte sie selbst bereitwillig ihr Leben für das kranke Enkelkind gegeben.[45] Brieuxs allzu ideale Gestalten sind dagegen nicht frei von unfreiwilliger Komik, vor allem die ermüdend souveräne und kluge Arztfigur. Der Autor stellt mit dem sozialen Thesendrama also die leicht verständliche Botschaft in den Vordergrund seiner dramatischen Arbeit, was sich zwangsläufig zu Ungunsten einer komplexen Gestaltung auswirken muss.

Bertolt Brecht ist hingegen ein junger Autor, der in seinen respektlosen Einaktern von 1919 nicht weniger um die Form als um den Inhalt ringt. Bayerdörfer sieht *Lux in tenebris* in Zusammenhang mit der Didaktik der Komödie. Brecht nutze die Komödienform gegen den hochgespannten Idealismus des Expressionismus. Die Einakter seien, „werkgeschichtlich gesehen, gekennzeichnet durch die Komplementarität zum Entwurf von *Baal*, formgeschichtlich durch den Versuch der experimentellen Erneuerung von Komödienformen und Komödiendialog auf nachexpressionistischer Grundlage."[46] Literaturgeschichtlich betrachtet ist es – wie oben erwähnt – geradezu konservativ, Syphilis als komisches Motiv in der Komödie zu verwenden. In unmittelbarer Reaktion auf den Expressionismus jedoch, der mit der Ästhetik des Ekelhaften auch die Syphilis feiert,[47] erscheint dies aber schon wieder innovativ. Hinzu kommt, dass Brecht Kritik am sensationslüsternen Voyeurismus der Gesellschaft übt. Nicht die Syphilis ist komisch oder pikant dargestellt, sondern einerseits die allzu plakative Ästhetik des Schreckens und andererseits ihre sensationsgierige Konsumierung durch ‚die Leute'. Dagegen erscheint Brieuxs Darstellung von 1901 für die Zensurbedingungen des zeitgenössischen Theaters zwar sehr provokativ, aber literaturgeschichtlich gesehen wird das Stück 20 Jahre nach Ibsens *Gengangere* verfasst, ohne ästhetisch etwas Neues zu bringen.

Daraus ergibt sich folgendes für die ästhetische Bekämpfung des Skandalösen: Die sozialhygienische Aufklärung nutzt die Gattung Drama zunächst erfolgreich zur Bekämpfung der Syphilis. Dabei steht die moderate Ästhetik des archetypischen Brieux-Stücks in deutlichem Widerspruch zu der offiziellen Abschreckungsstra-

---

45 Der Schwiegervater Duponts ist auch eine untypische Figur, dient aber vor allem dem Arzt als Stichwortgeber.

46 Bayerdörfer, „Die Einakter – Gehversuche auf schwankendem Boden," 149.

47 Vgl. zur Syphilis im Expressionismus: Schonlau, *Syphilis in der Literatur*, 381-424.

tegie der Hygienebewegung. Dass die Antisyphilisliteratur auf dem Theater nach zwanzig Jahren zum Verspotten reizt, verwundert nicht; insbesondere angesichts der plakativen Ästhetik des modernen Mediums Film. Aber es ist eben nicht die Ästhetik des populären Antisyphilis-Stücks, auf die der junge Dramatiker Brecht reagiert, obwohl sich das angesichts der Differenzen zwischen Brieux und Brechts Dramenpoetik sehr angeboten hätte. Was Brecht reizt, ist vielmehr die tatsächliche Schwachstelle der Abschreckungsstrategie der Hygienebewegung: Wenn ‚Schrecken' und ‚Ekel' lustvoll mit wohligem Schaudern rezipiert werden, gerinnt jegliche Abschreckungsstrategie zur sozialhygienischen Komödie.

For the Love of Infectious Diseases: Medico-Historical Teaching Experiments

Irwin W. Sherman

The biochemist and Nobel laureate Arthur Kornberg (1919-2007) titled his autobiography "For the Love of Enzymes".[1] Indeed, this was entirely appropriate because his life's work was on the enzymes involved in the synthesis of DNA.

I have titled this talk "For the Love of Infectious Diseases" because like Arthur Kornberg that has been my life's work. My fascination with infectious diseases began during the time I served in the US Army and was stationed here in Germany – specifically Darmstadt and Heidelberg – and where I was assigned to a Medical Laboratory. The diseases I became acquainted with in a clinical setting were syphilis, gonorrhea, hookworm, *Ascaris, Trichura, Trichomonas* and there was even a case of bilharzia. This experience propelled me to want to do research on infectious diseases.

Quite by accident, the disease I began to study was not those I mentioned from my Army experience but malaria, and for most of my professional life I have concerned myself with the biochemistry of these blood dwelling parasites.[2]

To some of you my remarks will be preaching to the choir. For others they will seem superfluous, but despite this, my hope is that I can convince at least some of you that what we regard as important in our lives and to society may be neglected or if not neglected unappreciated by most in a world that tends to concern itself with today and is in general under the impression that most infectious diseases are either under control or soon to be eradicated.

For the past 20 years, I have asked myself how can this sorry state of unawareness be remedied? My hope is that what I have experienced in trying to make my

---

1 Arthur Kornberg, *For the love of enzymes: the odyssey of a biochemist*, (Cambridge, Mass. [u. a.]: Harvard UP, 1991).

2 Irwin W. Sherman, *The elusive malaria vaccine – miracle or mirage?* (Washington DC: ASM, 2008). Irwin W. Sherman, *Molecular approaches to malaria* (Washington DC: ASM, 2005).

love of infectious diseases something others may love and may be of value so that when you speak of your love of infectious diseases and their impact on societies, past, present and future they will listen and learn.

I have been studying malaria parasites for 50 years. Most of that work has concerned the biochemistry of the parasite.[3] My interest in the history of this epidemic disease came naturally as result of my laboratory research but it was more by accident than design that I adopted a catholic appreciation of the impact of not only this disease on Western civilization but that of others. The accident was prompted by a return to my teaching department after a stint as an Administrator. I needed a course to teach since having been an Administrator the courses I had taught previously had been taken over by others. The time of my re-entry into teaching coincided with the appearance of the AIDS epidemic. My students would not be those steeped in the sciences but rather young men and women who had specifically avoided the sciences. These non-science majors would be students in history, political science, anthropology, sociology, art, English, economics – an audience more akin to the public at large – rather than my peers.

Initially, I selected a broad range of diseases – ones that would exemplify how advances in the control of disease were achieved and by whom. It would be an historical account. It would not, I hoped, be a frightening introduction to an audience of young people who did not have a smallpox scar, believed that when they became infected there was a shot or a pill to cure the ailment, and were convinced therapies were available that would even prevent an infection. Indeed, the only serious disease of which they were aware was AIDS. Few knew of past epidemics or the likes of Jenner or Koch or Pasteur or Ehrlich. Few knew the differences between genetic and infectious diseases or that vitamin deficiency diseases were different from infectious diseases. Few knew how infectious disease influenced the exploration and colonization of Africa or how yellow fever led to the Louisiana Purchase, and the building of the Panama Canal.

How, I asked myself, can I put the past in an engaging and impressive way for those living in the present?

I provided my students with background reading. I chose the classic 'Plagues and Peoples' by McNeill[4] and it was rejected by them. Too turgid prose so typical of an historian they said. I tried 'Guns, Germs and Steel' by Diamond[5] and it too

---

3   Cf. Irwin W. Sherman, *Reflections on a century of malaria biochemistry: Advances in parasitology* (Amsterdam: Elsevier, 2009).

4   William Hardy McNeill, *Plagues and peoples* (Harmondsworth: Penguin, 1976).

5   Jared M. Diamond, *Guns, germs and steel: the fates of human societies* (New York [u. a.]: Norton, 1997).

was received with complaints of: How much of this do we have to know and how does this affect me? I selected Cartwright's 'Disease and History'[6] but it was a bit too anemic for me and for them. I was running out of sources. Eventually I decided to try to write a book that might have appeal and to provide enlightenment. In fact, I wrote two books. These books – based on several years of teaching a course entitled 'Disease and History From Bubonic Plague to AIDS' – 'The Power of Plagues' and 'Twelve Diseases That Changed Our World'[7], published by the American Society for Microbiology Press, seemed to satisfy my students. And based on book sales over the past 5 years I was able to reach an even larger audience. Why was this so?

I believe it had to do with communication at a level that could be easily understood and appreciated. The two books I wrote also have a framework that made sense to a general audience. In 'Twelve Diseases' I selected: potato blight as a disease that spawned a wave of Irish immigration and changed the politics of the United States; cholera that stimulated sanitary measures and promoted nursing; plague that promoted quarantine; smallpox for vaccination; syphilis that led to chemotherapy; malaria and yellow fever that led to vector control. The book ended with two diseases that continue to elude elimination – AIDS and influenza. I also threw in a chapter on genetic diseases – hemophilia and porphyria because I didn't want the readers to get the notion that all diseases are infectious. Indeed in the 'Power of Plagues' I dealt with vitamin deficiency diseases for the same reason. I felt the most important message I could give was: how an understanding of outbreaks of disease can better prepare us for those in our future and that the future is not bleak. This selection of diseases might not include your favorite ones but the point I am trying to make here (and in the books I wrote) is that the focus on a disease and its historical implications has to have relevance.

In the 'Power of Plagues', I felt it important that disease organisms be seen through art, music and literature. So, I introduced a lecture on typhus with the playing of Tchaikovsky's 1812 Overture or when it was time for the lecture on tuberculosis it was a poster and a short clip from the movie 'Camille'[8], and then there were the classic paintings and photographs of infectious diseases I found mostly in the Wellcome Library.

6 Frederick Fox Cartwright and Michael Denis Biddiss, *Disease and history* (London: Hart-Davis, 1972).
7 Irwin W. Sherman, *The power of plagues* (Washington, D.C.: ASM, 2006); Irwin W. Sherman, *Twelve diseases that changed our world* (Washington, DC: ASM, 2007).
8 „Camille" (Movie, USA, 1921), director: Ray C. Smallwood.

I supplemented the lectures with videos some of which were made years ago by June Goodfield in 'Quest for the Killers' and more recently in a series such as 'Secrets of the Dead'. Visuals really help.

Visuals may have influence, however, in some instances they may not be the equal of the written word. In 1935 Hans Zinsser, a Professor of the Harvard School of Medicine and an expert on typhus showed how the world was altered by a louse. He wrote 'Rats, Lice and History'.[9] Zinsser's romp through the ancient and modern worlds describes how epidemics devastated the Byzantines under Justinian, put Charles V atop the Holy Roman Empire, stopped the Turks at the Carpathians and turned Napoleon's Grand Army back from Moscow – memorialized in music with the 1812 Overture. Zinsser said, and we would agree, that infectious diseases are one of the few genuine adventures left in the world. He wrote, "The dragons are all dead. The lances grow rusty."[10] Zinsser's call to arms and his global perspective on infectious diseases was committed to the rubbish bin with the advent of DDT, antibiotics and vaccination, but his legacy is indelible in his well-written book and his admonishment that "lice, ticks, mosquitoes and bedbugs will always lurk in the shadows when neglect, poverty, famine or war lets down the defenses".[11] So, as we discuss in this conference, past encounters with epidemics will influence the future.

Some 40 years after 'Rats, Lice and History' other seminal works appeared that challenged our notions of infectious disease and history. In 1973, Alfred Crosby, a geographer and historian, told of the importance of biology not technology to explain the spread of Europeans across the globe. He coined the term: Columbian Exchange and titled his book similarly.[12] When the book appeared it was a failure and the manuscript was rejected by every publisher except an obscure press. Now 80 years of age Crosby joked that his book had been distributed by tossing it on the street with the hope that readers would stumble on it. However, over the decades a growing number of historians have come to believe that Columbus' voyages were

---

9   Hans Zinsser, *Rats, lice and history: being a study in biography* (Boston: Little, Brown, 1935) which, after twelve preliminary chapters indispensable for the preparation of the lay reader, deals with the life history of typhus fever.

10 Hans Zinsser, *Rats, lice and history: being a study in biography* (Boston: Little, Brown, 1935).

11 Hans Zinsser, *Rats, lice and history: being a study in biography* (Boston: Little, Brown, 1935).

12 Alfred W. Crosby, *The Columbian exchange: biological and cultural consequences of 1492* (Westport, Conn.: Greenwood, 1973).

one of the establishing events of the modern world. Indeed, 30 years after its publication Crosby was celebrated with a reprinting of his 'The Columbian Exchange'[13].

In 1976, Professor William McNeill of the University of Chicago wrote 'Plagues and Peoples'.[14] It became a landmark work and 35 years after its publication it still resonates profoundly in a world where the threat of epidemics remains ever present. McNeill observed that other scholars theories about the history of civilization was missing something. That something was disease. As I have noted McNeill's prose can be turgid but it can also be lyrical. Here is how he described cholera: "The speed with which cholera killed was profoundly alarming, since perfectly healthy people could never feel safe from sudden death when the infection was anywhere near. In addition the symptoms were peculiarly horrible: radical dehydration meant that a victim shrank into a wizened caricature of his former self within a few hours, while ruptured capillaries discolored the skin, turning it black and blue. The effect was to make mortality uniquely visible: patterns of bodily decay were exacerbated and accelerated, as in a time lapse motion picture, to remind all who saw it of death's ugly horror and utter inevitability."[15]

The thesis of McNeill and Crosby have been re-visited by Jared Diamond in 'Guns, Germs and Steel'[16] in 1997, a book that won a Pulitzer prize, and which was called, "artful, informative and delightful" in McNeill's review in the New York Review of Books.[17] There is also a more recent book '1493' by the journalist Charles Mann who took it upon himself to revisit those places where ecological imperialism, as he calls it, took place.[18] Mann writes about 'Evil Air',malaria and yellow fever, in such an engaging way that even a life cycle becomes literature: "Although the parasite consists of but a single cell, its life story is wildly complex; it changes outward appearance with the alacrity of characters in a Shakespearean comedy. From a human point of view, though, the critical fact is that it is injected into our flesh by mosquitoes. Once in the body, the parasite pries open red blood cells and climbs inside. Floating about in the circulatory system like passengers in so many submarines, the parasites reproduce

---

13   Alfred W. Crosby, *The Columbian exchange: biological and cultural consequences of 1492. 30. anniversary edition*, edited by Alfred W. Crosby, Jr. (Westport, Conn. [u. a.]: Praeger, 2003).

14   William Hardy McNeill, *Plagues and peoples* (Harmondsworth: Penguin Books, 1976).

15   William Hardy McNeill, *Plagues and peoples* (Harmondsworth: Penguin Books, 1976).

16   Jared M. Diamond, *Guns, germs and steel: the fates of human societies* (New York [u. a.]: Norton, 1997).

17   William H. McNeill and Jared Diamond, "Guns, Germs, and Steel – The Fates of Human Societies." *The New York review of books* 8 (1997), 48-51.

18   Charles C. Mann, *1493: how Europe's discovery of the Americas revolutionized trade, ecology and life on earth* (London [u. a.]: Granta, 2011).

in huge numbers inside the cell. Eventually the burgeoning offspring burst out of the cell and pour into the bloodstream. Most of the new, parasites subvert other red cells, but a few drift in the blood waiting to be sucked up by a biting mosquito. When a mosquito takes in Plasmodium, it reproduces yet again inside the insect, taking on a different form. The new parasites squirm into the mosquito's salivary glands. From there, it injects them into its next victim, beginning the cycle anew"[19].

Mann writes: "Malaria had impacts beyond the immediate suffering of its victims, It was an historical force that deformed cultures, an insistent nudge that pushed societies to answer questions in ways that today seem cruel and reprehensible".[20] Of course, he was referring to slavery and colonialism and their effects on culture particularly in the American South, the Civil War, the War of Independence, the construction of the Panama Canal and the Louisiana Purchase.

Then too there is the 1985 book by Henry Hobhouse called 'Seeds of Change' which sounded the same alarm as did Crosby dealing as it does with the historical impact of 5 plants and their diseases.[21]

These writers who are scientists, journalists and historians provide us with examples that we should emulate, lest as Zinsser said, our lances grow rusty in the corner. I know I tried to do this in 'Twelve Diseases' where there is not a single illustration yet it garners a much larger audience than 'The Power of Plagues' with its profuse illustrations. The message I bring to you today is first that good ideas will not catch on unless they are well written and intelligible and second do not be disappointed by some negative responses to your work – be fearless, you may be ahead of your peers.

Recently the actor Alan Alda, whom some of you may be familiar with in the TV series MASH, has given tips on communicating science to a general audience. He likens it to going on a first date. When speaking to your date be attractive, use body language, voice and eye contact to grab the audience in the first two minutes. If you fail in the first two minutes, you are doomed. Be infatuated with the subject, be emotional, tell stories and personal anecdotes so the ideas remain in the mind of your date and finally connect with that person (or the audience) by listening and responding to their questions and comments. I like to think of lecturing as having a conversation with many lovers. And, I try to do the same with my writing.

19   Charles C. Mann, *1493: how Europe's discovery of the Americas revolutionized trade, ecology and life on earth* (London [u. a.]: Granta, 2011).
20   Charles C. Mann, *1493: how Europe's discovery of the Americas revolutionized trade, ecology and life on earth* (London [u. a.]: Granta, 2011).
21   Henry Hobhouse and David Elliston Allen, *Seeds of change: five plants that transformed mankind* (London: Sidgwick & Jackson, 1985).

It took me several years and having many guest lecturers when I didn't feel as competent with that particular disease to get the course I taught, 'Disease and History: From Bubonic Plague to AIDS', under my control. But having confidence I still felt that there was something missing. So I borrowed from a Professor named Richard Eakin at the University of California at Berkeley who found his zoology students bored with his introductory lectures. To enliven his lectures he decided to impersonate those who had been 'giants' in biology. People such as Pasteur, Mendel, Harvey, and Beaumont. He dressed up, used make up and acted as if he were that scientist speaking at that time in the past. He called his lectures: Great Scientists Speak Again.[22] It was a success! It was even televised.

Though I have no dramatic training and do not consider myself an actor of any sort, I took it upon myself to try such a theatrical approach. During one summer, I wrote 9 scripts for Linus Pauling, Ignaz Semmelweiss, Robert Koch, Paul Ehrlich, Ronald Ross, John Snow, Joseph Goldberger, Macfarlane Burnet and Ronald Ross. I obtained vintage clothing, spectacles, moustache, beard, pith helmet and a variety of other props so as to be as authentic as the character I was to portray. I purchased a plague doctors mask and donned a black robe and tri-corner hat. On the schedule of lectures, I listed each as if they were to be a guest lecturer and when it came time for that impersonation, I strode into the lecture hall unannounced and in costume. I couldn't see myself doing 9 impersonations in one semester so I chose just a few. Here is what I looked like as Ehrlich, Koch, Ross and a Plague Doctor.[23]

Fig. 1-2 The author as a 'Plague Doctor' – and as 'Paul Ehrlich', copyright Irwin Sherman

---

22 Richard Marshall Eakin, *Great Scientists Speak Again* (Berkeley, Univ. Calif. Pr., 1975).
23 From: *Great Scientists Speak Again II*, by Irwin Sherman.

I won't trouble you with my trying to put on a German, British or New York accent as I did in those days. Suffice it to say that despite the bad accents the students did enjoy the performance, perhaps even more so without it being a perfect impersonation. For me the most gratifying part of becoming an historical character was that the students began to appreciate the subject at hand and there was not a yawn in the house.

The impersonations were not the best format for communicating lots of information but I hoped it would leave them with a lasting impression and that they would see how infatuated I was with the subject. I found the audience to be connected because my commitment to their understanding was clear. Certainly these performances were not up to the standards they would find in a Hollywood movie or on TV but despite this failing the audience was (or at least I hoped) aware of the adventure of discovery I was taking them on … and to a certain degree they were experiencing the past – they were there.

Fig. 3-4 The author as 'Ronald Ross' – and as 'Robert Koch' , copyright Irwin Sherman

I mentioned earlier on that I tried to use McNeill's classic book 'Plagues and Peoples' for this undergraduate course and it failed miserably with them but not for me. Indeed, years before I began teaching the course Disease and History I had become acquainted with that book and McNeill's idea that it was smallpox that led to the success of the Conquistadors. But, as the paleontologist George Gaylord Simpson noted "Science is a study of errors slowly corrected", and so very recently

I came across a video that questioned McNeill's thesis. I don't know whether this video called 'The Great Inca Rebellion' has greater merit but I was impressed by the scholarship that went into it and the fact that the anthropologists and forensic scientists were able to rewrite history. Guillermo Cock and his team of anthropologist have examined 70 skeletons dated to the time of Pizarro's siege of Lima and have claimed that the bones show telltale signs of battle injuries and as such provide fresh insight into the Incas demise. This work is published in 2010 in Paleo-anthropology yet not a single mention is made of McNeill's thesis or that reiterated by Diamond and me. This would seem in my humble opinion not to be the entire story of the decline of the Inca Empire and surely there must be other factors but as with McNeill's thesis it does cause a bit of a stir and our preconceived notions are challenged anew. This is the dynamic of historical exploration into disease. That is what we were about to do in the next few days. In closing let me once again suggest that as you challenge us with your discoveries please infatuate us, connect with us, and do so in a very loving way.

Decamerone gelesen und fortgeschrieben

Tagebuch eines Kapitäns und Logbuch einer Schiffsärztin vor Madagaskar 2011 – Bericht über ein medizinhistorisches Lehrexperiment

Maike Rotzoll und Marion Hulverscheidt

Wir lagen vor Madagaskar
Und hatten die Pest an Bord.
In den Kesseln da faulte das Wasser
Und täglich ging einer über Bord.

Ref.:
Ahoi! Kameraden. Ahoi, ahoi.
Leb wohl kleines Mädel,
Leb wohl, leb wohl.

Wir lagen schon vierzehn Tage,
Kein Wind in den Segeln uns pfiff.
Der Durst war die größte Plage,
Dann liefen wir auf ein Riff.

Der Langhein der war der erste,
Der soff von dem faulen Nass.
Die Pest, sie gab ihm das Letzte,
und wir ihm ein Seemannsgrab.

Und endlich nach 30 Tagen,
Da kam ein Schiff in Sicht,
Jedoch es fuhr vorüber
Und sah uns Tote nicht.

An Bord keine Pest. Tagebuch des Kapitäns auf dem Frachtschiff Santa Maria

2. April 2011: vor Madagaskar

Nun liegen wir tatsächlich fest vor Toamasina, Hafenstadt von Madagaskar. Kein Riff weit und breit, vierzehn Tage sind es zum Glück auch noch nicht, und die Pest haben wir nicht an Bord. Aber da liegen wir nun auf dem offenen Meer, alles ist in Ordnung, bei uns, doch anlegen können wir nicht. Oder doch? Ich kann die Gefahr nicht einschätzen, vom Hafen aus wurde gemeldet, dass Seuchengefahr besteht. Ob die Quarantäneflagge auch bei uns gehisst sei, fragte man mich, die aus Toamasina auslaufenden Schiffe trügen alle die gelbe Flagge am Vordermast.[1] Nicht irgendeine Seuche herrscht offenbar im Hafen, es ist die Pest, und die Erkrankungsfälle auf Madagaskar nehmen bedenklich zu. Vielleicht ist es für uns gar nicht so gefährlich? Ein paar Pillen zur Vorbeugung wie bei der Malaria, und runter die Landungsbrücke? Ist es vielleicht nur das alte Lied, das in unseren Köpfen spukt? Ahoi, Kameraden, leb wohl, kleines Mädel, ein Seemannsgrab nach dem anderen und nach dreißig Tagen endlich ein Schiff in Sicht: „Jedoch es fuhr vorüber und sah uns Tote nicht." Gespenster, alte Ängste, die nichts mit unserer Situation zu tun haben?

Bei der Abfahrt in Hamburg haben wir noch gescherzt: Bloß nicht das Schifferklavier vergessen, sonst kann es verdammt langweilig werden bei Pest an Bord, und genug Getränkeflaschen, sonst fault noch das Wasser in den Kesseln... Und nun steht wirklich alles still, das Meer ist wunderschön, aber immer gleich, Wasservorräte haben wir natürlich, aber kein Mensch hat Lust, irgendwelche alten Lieder zur Quetschkommode zu grölen. Und unbehaglich ist das Ganze schon. Irgendwann müssen wir an Land. Selbst wenn wir umkehren wollten trotz der Ladung, die wir löschen wollen – die wasserbetriebenen Stromturbinen und die Photovoltaik-Anlagen werden eigentlich gebraucht – und der zehn Passagiere, die zumindest beim Einsteigen noch Madagaskar, das ferne Paradies, als Ziel hatten. Wir müssen tanken. Das Schiff hat Durst, fällt mir ein, und schon wieder schiebt sich eine Zeile des alten Seemannsliedes in mein Gehirn, „...der Durst war die größte Plage...". Der Durst, ja, der stand am Anfang der Katastrophe, damals. Die Männer tranken verfaultes Wasser, und das war's dann, letztlich. Alles Unsinn, rufe ich mich zur Ordnung, schon das Lied war wahrscheinlich pure Phantasie.

---

1 Quarantäneflagge, gelbe Flagge im Vordermast, die anzeigt, dass an Bord ansteckende Krankheiten herrschen, oder dass das Schiff aus einem verseuchten Hafen kommt, vgl. http://dic.academic.ru/dic.nsf/ger_rus/120688/Quarant%C3%A4neflagge (abgerufen am 3.3. 2015); Hartmut Goethe und Hans Schadewaldt, „Vor 600 Jahren: quaranta dies. Zur Geschichte der Quarantäneflagge," *Deutsches Ärzteblatt* 74 (1977), 2289-2291.

Wirklich Humbug, erklärt die Schiffsärztin später. Verfaultes Wasser und die Pest – kein Zusammenhang. Der Pesterreger lebt nicht im Wasser, verschmutzt, verfault, oder was auch immer. Yersinia, die alte Vampirin, braucht lebende Organismen. Sie lebt in der Speiseröhre des Rattenflohs, in der Ratte, im Menschen, was man so Wirt nennt, eben. Verfaultes Wasser, da hat der Dichter etwas durcheinander gebracht, das ist eher etwas für den Kommabazillus, Vibrio, den Choleraerreger. Auch nicht schön, natürlich, weder an Deck, noch sonst wo. Aber eben nicht die Pest. Wussten Sie, Kapitän, dass das Lied gar nicht so alt ist? Ich habe das einmal recherchiert, denn ich habe mich schon häufiger mit der Pest befasst. Das Lied ist wohl von 1934, der Verfasser heißt Just Scheu, das findet sich jedenfalls im Internet.[2] Was er damit eigentlich sagen wollte, weiß ich aber auch nicht. Vielleicht ist die Pest hier eine Metapher für die Unerreichbarkeit eines angeblichen irdischen Paradieses, Madagaskar, oder für die tödliche Gefahr des Soldatenschicksals, leb wohl kleines Mädel, Sie wissen schon. Wenn man Liedtext und Musik im Netz sucht, findet man das teilweise schon auf etwas seltsamen Seiten, Soldatenlieder und so etwas, rechtslastig. Man denkt zuerst, es muss uralt sein, denkt an die Pest, wie sie im Spätmittelalter auf Schiffen Italien erreichte. Wenn man aber genau hinschaut, dann wird klar, dass hier kein mittelalterlicher Dichter am Werk ist. Der hätte nämlich nicht verfaultes Trinkwasser als Ursache angenommen... vielleicht eher stehende Gewässer als Ursache von Miasmen. Dieser hier wusste wahrscheinlich, dass es Bakterien gibt, die in verschmutztem Wasser leben, zumindest war ihm klar, dass Schmutzwasser und Seuchen etwas miteinander zu tun haben können. Welche Seuche – so genau wollte er das vielleicht gar nicht wissen. Die Pest an Bord macht einfach mehr Effekt als die Cholera an Bord. Und das Versmaß spricht auch gegen die Cholera ...

Mehr Effekt, überlege ich. Warum? Spielt der Dichter hier mit uralten Ängsten, aus einer Zeit, in der die Cholera noch nicht existierte, die Pest aber schon? Bei mir hat's ja funktioniert, bevor mich die Schiffsärztin durch ihre historischen Kenntnisse beruhigt hatte. Das hätte mir früher mal einer erzählen sollen, mein Lehrer zum Beispiel, dass Geschichtskenntnisse als Arznei funktionieren. Allerdings, etwas Handfestes wäre mir lieber, ein Antibiotikum, das könnten die da draußen mal nehmen, dann wäre der Spuk vorbei, wir könnten landen, abladen, tanken, einladen, zurückfahren. Eindeutig Jetztzeit, klare Sache, effizient, ökonomisch, rational. Warum erlebe ich die Situation als existentiell bedrohlich, irgendwie abgründig, warum denke ich darüber nach, ob auf rätselhafte Weise der Kapitän

---

2 http://de.wikipedia.org/wiki/Wir_lagen_vor_Madagaskar (abgerufen am 3.3. 2015). Zu Just Scheu vgl. Ernst Klee, *Das Kulturlexikon zum Dritten Reich. Wer war was vor und nach 1945* (Frankfurt am Main: 2007), 520.

einer mittelalterlichen Fregatte ein Teil von mir ist, auf seinem Schiff die Pest, die Angst vor dem bösen Blick überall? Wahrscheinlich das Nichtstun, das bringt mich auf abwegige Gedanken. Vielleicht sollte ich mehr mit dieser angstlösend wirkenden Schiffsärztin reden. Später.

3. April 2011: Am Riff der schwierigen Entscheidung

Nachrichten von der Pest auf Madagaskar über Schiffsfunk. Noch mehr Opfer, die Situation wird immer bedrohlicher. Offenbar wirken die Medikamente hier nicht, wie sie sollten. Multiresistenter Keim, sagt der Mann auf der anderen Seite des Funkgerätes. Was das nur wieder ist. Im Internet versuche ich, etwas über die Situation herauszufinden. „Die Pest aus dem Mittelalter kehrt zurück", ist die Überschrift eines Artikels, den ich dort finde.[3] Na bitte, also doch. Ich hatte es gleich im Gefühl, dass es sich hier irgendwie um eine alte Bedrohung handelt. Und um eine erhebliche Bedrohung, schließlich war man im Mittelalter ganz unwissend und machtlos gegenüber Krankheiten. Kann sich denn so etwas wiederholen, trotz des ganzen Fortschritts? Geht das alles gerade wieder von Null los, ist das hier ein Kreislauf? Die Leute, die krank sind, wird das kaum interessieren, auch wenn es wieder neuen Fortschritt gibt, so sind sie doch jetzt in Gefahr. Und wenn Medikamente nicht helfen, was kann man dann überhaupt tun, um die Seuche einzudämmen? Quarantäne, klar, irgendwelche Abriegelungen, klingt vorsintflutlich. Ist wohl eine ganz schön alte Maßnahme, aber diese Quarantäneflaggen gibt es schließlich auch bis heute. Also, zurück ins Mittelalter, zurück in die Zukunft. Mir reicht es.

Später sitze ich mit der Ärztin zusammen. Und Sie? Warum haben Sie keinen Rat für die Leute im Inselstaat? Schutzkleidung an und dann man ran ans Krankenbett! Sie haben doch Medizin studiert, sage ich etwas gereizt. Das ist ungerecht, natürlich, wir leben nicht mehr in der Kolonialzeit und brauchen nicht anzunehmen, dass die Eingeborenen nur Geistheiler haben, keine studierten Leute. Zum

---

3 Artikel von Januar 2011: www.paradisi.de/Health_und_Ernaehrung/Erkrankungen/ Pest/ News/38258.php (abgerufen am 3.3. 2015). Weitere im Internet verfügbare Artikel zur Pest in Madagaskar 2011: http://www.focus.de/panorama/welt/gesundheit-fuenf-pestopfer-in-madagaskar_aid_586481.html (abgerufen am 3.3. 2015); http://www.n-tv.de/panorama/Pest-fordert-mehr-Todesopfer-article2683521.html (abgerufen am 3.3. 2015); www.sueddeutsche.de/ panorama/ rueckkehr-einer-seuche-pesttote-auf-madagaskar-1.1063892 (abgerufen am 29. Februar 2012); www.spiegel.de/panorama/ gesellschaft/0,1518,748612,00. html (abgerufen am 3.3. 2015). Artikel mit Hinweis auf evtl. resistenten Keim: www.welt.de/gesundheit/ article13025762/Auf-Madagaskar-wuetet-wieder-die-Pest.html (abgerufen am 3.3. 2015); www.sueddeutsche.de/panorama/ seuche-auf-dem-vormarsch-ueber-pesttote-auf-madagaskar-1.1079740 (abgerufen am 3.3. 2015).

Glück ist die Ärztin nicht verärgert. Ja, schön wär's, sagt sie, der passende Rat zur rechten Zeit, ich die einzige, die durch ihr profundes und fortschrittliches Wissen Menschenleben retten kann. Wir möchten ja immer gerne glauben, dass unsere rationalen Maßnahmen auch einer absoluten Logik entsprechen, die Wahrheit widerspiegeln. Tun sie das nicht? Jetzt verunsichert mich diese Frau, von wegen Beruhigung durch Geschichtskenntnisse.

Ganz schön lange her, sagt sie, dass ich mal ein Antibiotikum, verordnet habe. Ich wüsste zwar schon, wie es geht, schließlich bin ich ja Ärztin. Aber wenn's nicht hilft.... Was haben Sie denn die letzten Jahre gemacht, frage ich perplex. Ich dachte, Ärzte tun kaum etwas anderes, als Antibiotika verordnen. Ob das wohl so stimmt, stellt sie meine Aussage infrage.[4] Ach wissen Sie, ich habe ohnehin Jahre lang etwas ganz anderes gemacht. Ich habe zwar Medizin studiert, doch dann war ich lange Zeit als Medizinhistorikerin tätig. Ich gehörte zu diesem kleinen gallischen Dorf von Leuten, die sich für die Medizin früherer Zeiten interessieren, und die nicht glauben, dass Fortschritt wirklich so gradlinig funktioniert, wie sich das die praktisch tätigen Ärzte und die Grundlagenwissenschaftler so vorstellen. Mein Lieblingsgebiet war die Pest, sie lachte unerfindlicherweise. Deswegen bin ich hier. Als bei mir mal wieder ein Stellenwechsel anstand und ich eine neue Herausforderung suchte, las ich im Ärzteblatt die Ausschreibung der Schiffsarztstelle für die Route nach Madagaskar. Abenteuer, Madagaskar, die Pest an Bord, irgendwie übte das einen Zauber auf mich aus, tja, so kann's kommen. Nun sind wir hier und tatsächlich mit der Pest konfrontiert.

Ich war schon drauf und dran, sie zu fragen, ob ihr die Geschichte nun in der konkreten Situation weiter helfe, aber dann fand ich eine solche Frage doch zu intim. Hm, Medizingeschichte, wie interessant, sagte ich, und dann entstand eine Gesprächspause.

Jahrelang habe ich Seminare zum Thema Pest angeboten, sagte sie schließlich, vielleicht könnte Sie das ja sogar wirklich interessieren. Ein Blick hinter die üblichen Klischees schadet ja manchmal nicht. Die Ärzte mit dieser skurrilen Schnabelmaske, die völlige Ratlosigkeit im ach so finsteren Mittelalter... da kann man vielleicht auch einmal differenzierter hinschauen. Man kann vielleicht verstehen, warum wir nicht mehr an die Vier-Säfte-Lehre glauben, bei Pest nicht sofort an einen Fäulnisprozess in der Herzgegend denken, und warum trotzdem der Schrecken des

---

4 Neueste Studien, wie etwa der von der Bertelsmann Stiftung in Auftrag gegebene *Faktencheck Antibiotika* zeigen, dass deutsche Ärzte gar nicht so oft Antibiotika verordnen wie Ärzte anderer Nationen, es allerdings große regionale Unterschiede sowie differente Verschreibungspraktiken bei den jeweiligen Facharztgruppen gibt, vgl. www. faktencheck-gesundheit.de (abgerufen am 3.3. 2015).

‚Schwarzen Todes' noch in uns nachhallt. Ludwik Fleck... sagte sie, und ihr Blick
glitt ins Weite, kam schließlich auf dem unendlichen Meer zur Ruhe. Ihr Gesicht
nahm einen träumerischen Ausdruck an, den ich bei dieser rational wirkenden
Frau gar nicht erwartet hatte. Ja, Ludwik Fleck, fuhr sie schließlich fort – haben
Sie von ihm gehört?

Nein, bisher bin ich wohl auch ohne ihn ausgekommen. Ich war ja auch noch
nie in einer solchen Situation, zur Untätigkeit verdammt durch eine Seuche. Er
muss eine Art Pestheiliger sein, Ihrer andächtigen Stimmung nach, dieser Ludwik
Fleck. Als rauer Seemann hatte ich das Bedürfnis, die fast romantische Ruhe ihrer
vagen Andeutungen zu durchbrechen, fand mich aber dann doch zu brüsk einer
Frau gegenüber. Na, sagen Sie schon, Zeit haben wir ja, was hat er denn entdeckt,
dieser Fleck? Eine Impfung gegen die Pest vielleicht? Haben Sie darüber Ihren
Studenten berichtet?

Das brachte sie dann doch zum Lachen. Ja, irgendwie auch, wenn Sie so wollen.
Tatsächlich spielt in seiner Lebensgeschichte Impfstoff eine ziemlich große Rolle,
wenn auch kein Pest-Impfstoff, aber das ist eine lange und eine andere Geschichte.
Ludwik Fleck war ein polnischer Mikrobiologe im 20. Jahrhundert, der in Lemberg
gelebt und gearbeitet hat, bevor er von den Nationalsozialisten in die Konzentrationslager Auschwitz und Buchenwald verschleppt wurde. Er hat das Konzentrationslager
überlebt.[5] Vielleicht ist die Erinnerung an ihn tatsächlich eine Art Impfstoff gegen
eine bestimmt Art von Pest, an die auch Camus dachte, als er nach dem Zweiten
Weltkrieg sein Buch *Die Pest* schrieb.[6] Wenn man die Einstellung des ‚Pestarztes'
aus Camus' Buch nicht kennt, denke ich immer, kann man heutzutage überhaupt
nicht Arzt oder Ärztin werden ... Aber das ist eine andere Geschichte. Ludwik
Fleck jedenfalls hat schon 1935 Wissenschaftstheorie geschrieben, also wie es zu
dem kommt, was wir Entdeckungen nennen, wissenschaftliche Tatsachen hat er das
genannt. Dass das, was wir als Tatsache empfinden, eine Momentaufnahme ist, die
zudem von der kulturellen Situation mitbedingt ist, von unseren Sehgewohnheiten
mit konstruiert ... Unsere Sehgewohnheiten wiederum hängen mit dem in der
Wissenschaft vorherrschenden Denkstil bereits zusammen, wir sehen nur das, was
wir erwarten, ‚gerichtetes Wahrnehmen' nennt er das... So wird klar, warum wir
nicht mehr verstehen können, wie das System früherer Wissenschaftler oder die
Heilsysteme vergangener Zeiten funktioniert haben, sobald wir mit unserem von

---

5   Ludwik Fleck, *Denkstile und Tatsachen. Gesammelte Schriften und Zeugnisse*, hg.
    und komm. von Sylwia Werner und Claus Zittel unter Mitarbeit von Frank Stahnisch
    (Frankfurt a. M.: 2011), 487-495.

6   Albert Camus, *Die Pest* [La Peste, Erstausgabe Paris: 1947], übersetzt von Uli Aumüller
    (Reinbek bei Hamburg: 2006).

heute geprägten Blick darauf schauen. Aber auch, wie es kommt, dass die früheren Vorstellungen im kollektiven Bewusstsein weiter wirkmächtig sind.[7] Mit meinen Studenten habe ich in manchen Seminaren Fleck gelesen und diskutiert. Dann habe ich aber auch mit einer Kollegin gemeinsam ein Seminarprogramm entwickelt, das seine Botschaft auf eine andere Art transportieren sollte: Wie schwer es ist, sich in den wissenschaftlichen Denkstil vergangener Zeiten einzufühlen, wie sehr die Bilder, die das kollektive Bewusstsein transportiert, uns bestimmen...

Sie meinen vielleicht, der verdammte Respekt vor dieser Krankheit, der mich und uns hier kurz vor dem Ufer lahm legt, hat etwas mit der Vergangenheit zu tun, mit dem Mittelalter vielleicht sogar? Irgendwie war mir dieser Verdacht auch schon gekommen. Also, Besseres haben wir im Moment nicht vor. Erzählen Sie doch mal, was Sie in Ihren Seminaren den Studenten so beigebracht haben. Vielleicht hilft uns das ja weiter, schaden wird's zumindest nicht. Das haben, soweit ich mich erinnere, auch schon andere gemacht: An einem vermeintlich sicheren Ort abwarten, bis die Pest vorbei ist, und sich dabei Geschichten erzählen.[8]

Ja, sagte sie, zum Zeitvertreib, und um eine ausgeglichene Gemütslage zu erreichen – auch die hilft vielleicht gegen Krankheit... Dann erzähle ich also. Das Konzept zu diesem Seminar, *Schreiben über die Pest* hieß es, haben wir, wie gesagt, zu zweit entwickelt. Das besondere daran war, dass die Studierenden selber Texte schreiben sollten, und zwar fiktive Texte, zum Beispiel Briefe aus der Perspektive von Ärzten vergangener Zeiten. Sie sollten am eigenen Leib erfahren, wie schwierig es ist, sich in die medizinische Denkweise vergangener Jahrhunderte zu versetzen. Das sollte den Blick dafür schärfen, was zeitbedingt war, was zeitlos. Die Pest schien uns ein gutes Beispiel zu sein, immer wieder gibt es Seuchen, die ihre Erinnerung heraufbeschwören. Jeder meint sie zu kennen. Sie fasziniert immer...auch ihr Schrecken ist ungebrochen, wie Sie wohl jetzt auch selbst schon bemerkt haben.

Da muss ich Ihnen Recht geben, wenn auch ungern, stimmte ich zu. Aber erzählen Sie mehr über das Seminar. Was ist denn so gut daran, fiktive Texte zu schreiben und nicht die üblichen guten alten Hausarbeiten? Ist es nicht überhaupt besser, die Texte aus den vergangenen Jahrhunderten zu lesen? Man war ja schließlich damals selbst nicht dabei, wie soll also Wahres in so einen selbstgeschriebenen Text hineinkommen?

---

7   Ludwik Fleck, *Entstehung und Entwicklung einer wissenschaftlichen Tatsache: Einführung in die Lehre vom Denkstil und Denkkollektiv* [Erstausgabe Basel: 1935] (Frankfurt a. M.: 1980).

8   Boccaccio, „Einleitung zum Decamerone," in *Die Pest 1348 in Italien. Fünfzig zeitgenössische Quellen*, hg. Klaus Bergdolt (Heidelberg: 1989), 38-51.

Was ist Wahrheit, sagte sie, auch so eine alte Frage. Unsere Texte haben auf jeden Fall keinen Wahrheitsanspruch. Aber beim Schreiben setzt man sich damit auseinander, welche Fragen bislang an die Quellen – das sind die echten Dokumente aus der jeweiligen Zeit – gestellt worden sind, wo es Antworten gibt, wo aber auch Lücken bleiben, die in der Geschichtsschreibung dann doch von den Historikern gefüllt werden. Am wichtigsten ist vielleicht die sinnliche Erfahrung, wie schwierig es ist, sich in fremdes Denken, Denkstil würde Fleck sagen, andere sehen es ein bisschen anders und nennen es Paradigma[9], einzufühlen.

Klingt eigentlich ganz spannend, sagte ich, wie sind Sie denn auf diese Idee gekommen? Und haben die Studenten das denn gerne gemacht, mir graust es ja bei dem Gedanken, den Brief einer fremden Person schreiben zu müssen, als Student hätte ich eindeutig den Umgang mit ein paar mathematischen Formeln vorgezogen. Bloß keine Gefühle...

Na gut, ich erzähle Ihnen die Geschichte unseres Lehrexperiments: Experiment haben wir es damals genannt, da wir auch nicht wussten, ob es funktioniert und sich als sinnvoll erweist, aber eben auch wegen weitgehend bekannten Ausgangsbedingungen und der möglichen Wiederholbarkeit. Meine Kollegin und ich haben so eine Art Logbuch geschrieben, das dürfte Ihnen als Kapitän ja entgegen kommen, darüber, wie sich das Projekt *Schreiben über die Pest* entwickelt hat. Ein bisschen wird es aber dauern, bis ich fertig bin. Ich hole schnell mein Laptop aus der Kabine und lese Ihnen aus dem Logbuch vor.

Schreiben über die Pest – ein Logbuch

Heidelberg, Sommer 2007

Im Sommersemester spricht Prof. Manfred Horstmanshoff, Althistoriker aus Leiden, über das Schicksal eines Knaben aus einer griechisch-römischen Arztfamilie.[10] Die kurze Lebensgeschichte des Lucius Minucius Anthimianus (er wurde nicht einmal fünf Jahre alt) stellt er in den Kontext der Medizin seiner Zeit. Unter den Zuhörenden findet sich eine Medizinhistorikerin, mit ihrem viereinhalbjährigen Sohn gerade aus dem Krankenhaus entlassen. So können sie sich also anfühlen, die ‚anthropologischen Konstanten‘, von denen wir im Unterricht manchmal sprechen, überlegt sie, und freut sich gleichzeitig darauf, in die Welt der griechisch-römi-

---

9   Thomas S. Kuhn, *Die Struktur wissenschaftlicher Revolutionen* [The Structure of Scientific Revolutions, Erstausgabe Chicago: 1962] (Frankfurt am Main: 1967).

10   Herman Frederik Johan Horstmanshoff, „Antiochis," *Hermeneus* 72 (2000), 71-75.

schen Antike eintauchen zu dürfen. Schon bildet sich also in den Gedanken der Medizinhistorikerin eine erste Assoziation zum Thema ‚Unterricht'.

Wer sich auf eine gelehrte Abhandlung über die Medizin der römischen Antike in der üblichen Form eingestellt hat, wird in seinen Erwartungen an diesem Abend enttäuscht. An Gelehrsamkeit kann er oder sie zwar partizipieren, aber in einer ungewöhnlichen Form. So steht nicht die professorale Perspektive im Vordergrund, sondern die Sichtweise eines jungen Mädchens, der Schwester des verstorbenen Lucius. Sie berichtet über die Krankheit, den Tod des Bruders, die zerstörten Hoffnungen der Eltern auf die Zukunft des Sohnes als Arzt. Die Zuhörer folgen diesem ungewöhnlichen Bericht fasziniert und werden, fast ohne es zu merken, gleichzeitig detailreich und quellengetreu über römische Medizin informiert. Erst in einem zweiten Schritt, als Erläuterung seines Vorgehens, legt Manfred Horstmanshoff dar, aus welchen Quellen er die Geschichte konstruiert hatte und benennt seine Methode: Faction – aus *facts* wird *fiction*, aus Fakten entsteht Fiktion.

Sommer 2007 in Heidelberg, Abend nach dem Vortrag

Wenn es Manfred Horstmanshoff auf diese Weise gelingen kann, so überlegt später die Medizinhistorikerin, ein größeres Publikum so intensiv in den Bann zu ziehen, warum sollte das nicht auch in der medizinhistorischen Lehre funktionieren? Denn es ist ja nicht so ganz einfach, das Interesse der Studierenden hervorzurufen, die häufig lieber konkrete ‚skills' erwerben möchten, als über die historische Bedingtheit ihres Faches zu reflektieren. An diesem milden Heidelberger Sommerabend entsteht die Idee, Faction als fakultative Lehrmethode im Medizinstudium einzusetzen.

Borkum, Sommer 2007

Selbstversuch! Die Medizinhistorikerin versucht sich an einem Faction-Text, an dem Blick eines jungen Mediziners in Konstantinopel auf die Pest 542. Ausprobieren muss man es schon, ob die Idee auch funktioniert, was für Schwierigkeiten auftreten, wie viel Zeit man braucht. Die Zielsetzung ist nämlich anspruchsvoll: Die Studierenden sollen sich schreibend in fremde Epochen begeben, um den Sinn von Quellenkritik zu verstehen, medizinhistorische Inhalte zu lernen – und die prinzipielle Unterschiedlichkeit medizinischer Systeme oder Paradigmen quasi ‚von innen', durch das im Schreibprozess notwendige Unterscheiden zwischen damals und heute, ‚wie von selbst' zu begreifen. Die Schwierigkeiten beim Verstehen des fremden Denkstils sind Teil des Plans... Dazu sollen die Teilnehmer sich nach der Quellenlektüre in die Ich-Perspektive einer handelnden Person der jeweiligen Epoche begeben, beispielsweise eines spätmittelalterlichen Arztes, der einen Brief an einen befreundeten Kollegen schreibt. Die Perspektive muss geeignet sein, die medizinhistorisch relevante Inhalte der Quellen abzubilden. Wie gut das gelingt, soll schließlich auch bewertet werden – die literarische Qualität kann nicht zum Maßstab gemacht werden.

Als Thema erscheint die Pest geeignet – Seuchengeschichte ist immer faszinierend. Außerdem kann man so ganz verschiedene Epochen einbeziehen: Die griechische Antike mit der sogenannten ‚attischen Pest', die Epidemie zurzeit von Justinian, den ‚schwarzen Tod' des Spätmittelalters, die frühe Neuzeit und die Pest im bakteriologischen Zeitalter.

Hannover, Oktober 2007

Vortrag im Rahmen der Jahrestagung der Deutschen Gesellschaft für medizinische Ausbildung. Dort bietet ein Panel zum noch jungen Bestandteil im Curriculum des Medizinstudiums, dem Fach Geschichte, Theorie und Ethik der Medizin, die Möglichkeit, das Konzept eines ‚Faction'-Seminars vorzustellen. Der Plan für das Experiment wird also vorgestellt, bevor das Experiment angelaufen ist.[11] Das Seminar soll die Bereiche ‚Geschichte' und ‚Theorie' abdecken, dabei stellt die Wissenschaftstheorie Ludwik Flecks das Bindeglied dar.

Heidelberg, November 2007

Die erste Phase des Experiments startet eine von uns in Heidelberg: Drei Sitzungen sind geplant (in Heidelberg ergänzen drei Sitzungen eines ‚Parallelseminars' neun Vorlesungen zu Geschichte, Ethik und Theorie der Medizin – die Studierenden wählen unter fünf Angeboten, dabei entstehen Gruppen von 30 bis 40 Teilnehmern), und alles ist bereit: Die Einführungen mit ihren Powerpoints, die Quellenpapiere für vier Gruppen in jeder Sitzung. Auch die Leitfragen an die Quellen, Kompass für das historisch-kritische Arbeiten, sind fertig, ebenso die Sekundärliteratur, die zur Vorbereitung von den Studierenden gelesen werden soll.[12] Die Studierenden

---

11 Abstract des Vortrags mit dem Titel „Theorie-Geschichte-Visionen oder GTE und TGV in Heidelberg" unter http://www.egms.de/static/de/meetings/gma2007/07gma197.shtml (abgerufen am 3.3. 2015).

12 Quellen: Hippokrates, „Epidemien III," Abschnitt 2-7, in Hippokrates: *Fünf auserlesene Schriften*, eingeleitet und neu übertragen von Wilhelm Capelle (Darmstadt: 1984), 189-193; Thukydides, „Peloponnesischer Krieg," Buch 2, Abschnitt 8, in *Geschichte der Medizin und der epidemischen Krankheiten*, hg. Heinrich Haeser (Jena: 1882), 7-11; Prokopios von Caesarea, „Perserkriege," Buch 2, Abschnitt 22, in *Geschichte der Medizin und der epidemischen Krankheiten*, hg. Heinrich Haeser (Jena: 1882), 47-49; Evagrios Scholastikos, „Historia ecclesiastica," Buch 4, Abschnitt 29, in *Geschichte der Medizin und der epidemischen Krankheiten*, hg. Heinrich Haeser (Jena: 1882), 46-47; Gentile da Foligno, „Pestconsilium," in *Die Pest 1348 in Italien. Fünfzig zeitgenössische Quellen*, hg. Klaus Bergdolt (Heidelberg: 1989), 151-155; Giovanni Boccaccio, „Einleitung zum

entscheiden sich für das Angebot in ausreichender Zahl – das Experiment kann beginnen. Sie schreiben auch tatsächlich Texte, fast alle, einige folgen den eher konventionellen Vorschlägen von Erzählperspektiven, andere experimentieren mit gewagten Ideen. Ein Text handelt zum Beispiel von einem Vampir im antiken Athen... Die Resonanz auf das Seminar von studentischer Seite ist insgesamt positiv.

Berlin, Sommer 2008

Zweite Phase des Experiments in Berlin, jetzt ist die andere von uns am Zug. Hier sieht das Konzept des GTE-Kurses sechs doppelstündige Seminarsitzungen vor, so dass sich die Zahl der historischen Situationen als Grundlage für die Faction verdoppelt.13 Hinzu kommt eine Exkursion ins Robert Koch-Institut, die den Studierenden

---

Decamerone," in *Die Pest 1348 in Italien. Fünfzig zeitgenössische Quellen*, hg. Klaus Bergdolt (Heidelberg: 1989), 38-51; Matteo Villani, „Historie," in *Die Pest 1348 in Italien. Fünfzig zeitgenössische Quellen*, hg. Klaus Bergdolt (Heidelberg: 1989), 55-65; Marchionne di Coppo Stefani, „Cronaca," in *Die Pest 1348 in Italien. Fünfzig zeitgenössische Quellen*, hg. Klaus Bergdolt (Heidelberg: 1989), 65-73; Francesco Petrarca, „Brief an seinen Bruder Gherardo," in *Die Pest 1348 in Italien. Fünfzig zeitgenössische Quellen*, hg. Klaus Bergdolt (Heidelberg: 1989), 136-145; Alexandre Yersin, „La peste bubonique a Hong- Kong," *Annales de l'Institut Pasteur* 8 (1894), 662-667; Shibasaburo Kitasato, „The Bazillus of Bubonic Plague," *The Lancet* 72/2 (1894), 428-430. Sekundärliteratur: Karl-Heinz Leven, „Die „Justinianische Pest," *Jahrbuch des Instituts für Geschichte der Medizin der Robert Bosch Stiftung* 6, hg. Werner F. Kümmel (1987), 137-161; Klaus Bergdolt, *Der schwarze Tod in Europa* (München: 2000); Andrew Cunningham, „Transforming plague. The laboratory and the identity of infectious disease," in *The laboratory revolution in medicine*, hg. Andrew Cunningham und Perry Williams (Cambridge: 1992), 209-224. Weitere Literaturempfehlungen: Karl-Heinz Leven, „Thukydides und die ‚Pest' in Athen," *Medizinhistorisches Journal* 26 (1991), 128-160; Mischa Maier, Hg., *Pest. Zur Geschichte eines Menschheitstraumas* (Stuttgart: 2005); Christoph Gradmann, *Krankheit im Labor. Robert Koch und die medizinische Bakteriologie* (Göttingen: 2005).

13 Zusätzlich wird thematisiert: die Pest in der frühen Neuzeit, die Pestexpedition nach Bombay 1897, die Pest im 20. Jahrhundert. Hierzu: Ulrike Enke, „Die Deutsche Pestexpedition nach Indien," in *Die Medizinische Fakultät der Universität Gießen: Institutionen, Akteure und Ereignisse von der Gründung 1607 bis ins 20. Jahrhundert*, hg. Ulrike Enke (Stuttgart: 2007), 251-286; Georg Gaffky, Georg Sticker und Richard Pfeiffer, „Bericht über die Thätigkeit der zur Erforschung der Pest im Jahre 1897 nach Indien entsandten Kommission," *Arbeiten aus dem Kaiserlichen Gesundheitsamte* 16 (Beihefte zu den Veröffentlichungen des Kaiserlichen Gesundheitsamtes) (Berlin: 1899); Mark Gamsa, „The Epidemic of Pneumonic Plague in Manchuria 1910-1911," *Past & Present* 190 (2006), 147-183; Robert Koch, *Reise-Berichte über Rinderpest, Bubonenpest in Indien und Afrika, Tsetse- oder Surrakrankheit, Texasfieber, tropische Malaria, Schwarzwasserfieber* (Berlin: 1998); Guenter B. Risse, „A long pull, a strong pull, and all together': San Francisco and bubonic plague, 1907-1908," *Bulletin for the History of Medicine* 66 (1992), 260-288.

für die Sitzung zur wissenschaftshistorischen Situation zur Zeit der Entdeckung des Pesterregers andere Einblicke und objekthafte Eindrücke ermöglicht. Überraschung: zwei Teilnehmer führen ein Theaterstück auf. Überhaupt gute Resonanz in Berlin. Am Ende des Semesters wünschen die Studierenden einen Reader mit den entstandenen Texten, allerdings anonymisiert. Readertausch mit Heidelberg. Es bestätigt sich, dass eine ganz bestimmte Art von Studierenden das Seminar schätzt: diejenigen, die schon in der Schule gerne gelesen und geschrieben haben und die unter dem mangelnden Raum für Kreativität im Verlauf des Medizinstudiums leiden.

München, Sommer 2009

Das Seminar in Berlin läuft weiter wie gewohnt. Zusätzlich, als dritter Teil des Experiments, wird Faction jetzt auch als Wahlpflichtfach in München angeboten – im Rahmen eines Lehrauftrags als Blockseminar. Das lässt mehr Zeit, man kann den Blick schweifen lassen – die Pest auf allen Meeren der Welt, besonders im Meer der Weltliteratur…[14] Auch der Entstehungsprozess kann besser reflektiert werden, ebenso wie die Bedeutung der Schwierigkeiten, die beim Versuch entstehen, die medizinischen Denksysteme der vergangenen Epochen zu verstehen.

Immer mehr gute Texte, besonders häufig zum Mittelalter, aber auch zu den anderen Epochen, kommen zusammen. Es entsteht die Idee eines Buches: *Nie geschehen! Faction-Texte aus einem medizinhistorischen Lehrexperiment*. Erste Planungen: Textauswahl, Lektorat…

Heidelberg und Berlin, Herbst 2010

Die Idee ist inzwischen zum Plan geworden. Es soll ein Buch über die Pest-Faction geben, ein Druckkostenzuschuss wurde beantragt. Das Seminar ist nochmals gelaufen, in München und in Berlin.

Die Druckkosten sind tatsächlich bewilligt worden.[15] Das Buchprojekt erhält dadurch Rückenwind: Textauswahl, Kommunikation mit den Studierenden, die

---

14 Hier wurden von den Studierenden Referate gehalten: zu Camus, *Die Pest*; Daniel Defoe, *Ein Bericht vom Pest-Jahr* [A journal of the plague year, London: 1722], übersetzt von H. Schultz (Marburg: 1987); Jack London, „Die scharlachrote Pest" [The Scarlet Plague, 1912], in *Phantastische Erzählungen*, hg. Jack London (Berlin: 1988), 254-323; Alessandro Manzoni, *Die Verlobten* [I promessi sposi, italienische Erstausgabe in der ersten Fassung 1825/26, in der zweiten Fassung 1840-42] (Frankfurt: 2008); Orhan Pamuk, *Die weiße Festung* [Beyaz kale Can Yayincilik, Istanbul: 1985] (Frankfurt a. M.: 1990); José Saramago, *Die Stadt der Blinden* [Ensaio sobre a Cegueira, Lissabon: 1995], übersetzt von Ray-Güde Mertin (Reinbek bei Hamburg: 2007).

15 Hierfür sei nochmals der Prof. Walter Artelt und Prof. Edith Heischkel-Artelt-Stiftung gedankt.

ja teilweise schon keine Studierenden mehr sind, Lektorat, Rückmeldungen… Das Buch wird chronologisch geordnet sein, Texte zu vier weit definierten Epochen enthalten. Wir entwickeln eine neue Idee: Kommentatoren, Experten für die vier Zeitabschnitte, sollen gewonnen werden, um sowohl die Texte als auch die Lehrmethode beurteilen. Welche von unseren Kolleginnen und Kollegen könnten grundsätzlich interessiert sein, einen Blick auf unser Experiment zu riskieren? Für die Antike kommt eigentlich nur Manfred Horstmanshoff, dem wir die Idee verdanken, in Frage. Für das Mittelalter können wir Klaus Bergdolt gewinnen, für die Frühe Neuzeit Claudia Stein und für das ‚bakteriologische Zeitalter' seit dem späten 19. Jahrhundert Christoph Gradmann. Sonst: Bildauswahl, Bildrechte, Abbildungsverzeichnis, Satz, Layout, Endkontrolle… Abgabe, Druckfahnen…

Berlin, November 2011

Buchpräsentation.[16] Wunderbare Kulisse, das Berliner Medizinhistorische Museum der Charité mit der Hörsaalruine. Viele sind gekommen, Autoren, Kommentatoren, Kolleginnen und Kollegen… Der Laudator, Direktor des Museums Thomas Schnalke, stellt zwei Texte zur Auswahl: Welcher stammt tatsächlich aus dem Mittelalter, welcher aus dem Faction-Seminar? Das Publikum unentschieden, zweigeteilt. Ehemalige Seminarteilnehmer, die zahlreich erschienen sind, genießen den Erfolg ihrer Texte, aus denen besonders prägnante Passagen vorgelesen werden. Das Buchprojekt ist in seinem Hafen angelangt, der Anker ist geworfen.

Ende des Logbuchs.

Trotz Pest von Bord. Zurück zum Tagebuch des Kapitäns

4. April 2011: Entscheidende Wendung vor Madagaskar

Ja, das war es, unser Lehrexperiment, sagte sie. Mit dem Erscheinen des Buches war es zu einer Art Abschluss gekommen. Aber man könnte jederzeit wieder ein solches Seminar anbieten, jeder könnte es, denn das Buch enthält eine Art Rezept für das Seminar, mit allen Zutaten, die man natürlich auch nach Belieben abwandeln kann. Falls wir jemals zurückfahren und sicher landen sollten, würde ich Ihnen gerne ein Exemplar schenken.

---

16 Maike Rotzoll und Marion Hulverscheidt, Hg., *Nie geschehen. Schreiben über die Pest. Texte aus einem medizinhistorischen Lehrexperiment* (Freiburg: Centaurus, 2011).

Das wäre schön, antwortete ich. Sie haben mich wirklich neugierig gemacht. Ich würde gerne ein paar von diesen Texten lesen. Etwas dazu lernen über unterschiedliche Sichtweisen auf die Pest, aus dem Blickwinkel verschiedener Epochen, kann ja nicht schaden.

Ja, antwortete sie, denn was die Texte auch zeigen: Das Erinnerungsbild der Seuche als nicht zu beeinflussende Naturkatastrophe ist sehr mächtig, mit einer einzigen Zeitungsmeldung können diese kollektiven Ängste, die natürlich auch berechtigt sein können, aber nicht müssen, mobilisiert werden. Das hat mir unserer Erinnerung zu tun. Man kann sich aber auch darauf besinnen, welche konkreten Handlungsmöglichkeiten der jeweilige wissenschaftliche Denkstil denn bietet, zum Beispiel unserer, heute.

Wissen Sie was, sagte ich, denn plötzlich wurde mir etwas klar. Wir können ja hier nicht auf See vor der Insel bleiben und warten, bis wir verdursten. Sie haben doch bestimmt Schutzkleidung dabei, Mundschutz und so. Wenn wir uns vor Flohstichen schützen und vor Tröpfcheninfektion, können wir doch eigentlich tanken. Nagetiere werden uns schon nicht anfallen. Wir vereinbaren per Funk, wo wir das Geld dafür deponieren, wir müssen ja niemanden treffen. Sogar die Ladung können wir löschen. Die neue Ladung, Kakao, Vanille und Nelken sowie Textilien, nehmen wir nicht an Bord, schade zwar, aber wir fahren lieber schnell zurück, man weiß ja nicht, ob Ihr Denkstil nun alles erklärt, oder ob wir doch noch auf andere Weise in Gefahr sind. So machen wir es.

Wir fahren tatsächlich in den Hafen von Toamasina um zu tanken. Bald wird es kein Schweröl mehr geben, denke ich, wenn die weltweiten Ölreserven erschöpft sind. Wer weiß, vielleicht wird irgendjemand später diese Zapfhähne ausgraben, die uns jetzt vielleicht vor der Pest retten. So etwas habe ich noch nie gesehen, wird er denken, hat es vielleicht etwas zu tun mit den Pestgräbern aus dem frühen 21. Jahrhundert, die wir hier entdeckt haben?

III

Men vs. Microbes, and Other Science Studies

Vom 14. bis zum 21. Jahrhundert: Epidemien, Pandemien und Bioterrorismus

Reinhard Burger[1]

Ausbrüche von Infektionskrankheiten wie im Jahr 2011 der Ausbruch mit EHEC oder einige Jahre zuvor SARS zeigen, wie zeitlos die Bedrohungen durch Infektionskrankheiten sind und wie rasch sie auftreten können. Viele altbekannte Probleme mit Infektionsgefahren, die man bereits vor Jahrhunderten kannte, sind selbst heutzutage noch nicht gelöst, auch wenn sich selbstverständlich die Zugänge, dank moderner Techniken und mikrobiologischer Methodik, in ungeahntem Ausmaß fortentwickelt haben. Viele Vorgehensweisen werden letztlich noch in gleicher Weise angewandt wie früher, um sich vor Infektionskrankheiten zu schützen.

Bioterrorismus ist ein neues, ein ungewohntes, auch ein lange vernachlässigtes Thema in Deutschland. Das gesteigerte Bewusstsein für diese neuartige potentielle Bedrohung ist eine Konsequenz aus den Ereignissen im Gefolge des 11. September 2001. Das Ziel von bioterroristischen Anschlägen ist die Zivilbevölkerung. Sie kann durch bioterroristische Agenzien verunsichert oder geängstigt werden; sie kann gefährdet oder geschädigt werden, bis hin zu Todesfällen. Ein bioterroristischer Anschlag muss aber nicht zwingend zahlreiche Erkrankungen oder Todesfälle als Ziel im Auge haben. Vielmehr würde er Handel, Reisen, das gesellschaftliche Leben stören und wirtschaftlichen Schaden auslösen, Vertrauen in Regierung und öffentliche Einrichtungen ruinieren und letztlich durch Furcht, Angstreaktionen, Unsicherheit und Unruhe der Bevölkerung schaden.

Eine perfekte Vorbereitung gegen bioterroristische Anschläge wird sich nie erreichen lassen. Bei einem kritischen Rückblick kann man jedoch konstatieren: Deutschland ist nach den Anstrengungen der vergangenen Jahre deutlich besser vorbereitet gegen einen bioterroristischen Anschlag als im Herbst 2001. Die La-

---

1   Dieses Manuskript basiert auf einem Vortrag am 27.10.2011 bei der Intl. Wiss. Arbeitstagung „Epidemics and Pandemics in Historical Perspective" des Instituts für Geschichte der Medizin an der Universität Düsseldorf.

borkapazität wurde massiv erweitert; die Nachweissysteme für die wichtigsten bioterroristisch relevanten Erreger sind in einer Reihe von Laboratorien etabliert. Detaillierte Alarmpläne wurden erarbeitet, um einem bioterroristischen Anschlag möglichst effektiv begegnen zu können. Impfstoffvorräte für den Großteil der Bevölkerung sind für den Fall eines Anschlages mit Pockenviren eingelagert worden. Bioterroristische Erreger stellen an die Diagnostik besondere Anforderungen. Die diagnostischen Verfahren müssen sehr rasch ein verlässliches Ergebnis liefern. Es darf weder zu falsch-positiven Befunden kommen (Erreger scheinbar nachgewiesen), noch zu einem falsch-negativen Befund (bei dem ein Erreger vorliegt, aber nicht erkannt wird). Hier besitzen konventionelle Verfahren wie eh und je ihren Wert, z. B. die Elektronenmikroskopie, die eine erste, wenn auch vorläufige Aussage zu dem Vorliegen und der Art des Erregers liefern kann. Sensitive und hochspezifische molekularbiologische Diagnostik liefert rasche Information über den Erreger. Sie erlaubt stufenartig eine Differenzierung bis hin zur Identifizierung von Erreger-Varianten.

Die Beiträge in den Medien zum Thema Bioterror waren gelegentlich sachlich wenig fundiert. Sie schwankten zwischen übersteigerter Darstellung und verharmlosender Tendenz. Die Schlagzeilen variierten zwischen den Extremen „Deutschland … hilflos ausgeliefert"[2], weil angeblich Maßnahmen unterblieben, oder aber „Kampf gegen Infektionen läuft falsch", verbunden mit dem Vorwurf der Vergeudung von Millionen.[3] Die Verharmlosung dieser Bedrohung erfolgte auffällig häufig von Seiten, die in diesem Bereich keine Verantwortung zu tragen haben; Kritik ist bekanntlich wohlfeil, wenn man die Folgen aus unterlassenen Maßnahmen nicht rechtfertigen muss.

Die Erfahrungen in den USA im Verlauf des Milzbrandanschlages 2001 zeigen, wie verwundbar eine moderne Gesellschaft ist. Auch der Rückblick auf die – natürlicherweise – aufgetretene SARS-Epidemie zeigt, wie rasch ein Gesundheitssystem durch einen Infektionserreger bis an die Grenzen seiner Belastbarkeit strapaziert werden kann.

Einige Beispiele sollen deutlich machen, welche Eigenschaften eines Erregers ihn zu einem „erfolgreichen" bioterroristischen Agenz machen. Den Erregern der Pest, des Milzbrandes und dem Pockenvirus kommt eine besonders hohe Bedeutung

2   Vgl. Annette Kögel und Dieter Hanisch, „EHEC: Hilflos ausgeliefert," *Potsdamer Neue Nachrichten*, 3 Juni 2011, http://www.pnn.de/weltspiegel/452011/ (abgerufen am 10. Juli 2012).

3   Vgl. „Ehec-Epidemie: Europa rechnet mit deutschem Krisenmanagment ab," *Spiegel Online*, 7. Juni 2011, www.spiegel.de/wissenschaft/medizin/ehec-epidemie-europa-rechnet-mit-deutschem-krisenmanagement-ab-a-767096.html (abgerufen am 10. Juli 2012).

zu. Anschließend sollen buchstäblich über die Jahrhunderte einige Beispiele von bioterroristischen Anschlägen geschildert werden.

1   Die Pest

Zu den drei großen Kandidaten für einen bioterroristischen Anschlag gehört die Pest. Drei Eigenschaften des Pesterregers machen ihn zu biologischem Kampfstoff: Er besitzt eine hohe Infektiosität, Letalität und Stabilität. Es gab drei große Pest-Pandemien in der neueren Geschichte. Die justinianische Pest im 6. Jh. n. Chr. breitete sich von Konstantinopel nach Ägypten und weiter nach Europa aus. Sie erreichte über Italien schließlich Deutschland. Die zweite Pest-Pandemie ging von der Hafenstadt Caffa am Schwarzen Meer aus, dem heutigen Feodosiya auf der Insel Krim. 1336 belagerten die Tataren Caffa, als die Pest ausbrach. Die Genueser verließen Caffa mit ihren Schiffen und segelten zurück nach Italien. Die Pest breitet sich über große Teile Europas aus, erreichte schließlich sogar Grönland. Etwa ein Viertel (25 Mio.) der damaligen europäischen Bevölkerung starben an dem „Schwarzen Tod". Die Angst vor der Pest stammt aus dieser Zeit. Die Erfahrung mit der Pest führte zu verbesserter Hygiene. Seife wurde häufiger verwendet, Häuser wurden aus Stein gebaut, dadurch konnten sich Nagetiere und Flöhe schlechter verbergen und überleben. Die dritte Pest-Pandemie begann 1894 in den chinesischen Regionen Hunan und Kanton, die als natürliche Pest-Endemiegebiete bekannt waren. Sie gelangte nach Hongkong, von dort aus verbreitete sie sich mit den modernen Transportmitteln schnell weltweit. Der Schweizer Yersin isolierte erstmals den Pesterreger. Nach ihm wurde er Yersinia benannt.[4]

Die Pest ist in vielen Naturherden Afrikas, Amerikas und Asiens endemisch. Es gibt weltweit jährlich etwa 2500 Pestfälle, ein Zehntel davon Todesfälle. Etwa vier Fünftel davon finden sich in Afrika, vor allem Madagaskar und Tansania. In den USA gibt es die Pest erst seit Anfang des 20. Jahrhunderts. Jedes Jahr zählt man 10-20 Fälle in den USA. In den USA sind auf dem Boden lebende Erdhörnchen der Hauptüberträger.[5]

---

4   Vgl. Klaus Bergdolt, *Der Schwarze Tod: die große Pest und das Ende des Mittelalters* (München: 2011); vgl. auch Manfred Vasold, *Grippe, Pest und Cholera. Eine Geschichte der Seuchen in Europa* (Stuttgart: 2008); oder ders.: *Die Pest. Ende eines Mythos* (Stuttgart: 2003).

5   Vgl. Robert Koch Institut, Hg., *Steckbriefe seltener und importierter Infektionskrankheiten* (Berlin/Bonn: 2011), 84-85.

Pest ist eine typische auf dem Blutweg übertragene, zoonotische Krankheit, die Nagetiere befällt. Menschen spielen im längerfristigen Überlebenszyklus keine Rolle. Für eine effektive Übertragung benötigt der Erreger Flöhe als Zwischenwirt. Der wirksamste Pestüberträger ist der orientalische Rattenfloh. Bei einer ausreichend starken Bakteriämie nimmt er ca. 300 Bakterien auf. Diese vermehren sich im Floh und blockieren den Proventriculus des Flohs. Ein hungriger Floh sucht sich neue Wirte. Dabei würgt er den Blutklumpen mit zehntausenden Bakterien in die Bisswunde aus und überträgt auf diese Weise den Erreger. Der Menschenfloh ist weniger effektiv bei dieser Übertragung. Ein Floh kann 6 Monate lang ohne Nahrungszufuhr überleben.[6]

Einige Tierarten sind hochempfindlich. Viele entwickeln die Beulenpest. Der beste Wirt ist ein mäßig resistenter Wirt, weil dann die Bakterienkonzentration besonders hoch ansteigt und der Erreger in der Folge leichter übertragen werden kann. In Endemiegebieten ist der Erreger latent in einem kleinen Anteil von Tieren vorhanden. Auf diese Weise kann ein beständiger Nagetier-Floh-Infektionszyklus aufrechterhalten werden. Wenn der Wirt stirbt, sucht der Floh einen neuen Wirt und infiziert diesen. Gelegentlich kann dann der Mensch befallen werden.[7]

Welche Eigenschaften der Pest machen diesen Erreger zu einem gefährlichen biologischen Kampfstoff? Er hält sich bis 7 Monate in Boden, fast ähnlich lang auf Kleidung, 40 Tage auf Getreide, 3 Monate in Milchprodukten. In Flöhen überlebt er bis 2 Monate, genauso auf Kadavern. Der Pesterreger wird jedoch leicht durch Hitzeeinwirkung abgetötet. Der Erreger ist hoch virulent. Bereits wenige Bakterien (1-10) reichen aus für eine Infektion. Es gibt keine natürliche Immunität, Neuinfektionen sind möglich. Die Pest hat eine kurze Inkubationszeit von 1-7 Tagen. Es gibt keinen wirksamen Impfstoff für eine breite Anwendung. In Pest-Epidemiegebieten ist er unschwer aus kranken Tieren anzüchtbar und relativ leicht zu kultivieren. Es gibt bereits in der Natur multiresistente Stämme gegen eine Reihe von Antibiotika, speziell in Madagaskar.[8]

Wann müsste man an einen Anschlag mit Pest denken? Hinweise wären das Auftreten an ungewöhnlichen Orten über Einzelfälle hinaus, bei Personen ohne bekannte Exposition. Auch das gehäufte Sterben von Nagern wäre ein Hinweis. Bei einem Beulenpestfall in New York City im Jahr 2002 wurde ein Anschlag erst ausgeschlossen, als sich schließlich herausstellte, dass sich die Betroffenen vorher

---

6   Ibid.
7   Ibid.
8   Ibid.

im Bundesstaat Neu Mexiko aufgehalten hatten und sich die Infektion offenbar dort zugezogen hatten.[9] Bei früheren Seuchenausbrüchen hatte man – basierend auf Erfahrungen – Schutzmaßnahmen betrieben, auch ohne dass man über die Natur des Agenz Näheres wusste. Auf diesen praktischen Erfahrungen beruhten viele Maßnahmen, wie Quarantäne oder Impfungen. Bereits im 12. Jahrhundert mussten die Schiffe, die in der damaligen Republik Venedig aus dem Nahen Osten ankamen, 40 Tage vor Anker liegen, um die Küstenstädte vor der Pest zu schützen. Im 17. Jahrhundert gab es bereits Gesetze in den amerikanischen Kolonien, mit denen Pockenpatienten verboten wurde einzureisen. Das heutige Center for Disease Control and Prevention (CDC) geht letztlich zurück auf die spätere Gesetzgebung zur Etablierung einer Quarantäneabteilung.[10]

Eines der ersten Beispiele für biologische Kriegführung mit der Pest liefert die Belagerung von Caffa 1346. Ein Zeitgenosse, Gabriele de Mussi, hat die damaligen Ereignisse festgehalten. Danach haben die Mongolen diese Stadt auf der Krim belagert. Sie haben wegen des schleppenden Fortgangs bei der Belagerung schließlich die Leichen von Pesttoten mittels großer Katapulte in die belagerte Stadt geschleudert, um die Belagerten zur Aufgabe zu bewegen. Sie erwarteten, dass die ausgelösten Erkrankungen und der Gestank der Verwesung die Belagerten aus der Stadt vertreiben würden. Mussi geht davon aus, dass Flüchtlinge aus der belagerten Stadt die Pest mitgeschleppt haben. 1347 traten Pestfälle im damaligen Konstantinopel und Alexandria, in Zypern, Damaskus und Mekka und danach in anderen Hafenstädten des Mittelmeers auf. Dieser bioterroristische Einsatz – und davon muss man beim Schleudern von Pestleichen sicherlich sprechen – mag der Ausgangspunkt für die Ausbreitung der Pest nach Europa gewesen sein.[11]

Mussi schreibt, dass es 1346 zu zahllosen Todesfällen kam durch eine mysteriöse Krankheit. Alle medizinische Behandlung hätte nicht gefruchtet. Bald nachdem man Krankheitszeichen erkannte, wären die Menschen rasch gestorben. Er verweist dabei auf Beulen in der Achsel oder in der Leistenbeuge, also Symptome, die mit der Beulenpest kompatibel wären.[12]

---

9 Vgl. WHO, Hg., *Weekly epidemiological record* 79, no. 33 (2004), 303.

10 Vgl. Bulmuş Birsen, *Plague, quarantines and geopolitics in the Ottoman Empire* (Edinburgh: 2012); Daniel Panzac, *Quarantaines et lazarets. L'Europe et la peste d'Orient (XVIIe – XXe siècles)* (Aix-en-Provence: 1986); Michael Willrich, *Pox. An American History* (New York u.a.: 2011).

11 Vgl. o.A., „Schwarzer Tod und Amikäfer, eine Ausstellung in Neuburg an der Donau – Pestbakterien, Viren, Kartoffelkäfer – die Geschichte der biologischen Waffen," *Ärzte-Zeitung* 79 (2000), 26.

12 Ibid.

Der Bericht von de Mussi hat zwei Kernaussagen: Einerseits, dass die Pest auf die Europäer niederkam durch das Schleudern der Pestleichen in die Stadt und zweitens, dass die fliehenden Schiffe die Pest in die Häfen am Mittelmeer verbreiteten.[13] Bei einer kritischen Bewertung mag das Einschleppen der Pest wirklich auf diese Weise erfolgt sein. Flöhe verlassen Leichen. Pesttote können keine Tröpfcheninfektion hervorrufen. Eine Ausbreitung der Pest wird also vor allem durch direkten Kontakt erfolgt sein. Wenn die Eingeschlossenen die Leichen entsorgen, kommt es zwangsläufig zu einem Kontakt mit infektiösem Material. Direkter Kontakt ist auch bei den heutigen Fällen von Pest oft nachzuweisen, z. B. bei der Handhabung von erlegten infizierten Tieren durch Jäger.

Der übliche Weg einer Übertragung durch Ratten bzw. Rattenflöhe in Caffa ist eher unwahrscheinlich. Die Belagerer müssen mit sicherem Abstand vor der Festung lagern. Experten gehen davon aus, dass Ratten und andere Nager wegen des Nahrungsangebotes nah beim Menschen in den Lagern blieben. Aus diesem Grunde erscheint eine Übertragung der Pest durch einwandernde Ratten aus den Lagern eher unwahrscheinlich. Die Annahme einer Verbreitung durch Pestleichen ist somit naheliegender. Letztendlich war aber diesem Anschlag kein echter Erfolg beschieden. Die Stadt blieb am Ende in italienischer Hand und die Mongolen gaben die Belagerung auf. Wichtig bei der Ausbreitung der Pest war wahrscheinlich der Schiffsverkehr von anderen Häfen der Krim. Dennoch zeigt diese Belagerung aber dramatisch und nicht unspektakulär die Konsequenzen einer gezielten Nutzung einer schweren Infektionskrankheit als Waffe.[14]

Während des Zweiten Weltkrieges gab es im damaligen japanischen Kaiserreich eine Spezialeinheit zur Erforschung der biologischen Kriegsführung, die berüchtigte Unit 731. Hier wurde auch die Wirksamkeit der Pestausbringung getestet.[15]

Den letzten autochthonen Pestfall in Deutschland gab es im Übrigen 1903 am Robert Koch-Institut in Berlin. Es war ein Laborunfall. Nach dem damaligen Bericht in der Berliner Klinischen Wochenschrift war offenbar eine nicht ausreichend sorgfältige Händedesinfektion die Ursache. Die diversen Vorgesetzten hatten bei der Aufklärung der Verantwortlichkeiten eine Schuldzuweisung rasch parat. Sie hätten den Mitarbeiter korrekt instruiert, aber er habe sich nicht an die Vorgaben gehalten.[16]

---

13 Ibid.
14 Ibid.
15 Vgl. Hal Gold, *Unit 731* (Testimony, Singapore: 2000).
16 Vgl. *Berliner klinische Wochenschrift. Organ für praktische Ärzte*, 40 (1903).

2 Die Pocken

In der Mitte des 18. Jahrhunderts hat Sir Jeffrey Amherst als Kommandierender der britischen Streitkräfte in Amerika gezielt Decken und Taschentücher von Pockenerkrankten als ungutes Geschenk an die indianischen Häuptlinge verteilt, in dem Bestreben, die kriegerische Auseinandersetzung zu verkürzen. In manchen Indianerstämmen führte das zu einer Todesrate von etwa 50 Prozent, z. B. im heutigen Ohio.[17]

Eine Freisetzung von Pocken wäre eine ungeheure Bedrohung für die Menschheit, nachdem dieser Erreger in der Natur seit drei Jahrzehnten ausgerottet ist und weiterhin kein anderes Reservoir als der Mensch für dieses Virus bekannt ist. 1959 fasste die WHO den Beschluss, die Pocken auszurotten. Der letzte natürliche Pockenfall trat 1977 auf bei einem somalischen Koch. Im Oktober 1979 – ein Meilenstein der Medizingeschichte! – wurden die Pocken offiziell seitens der WHO in der Natur als ausgerottet erklärt.[18] Es gab später noch eine Laborinfektion in England.

Die Pocken haben als biologische Waffe an Bedeutung verloren, je mehr später geimpft wurde und damit Immunität gegen Pocken in der Bevölkerung vorlag. Umgekehrt ist nach Ausrottung der Pocken der Anteil der Nichtgeimpften in den letzten 30 Jahren gestiegen, nachdem die Impfung eingestellt wurde. Der Anteil jüngerer Ungeimpfter steigt naturgemäß von Jahr zu Jahr. Das Ausmaß der noch bestehenden protektiven Restimmunität in der älteren Bevölkerung ist unklar.[19]

Die Pocken wurden nach den Ereignissen des September 2001 erneut ein Thema. Die Wahrscheinlichkeit eines biologischen Angriffs mit Pockviren war sicher gering, aber nicht mit absoluter Sicherheit auszuschließen. Angesichts der Gefahr einer raschen Ausbreitung in der Bevölkerung und der katastrophalen Konsequenzen sind hier umfangreiche Vorbereitungen gerechtfertigt, die zu einer Eindämmung dieses Virus beitragen können.

Die Investitionen für die Vorbereitung einer generellen Pockenschutzimpfung, d. h. Impfstoff-Beschaffung und Einlagerung sowie organisatorische Maßnahmen, waren zweifellos beträchtlich. Die Konsequenzen eines Pockenausbruchs für den Einzelnen und für das Gemeinwesen sind jedoch so schwerwiegend, dass bei einer verantwortungsbewussten Vorsorge die Entscheidung zugunsten einer Impfstoff-

---

17 Vgl. Constance Cappel, *The smallpox genocide of the Odawa tribe at L'Arbre Croche, 1763. The history of a Native American people* (Lewiston, N.Y.: 2007).

18 Vgl. WHO, Hg., *The global eradication of smallpox: final report of the Global Commission for the Certification of Smallpox Eradication*, Geneva, December 1979 (Geneva: 1980).

19 Vgl. Robert Koch Institut, Hg., *Steckbriefe seltener und importierter Infektionskrankheiten*, 33-34.

bevorratung fallen musste. In unser aller Interesse sollten wir hoffen, dass es sich bei der Anschaffung der Impfstoffvorräte um eine Fehlinvestition handelt und der Impfstoff nie benötigt wird. Die Empfehlung des Robert Koch-Instituts und des Paul-Ehrlich-Instituts, Pocken-Impfstoff sicherheitshalber zu bevorraten, wurde in Deutschland realisiert. Der Impfstoff hält sich über Jahrzehnte und ist daher für Jahre hinaus eine Art Versicherung für den Fall, dass erneut Pocken beim Menschen auftreten sollten.[20]

Die Mortalität der Pocken lag in der Größenordnung von 25 bis 30 Prozent und das in einer Zeit, als ein Gutteil der Bevölkerung geimpft war. Die Sterblichkeit kann heute höher liegen. Das Virus ist relativ resistent und wäre ein gefährlicher Erreger bei einem bioterroristischen Anschlag. Durch Befall von Haut und Schleimhaut ist es ein leicht zu übertragendes Virus. Es ist hoch kontaktiös. In einer weitgehend nicht-immunen Bevölkerung wäre von einer effizienten Ausbreitung auszugehen.[21]

Es war ein glücklicher Umstand für die Menschheit, dass HIV erst nach Beendigung der großflächigen Pockenimpfung auftrat. Angesichts der großen Zahlen HIV-Infizierter, wie sie heute, gerade in Subsahara-Afrika, auftreten, wäre eine Impfung mit diesem Lebend-Impfstoff und den beträchtlichen Nebenwirkungen bei Immundefizienz nicht mehr möglich.

3   Milzbrand

Milzbrand des Menschen kommt normalerweise vor bei Personen, die mit erkrankten Tieren oder tierischen Produkten aus Milzbrand-Tieren umgehen, z. B. Schäfer, in Gerbereien oder beim Wollsortieren. Milzbrand kann bei Rindern, Pferden, Schafen und Schweinen auftreten und auf den Menschen bei Kontakt übertragen werden und löst dann Hautmilzbrand aus. Nach Inhalation von Milzbrand-Sporen kommt es zum Lungenmilzbrand. Luftbewegung, etwa durch Air Condition, kann zur Ausbreitung von Sporen führen. Milzbrand-Sporen haben im Gegensatz zur vegetativen Bakterienform eine enorme Stabilität in der Natur. Sie überlegen über Jahrzehnte. Auf der britischen Insel Gruinard waren selbst nach 50 Jahren noch

---

20 Vgl. WHO, Hg., *Weekly epidemiological record* 76, no. 44 (2001), 337-344.
21 Vgl. Robert Koch Institut, *Steckbriefe seltener und importierter Infektionskrankheiten*, 33-34.

Sporen nachweisbar; dort waren militärische Freisetzungsexperimente vorgenommen worden.[22]

Auf der Seite des Wirtsorganismus gibt es keinen angeborenen Schutz bei der Inhalation von Sporen. Es gibt keine Immunität. Es gibt keinen bewährten Impfstoff für Massenimpfung. Exponierte Personen werden in der Regel erkranken. Es sind wahrscheinlich nur einige Tausend Sporen erforderlich, um eine Infektion beim Menschen auszulösen. Größere Zahlen von Infektionen einhergehend mit einzelnen Todesfällen gab es in Swerdlowsk 1979 bei der Herstellung von biologischen Waffen. Durch einen Fehler beim Filterwechsel wurden Sporen über die Entlüftung in die Umgebung freigesetzt.[23] Der Milzbrandanschlag in den USA geschah Mitte September/Anfang Oktober 2001, wenige Wochen nach den Ereignissen in New York, Washington und Pennsylvania. Aufmerksame Ärzte in New York bzw. in Florida erkannten diese ungewöhnliche Infektion bei ihren Patienten. Die vier Milzbrand-Sporen enthaltenden Briefumschläge wurden gezielt an Medien bzw. an Politiker und Senatoren übersandt. Durch die automatisierten Postsortierungsanlagen, bei denen die Briefe mit hoher Geschwindigkeit bewegt und dabei komprimiert werden, kam es zu einer Verbreitung auf andere Sendungen, unabhängig von der eigentlichen Öffnung der Briefumschläge bei der Zielperson. Die Sporen enthaltenden Briefumschläge haben dadurch andere Briefumschläge kontaminiert, die dann bei Unbeteiligten zu Infektionen führten. Von Experten aufgearbeitete Milzbrandsporen können beträchtliche Zeit in der Luft schweben und dadurch inhaliert werden und eine Infektion über die Lunge auslösen.[24]

Der erste durch Inhalation erworbene Milzbrandfall in den USA seit 1976 trat im Oktober 2001 bei einem Mitarbeiter einer Medienfirma in Florida auf. Danach fand man insgesamt 22 Milzbrandfälle, die Hälfte davon entstanden durch Inhalation, bei den anderen handelte es sich um Hautmilzbrand, ausgelöst durch Kontakt mit kontaminiertem Material. Fünf der Patienten starben. Hauptbetroffene Gruppe waren Mitarbeiter der Post, die am Arbeitsplatz den kontaminierten Poststücken ausgesetzt waren. Es gab insgesamt 4 Sporenpulver enthaltende Briefumschläge, einer ging an den NBC-Sprecher Tom Brokaw, ein zweiter zum Editor der New York Post. Zwei weitere gingen an die beiden US-Senatoren Daschle und Leahy.

---

22 Vgl. Robert Koch Institut, *Steckbriefe seltener und importierter Infektionskrankheiten*, 380-381; Elizabeth A. Willis, „Landscape with dead sheep: what they did to Gruinard Island," *Medicine, Conflict & Survival* 18, no. 2 (2002), 199-210.

23 Vgl. Matthew Meselson et al., „The Sverdlovsk anthrax outbreak of 1979," *Science* 266 (1994), 1202-1208.

24 Vgl. Michael McCarthy, „Anthrax attack in the USA," *The Lancet. Infectious Diseases* 1, no. 5 (2001), 288-289; Jeanne Guillemin, *American anthrax: fear, crime, and the investigation of the nation's deadliest bioterror attack* (New York: 2011).

Alle Proben waren identisch, d. h. das spricht dafür, dass es nur eine einzige Quelle gibt. Dies ist durch molekulare Typisierung belegbar.[25]

Die AUM / Shinrikyo-Sekte hat 1993 in der Stadt Kameido in der Nähe von Tokyo eine Flüssigkeit versprüht, die Milzbrandbakterien enthielt. Die Bakterien haben keinen Schaden angerichtet, denn es waren Bakterien des Milzbrandstammes Sterne. Dieser Stamm ist eine Milzbrandvariante, die zum Impfen von Tieren verwendet wird und nicht virulent ist. Diesem Stamm fehlt die Fähigkeit eine Kapsel auszubilden als essentielles Merkmal für Virulenz beim Menschen. Später wurde der Gründer dieser Endzeitsekte, Shoko Asahara, vom obersten Gerichtshof in Japan mehrerer Morde und Mordversuche für schuldig befunden.[26]

In der Folge befassten sich zahlreiche Institutionen und Arbeitsgruppen mit bioterroristisch relevanten Erregern. Zahlreiche Projekte erhielten Förderung durch Drittmittelgeber. Die Förderung von Forschungsprojekten zur Erkennung von bioterroristischen Erregern löste auch ein kritisches Echo aus. Man sah Engpässe entstehen bei der Forschung an anderen Krankheitserregern und klagte über eine unausgewogene Verteilung von Ressourcen. Die Kosten, die dieser Anschlag mit vier Milzbrand-Briefen bei der Aufarbeitung verursachte, dürften im Milliardenbereich liegen. Allein die Kosten zur Sicherung und Dekontamination eines Postverteilungszentrums lagen im dreistelligen Millionenbereich.[27]

4   Wissenschaftsfreiheit und Bekämpfung von Bioterrorismus

Wie passt das zusammen? Diese Fragestellung hat eine grundsätzliche Bedeutung. Wie behandelt man wissenschaftliche Informationen aus der potentiell eine Gefahr für die Bevölkerung oder für einzelne Nationen entstehen kann. Mit dem Milzbrandanschlag in Washington hat die Mikrobiologie in gewissem Sinne ihre Unschuld verloren. Sicherheitsexperten sehen die Fachkreise eher als naiv und ihr Handeln manchmal als fahrlässig oder sogar grob fahrlässig an. Man wirft den Mikrobiologen vor, dass sie das Problem eines Missbrauches dieser Ergebnisse nicht sehen wollten. Mikrobiologische Techniken sind weit verbreitet. Sie erfordern ein gewisses Know

---

25 Ibid.

26 Vgl. P. Keim et al., „Molecular investigation of the Aum Shinrikyo anthrax release in Kameido, Japan," *Journal of Clinical Microbiology* 12 (2001), 4566-4567.

27 Vgl. R.H. Ebright et al., „An open letter to Elias Zerhouni," *Science* 5714 (2005), 1409-1410.

How, aber keine extremen technischen Voraussetzungen. Großflächige Angriffe sind wahrscheinlich schwer ohne staatliche Unterstützung vorzubereiten. Kleinere, örtlich begrenzte Anschläge sind leichter durchführbar und eine reale Gefahr. Gerade in der Mikrobiologie fällt die Forschung oft unter den Aspekt „Dual Use". Wenn etwa Erreger untersucht werden, um Pathogenitätsfaktoren zu identifizieren oder Oberflächenkomponenten zu charakterisieren, kann dies die Voraussetzung liefern für die Entwicklung von Impfstoffen. Es kann aber gleichermaßen Erkenntnisse liefern, um einen Erreger als bioterroristisches Agenz zu nutzen.

Im Artikel 5 des Grundgesetzes wird die Wissenschaftsfreiheit ausdrücklich garantiert. Wenn man diese einschränkt, muss das Verbot begründet werden. Die Einschränkung von Wissenschaft und Forschung muss also begründet werden, nicht die Genehmigung. Nicht der Wissenschaftler muss begründen, sondern er hat die Freiheit dieses oder jenes Projekt durchzuführen. Er hat quasi automatisch die Legitimation (natürlich unter Berücksichtigung der üblichen Regularien). Die Wissenschaftsfreiheit hat somit einen hohen Stellenwert, vergleichbar mit anderen essentiellen Grundrechten, wie das Recht auf Leben. Zu dieser Freiheit gehört sowohl das individuelle Freiheitsrecht des einzelnen Wissenschaftlers, aber auch die Garantie der wissenschaftlichen Freiheit für eine Institution. Hier steckt letztlich die Einschätzung bei den Verfassern des Grundgesetzes dahinter, dass die Freiheit der Wissenschaft essentiell ist für die Erfolge der Wissenschaft, von denen wiederum die Gesellschaft profitieren soll. Einschränkungen bergen die Gefahr von negativen Folgen durch Beschränkung des Erkenntnisgewinns.

Nach der gezielten Freisetzung von Milzbrandsporen in den USA 2001 erfolgten offenbar keine ähnlichen bioterroristischen Ereignisse mehr. Rechtfertigt dies Entwarnung oder gar Sorglosigkeit? Man sollte in Erinnerung behalten, dass nach dem ersten, fehlgeschlagenen Sprengstoffanschlag auf das World Trade Center bis zu der Tragödie am 11. September 2001 fast ein Jahrzehnt verging. Der zweite Anschlag war besser vorbereitet und schlug nicht fehl.

Von der *fama communis* zur ‚forensischen Evidenz'

Der Vorwurf der Brunnenvergiftung während der Pestjahre 1348-1350 im Spiegel der zeitgenössischen Chronik Heinrichs von Diessenhofen[1*]

Georg Modestin

1   Straßburg, 14. Februar 1349

Am Mittwoch schwor man den Rat ein, am Donnerstag beschwor die Bürgerschaft die neue Ordnung, am Freitag „ving man die Juden", und am Samstag „brante man die Juden". „Waz man den Juden schuldig waz, daz wart alles wette, und wurdent alle pfant und briefe, die sie hettent uber schulde, wider geben." Das jüdische „bar gůt" wurde vom Rat eingezogen und auf die Handwerke aufgeteilt: „Daz was ouch die vergift, die die Juden dote." Die lapidare Schilderung der Ereignisse zwischen dem Mittwoch, 11. Februar, und dem Samstag, 14. Februar 1349, stammt von einem Zeitzeugen, dem Straßburger Münsterpräbendar Fritsche Closener.[2] Die in seiner Chronik vermerkte Zerstörung der jüdischen Gemeinde von Straßburg ist im Zusammenhang der innerstädtischen Auseinandersetzungen zu sehen, welche die oberrheinische Metropole erschütterten: Am 9.-10. Februar 1349 führten die Konflikte zum Sturz des alten Rates, der am städtischen Schutzbrief („trostbrief") zugunsten der Juden und an einem „rehten ürteil" festgehalten hatte,[3] und zur Neu-

---

1 *   Der Beitrag entstand im Rahmen des vom Schweizer Nationalfonds zur Förderung der wissenschaftlichen Forschung (SNF) unterstützen Projektes „Heinrich von Diessenhofen als Historiograph seiner Zeit".

2   Fritsche Closener, *Die Chroniken der oberrheinischen Städte. Straßburg*, Bd. 1 (Leipzig: Hirzel, 1870), 130 und siehe auch 104. Zur Person vgl. G. Friedrich und K. Kirchert, „Closener" in *Die deutsche Literatur des Mittelalters. Verfasserlexikon* [nachfolgend VL]. Zweite, völlig neu bearbeitete Auflage, hg. Kurt Ruh et al., 13 Bde. (Berlin/New York: de Gruyter, 1978-2007), hier Bd. 4, Sp. 1225-1235.

3   Fritsche Closener, *Chronik*, 128.

regelung der städtischen Ordnung.[4] Damit stemmte sich niemand mehr gegen die Vernichtung der jüdischen Gemeinde, die vier Tage später, am 14. Februar, erfolgte. Auch wenn Closener mit dem Wort von der „vergift, die die Juden dote", die Ermordung der Straßburger Juden letztlich auf die Habsucht seiner Mitbürger zurückführte, so stand durchaus auch der Vorwurf der Brunnenvergiftung im Raum: Der Chronist notierte selbst, dass ein „gezig" (Bezichtigung) auf die Juden gefallen sei, „daz sü soltent die bürnen und die waßer han vergiftet". Solches „murmelte daz volk gemeinliche und sprochent, man solt sü verburnen".[5] Allerdings stellte Closener keine Verbindung her zwischen der angeblichen Brunnenvergiftung und dem Auftreten der Pest, sondern „verlinkte" die Pest mit den Geißlern.[6] Deren Auftreten in Straßburg datierte er auf den 8. Juli 1349,[7] etwa zeitgleich mit demjenigen der Pest, und fuhr fort: „Und alle die wile, daz die geischeler weretent, do wile starb man ouch, und do die abegingent, do minret sich daz sterben ouch"[8], was nicht gerade von Closeners Sympathie für die Flagellanten zeugt, auf die wir hier aber nicht näher eingehen können.

Sieht man von den Geißlern ab, ergibt sich für den Fall von Straßburg, dem wegen seiner politischen und zeitlichen Dynamik Modellcharakter zukommt, folgende Chronologie: Die Ermordung der dortigen Juden erfolgte am 14. Februar 1349, also rund fünf Monate *bevor* die Pest in der Stadt Einzug hielt. Seit der Untersuchung von Robert Hoeniger zum Schwarzen Tod in Deutschland (1882) ist bekannt, dass sich diese Beobachtung verallgemeinern lässt: Die Judenverfolgungen eilten der Pest voraus.[9]

---

4   Zum Verlauf und den politischen Hintergründen des Strassburger Pogroms, die hier nicht aufgerollt werden sollen, vgl. František Graus, *Pest – Geißler – Judenmorde. Das 14. Jahrhundert als Krisenzeit* (Göttingen: Vandenhoeck & Ruprecht, 1994), 174-187; Gerd Mentgen, *Studien zur Geschichte der Juden im mittelalterlichen Elsass* (Hannover: Hahn, 1995), 364-379; Yuko Egawa, *Stadtherrschaft und Gemeinde in Straßburg vom Beginn des 13. Jahrhunderts bis zum Schwarzen Tod (1349)* (Trier: Kliomedia, 2007), 223-237.

5   Fritsche Closener, *Chronik*, 127.

6   Zum Phänomen der Geißler, die mit ihrer Selbstkasteiung den Zorn Gottes und die Pest abzuwenden suchten, vgl. Graus, *Pest*, 38-59.

7   Fritsche Closener, *Chronik*, 105.

8   Fritsche Closener, *Chronik*, 120.

9   Robert Hoeniger, *Der Schwarze Tod in Deutschland* [Erstausgabe Berlin: Grosser, 1882] (Nachdruck Walluf bei Wiesbaden: Sändig, 1973). Zur Problematik des Zusammenhangs zwischen Pest und Judenverfolgung vgl. auch Iris Ritzmann, „Judenmord als Folge des 'Schwarzen Todes': Ein medizin-historischer Mythos?," *Medizin, Gesellschaft und Geschichte* 17 (1998), 101-130.

2 Der Vorwurf der Brunnenvergiftung und seine Verbreitungswege

Der fatale Vorwurf der Brunnenvergiftung und der dadurch bewirkten Verbreitung der Pest durch die Juden war ein Epiphänomen der Seuche. 1321 war der nämliche Vorwurf (bezeichnenderweise ohne Pesthintergrund) in Südfrankreich bereits einmal aufgekommen, doch richtete er sich damals in erster Linie gegen die Aussätzigen, denen nachgesagt wurde, dass sie als Helfershelfer des „Königs von Granada" bzw. des „Sultans von Babylon" die Christenheit verderben wollten. Auch die Juden wurden in diesem Zusammenhang genannt, allerdings „nur" als Mittelsleute der Verschwörer.[10] 1348-1350 sollten sich die Anschuldigungen dann auf sie konzentrieren.

Der Vorwurf verbreitete sich auf anderen Wegen als die Pest. Pflanzten sich die gegen die Juden gerichteten Anschuldigungen vor allem auf dem Korrespondenzweg innerhalb politischer Bündnissysteme fort, so bewegte sich die „reale" Seuche an den Verkehrs- und Handelsrouten entlang.[11] Eine wichtige Schaltstelle für die Propagierung des Vergiftungsvorwurfs war die Grafschaft Savoyen, deren Herrschaft sich beidseits der Alpen erstreckte und die sowohl geographisch als auch politisch das Tor zum Reich war: Gerüchte über die Pest, den angeblichen Anteil der Juden an ihrer Verbreitung und die Pogrome scheinen die Grafschaft im Sommer 1348 schon vor der Epidemiewelle erreicht zu haben. In der Folge kam es zu antijüdischen Aktionen seitens örtlicher savoyischer Herrschaftsträger, denen ab August formelle Abklärungen durch gräfliche Kommissare folgten. Dabei rekurrierte man auf die Ergebnisse vorausgegangener Untersuchungen im benachbarten Delphinat.[12] Unter den vom Grafen von Savoyen selbst angeordneten Untersuchungen ist diejenige in Chillon am Genfersee und in Châtel-Saint-Denis (ab dem 15. September 1348)

---

10 Zu den Brunnenvergiftungsvorwürfen des Jahres 1321 vgl. Graus, *Pest*, 302-305; siehe auch Carlo Ginzburg, *Le sabbat des sorcières*, aus dem Italienischen übersetzt von Monique Aymard (Paris: Gallimard, 1992), 43-69; und Katharina Simon-Muscheid, „Tod aus dem Brunnen? 'Die Verschwörung der Aussätzigen' von 1321 in Aquitanien," in *'… zum allgemeinen statt nutzen'. Brunnen in der europäischen Stadtgeschichte. Referate der Tagung des Schweizerischen Arbeitskreises für Stadtgeschichte, Bern, 1. bis 2. April 2005*, hg. Dorothee Rippmann, Wolfgang Schmid und Katharina Simon-Muscheid (Trier: Kliomedia, 2008), 147-162.

11 Für die großen Verbreitungslinien vgl. Klaus Bergdolt, *Der Schwarze Tod in Europa. Die Große Pest und das Ende des Mittelalters* (München: Beck, 1994).

12 Thomas Bardelle, *Juden in einem Transit- und Brückenland. Studien zur Geschichte der Juden in Savoyen-Piemont bis zum Ende der Herrschaft Amadeus VIII.* (Hannover: Hahn, 1998), 247-265.

zu nennen, da die unter der Folter erzwungenen Geständnisse vom savoyischen Kastellan von Chillon und stellvertretenden Vogt des Chablais wohl Ende 1348 auf Anfrage hin nach Straßburg übersandt wurden,[13] wenige Wochen vor dem Untergang der dortigen Gemeinde.

Im Zusammenhang mit dem straßburgischen Informationsbedürfnis ist auf die Funktion der Stadt als überregionales Nachrichtenzentrum hinzuweisen, das gerade in Krisenzeiten eine weitgespannte Kommunikationstätigkeit entwickelte.[14] Die Pestjahre waren eine Krisenzeit, und der intensive Informationsaustausch, den Straßburg dazu führte, hat sich in einer Reihe von erhaltenen Missiven niedergeschlagen: So erkundigte sich der Kölner Rat bereits am 10. August 1348 (das Jahresdatum ist erschlossen) über das Schicksal von sechs in Straßburg *propter actus venenificos* verurteilten und verbrannten Personen.[15] Am 15. November berichteten die Lausanner Behörden über die Untersuchung gegen einen Juden mit dem Hinweis, dass in der Herrschaft des Grafen von Savoyen zahlreiche Juden und auch Christen einschlägige Geständnisse abgelegt hätten[16] – eine Information, die vermutlich den bereits erwähnten Briefwechsel Straßburgs mit dem savoyischen Kastellan von Chillon nach sich zog. Weitere einschlägige Kontakte ergaben sich mit Bern (mit Hinweis auf Geschehen in Solothurn), wiederum Köln, Zofingen, Kolmar, Ritter Burkhard Senn von Münsingen – dieser hatte am 20. Dezember 1347 von König Karl das Gericht zu Solothurn als Reichslehen erhalten[17] –, Freiburg im Breisgau (unter Einbezug von Untersuchungen in dem nordöstlich von Freiburg gelegenen Waldkirch), Oberehnheim (Obernai), Kenzingen, Breisach und abermals Köln:[18]

---

13 Vgl. *Urkundenbuch der Stadt Straßburg. Fünfter Bd. Politische Urkunden von 1332 bis 1380*, bearb. von Hans Witte und Georg Wolfram (Straßburg: Trübner, 1896) [nachfolgend UBS 5], 167-174, Nr. 185.

14 Vgl. Christian Jörg, „Kommunikative Kontakte – Nachrichtenübermittlung – Botenstafetten. Möglichkeiten zur Effektivierung des Botenverkehrs zwischen den Reichsstädten am Rhein an der Wende zum 15. Jahrhundert," in *Kommunikation im Spätmittelalter. Spielarten – Wahrnehmungen – Deutungen*, hg. Romy Günthart und Michael Jucker (Zürich: Chronos, 2005), 79-89, bes. 81.

15 UBS 5, 162, Nr. 173.

16 UBS 5, 164-165, Nr. 179. Vgl. dazu Bardelle, *Juden*, 257-258.

17 Zu Burkhard Senn von Münsingen vgl. Reinhard Schneider, „Der Tag von Benfeld im Januar 1349: Sie kamen zusammen und kamen überein, die Juden zu vernichten," in *Spannungen und Widersprüche. Gedenkschrift für František Graus*, hg. Susanna Burghartz, Hans-Jörg Gilomen et al. (Sigmaringen: Thorbecke, 1992), 255-272, hier 265.

18 UBS 5, 165, Nr. 180 (Bern); 165-166, Nr. 181 (Köln); 166, Nr. 182 (Zofingen); 166-167, Nr. 183 (Kolmar); 167, Nr. 184 (Burkhard Senn von Münsingen); 174-176, Nr. 186 (Freiburg im Breisgau und Waldkirch); 176-177, Nr. 187 (Oberehnheim); 177, Nr. 188 (Kenzingen); 177-178, Nr. 189 (Breisach); 178-179, Nr. 190 (Köln).

Der Kölner Rat ließ die Stadtväter von Straßburg am 12. Januar (allem Anschein nach 1349) wissen, dass er das „Sterben" (*mortalitas*) für eine Plage Gottes hielt, und rief die Straßburger zu größter Vorsicht und zum Schutz „ihrer" Juden auf.[19] In der Nacht vom 23. auf den 24. August 1349 fielen dann aber auch die Kölner Juden der Verfolgung zum Opfer.[20]

Nach der Warnung aus Köln traf in Straßburg das Ergebnis der Untersuchung gegen die Juden aus Offenburg ein.[21] Das Schreiben richtete sich bereits an den neuen Rat zu Straßburg, der aus dem Umsturz vom 9.-10. Februar 1349 hervorgegangen war, sodass zum Zeitpunkt, an dem der Offenburger Bericht Straßburg erreichte, die dortige jüdische Gemeinde wohl schon nicht mehr existierte. Nichtsdestoweniger gingen weiterhin Schilderungen angeblicher Geständnisse in Straßburg ein, so die Kopien von Missiven aus Schlettstadt (Sélestat) nach Mainz und Frankfurt am Main vom 30. Juni 1349 und zwei Briefe aus Basel.[22]

Mit den straßburgischen Quellen ist aber nur ein erhaltenes Briefkonvolut angesprochen. Es wird ergänzt durch ein zweites, das in Abschriften aus dem späten 15. Jahrhundert auf uns gekommen ist und insgesamt acht Schreiben (oder deren Regesten) deutscher Städte an den Rat von Würzburg enthält:[23] Sie zeigen, wie der Vorwurf der Brunnenvergiftung auf dem Weg der politischen Korrespondenz vom Rhein nach Franken „übersprang", und zwar mit einem Tempo, das dasjenige der Pest um ein Vielfaches übertraf. Von besonderem Interesse für die – selbstredend partielle – Rekonstruktion der Informationskanäle, über welche die einschlägigen Nachrichten verbreitet wurden, ist das Schreiben von Heilbronn an Würzburg: Der Bürgermeister und Rat von Heilbronn beriefen sich darin auf „dye rede, dye wir noch gehort hon, das ist ein gemein lewmunt in aller cristenheyt". Konkret hatten Heilbronner Gesandte an einem Städtetag in Schwäbisch Gmünd teilgenommen, an dem auch Delegierte der Bodenseestädte anwesend gewesen waren. Letztere hatten „etwe manchen brief" im Gepäck, die laut verlesen wurden. Absender der ominösen Briefe, in denen der Vorwurf der Brunnenvergiftung kolportiert wurde,

---

19   UBS 5, 179, Nr. 190.

20   Vgl. Graus, *Pest*, 203-208; Kay Peter Jankrift, „Judenpogrome in rheinischen und westfälischen Städten im Umkreis des Schwarzen Todes," *Aschkenas* 16, Nr. 2 (2006), 545-560, hier 546-549.

21   UBS 5, 184-185, Nr. 196.

22   UBS 5, 195-196, Nr. 208 (Schlettstadt an Mainz und Frankfurt [Anm.]); 196-197, Nr. 209 (Basel); 198-199, Nr. 212 (Basel).

23   Vgl. Hermann Hoffmann, „Die Würzburger Judenverfolgung von 1349," *Mainfränkisches Jahrbuch für Geschichte und Kunst* 5 (1953), 91-114, Edition der Briefe 98-103. – Die beiden Briefkonvolute sind von Schneider, „Der Tag von Benfeld", 272, zeitlich miteinander verzahnt worden.

waren „stette von Elsas",[24] das als Zentrum für die Verbreitung der „Fabel von der Brunnenvergiftung" durch die Juden identifiziert worden ist.[25] Bezeichnenderweise warnte König Karl IV. die Straßburger Obrigkeit am 5. Juli 1349 davor, die mit Straßburg durch einen Landfrieden verbundenen Herren und Städte zu nötigen, „daz si ouch ir juden, di under in gesessen sein, vertriben und vertilgen", da dies „uns und dem reich grozzen schaden bringet".[26] Allerdings ist das Einschreiten Karls insofern zu relativieren, als der König während der Pestpogrome wenig zum Schutz seiner „kamerkneht" unternahm; ja, seine Haltung in der Krise wird heute insgesamt kritisch beleuchtet,[27] wobei ihm zugebilligt worden ist, dass seine „Möglichkeiten, im Reich effektiv einzuschreiten, gering waren".[28]

Eine vertiefte Analyse der politischen Korrespondenz der Städte zum Zeitpunkt der Judenverfolgungen steht aus; der Informationsaustausch zeigt aber auf, dass der das Reich durchziehenden „Pogromwelle" der Jahre 1348-1350 nichts Spontanes anhaftete: Die Ereignisse waren voraussehbar und lokal geplant. Die deutschen Juden wurden häufig Opfer innerstädtischer Auseinandersetzungen, von denen jede auf ihre Art einzigartig ist und einer gesonderten Analyse bedarf.[29] Gleichzeitig waren die Verfolgungen, um František Graus zu zitieren, „eine zwar barbarische, [aber] im Augenblick recht wirkungsvolle Schuldentilgung",[30] wie das eingangs angeführte Straßburger Beispiel illustriert. Als „Schmiermittel" für die überregionale Repression diente die zwischenstädtische Korrespondenz, die sich „in den Krisenjahren 1348/49 als Hauptinstrument wechselseitiger Information und Beeinflussung her- aus[schält]".[31] Daneben sei aber auch auf das Hörensagen verwiesen, eine besonders flüchtige Art der Kommunikation, die nur schwer zu fassen ist. So scheinen erste

---

24 Hoffmann, „Die Würzburger Judenverfolgung," 101-102, Nr. 4.

25 Graus, *Pest*, 166, Anm. 62. Auf diese Einschätzung von Graus bezieht sich auch Mentgen, *Studien*, 364.

26 UBS 5, 197-198, Nr. 210.

27 Vgl. z. B. Alfred Haverkamp, „Die Judenverfolgungen zur Zeit des Schwarzen Todes im Gesellschaftsgefüge deutscher Städte," in *Zur Geschichte der Juden im Deutschland des Späten Mittelalters und der Frühen Neuzeit*, hg. Alfred Haverkamp, Redaktion: Alfred Heit (Stuttgart: Hiersemann, 1981), 27-93, hier 87-91; Graus, *Pest*, 227-241.

28 Graus, *Pest*, 240.

29 Vgl. die Einzelanalysen bei Graus, *Pest*, 168-214; Jankrift, „Judenpogrome", 545-560.

30 Graus, *Pest*, 233.

31 Schneider, „Der Tag von Benfeld," 266. – Wo diese Korrespondenz verloren ist, lassen sich möglicherweise in Rechnungsquellen Hinweise auf einschlägige Botengänge finden; vgl. Jankrift, „Judenpogrome", 550-551, mit Bezug auf Kurt Hofius, „Die Pest am Niederrhein, insbesondere in Duisburg," *Duisburger Forschungen* 15 (1971), 173-221, hier 178-182.

Gerüchte über Verurteilungen in Straßburg von Straßburger Bürgern nach Köln getragen worden zu sein, wo sie – vor dem 10. August 1348 – eine besorgte Anfrage des Kölner Rats an die straßburgischen Amtskollegen auslösten.[32] Einem neuerlichen Schreiben aus Köln nach Straßburg vom 19. Dezember lässt sich entnehmen, dass der Kölner Deutschordenskomtur während eines Aufenthaltes in Straßburg von einem dortigen Ratsherrn gehört haben will, dass der Berner Rat einen gefangen genommenen Juden zu Informationszwecken nach Straßburg überstellt habe – was wiederum eine alarmierte Nachfrage aus Köln zur Folge hatte.[33]

Ein besonders aussagekräftiges Beispiel für die angesprochene Planung der Pogrome ist der sog. Tag von Benfeld im Januar 1349, d. h. zu einem Zeitpunkt, an dem die Straßburger Juden noch unter dem Schutz des alten Rates standen. Dem Zeugnis des Chronisten Mathias von Neuenburg zufolge hätten der Bischof von Straßburg mit ungenannten elsässischen Herren und Reichsstädten in Benfeld – eine bischöfliche Besitzung notabene – eine Übereinkunft *de non habendis Iudeis* geschlossen. Die straßburgischen Boten, die eingewendet hätten, sie wüssten nichts Schlechtes über ihre Juden, seien höhnisch gefragt worden, weshalb denn die Eimer von ihren Brunnen entfernt worden seien.[34] Mathias von Neuenburg hinterließ den einzigen bekannten zeitgenössischen Bericht zum Tag von Benfeld, doch kommt dem Chronisten hohe Glaubwürdigkeit zu, bewegte er sich doch als *advocatus* am bischöflichen Gericht seit 1329 im Umfeld von Bischof Berthold von Buchegg (1328/1329-1353).[35]

3 Heinrich von Diessenhofen

Wenn wir uns nun dem Konstanzer Domherrn Heinrich von Diessenhofen zuwenden, so ist dies seiner Chronik über die Jahre 1316-1361 geschuldet, der in Bezug auf die Judenverfolgungen eine quellenmäßige Sonderstellung zukommt: Einerseits überliefert Diessenhofen als einziger zeitgenössischer Geschichtsschreiber die sonst

---

32 UBS 5, 162, Nr. 173.

33 UBS 5, 165, Nr. 181.

34 *Die Chronik des Mathias von Neuenburg*, hg. Adolf Hofmeister (Berlin: Weidmann, 1924-1940), 265-266. Zu den Ereignissen vgl. Schneider, „Der Tag von Benfeld".

35 Zu Mathias von Neuenburg vgl. u. a. VL 6, Sp. 194-197 (K. Arnold); *Neue Deutsche Biographie* 16 (Berlin: Duncker & Humblot, 1990), 411 (P.-J. Heinig). Zu Berthold von Buchegg vgl. Erwin Gatz, Hg.: *Die Bischöfe des Heiligen Römischen Reiches 1198 bis 1448. Ein biographisches Lexikon* (Berlin: Duncker & Humblot, 2001), 758-759 (H. Ammerich und F. Rapp).

meist im Dunkeln liegenden Tagesdaten der Ereignisse,[36] zum anderen führt er Tatorte auf, die sonst nirgendwo belegt sind.

Heinrich Truchsess von Diessenhofen entstammte einer habsburgischen Ministerialenfamilie aus dem heutigen Schweizer Kanton Thurgau. Um 1299 geboren, verbrachte er die Jahre 1316-1324 als Student in Bologna; seine akademische Ausbildung krönte er mit dem Grad eines *doctor decretorum*, den er nachweislich seit 1325 trug. Seine Konstanzer Domherrenpfründe, die sich seit 1320 belegen lässt, verdankte er allem Anschein nach seinen familiären Verbindungen: Heinrichs Vater, Truchsess Johann, diente dem habsburgischen (Gegen-)König Friedrich als Hofmeister (1315/16-1325) sowie als Gesandter an der Kurie (1321-1322).

Nach seiner Rückkehr aus Bologna begab sich Heinrich von Diessenhofen zuerst an das Chorherrenstift Beromünster, wo er ab 1328 als Kustos nachweisbar ist. Zwischen dem 17. Oktober 1331 und dem 24. Januar 1338 fehlt er in der dortigen Dokumentation: Es wird angenommen, dass er in der Zeit aus bislang ungeklärten Gründen an der Kurie in Avignon weilte, wo er mit der Niederschrift seiner Chronik begann. Nach seiner Rückkehr aus Avignon verbrachte er fünf weitere Jahre in Beromünster, bevor er sich um 1343 in Konstanz als Domherr niederließ. In Konstanz blieb er bis zu seinem Ableben am 24. Dezember 1376.[37]

Die erste Erwähnung der Pest in Heinrich von Diessenhofens zeitlich nahe an den Ereignissen verfassten Chronik erfolgt beinahe beiläufig, als der Verfasser die im Frühling 1348 im vertrauten Avignon wütende *maxima mortalitas* anspricht, der innerhalb dreier Monate 80.000 Menschen zum Opfer gefallen seien.[38] Die nächste Nennung ist schon ausführlicher: Von Weihnachten 1347 bis zu Allerheiligen

---

36 Dieser Umstand ist bereits von Graus, *Pest*, 159, unterstrichen worden. Haverkamp, „Die Judenverfolgungen," 35-38, und Graus, *Pest*, 159-164, haben die verstreut überlieferten Daten gesichert. Einen regionalen Überblick bietet auch Barbara Henze, „Vor gut 650 Jahren: Der Mord an den Juden im Oberrheingebiet," *Freiburger Diözesan-Archiv* 120 [3. Folge/52] (2000), 109-121.

37 Die Biographie Heinrichs von Diessenhofen ist Teil unserer laufenden Forschungen. Bis zu deren Abschluss verweisen wir auf *Helvetia Sacra, Abt. I, Bd. 2: Das Bistum Konstanz...*, red. von Brigitte Degler-Spengler, 2 Bde. durchpaginiert (Basel/Frankfurt am Main: Helbing & Lichtenhahn, 1993), 799-800 (B. Degler-Spengler).

38 Zur Pest in Avignon vgl. Bergdolt, *Der Schwarze Tod*, 65-69. – Heinrich von Diessenhofens Chronik ist Gegenstand einer kritischen Neuedition, die wir für die Monumenta Germaniae Historica vorbereiten. Da diese noch nicht vorliegt, führen wir in der Folge nebst unserer eigenen Kapitelnummerierung auch die Seitenzahlen von Hubers Edition an [*Heinricus de Diessenhofen und andere Geschichtsquellen Deutschlands im späteren Mittelalter*, hg. aus dem Nachlasse Joh. Friedrich Boehmer's von Alfons Huber (Stuttgart: Cotta, 1868), 16–126], die bislang als Referenztext gedient hat, hier: Heinrich von Diessenhofen, *Chronik*, Kap. 58 (Huber, 65).

1348 seien allein in Avignon nicht weniger als 280.000 Menschen an der Seuche verstorben, darunter sechs Kardinäle. Daneben wüte das Übel in Griechenland, in der Türkei, der Lombardei, der Toskana, in der Gascogne und in Frankreich, wobei ganze Städte entvölkert würden.[39]

Was das Fortschreiten der Seuche im Reich angeht, so erwähnt sie Diessenhofen vor allem im Zusammenhang mit dem Vorwurf der Brunnenvergiftung: Die Juden seien *propter mortalitatem* verbrannt worden, die ihnen zugeschrieben worden sei.[40] Ansonsten scheint sich der Chronist aber weniger für die Verbreitung der Pest interessiert zu haben – nach dem Jahreswechsel 1350-1351 vermerkte er ihr Abklingen und bilanzierte den Tod eines Fünftels bzw. Sechstels der Bevölkerung innerhalb zweier Jahre[41] – als für die um sich greifenden Verfolgungen. Deren Schilderung bildet einen eigenen Erzählstrang, der sich mit demjenigen der Pest kaum trifft. Dieser bereits bei Fritsche Closener in Straßburg gemachte Befund spiegelt die Erfahrungen auf dem „Terrain" wider, wo die Verfolgungen der Krankheit vorausgeeilt waren.

Den Beginn des Mordens datierte Diessenhofen auf die zweite Jahreshälfte 1348, als die Juden im gesamten Arelat getötet und verbrannt worden seien – mit Ausnahme der Stadt Avignon, wo Clemens VI. sie verteidigt habe.[42] Tatsächlich promulgierte der Papst am 5. Juli und am 26. September 1348 zwei Bullen zum Schutz der Juden. In der zweiten Bulle vom 26. September, die knapp eine Woche später, am 1. Oktober, erneut veröffentlicht wurde, schrieb Clemens VI. die Pest den Sünden der Christen zu und führte aus, die Juden selbst würden von der Seuche ebenso wenig verschont wie diejenigen Völker, die gar nicht mit den Juden zusammenlebten, so dass es nicht wahrscheinlich sei, dass die Juden die ihnen zugeschriebene Schandtat begangen hätten.[43]

Als erste Stadt auf – deutschem – Reichsgebiet, in der die Juden verbrannt wurden, nennt Heinrich von Diessenhofen Solothurn. Der *fama communis* zufolge, die von den Juden selbst bestätigt worden sei, sollen Letztere die Quellen vergiftet haben.[44] In diesem Zusammenhang denkt man an die vielerorts angestrengten Untersuchungen, in deren Verlauf Geständnisse aus den Juden herausgefoltert

---

39 Heinrich von Diessenhofen, *Chronik*, Kap. 62 (Huber, 68).

40 Heinrich von Diessenhofen, *Chronik*, Kap. 61 (Huber, 68).

41 Heinrich von Diessenhofen, *Chronik*, Kap. 71 (Huber, 75).

42 Heinrich von Diessenhofen, *Chronik*, Kap. 61 (Huber, 68).

43 Shlomo Simonsohn, *The Apostolic See and the Jews. Documents, 492-1404* (Toronto: Pontifical Institute of Mediaeval Studies, 1988), 396-399, Nr. 372 (1348, Juli 5), Nr. 373 (1348, Sept. 26) und Nr. 374 (1348, Okt. 1), hier Nr. 373.

44 Heinrich von Diessenhofen, *Chronik*, Kap. 61 (Huber, 68).

wurden. Burkhard Senn von Münsingen, aufgrund seines Reichslehens Gerichts-
herr zu Solothurn, berichtete ja Ende 1348 auf eine Straßburger Anfrage hin (ohne
freilich den Namen Solothurn zu erwähnen), er habe zwei Juden „verderbet", die
beide öffentlich gestanden hätten, „das si die gift getragen hant und etwe mengen
brunnen vergift hant".[45]

Wie sehr solche Nachrichten das allgemeine Unsicherheitsgefühl förderten, lässt
die Schilderung Diessenhofens erahnen, wonach die Konstanzer auf Anweisung
ihrer Obrigkeit ihr Wasser aus dem See schöpften, während die Juden gezwungen
wurden, die Quellen und Brunnen der Christen zu benutzen, nachdem ihre eigenen
mit Mist und Steinen verunreinigt bzw. zugeschüttet worden waren.[46]

Den eigentlichen Beginn der großen Judenverfolgung in den deutschen Landen
setzt Diessenhofen auf den November 1348 an.[47] Dabei sollen der *fama* zufolge
nicht nur die Juden die Quellen und Ströme vergiftet haben, sondern auch durch
sie korrumpierte Christen. Dieselbe Tat hätten auch einige neulich getaufte Juden
zugegeben; ebenfalls ein wiederkehrender Topos: gemäß dem schon zitierten Brief
von Burkhard Senn von Münsingen an Straßburg solle „nieman keim getöften
juden […] getrúwen". Dass die Geständnisse unter der Folter erzielt worden waren, scheint für Heinrich von Diessenhofen kein Anlass zu Misstrauen gewesen
zu sein. Vielmehr habe es aufgrund der durch Zwang erzielten Aussagen „keinen
Zweifel" an der Schuld der Juden gegeben.[48] Und so seien von Allerheiligen 1348
bis zu Michaelis Archangeli (29. September) 1349 sämtliche Juden zwischen Köln
und Österreich (wo Herzog Albrecht II. Ausschreitungen freilich zu verhindern
wusste) verbrannt worden. Diessenhofens Liste des Schreckens enthält schauerliche
Szenen, die allem Anschein nach auf Augenzeugenberichten beruhen. Dabei bleibt
offen, ob der Chronist selbst oder eine Gewährsperson dem Geschehen beigewohnt
hat. So seien am 20. Dezember 1348 in Horb (Württemberg) einigen „halbleben-
den" Juden beim Versuch, aus dem Feuer zu kriechen, die Schädel zertrümmert
worden, so als erfülle sich das Matthäus-Wort „Sein Blut komme über uns und
unsere Kinder" (Matth. 27, 25).

Im habsburgischen Zofingen sei im Haus eines Juden namens „Tröstli" Gift
entdeckt und *per experimentiam* als toxisch befunden worden, weshalb zwei Juden
und eine Jüdin gerädert worden seien. Der „Zofinger Giftfund" muss weitum für

---

45 UBS 5, 167, Nr. 184.
46 Heinrich von Diessenhofen, *Chronik*, Kap. 61 (Huber, 68).
47 Für das Folgende Heinrich von Diessenhofen, *Chronik*, Kap. 63 (Huber, 68-70).
48 Heinrich von Diessenhofen, *Chronik*, Kap. 63 (Huber, 69): *Et tamen positi super rotas,
    fatebantur se venenum sparsisse et aquas intoxicasse, et sic nullum dubium remansit,
    eorum fraude detecta.*

Aufsehen gesorgt haben, da ihn neben Diessenhofen auch Mathias von Neuenburg in Straßburg erwähnte.[49] Die Straßburger Stadtväter ihrerseits baten in Zofingen um eine Probe des Gifts, die ihnen aber am 23. Dezember 1348 mit dem Hinweis auf andere Städte verweigert wurde, deren Ersuchen auch abgeschlagen worden sei. Schultheiß und Rat von Zofingen berichteten jedoch, dass man das Gift an Hunden, Schweinen und Hühnern versucht habe, die allesamt verendet seien. Daraufhin habe man „drie juden [...] und ein wip" im Beisein von straßburgischen Boten gerädert. Sollte der Straßburger Rat den Ausführungen keinen Glauben schenken, so anerboten sich die Zofinger, das Gift durch straßburgische Gesandten „gesehen und versûchen" zu lassen, „als wir [es] versûcht hant vor mangem biderman [Ehrenmann]".[50] Zofingen korrespondierte in dieser Angelegenheit auch mit weiteren Städten: So wird im Basler Schreiben an Straßburg vom 4. Juli (1349) ein beigelegter (und heute verloren gegangener) Zettel erwähnt, den „uns die von Zovingen santent von der gift wegen" mit den Namen von Schuldigen.[51]

Die sich vervielfachenden Nachrichten von den Brunnenvergiftungen müssen zu einer weit um sich greifenden Verunsicherung geführt haben. Der Wahrheitsgehalt dieser Gerüchte dürfte dabei in den wenigsten Fällen in Zweifel gezogen worden sein, was sie für die bewusste Instrumentalisierung zu politischen und pekuniären Zwecken besonders einladend machte.[52] In der Tat wurden sie durch angebliche „Beweise" untermauert, in erster Linie durch Geständnisse, wobei der Umstand, dass diese unter der Folter entstanden waren, die Aussagen, wie bereits festgestellt, keineswegs diskreditierte. In einem Schreiben von Lausanne nach Straßburg heißt es vielmehr, der Verdächtige habe vier Tage und vier Nächte auf dem Rad überlebt. Dabei habe er an seinem ursprünglichen Geständnis festgehalten,[53] weshalb diesem eine hohe Glaubwürdigkeit zugebilligt wurde. Bei einem in Bern verhafteten Juden, der dem Vernehmen nach nach Straßburg überstellt wurde, um die dortigen Stadtväter über die Verbreitung des Giftes zu informieren,[54] handelte es sich sogar um einen „lebenden Beweis" für die Wahrheit der Anschuldigungen. Diesen wurde

---

49 Mathias von Neuenburg, *Chronik*, 265. Zum Giftfund von Zofingen vgl. auch Klaus Plaar, *'Gereinigt ist die Stadt, geläutert durch die Flamme'? Studien zur Geschichte der Juden in Zofingen* (Zofingen: Zofinger Tagblatt, 1993), 36-48, freilich ohne über die von uns angeführten Quellen hinauszugehen.

50 UBS 5, 166, Nr. 182.

51 UBS 5, 197, Nr. 209.

52 In diesem Zusammenhang sei nochmals auf die Fallbeispiele bei Graus, *Pest*, 168-214, hingewiesen.

53 UBS 5, 164, Nr. 179.

54 UBS 5, 165, Nr. 181.

umso mehr Glauben geschenkt, als sie in der politischen Korrespondenz verbün-
deter Städte kolportiert wurden, wobei die Absender – Räte und Mandatsträger
– gewissermaßen für den Wahrheitsgehalt der Vorwürfe bürgten.

Als „Krönung" der Beweisführung bot sich der Zofinger Giftfund an. Diessenhofen schrieb dazu, dass der toxische Charakter der entdeckten Substanz durch
einen Versuch, *per experientiam*, nachgewiesen worden sei, wobei wir Dank des
bereits zitierten Briefes der Zofinger an Straßburg vom 23. Dezember 1348 über die
Modalitäten dieser „protoforensischen" Untersuchung unterrichtet sind. Dass sich
der Schultheiß und Rat von Zofingen in der Folge weigerten, Proben der Substanz
weiterzugeben, scheint für die Wirkungsmächtigkeit der Geschichte in ihrer Zeit
unerheblich gewesen zu sein. Das aufgefundene Gift diente als *materieller* Beweis
für die Richtigkeit der Vergiftungsvorwürfe, und so erstaunt es nicht, dass man
auch anderswo Gift aufzufinden glaubte, so im Brunnen eines Schlettstädter Ratsherrn „in aim glase"[55] oder in einem Brunnen in Oberehnheim.[56] Dass die jüdische
Bevölkerung vor dem Hintergrund zahlreicher Reinheitsvorschriften eigene, strikt
kontrollierte Brunnen bevorzugte, wird den einmal gegen sie geäußerten Verdacht
nur verstärkt haben.[57]

Heinrich von Diessenhofens Chronik zufolge brachte das Jahr 1349 eine gegenüber dem Vorjahr weiter gesteigerte Verfolgungsintensität mit sich *(incepta
crematio iudeorum magis et magis aucta est)*.[58] Nachdem sich die „Wahrheit" des
Vergiftungsvorwurfs herausgestellt habe, hätten sich die Leute einhellig *(unanimiter)*
gegen die Juden erhoben, zuerst in Ravensburg, wo sie ihre Opfer am 2. Januar in
der Veitsburg, Sitz der Reichslandvogtei Oberschwaben, verbrannt hätten. Dorthin
seien die Ravensburger Juden in der Hoffnung auf königlichen Schutz vergebens
geflüchtet, wobei die königlichen Dienstleute im Anschluss an das Morden von
den Ravensburgern eingekerkert worden seien.

Viele der in der Folge angesprochenen Verfolgungsschübe betrafen die erweiterte
Bodenseegegend, was sich durch den Informationsstand des Konstanzer Domherren
erklärt. Daneben erwähnte Diessenhofen aber auch weiter entfernte Schauplätze
wie z. B. Basel, Feldkirch, Ulm oder Straßburg, was darauf schließen lässt, dass in

---

55 UBS 5, 196, Nr. 208.

56 Hoffmann, „Die Würzburger Judenverfolgung," 98, Nr. 1. Weitere Nachweise zu angeblichen Giftfunden bei Graus, *Pest*, 317-18.

57 Vgl. Hans-Jörg Gilomen, „Jüdische Nutzung öffentlicher und privater Brunnen im
Spätmittelalter," in '... *zum allgemeinen statt* nutzen', hg. Rippmann, Schmid und
Simon-Muscheid, 133-145, bes. 139-141.

58 Zu den Ereignissen des Jahres 1349 vgl. Heinrich von Diessenhofen, *Chronik*, Kap. 64
(Huber, 70-71).

Konstanz, Sitz eines der bedeutendsten deutschen Bistümer, Nachrichten aus nah und fern zusammenliefen.

Diessenhofens Interesse an der großflächigen Judenverfolgung wird durch die Geschehnisse in Konstanz selbst genährt worden sein, die der Chronist vermutlich als Augenzeuge miterlebte. So berichtet er, die Konstanzer hätten „ihre" Juden schon am 4. Januar 1349 in zwei Häusern eingeschlossen – während die Pest Konstanz erst im kommenden Winter erreichen sollte.[59] Am 3. März 1349 seien die Juden bei Sonnenuntergang auf freiem Feld in einer eigens zu diesem Zweck errichteten Hütte verbrannt worden, 330 an der Zahl, von denen ein Teil tanzend, ein zweiter betend und ein dritter weinend zum Feuer geschritten sei. Am besagten 3. März wurden aber (noch) nicht alle Konstanzer Juden getötet: Diessenhofen spricht von „Verschonten" *(reservati)*, die sich vermutlich hatten taufen lassen und so – vorerst – dem Tod entkommen waren, bevor auch sie am 11. September von ihrem gewaltsamen Schicksal ereilt wurden.[60]

Dazwischen lagen die Ereignisse vom 2. auf den 3. April sowie vom 1. Juli 1349: Ein Konstanzer Jude, der „zu der Zeit, als die anderen verbrannt wurden", getauft worden war, habe sich in der Nacht vom 2. auf den 3. April mit seinen beiden ebenfalls getauften Söhnen in seinem Haus verschanzt und jenes angezündet.[61] Dabei habe er aus dem Fenster gerufen, er wolle mit seinen Söhnen als Jude und nicht als Christ sterben. Das Feuer sei darauf auf vierzig Häuser übergesprungen, was eine große Entrüstung gegen die getauften Juden hervorgerufen habe, zumal sich ein weiterer außerhalb der Stadt in einer Hütte selbst verbrannt haben soll. Als Folge der Geschehnisse seien alle zu Zeiten des Pogroms Getauften geächtet worden. Die Empörung lässt sich dadurch erklären, dass beim Brand in der Nacht auf den 3. April infolge der Streulage jüdischer Häuser sicher auch von Christen bewohnte Gebäude zerstört wurden,[62] was Diessenhofen in Anspielung auf ein mittelalterliches Sprichwort kommentierte, die Juden hätten sich ihren Gastgebern gegenüber ebenso erkenntlich gezeigt wie die Maus im Ranzen, das Feuer im Busen und die Schlange im Schoß.[63] Drei Monate nach dem Brand, am 1. Juli 1349, seien dann –

---

59   Bergdolt, *Der Schwarze Tod*, 80.

60   Heinrich von Diessenhofen, *Chronik*, Kap. 64 (Huber, 70).

61   Zu diesen Ereignissen vgl. Heinrich von Diessenhofen, *Chronik*, Kap. 67 (Huber, 72).

62   Zu der von Diessenhofen, Kap. 67 (Huber, 72), als Brandort genannten *Mordergass* (heute Rosengartenstraße), in der Juden und Christen Seite an Seite wohnten und an der auch die Synagoge stand, vgl. Karl Heinz Burmeister, *Medinat Bodase. Bd. 1. Zur Geschichte der Juden am Bodensee 1200-1349* (Konstanz: UVK Universitätsverlag, 1994), 67-70 und 72.

63   Vgl. *Thesaurus Proverbiorum Medii Aevi. Lexikon der Sprichwörter des romanisch-germanischen Mittelalters*, begründet von Samuel Singer, 13 Bde. und Quellenverzeichnis

zeitgleich mit einer nichts Gutes verheißenden Mondfinsternis – in der Nähe von
Konstanz ein Christ und ein Jude gefangen genommen worden.[64] Unter der Folter
habe der Jude gestanden, er habe Gift von Radolfzeller Glaubensbrüdern erhalten,
die nach Diessenhofen geflüchtet waren. Damit habe er bereits mehrere Brunnen
vergiftet und wolle auch diejenigen in Konstanz infizieren.

Die Chronologie der Konstanzer Judenverfolgung (deren Kenntnis weitgehend
Heinrich von Diessenhofen zu verdanken ist), insbesondere die auffällig langen
zeitlichen Abstände zwischen den einzelnen „Etappen", ließen bereits František
Graus zu dem Schluss kommen, dass es sich in Konstanz, so wie auch andern-
orts, nicht um eine „,spontane' Aktion" gehandelt haben kann.[65] In Bezug auf
die Hintergründe der Tat spricht Graus die „Unrast in der Stadt" an, „vor allem
[die] Wirren, die durch das Interdikt gegen Ludwig d. Bayern und die Anerkennung Karls IV. bewirkt wurden".[66] In der Tat hatte sich Konstanz nach dem Tod
Ludwigs des Bayern am 11. Oktober 1347 dessen Konkurrenten und Nachfolger
Karl vorerst verschlossen und lenkte erst im April 1349 ein[67] – ein unmittelbarer
Zusammenhang mit dem Pogrom ist damit aber noch nicht gegeben.[68] Auch die
innerstädtischen Auseinandersetzungen, deren Ausgang das Ende der Straßburger
Juden besiegelt hat, führen uns im Fall von Konstanz nicht weiter, hatte doch der
sog. erste Bürgerkampf bereits 1342-1343 stattgefunden.[69]

Was das Schicksal der Juden aus Diessenhofen betrifft – Diessenhofen war der
Stammsitz der örtlichen Truchsessen, aus denen der Chronist hervorgegangen
war –, so ist aus dessen Geschichtswerk zu erfahren, dass sie am 18. September

---

(Berlin/New York: de Gruyter, 1995-2002), hier Bd. 10, 129-30, Nr. 5.1.2.

64 Heinrich von Diessenhofen, *Chronik*, Kap. 70 (Huber, 74).

65 Graus, *Pest*, 187-189, bes. 188.

66 Graus, *Pest*, 187.

67 Vgl. Andreas Bihrer, *Der Konstanzer Bischofshof im 14. Jahrhundert. Herrschaftliche,
    soziale und kommunikative Aspekte* (Ostfildern: Thorbecke, 2005), 91-93.

68 Heinrich von Diessenhofen, *Chronik*, Kap. 68 (Huber, 73), datierte das Einlenken von
    Konstanz bzw. die Aufhebung des langjährigen Interdikts, mit dem die Stadt wegen ihrer
    Treue zu Ludwig dem Bayern belegt worden war, auf den 4. April 1349, d. h. auf den Tag
    nach dem oben erwähnten nächtlichen Brand von 2.-3. April. Bihrer, *Der Konstanzer
    Bischofshof*, 92, erklärt das Nachgeben der Konstanzer denn auch mit ihrer durch den
    Brand "geschwächten Position". Andererseits hatte die erste Mordserie bereits am 3. März
    1349 stattgefunden.

69 Vgl. Andreas Bihrer, „Der erste Bürgerkampf. Zur Verfassungs- und Sozialgeschichte
    der Stadt Konstanz in der Mitte des 14. Jahrhunderts," *Zeitschrift für die Geschichte des
    Oberrheins* 153/NF 114 (2005), 181-220.

1349, also eine Woche nach den letzten Verbrennungen in Konstanz, umkamen.[70] Nach Ausbruch des Mordens waren sie zunächst mit ihren Glaubensbrüdern aus Winterthur und anderen habsburgischen Landstädten auf die Kyburg geflüchtet, eine habsburgische Feste und regionaler Verwaltungssitz, wo sie sich vergebens Schutz erhofften und wo sie getötet wurden. Dabei könnten sich den Diessenhofener Juden auch einige Flüchtlinge aus Radolfzell angeschlossen haben – Überlebende des Radolfzeller Pogroms, das von Heinrich auf den 30. April 1349 datiert wird[71] –, die zunächst nach Diessenhofen *causa refugii* ausgewichen waren.[72]

Aus der Luft gegriffen war die Hoffnung auf herzoglichen Schirm nicht, da sich Herzog Albrecht II. von Österreich dem um sich greifenden Töten entgegenzustemmen versuchte. So schritt er laut Heinrichs Chronik bereits in Zofingen ein, wo im Anschluss an den örtlichen Giftfund zwei Juden und eine Jüdin gerädert worden seien, und habe die übrigen Juden schützen lassen.[73] Herzog Albrecht habe, so der Chronist, „seine" Juden in der Grafschaft Pfirt, der Landgrafschaft Elsass und der Grafschaft Kyburg zunächst verteidigt – habe dann aber dem Druck der Reichsstädte nachgegeben, die gedroht hätten, die „habsburgischen" Juden zu verbrennen, sofern dies Albrecht nicht selbst durch seine Richter veranlassen würde *(ut aut ipse eos per suos iudices cremari faceret aut vel ipsi eos per iustitiam cremarent).*[74] Bereits zuvor, am 18. März 1349, war es im habsburgischen Baden, wohin auch die Rheinfelder Juden *causa defensionis* geführt worden waren, zu Tötungen gekommen, ebenso am 30. April in dem unter habsburgischer Vogteiherrschaft stehenden Radolfzell.[75]

Was genau mit den „habsburgischen" Juden in den Vorlanden geschah, ist, abgesehen von den großen Linien, deren Kenntnis Heinrich von Diessenhofens Chronik zu verdanken ist, nicht bekannt. Heinrichs Formulierung, wonach die Juden aus den habsburgischen Landstädten „gesammelt" *(collecti)* worden waren,[76] bevor sie zu ihrem Schutz auf die Kyburg verlegt wurden, lässt auf eine obrigkeitlich koordinierte Evakuierung schließen. Dazu passt, dass Albrecht II. in Krems an der Donau hart durchgriff, als es dort am 29. September 1349 zu „tumultartigen Pogromen" kam. Überhaupt gelang es ihm – der selbst durchaus Angst vor der Pest

---

70 Heinrich von Diessenhofen, *Chronik*, Kap. 64 (Huber, 70).
71 Heinrich von Diessenhofen, *Chronik*, Kap. 64 (Huber, 70).
72 Heinrich von Diessenhofen, *Chronik*, Kap. 70 (Huber, 74).
73 Heinrich von Diessenhofen, *Chronik*, Kap. 63 (Huber, 69).
74 Heinrich von Diessenhofen, *Chronik*, Kap. 64 (Huber, 70).
75 Heinrich von Diessenhofen, *Chronik*, Kap. 64 (Huber, 70).
76 Heinrich von Diessenhofen, *Chronik*, Kap. 64 (Huber, 70).

hatte, vor der er sich in das „stille" Purkersdorf bei Wien zurückzog[77] –, die Juden in den habsburgischen Herzogtümern, in denen die herzogliche Macht gefestigt war, weitgehend vor Verfolgungen zu bewahren.[78] Dies trug ihm im Kalendarium Zwetlense im Zusammenhang mit seiner Intervention in Krems den Ruf eines „Judenverteidigers" *(fautor iudeorum)* ein,[79] bei Heinrich von Diessenhofen die Erwähnung an der Seite von Papst Clemens VI., der in Rom und Avignon ebenfalls seine schirmende Hand über die Juden hielt.[80] In den habsburgischen Vorlanden hingegen versagte Albrechts Judenschutz weitgehend, was von Alfred Haverkamp mit den „sehr viel labileren Herrschaftsverhältnissen" in den habsburgischen Randgebieten erklärt worden ist.[81]

Es scheint bezeichnend, dass Heinrich von Diessenhofen Herzog Albrechts Judenpolitik nicht weiter wertet. Zwar hatte der Chronist selbst keinerlei Zweifel an der Schuld der „von Gott verdammten" Juden *(quia a Deo sunt maledicti)*;[82] es hätte ihm aber zutiefst widerstrebt, Albrecht offen als „Judenverteidiger" zu betiteln. Heinrichs Geschlecht, die Truchsessen von Diessenhofen, waren mit der habsburgischen Landesherrschaft eng verbunden. Und was den Chronisten selbst betrifft, so sprach er immer nur mit großer Hochachtung von Herzog Albrecht II. Dass Heinrich Unliebsames lieber verschwieg, gehörte zu seiner diskursiven Strategie, wie das Beispiel des von ihm vertuschten Konflikts zwischen Albrechts Sohn Herzog Rudolf IV. und Karl IV. offenlegt.[83]

---

77 Alfons Lhotsky, *Geschichte Österreichs seit der Mitte des 13. Jahrhunderts (1281-1358)* (Wien: Böhlau, 1967), 356-357.

78 Eine bezeichnende Ausnahme ist das erst 1335 habsburgisches Lehen gewordene Herzogtum Kärnten, wo es zu Verfolgungen kam; vgl. *Germania Judaica Bd. 2. Von 1238 bis zur Mitte des 14. Jahrhunderts*, hg. Zvi Avneri (Tübingen: Mohr Siebeck, 1968), 389.

79 *Monumenta Germaniae Historica Scriptores 9*, hg. Georg Heinrich Pertz (Hannover: Hahn, 1851), 692.

80 Heinrich von Diessenhofen, *Chronik*, Kap. 70 (Huber, 74).

81 Haverkamp, "Die Judenverfolgungen", 86-87 (Zitat 86); vgl. auch Graus, *Pest*, 224.

82 Heinrich von Diessenhofen, *Chronik*, Kap. 64 (Huber, 71).

83 Vgl. Georg Modestin, „Eine *coniuratio* gegen Kaiser Karl IV. und das Schweigen des Chronisten. Heinrich von Diessenhofen als Historiograph Herzog Rudolfs IV. von Österreich (1357-1361)," *Studia Mediaevalia Bohemia* 2, Nr. 1 (2010), 7-24.

4　Fazit

Heinrich von Diessenhofens Haltung ist nicht grundsätzlich als judenfeindlich einzustufen: Zu den Judenverfolgungen in Zusammenhang mit der sog. Armledererhebung in den Jahren 1336-1338 bemerkte er, die Juden seien in erster Linie wegen der Raubgier ihrer Mörder getötet worden.[84] Trotzdem ließ er sich zehn Jahre später von der Brunnenvergiftungsthese überzeugen. Im Gegensatz zu Fritsche Closener, der angesichts der Straßburger Ereignisse von 1349 anmerkte, den Juden sei ihr Gut zum Verhängnis geworden, zog Diessenhofen, anders als noch 1336-1338, im Fall der Pestpogrome keine pekuniären Gründe für das Töten in Erwägung. Zu wirkungsmächtig war der Vergiftungsvorwurf geworden, der sich von einem volatilen Gerücht, der *fama communis*, zu einer durch erzwungene Geständnisse und angebliche Giftfunde „forensisch" untermauerten Gewissheit verdichtet hatte. Letztere war so stark, dass sie sich selbst der schlüssigen päpstlichen Argumentation gegenüber resistent zeigte, wonach die Juden selbst und auch die nie mit Juden in Berührung gekommenen Christenvölker an der Pest starben.

Die Brutalität der Repression ließ bei Diessenhofen die Frage aufkommen, ob die Judenverfolgungen nicht das Ende der Juden überhaupt bedeuteten. Dies wäre aber mit den seit der Spätantike greifbaren Vorstellungen unvereinbar gewesen, wonach der Prophet Elias und Henoch am Ende der Zeiten auf die Erde wiederkehren und die Juden bekehren würden. Der Chronist schloss daher, dass einige Juden an einem unbekannten Ort – am ehesten in *ultramarinis partibus* – „aufgespart" sein müssten, damit sich die Prophezeiung erfülle.[85]

84　Heinrich von Diessenhofen, *Chronik*, Kap. 15 (Huber, 28): *necarentur non ob aliud, nisi quod eis bona temporalia aufferre volebant occisores eorum.* Zur Armledererhebung vgl. Siegfried Hoyer, „Die Armlederbewegung – ein Bauernaufstand 1336/1339," *Zeitschrift für Geschichtswissenschaft* 13 (1965), 74-89; Klaus Arnold, „Die Armledererhebung in Franken 1336," *Mainfränkisches Jahrbuch für Geschichte und Kunst* 26 (1974), 35-62.

85　Heinrich von Diessenhofen, *Chronik*, Kap. 64 (Huber, 71). Zur angesprochenen Vorstellung von der Bekehrung der Juden am Ende der Zeiten vgl. Elisabeth Campagner, „Das mittelalterliche Endzeitdrama in seiner Beziehung zu den Juden," *Trans. Internetzeitschrift für Kulturwissenschaften* 4 (September 2002). www.inst.at/trans/4Nr/campagner4.htm (abgerufen am 20.Oktober 2011).

„In disen sterbenden leuffen": Deutsche und englische Ratgeberliteratur zur Seuchenbekämpfung im 16. Jahrhundert

Marco Neumaier

Epidemien prägten den Alltag des Menschen im 16. Jahrhundert maßgeblich. Kaum war eine Seuche durchgestanden, musste bereits mit dem nächsten Ausbruch gerechnet werden. Die größte Bedrohung ging in diesem Zusammenhang von der Pest aus.[1] Ihre Beharrlichkeit überwältigte die Betroffenen, die der Gefahr gewöhnlich hilflos ausgeliefert waren. Zeitgenossen dokumentierten die ständige Wiederkehr und Ausmaße der Seuche. Die Chronik, die dem Basler Zunftmeister der Weber Fridolin Ryff zugeschrieben ist und dessen Großneffe Peter fortsetzte, berichtet in dem Zeitraum von 1517 bis 1582 über fünf verheerende Pestepidemien.[2] So wurde unter anderem 1564 notiert:

---

1   Franz Mauelshagen, „Pestepidemien im Europa der Frühen Neuzeit (1500-1800)," in *Pest: Die Geschichte eines Menschheitstraumas*, hg. Mischa Meier (Stuttgart: Klett-Cotta, 2005), 237-265, hier 238 f. Die historische Wahrnehmung der Pest bezieht sich gemeinhin auf deren spätmittelalterliche Ausprägung in Gestalt des so genannten „Schwarzen Todes", der 1348 erstmals Europa erfasste. Eine überfällige Aufarbeitung der frühneuzeitlichen Situation ist, tendenziell als lokalgeschichtlich angelegte Studien, noch zu dezent im Gange. Vgl. Otto Ulbricht, „Einleitung: Die Allgegenwärtigkeit der Pest in der Frühen Neuzeit und ihre Vernachlässigung in der Geschichtswissenschaft," in *Die leidige Seuche: Pest-Fälle in der Frühen Neuzeit*, hg. Otto Ulbricht (Köln u. a.: Böhlau, 2004), 1-63, hier 25-36.

2   „Die Chronik des Fridolin Ryff 1514-1541, mit der Fortsetzung des Peter Ryff 1543-1585," in Basler Chroniken, Bd. 1, hg. Wilhelm Vischer und Alfred Stern (Leipzig: Hirzel, 1872), 1-229, hier 23 (1517), 162 f. (1541), 171 (1564), 179 (1577), 184 (1582). Der Basler Arzt Felix Platter, der den Ausbruch von 1564 persönlich miterlebte, schätzte die Anzahl der Opfer auf viertausend. Er thematisiert überdies das Problem eindeutiger Statistiken der Todesfälle, welches die historische Forschung bis heute bei einer Bewertung der Pest beschäftigt. Vgl. *Thomas Platter und Felix Platter, Zwei Autobiographieen: Ein Beitrag zur Sittengeschichte des XVI. Jahrhunderts*, hg. D. A. Fechter (Basel: Seul und Mast, 1840), 192-196.

Anno 1564 kamen den Rhin noch uffhin pestilentzische sterbent, welche ze Basel dermossen grassierten, das die schu[o]len etlicher mossen abgu[o]ngen. Es sturben auch ze stat und landt, als ich oft geho[e]rt hab, (dan dises der erste pestilentzische sterbent gewesen, dessen ich gedencken), in die zechentusendt menschen, weret fast ein gantzes jar lang.

Diesen Ausbruch der Seuche erlebte auch der Arzt Felix Platter persönlich mit, wie er in seinen autobiographischen Aufzeichnungen schildert:

Diser sterbendt, darinnen ich domolen vil leuthen gedient, war seer groß, wiewol er nit so lang alß andere gewert hatt; dan er erst A° 63 im winter angefangen und den Rhin aufkommen und ob sich ins Schwitzerlandt verruckt und A° 64 zu endt des jars nachgeloßen, jedoch die zeit ein mergliche zal jung und alt volck hingenommen. Es starben von iungem volck am meisten, demnach vil dienstmegt und allerley handt-werchsgsellen. Wär um Johannis von fremden diensten alher kam, gieng fast alles doruf. Die spitäl und almusenhüser lagen voller krancher an der sucht, vil burger nam sy hinweg von gwerbs- und handwerchleuten, von rhäten, von glerten und studenten, aus der Universitet und schulen, und predikanten.

Der Mediziner schätzte jedoch die Anzahl der Opfer niedriger als Ryff:

Die zal der abgestorbenen war gros, doch ungewiß, wil man nit, wie hernoch über ettlich jor, die abgestorbenen uffschreib. Man redet gmeinlich von vil dusent, daß doch nit sin kan. Doctor Sultzerus, domolen obrister pfarherr, und ich, der mich by den krancken seer brauchen laßen und vil volcks auffschreib, so hingescheiden, haben auß sunderbarer abrechnung geschetzt, es mechten nochzuchen auf vier dusent personen die zal der abgestorbenen gereicht haben, welches in Basel nit eine kleine zal ist. Aus dem rodel, so ich aus dem spital bekommen, hab ich funden aus dem vergrabgelt, so man von A° 64 den 28. Febr. bis den 24. Mertzens A° 65 aufgeschriben, daß der abgestorbenen personen die zeit har 200 just gwesen sindt.

Platter thematisiert in diesen Zeilen das Problem eindeutiger Statistiken der To-desfälle, welches die historische Forschung bis heute bei einer Bewertung der Pest beschäftigt. Er wurde jedenfalls nach eigenen Angaben Zeuge von sieben Epidemien, die Basel bis 1611 heimsuchten.[3]

Wenn Autoren des 16. Jahrhunderts von der „Pestilenz" berichten, muss es sich jedoch nicht zwingend um die Beulen- oder Lungenpest handeln. Der Begriff konnte für jede Seuche Anwendung finden, deren Ausbreitung und Intensität als außergewöhnliche Bedrohung empfunden wurde. Fehlen Hinweise auf eindeutige

---

3   Thomas Platter und Felix Platter, *Zwei Autobiographieen: Ein Beitrag zur Sittengeschichte des XVI. Jahrhunderts*, hrsg. v. D. A. Fechter (Basel: Seul und Mast, 1840), 192-196.

Symptome, bleibt die Identifizierung demnach schwierig.[4] Darüber hinaus kam es nicht selten zu einer Überlagerung von Verläufen unterschiedlicher Seuchen. So dokumentiert der Vikar im Regensburger Kollegiatstift zur Alten Kapelle Leonhart Widmann, dass die Bischofsstadt 1532 zeitgleich mit Ruhr und Pest zu kämpfen hatte.[5]

Am Beginn der Neuzeit traten auch bisher unbekannte epidemische Erkrankungen auf. England traf ein solches Schicksal 1485, wie die Chroniken des Raphael Holinshed (Erstdruck 1577) schildern:

> In this same yeere a new kind of sickenes inuaded suddenlie the people of this land, passing through the same from the one end to the other. It began about the one and twentith of September, and continued vntill the latter end of October, being so sharpe and deadlie, that the like was neuer heard of to anie mans remembrance before that time. For suddenlie a deadlie burning sweat so assailed their bodies and distempered their bloud with a most ardent heat, that scarse one amongst an hundred that sickened did escape with life: for all in maner as soone as the sweat tooke them, or within a short time after yeelded the ghost. Beside the great number which deceassed within the citie of London, two maiors successiuelie died within eight daies and six Aldermen.[6]

Heftige Schweißausbrüche waren demnach das vordergründigste Symptom, dem die neue Seuche letztlich ihren Namen verdankte. Bis 1551 durchlitt die englische Gesellschaft fünf Epidemien dieser Art. Zeitgenössischen Überlieferungen zufolge infizierten sich vornehmlich Männer in der Altersgruppe zwischen dreißig und vierzig Jahren. Ferner entstammten die Opfer wohl überwiegend den sozial bessergestellten Kreisen. So drang die „sweating sickness" bis an den königlichen Hof in London vor und befiel auch Angehörige der beiden Universitäten Oxford und Cambridge. Eine höhere Ansteckungsrate innerhalb dieser gesellschaftlichen Gruppen im Vergleich zur Restbevölkerung ist jedoch statistisch nicht zu belegen.

---

4 Ulbricht, „Einleitung," 17; Paul Slack, *The Impact of Plague in Tudor and Stuart England* (London et al.: Routledge & Kegan Paul, 1985), 64 f.; Martin Dinges, „Seuchen in Mittelalter und Früher Neuzeit," in *Gotts verhengnis und seine straffe – Zur Geschichte der Seuchen in der Frühen Neuzeit*, hg. Petra Feuerstein-Herz (Wolfenbüttel: Herzog August Bibliothek, 2005), 15-26, hier 17.

5 „Wo so vill volcks ist, pleibt es selten ungestorben, und, so der reichstag iz schon aus war, sturben ein wochen 15, zu zeiten 20, mer und minder, an der rur, ye ein tag 6, 8 etc., auch an der pestilenz, weret nit lang." „Leonhart Widmann's Chronik von Regensburg 1511-43, 1552-55," in *Die Chroniken der baierischen Städte: Regensburg, Landshut, Mühldorf, München*, hg. Historischen Kommission bei der königl. Akademie der Wissenschaften (Leipzig: Hirzel, 1878), 1-244, hier 125.

6 Raphael Holinshed, *Chronicles of England, Scotland, and Ireland*, Bd. 3: England (London: Johnson et al., 1808), 482.

Außergewöhnlich war schließlich die Vehemenz der Seuche, die sich anhand von Sterberegistern der Zeit rekonstruieren lässt. Die „sweating sickness" brach unvermittelt aus, wütete nie länger als zwei Wochen und zog ebenso abrupt weiter. Gemeinhin trat der Tod binnen eines Tages ein. Gleichwohl bestand eine Überlebenschance für Infizierte.[7]

1529 fand die Seuche, die zuvor nur auf England beschränkt geblieben war, auch ihren Weg nach Kontinentaleuropa. Dort konzentrierte sie sich fast ausschließlich auf das Heilige Römische Reich und Handelsreisende begünstigten eine Verbreitung. Die Chronik des Fridolin Ryff dokumentiert die Umstände ihres Auftretens:

> Inn dem erstgenempten jor [1529, d. Verf.] gieng im Nyderland ein erschrockliche kranckeit usz zu Köll, Andorff, Mentz, Franffurt, Spir und kam bisz gon Strosburg, also dasz an disen ortten grosz menig des volcks starb, und nampt man dise kranckeit die engelschy schweiszsucht, dan sy usz Engelland kam, und wen dise kranckeit ankam, der wasz in fier und zwenzig stunden vom leben zum todt, dan wan ein die kranckeit ankam, so kam es mit grosem gifftigen schwitzen und schwitzt sich der mensch glich zu todt, das diser kranckeit gar ein unzalber volck an allen ortten starb, und starb diser kranckeit ouch der bischoff von Spir mitsampt sinnem hofmeister und kantzler. Es kam ouch etlich gesund ob den tischen an und trug mans tod dorvon. Got wel unsz sin gnod und barmherzigkeit verlichen und unser sund verzichen.

Ein Zusammenhang mit den Ausbrüchen der neuen Seuche in England war offensichtlich schnell hergestellt. Todesfällen in den Eliten der Gesellschaft wurde hier wiederum besondere Beachtung geschenkt, wobei die singuläre Erwähnung des Bischofs von Speyer und seiner höchsten Beamten sicherlich primär deren Prominenz geschuldet ist. Die Wucht, mit der die „englische Schweißsucht" um sich griff, kommt jedenfalls auch in dieser Schilderung deutlich zum Ausdruck.[8]

---

7   Vgl. Slack, *Impact*, 70 f.; John A. H. Wylie und Leslie H. Collier, „The English Sweating Sickness (Sudor Anglicus): A Reappraisal," *Journal of the History of Medicine and Allied Sciences* 36 (1981), 425-445, hier 425-433; Alan Dyer, „The English Sweating Sickness of 1551: An Epidemic Anatomized," *Medical History* 41 (1997), 362-384; Guy Thwaites, Mark Taviner und Vanya Gant, „The English Sweating Sickness, 1485 to 1551," *The New England Journal of Medicine* 336 (1997), 580-582; John L. Flood, „'Safer on the Battlefield Than in the City': England, the 'Sweating Sickness', and the Continent," *Renaissance Studies* 17 (2003), 147-176, hier 147-153. Die medizinhistorische Forschung geht davon aus, dass es sich bei dem Erreger sehr wahrscheinlich um ein durch Nagetiere bzw. deren Parasiten übertragenen Hantavirus handelte. Der Infektionsweg ähnelte folglich dem der Pest.

8   „Chronik des Fridolin Ryff," 105. Vgl. auch Wylie und Collier, „English Sweating Sickness," *Journal of the History of Medicine and Allied Sciences*, 433-435; Flood, „'Safer on the Battlefield'," *Renaissance Studies*, 154-161.

Die Epidemie des Jahres 1529 blieb die einzige auf dem europäischen Kontinent und England wurde 1551 ein letztes Mal befallen. So schlagartig wie die Seuche 66 Jahre zuvor aufgetaucht war, verschwand sie wieder.

Eine Bedrohung durch unterschiedliche Massenerkrankungen war, wie die Quellen eindrücklich zeigen, allgegenwärtig. Es erscheint daher nicht verwunderlich, dass Überlegungen und Lösungsansätze zur Bekämpfung von Seuchen einen festen Platz in der medizinischen Publizistik des 16. Jahrhunderts einnahmen. Bei den *Regimina sanitatis*, also Leitfäden für eine gesunde Lebensweise, ist diese Entwicklung eindringlich dokumentiert. Der folgende Beitrag nimmt deutsche und englische Beispiele dieser Gattung in den Blick, die sich explizit der Pest und dem „englischen Schweiß" widmeten.[9]

Es steht demnach der Umgang mit sowohl einer bekannten als auch neuen Seuche im Fokus. Welche Verhaltensregeln die Autoren ihrer Leserschaft für den Ernstfall empfehlen, wird eine vergleichende Betrachtung ergründen. Den ausgewählten Texten ist überdies gemein, dass sie in der jeweiligen Nationalsprache verfasst sind. Ihre Urheber steuerten damit bewusst den Umfang und die Zusammensetzung des möglichen Rezipientenkreises.

John Caius, seit 1547 ein Fellow des Royal College of Physicians, lebte und praktizierte während der letzten Epidemie des „englischen Schweißes" in London.[10] Er war folglich Augenzeuge der Katastrophe und nahm die persönliche Erfahrung zum Anlass, einen Traktat über die Seuche zu verfassen. Primär sei die Anregung von seinem Freundeskreis ausgegangen.[11] Der Text wurde schließlich 1552 unter dem Titel *A boke or counseill against the disease commonly called the sweate or*

9　Einen Überblick zur Fülle solcher Schriften in der Frühzeit des Druckwesens bietet u. a. Arnold C. Klebs, „Geschichtliche und bibliographische Untersuchungen, in Arnold C. Klebs und Karl Sudhoff, *Die ersten gedruckten Pestschriften* (München: Verlag der Münchner Drucke, 1926), S. 1-167. Er identifiziert im Zeitraum von 1472 bis 1500 allein 130 Inkunabeln zur Pest.

10　Zur Biographie vgl. John Venn, „John Caius," in *The Works of John Caius, M. D.: Second Founder of Gonville and Caius College and Master of the College 1559-1573*, hg. E. S. Roberts (Cambridge: Cambridge University Press, 1912), 1-78; C. D. O'Malley, *English Medical Humanists: Thomas Linacre and John Caius* (Lawrence: University of Kansas Press, 1965), 26-46.

11　„In the fereful tyme of the sweate [...] many resorted vnto me for counseil, among who[m]e some beinge my frendes & aquaintance, desired me to write vnto them some litle counseil howe to gouerne themselues therin [...]." John Caius, „A boke or counseill against the disease commonly called the sweate or sweatyng sicknesse," in *The Works of John Caius, M. D.: Second Founder of Gonville and Caius College and Master of the College 1559-1573*, hg. E. S. Roberts (Cambridge: Cambridge University Press, 1912),1-36, hier 3.

sweatyng sicknesse gedruckt. Caius widmete die Schrift dem Earl von Pembroke William Herbert, der als Lord President des Council of Wales and the Marches zu den einflussreichsten Vertretern des englischen Hochadels zählte.[12] Es ging dem Autor sicherlich weniger darum, an das Interesse des Adressaten für medizinische Belange zu appellieren, sondern vielmehr dessen Prestige zum Vorteil der Veröffentlichung zu nutzen.

Nach eigenen Angaben wählte Caius bewusst die Muttersprache, um eine weite Verbreitung des Textes auch jenseits der gelehrten Kreise zu erreichen:

> Necessite, for that this disease is almoste peculiar vnto vs Englishe men, and not common to all men, folowyng vs, as the shadowe the body, in all countries, albeit not at al times. Therfore compelled I am to vse this our Englishe tongue as best to be vnderstande, and moste nedeful to whome it most foloweth, most behoueth to haue spedy remedie, and often tymes leaste nyghe to places of succourre and comforte at lerned mennes handes [...].

Der Leser sollte folglich nach der Lektüre des Buches – so weit ihm möglich – sein eigener Arzt werden können.[13] Mit seiner Entscheidung blieb der Autor kein Einzelfall, denn das Angebot englischsprachiger Literatur zu medizinischen Themen erlebte in der Mitte des 16. Jahrhunderts einen deutlichen Aufschwung. Gleichwohl beteiligten sich daran nur verhältnismäßig wenige Ärzte. Diese Zurückhaltung ist ein Indiz für den Anspruch des Standes auf fachliche Exklusivität.[14] Caius beschritt zwar den Sonderweg, jedoch nicht ausschließlich. Vier Jahre später erschien in Löwen noch eine ausführlichere lateinische Fassung der Schrift, mit der er sich eindeutig an seine Kollegen – auch über die Grenzen Englands hinaus – richtete.[15]

---

12 Zu William Herbert vgl. Narasingha P. Sil, „Herbert, William, First Earl of Pembroke (1506/7-1570)," in *Oxford Dictionary of National Biography* (Oxford et al.: Oxford University Press, 2004), Online-Ausg. Mai 2009, http://www.oxforddnb.com/view/article/13055 (abgerufen am 14. März 2012).

13 Caius, „Boke," 8.

14 Paul Slack, „Mirrors of Health and Treasures of Poor Men: The Uses of the Vernacular Medical Literature of Tudor England," in *Health, Medicine and Mortality in the Sixteenth Century*, hg. Charles Webster (Cambridge et al.: Cambridge University Press, 1979), 237-273.

15 Insgesamt nehmen in der lateinischen Ausgabe im Gegensatz zum englischen Vorläufer die direkten Bezüge auf die antike Tradition und deren mittelalterliche Rezeption einen größeren Raum ein. Caius zitiert häufig aus den griechischen Originaltexten und erwähnt Autoren, die sicherlich nur der gelehrten Zielgruppe geläufig waren. So verweist er u. a. auf den byzantinischen Arzt Nikolaos Myrepsos. John Caius, „De Ephemera Britannica, Liber Unus" in ders., „Opera aliquot et versiones" in Roberts, *Works*, 57-115, hier 94, 101. Eine lateinische Übersetzung dessen Hauptwerks *Dynameron* durch Nikolaus von

Selbstkritisch urteilte der Mediziner in dem autobiographischen Text *De libris suis* (1570) über die Defizite der englischen Ausgabe, die der Drucker Richard Grafton aufgrund der akuten Bedrohung durch die „sweating sickness" regelrecht auf den Buchmarkt „ausschüttete".[16] Der Autor nutzte die Neubearbeitung demnach auch, um seinen eigenen Ansprüchen als Gelehrter gerecht zu werden.

Der Traktat gliedert sich in drei Teile. Zunächst beschreibt John Caius die Geschichte der „sweating sickness" und ihre Symptome. Er erbrachte eine Pionierleistung, denn die originäre Charakterisierung einer Krankheit durch einen englischen Autor in dessen Muttersprache war bis dahin nie versucht worden.[17] Den Ablauf der letzten Epidemie schildert der Mediziner sehr lebendig aus seiner persönlichen Erinnerung. So brach die Seuche Mitte April 1551 in Shrewsbury aus, ergriff Teile von Wales und zog schließlich über Chester, Coventry und Oxford in Richtung Süden. Am 7. Juli erreichte sie London, von wo eine weitere Streuung in den Osten und Norden Englands stattfand. Die Anzahl der Toten in der Metropole bezifferte Caius allein während des Zeitraums vom neunten bis zum 16. des Monats auf 761. Ende September war die Epidemie insgesamt überstanden. Die Schilderung des Arztes deckt sich mit Alan Dyers Auswertungen von Sterberegistern dieses Jahres.[18] In einem weiteren Schritt versuchte Caius, das Wesen der Krankheit zu konkretisieren:

> But if the name wer now to be geuen, and at my libertie to make the same: I would of the maner and space of the disease (by cause the same is no sweat only, as herafter I will declare, & in the spirites) make the name *Ephemera*, which is to sai, a feuer of one natural dai.[19]

Die lateinische Fassung des Textes von 1556 betitelte er schließlich auch *De Ephemera Britannica*. Caius entlehnte den Begriff Galen und übertrug ihn auf den englischen Kontext. Ein wesentlicher Unterschied zu dem eintägigen Fieber, wie es der antike

---

Reggio hatte Leonhard Fuchs erst 1549 im Druck herausgegeben. Vgl. Andreas Kramer, „Myrepsos, Nikolaos", in *Enzyklopädie Medizingeschichte*, hrsg. v. Werner E. Gerabek et al. (Berlin: De Gruyter, 2005), 1020.

16 „[...] festinatione potius effusum propter morbum praecipitem, & Londini apud Richardum Graftonum typographum Regium excusum, quam cura diligentius per maturitatem elaboratum [...]." John Caius, „De libris suis, liber unus," in *The Works of John Caius, M. D.: Second Founder of Gonville and Caius College and Master of the College 1559-1573*, hg. E. S. Roberts (Cambridge: Cambridge University Press, 1912), 67-111, hier 88.

17 O'Malley, *English Medical Humanists*, 35; Dyer, „English Sweating Sickness," *Medical History*, 362.

18 Caius, „Boke," 11 f. Vgl. auch Dyer, „English Sweating Sickness," *Medical History*, 370.

19 Caius, „Boke," 10.

Mediziner beschreibt, war jedoch die hohe Wahrscheinlichkeit eines lebensbedroh-
lichen Verlaufs.[20] Bei der „sweating sickness" kämpfe der Körper gegen eine giftige
Fäulnis („putrefaction venemous") seiner „spirites", also der lebensspendenden
Kräfte, an und während dieses Prozesses entweiche der Schweiß, „an humour
compelled by nature". Als weitere Symptome bezeichnet der Autor Schmerzen in
Muskeln, Leber, Magen und Kopf, eine überhöhte Herz- und Atemfrequenz sowie
eine totale Entkräftung des Körpers.[21]

Seine ätiologischen Überlegungen und Vorschläge für sowohl prophylaktische
als auch therapeutische Maßnahmen lassen unmissverständlich erkennen, dass John
Caius zu den Verfechtern der traditionellen galenischen Heilkunde, die ihrerseits auf
den hippokratischen Kanon aufbaute, gehörte. Die Humoralpathologie ist folglich
das grundlegende Konzept, dem er sich verpflichtet fühlte. Caius arbeitete intensiv
mit den griechischen Originaltexten, kollationierte Handschriften und veröffentlichte eine Reihe von kommentierten Editionen beziehungsweise Übersetzungen
ins Lateinische.[22] Der englische Arzt verband folglich in bester humanistischer
Manier philologischen und medizinischen Sachverstand.

Unter dieser Voraussetzung entsprachen die Ursachen, die Caius für den Ausbruch des „englischen Schweißes" verantwortlich machte, den seit der Antike als
ungünstig auf den menschlichen Organismus geltenden Umwelteinflüssen und
Verhaltensformen. Grundsätzlich sei die Anfälligkeit bei Menschen, deren Körper
von den Qualitäten ‚warm' und ‚feucht' dominiert werden („of complexions hote
& moiste"), am höchsten. Diejenigen mit einer gegenteiligen Disposition blieben
weitgehend verschont: „Therfore cold and drie persones either it touched not at
all, or very fewe, and that wyth no danger [...]".[23] Der Regimina-Tradition folgend
entwarf Caius eine Diätetik, die seine Leserschaft für eine Konfrontation mit der
Seuche wappnen sollte. Es ging konkret um eine auf die „sex res non naturales"
ausgerichtete Regulierung des Lebenswandels.[24] Der Autor sah bestimmte Bevölkerungsgruppen einer besonderen Gefährdung ausgesetzt:

---

20 Zum Fieberbegriff bei Galen vgl. Ben Morison, „Language," in The Cambridge Companion
    to Galen, hg. R. J. Hankinson (Cambridge et al.: CUP, 2008), 116-156, hier 136 f.

21 Caius, „Boke," 12 f.

22 Vgl. O'Malley, English Medical Humanists, 42-44; Vivian Nutton, John Caius and the
    Manuscripts of Galen (Cambridge: Cambridge Philological Society, 1987).

23 Caius, „Boke", 17 f.

24 Vgl. Wolfram Schmitt, „Gesundheitstheorien in Antike und Mittelalter", in Medizinische
    Ökologie: Aspekte und Perspektiven, hrsg. v. Maria Blohmke, Heinrich Schipperges und
    Gustav Wagner (Heidelberg: Hüthig, 1979), 18-35; Klaus Bergdolt, Leib und Seele: Eine
    Kulturgeschichte des gesunden Lebens (München: Beck, 1999), 103 f.

The thirde and laste reason is, [that] they which had thys sweat sore with perille or death, were either men of welthe, ease, & welfare, or of the poorer sorte such as wer idle persones, good ale drinkers, and Tauerne haunters. For these, by [the] great welfare of the one sorte, and large drinkyng of thother, heped vp in their bodies moche euill matter: by their ease and idlenes, coulde not waste and consume it.[25]

Die in den zeitgenössischen Quellen weit verbreitete Beobachtung, dass die Opfer der Seuche häufig aus einem gut situierten Umfeld stammten, wird folglich von Caius bestätigt. Er versucht sich an einer Erklärung für das Phänomen und übt hierbei unterschwellig Sozialkritik. Wohlstand könne zu einem maßlosen Lebenswandel verleiten. Der Körper sei dadurch bereits so geschädigt, dass eine Infektion mit dem „englischen Schweiß" wahrscheinlicher werde. Gleiches gelte für Personen, die übermäßig dem Alkohol zusprechen.

Zur Prophylaxe biete sich zunächst eine ausgewogene Ernährung an. Der Speiseplan, den Caius vorschlägt, ist reichhaltig. Es komme jedoch auf die Zubereitung an. So sei Kaninchen oder abgehangenes Schweinefleisch, beides weder fett noch mager, am besten ohne Haut zu braten und kalt zu servieren. Rohkost wie frischem Obst oder Salaten hingegen sei mit Vorsicht zu begegnen, da sie gefährliche Ablagerungen aus der durch die Seuche belasteten Umwelt enthielte.[26]

Caius schloss sich der etablierten Theorie an, dass die atmosphärischen Verhältnisse bei der Ausbreitung von Seuchen eine zentrale Rolle spielten. Die Beobachtung, dass der „englische Schweiß" verstärkt während eines warmen und feuchten Klimas auftrat, korrelierten mit den Erkenntnissen aus der Qualitätenpathologie.[27]

Miasma, also verunreinigte Luft, wurde seit der Antike vornehmlich als Infektionsträger bei Epidemien verantwortlich gemacht.[28]

Schon der französischstämmige Arzt Thomas Forestier, der anlässlich ihres ersten Auftretens über die „sweating sickness" geschrieben und das Resultat dem

---

25 Caius, „Boke," 18 f.

26 Caius, „Boke," 21 f.

27 „By the time of the yeare vnnaturall, as if winter be hot & drie, somer hot and moist: (a fit time for sweates) the spring colde and drye, the fall hot & moist." Caius, „Boke", 14.

28 Karl-Heinz Leven, „Von Ratten und Menschen – Pest, Geschichte und das Problem der retrospektiven Diagnose," in Pest: Die Geschichte eines Menschheitstraumas, hg. Mischa Meier (Stuttgart: Klett-Cotta, 2005)11-32, hier 18 f. u. 21-23; Annemarie Kinzelbach, „Infection, Contagion, and Public Health in Late Medieval and Early Modern German Imperial Towns," Journal of the History of Medicine and Allied Sciences 61 (2006), 369-389, hier 375-377. Zeitgenössische Theorien über Ausbreitungswege von Seuchen propagierten nicht nur das Miasma-Modell, sondern gingen auch bereits von einer Ansteckung durch den zwischenmenschlichen Kontakt aus. John Caius schenkt letzterem Ansatz bezüglich des „englischen Schweißes" jedoch keine Beachtung.

englischen König Heinrich VII. gewidmet hatte, nimmt darauf Bezug. Er problematisiert die hygienische Situation in London und bringt sie mit der Seuche in Verbindung: „The nygh causes [of the Sweat] be the stynkyng of the erthes as it is in many places as in depe cavernys [...] or ny to stynkyn waters for these be grete causes of putrefacion and these corrupteth the ayre [...]."[29] Caius warnte ebenfalls vor der Ausbreitung von „euil mistes", die die Luft belasteten, und forderte eine Eindämmung beziehungsweise Beseitigung von Risikofaktoren im öffentlichen Raum wie verschmutzte Kanäle oder Misthaufen. Darüber hinaus sollte eine rasche Beerdigung der Verstorbenen gewährleistet werden.[30]

Im privaten Umfeld empfiehlt der Autor den Einsatz von Duftstoffen beispielsweise aus Rosen oder Wacholder, um die Raumluft zu reinigen.[31] In dem *Artzenei Spiegel* (Erstdruck 1542) des Marburger Arztes und Medizinprofessors Johannes Dryander findet sich eine Anleitung zur Herstellung von Rauchkerzen für eben diesen Zweck.[32] Die wohlriechende Substanz bezieht demnach ihre Kraft unter anderem aus Wacholder, Sandelholz, Weihrauch, Rosmarin, Muskatnuss und Thymian. Unter Beigabe von in Terpentin gelöstem Laudanum und Tragant entsteht eine Masse, aus der Kerzen geformt werden können:

> Dise rauchkertzlin in einer stuben oder verschlossenem gemach angezündet / geben über die maß ein[n] lieblichen anmu[e]tigen geruch. Sie sollen aber erstlich wol getrücknet werden / daruff darffstu dich innzeit der pestilentz vnd vergiffts lufts wol vertro[e]sten / daß der lufft ga[e]ntzlich daruon gea[e]ndert wirt.[33]

Ein weiterer wesentlicher Aspekt der generellen Vorbeugung und somit einer Wiederherstellung des Gleichgewichts im Organismus sei die Bekämpfung des „euelle stuffe of the body". Caius sieht dazu zwei geeignete Mittel: Fasten („abstinence") beeinflusse den Stoffwechsel dahingehend, dass schädliche Elemente

---

29 London, British Library, Add. 27582. Zitiert nach Michael T. Walton, „Stinking Air, Corrupt Water, and the English Sweat: A Footnote to the Quality of Life in Fifteenth-Century London," *Journal of the History of Medicine and Allied Sciences* 36 (1981), 67-68, hier 67. Zu Forestier vgl. C. H. Talbot und E. A. Hammond, *The Medical Practitioners in Medieval England: A Biographical Register* (London: Wellcome Historical Medical Library, 1965), 343.

30 Caius, „Boke," 22.

31 Caius, „Boke," 23.

32 Johannes Dryander, Artzenei Spiegel [...] (Frankfurt a. M.: Egenolph, 1547), fol. 59r. Zu Dryander vgl. Robert Herrlinger, „Dryander (A[E]ichmann), Johannes", in *Neue deutsche Biographie*, Bd. 4: Dittel-Falck, hrsg. v. d. Historischen Kommission bei der bayerischen Akademie der Wissenschaften (Berlin: Duncker & Humblot, 1959), 142 f.

33 Dryander, Artzenei, fol. 59r.

schneller ausgeschieden würden. Auf evakuierende Maßnahmen („auoidance"), also Aderlass, Schröpfen und Abführen, geht er nicht im Detail ein, sondern verweist auf die zukünftige lateinische Fassung seines Buches. Der Autor begründet die Zurückhaltung damit, dass diese Verfahren ohnehin nur von Ärzten gefahrlos durchgeführt werden könnten. Die Konsultation eines vertrauensvollen Mediziners sei demnach entscheidend. Der Lebenswandel beeinflusse ebenfalls den Grad der Anfälligkeit für die Krankheit. Wie bereits eingangs erwähnt, sollte bei den „res non naturales" ein ausgewogenes Verhältnis angestrebt werden.[34]

John Caius bietet schließlich Therapiemöglichkeiten für den Fall an, dass eine Infektion mit der „sweating sickness" bereits erfolgt ist. Die Grundlage seines Ansatzes beschreibt er folgendermaßen:

> The principalle entente herof, is to let out the venime by sweate accordinge to the course of nature. This is brought to passe safely two waies, by suffring and seruing handsomly nature, if it thruste it oute readily and kindely: and helping nature, if it be letted, or be weake in expellinge.[35]

Der Selbstreinigungsprozess des Körpers sollte folglich unterstützt werden. Das Schwitzen sieht der Mediziner hierbei als wichtigen Vorgang und es sei nicht zu unterdrücken. Vielmehr sollte der Schweißfluss durch Warmhalten und heiße Getränke angeregt werden. So schlug der Autor etwa eine gekochte Mischung aus Lorbeeren, Anis, Bergminze und Rotwein vor.[36]

Der Zurückhaltung englischer Autoren, sich mit der „sweating sickness" auseinanderzusetzen, stand eine Flut von Veröffentlichungen aus dem deutschen Raum gegenüber, die auf die Epidemie des Jahres 1529 reagierten.[37] Euricius Cordus, Dryanders Vorgänger als Medizinprofessor in Marburg, fühlte aufgrund seiner Funktion und Verbundenheit zur hessischen Heimat die Verpflichtung, „Rath vnd hilff" für den Umgang mit der Seuche anzubieten. Noch im Jahr des Ausbruches ließ er eine entsprechende Schrift drucken.[38] Die wesentliche Ursache der Krankheit war für ihn ebenfalls „böse vnd vergifftige lufft". Diese verunreinige das Blut und

---

34 Caius, „Boke," 24-29.

35 Caius, „Boke," 29.

36 Caius, „Boke," 32.

37 Flood, „'Safer on the Battlefield'," *Renaissance Studies*, 165.

38 Euricius Cordus, „Ain Regiment: wie man sich vor der Newen Plage, der englische Schweiss genant, bewaren, undt so man damit ergryffen wirt, darinn halten soll," in *Scriptores de sudore anglico superstites*, hg. Christian Gottfried Gruner und Heinrich Haeser (Jena: Mauk, 1847), 73-92, hier 77. Zu Cordus vgl. Helmut Dolezal, „Cordus, Euricius," in: *Neue deutsche Biographie*, Bd. 3: Bürklein-Ditmar, hg. Histor. Kommission

erzeuge übermäßige Feuchtigkeit im Körper, wodurch das „Pestilentzisch fieber"
entstehe.[39] Prinzipiell unterscheidet sich die Diagnose Cordus' folglich nicht wesentlich von der, die Caius 22 Jahre später stellte. Beide argumentieren unabhängig
voneinander auf der Basis der hippokratisch-galenischen Methode.

So verwundert es kaum, dass auch die Empfehlungen des Marburger Mediziners zur Vorbeugung und Therapie der Seuche mit denen des englischen Kollegen
weitgehend korrespondieren. Die Funktion des Herzens müsse gestärkt werden,
um einen Kampf gegen die „faulung" des Blutes zu ermöglichen. Unterstützend
wirkten hierbei bestimmte Arzneien, deren Rezepte Cordus darlegt. Besonders
hilfreich sei eine Latwerge aus mannigfachen Zutaten, zu denen Elfenbein und
Edelsteine zählen. Der Autor ist sich bewusst, dass ein solches kostspieliges Heilmittel nur den Wohlhabenden dienen könne. Er bietet demnach eine Alternative
für die „armen leuth". Sie sollen „Rauten zubereyten, bolus [weißer Ton, Anm. d.
Verf.] oder gesiegelt erde in der Apotecken kauffen, vnd alle morgen oder ye vber
den andern tag dauon j quinten in weinessig zu sich nehmen."[40]

Die Behandlung zielt wie bei Caius auf eine Unterstützung der körpereigenen
Abwehr. Cordus schildert den Fall eines Patienten, der sich mit dem „englischen
Schweiß" infiziert hatte und den er persönlich therapierte. Der Arzt gab ihm zur
„hertzstaerckung" eine Latwerg aus „Herzpulver", das im Wesentlichen Edelsteine
enthielt, Borretsch-, Seerosen- und Rosmarinzucker, Theriak und einem Sirup
vom Saft des Zitronatapfels. Die gewünschte Wirkung des Breies trat ein, denn
der Erkrankte schwitzte verstärkt. Ferner ließ Cordus ein Mittel zum Bestreichen
der Lippen und Nasenlöcher mischen und Rauchkerzen im Raum aufstellen. Entscheidend war, die kritischen 24 Stunden nach dem ersten Auftreten der Symptome
durchzustehen. Der Patient überlebte.[41]

Thomas Erastus, der seit 1558 Professor für Medizin an der Universität Heidelberg war, verfasste eine deutschsprachige Schrift, die der Intention John Caius'
gleichkam. Der *Kurtze Bericht für den gemeinen Mann* entstand auf Anregung
des kurfürstlichen Leibarztes Johannes Lange und wurde 1563 veröffentlicht.[42] Im
16. Jahrhundert war Heidelberg kontinuierlich einer Gefährdung durch Seuchen

---

bei der bayerischen Akademie der Wissenschaften (Berlin: Duncker & Humblot, 1957),
358 f. (Berichtigungen in NDB, Bd. 15, XIV).

39 Cordus, „Regiment," 78.

40 Cordus, „Regiment," 82-85.

41 Cordus, „Regiment," 88 f.

42 Zu Thomas Erastus vgl. Dagmar Drüll, *Heidelberger Gelehrtenlexikon 1386-1651* (Berlin
u. a.: Springer, 2002), 141 f.; Charles D. Gunnoe Jr., *Thomas Erastus and the Palatinate:
A Renaissance Physician in the Second Reformation* (Leiden und Boston: Brill, 2011).

ausgesetzt, wie vornehmlich Dokumente aus dem Umfeld der Universität belegen. So sind Beeinträchtigungen des Hochschulbetriebs durch Epidemien während des Zeitraums von 1501 bis 1597 in elf Fällen überliefert.[43] Am 29. September 1564 berichtet auch Maria, die Gemahlin des Kurfürsten Friedrich III., brieflich an ihre Tochter Elisabeth von einem großen Sterben:

> Aber ich klag euch herzlich und treulich, das es so ser stierbt zu Haydelberg, das wir wider müsen darvon fliehen. Mir sein izt iiij (vier) wochen an einem stuck umb gezogen, das wir uns Haydelbercks enteusert haben, und haben gemaint, es soll in den iiij wochen wider gut werden. So wil es layder, Got erbarms, nit sein.[44]

Erastus vermied mit seinem Traktat ausdrücklich, die gesellschaftlichen Eliten erreichen zu wollen. Vielmehr stellte der Mediziner nach eigenen Angaben dem „gemeinen vnd armen Handwercksmann" einen kostengünstigen Ratgeber zur Verfügung.[45] Darüber hinaus war es nicht seine Absicht, Ursachenforschung zu betreiben, sondern er konzentrierte sich auf die Vermeidung und Bekämpfung der Pest. Dass der Autor tatsächlich die Beulenpest thematisiert, wird erst anhand der letzten drei Abschnitte des Textes zur Therapie deutlich, wo er auch explizit auf die Behandlung der Bubonen eingeht.[46]

Schon auf den ersten Seiten wird offensichtlich, dass Erastus wie Caius und Cordus zu den Galenisten gehörte. Der Notwendigkeit reiner Luft widmet er sich gleich zu Beginn. Eine regelmäßige Umwälzung der Raumatmosphäre sei ebenso wichtig wie das Heizen. Erastus empfiehlt die Beigabe wohlriechender Hölzer und

---

43 Eduard Winkelmann, Hg., *Urkundenbuch der Universitaet Heidelberg*, Bd. 2: Regesten (Heidelberg: Winter, 1886), 65 (Nr. 587, 595), 68 (Nr. 620), 74 f. (Nr. 689, 694), 85 f. (Nr. 779, 780, 782 u. 786, 788, 790), 93 f. (Nr. 855-857), 102 (Nr. 924, 925, 927), 103 (Nr. 931), 110-112 (Nr. 988, 993, 995, 996, 999), 127 (Nr. 1118, 1119, 1122, 1126), 171 (Nr. 1419, 1421, 1422, 1423, 1425). Vgl. auch Rosemarie Jansen und Hans Helmut Jansen, „Die Pest in Heidelberg," in *Semper Apertus: Sechshundert Jahre Ruprecht-Karls-Universität Heidelberg 1386-1986*, Bd. 1: Mittelalter und Frühe Neuzeit 1386-1803, hg. Wilhelm Doerr et al. (Berlin u. a.: Springer, 1985), 371-398, hier 374-394.

44 August Kluckhohn, Hrsg., *Briefe Friedrich des Frommen, Kurfürsten von der Pfalz, mit verwandten Schriftstücken*, Bd. 1: *1559-1566* (Braunschweig: Schwetschke, 1868), 528 f. (Nr. 289).

45 Thomas Erastus, *Kurtzer Bericht für den gemeinen Mann / wie er sich in disen sterbenden leuffen / ohne sondern kosten mit Preseruatiuen vnnd Remedien verwaren vnd halten soll* (Heidelberg: Mayer, 1563), sig. A ij r. Vgl. auch Joachim Telle, „Die Pestschrift des Thomas Erastus," in *Bibliotheca Palatina: Katalog zur Ausstellung vom 8. Juli bis 2. November 1986, Heiliggeistkirche Heidelberg*, Textband, hg. Elmar Mittler et al. (4. verb. Auflage, Heidelberg: Edition Braus, 1986), 97-98 (Nr. B 16.1).

46 Erastus, *Kurtzer Bericht*, sig. [B iiij r-v].

Kräuter zum Feuer. Darüber hinaus dienen Essigtinkturen zur Säuberung der Wände.[47] Baden und Schröpfen sollte im eigenen Wohnumfeld geschehen. Der Autor warnte deutlich vor den öffentlichen Badstuben, die ihm als Infektionsherde bekannt waren: „In die gemeine Badstuben gehe keiner / der sich nit wo[e]lle in gefahr begeben vnnd Gott versuchen."[48] Die Überzeugung, dass in einer solchen Umgebung das Risiko einer Ansteckung hoch sei, war unter den zeitgenössischen Medizinern weit verbreitet. Der Basler Arzt und Universitätsprofessor Heinrich Pantaleon begründet die Vorsicht damit, dass sich während des Badevorgangs die Poren öffnen und durch den Schweiß reichlich „bo[e]ser feüchtigkeit" aus dem Körper entweichen könne. Sein Fazit ist demnach: „So viel aber diese kranckheit belanget / solle man alle beder / vorab die gemeine badheüsser / gar vermeyden. Dann hiemitt wirt der leib erhitziget / vnnd entpfachet schnelliglich[n] (als Auicenna sagt) den bo[e]sen lufft." [49] Die städtischen Obrigkeiten reagierten entsprechend und ließen in Pestzeiten häufig die Nutzung der öffentlichen Badehäuser neben anderen Einrichtungen, wo sich Menschen auf engstem Raum trafen, einschränken oder veranlassten sogar deren Schließung.[50]

Die Bedeutung der Ernährung zur Stärkung gegen eine Erkrankung war für Erastus unbestritten. Das Essen solle maßvoll geschehen und bestimmte Nahrungsmittel beziehungsweise Getränke seien zu vermeiden. Dazu zählt er unter anderem Milchspeisen, „schleimige" Fischsorten wie Aal oder Karpfen, grünes Obst und Most. Der Mediziner betont auch die Wichtigkeit einer geeigneten Zubereitung. Jegliches Gericht müsse gut gekocht und gesäuert werden. Er empfiehlt schließlich:

> Junge Hu[e]ner / Tauben / Hammelfleisch / ist die beste Speiß / gepraten oder sonst mit Wacholtterbeern vnd Essich gekochet. Item Fisch in Essich gesotten / vnnd frische Eyer weych gekochet.[51]

Die Korrektur eines möglichen Ungleichgewichts im Körper durch evakuative Maßnahmen sieht Erastus als hilfreiches Mittel zur Abwehr der Pest. Da die Seuche

---

47 Erastus, *Kurtzer Bericht*, sig. A ij v-A iij v.

48 Erastus, *Kurtzer Bericht*, sig. [A iiij r].

49 Heinrich Pantaleon, *Nutzliche vnnd trostliche vnderrichtung / wie sich mencklich in diser gefahrlichen zeyt der pestelentz halte[n] solle* [...] ([Basel?,] 1564), 53. Zu Pantaleon vgl. Hans Buscher, *Der Basler Arzt Heinrich Pantaleon (1522-1595)* (Aarau: Sauerländer, 1947).

50 Alfred Martin, *Deutsches Badewesen in vergangenen Tagen: Nebst einem Beitrage zur Geschichte der deutschen Wasserheilkunde* (Jena: Diederichs, 1906), 204 f.

51 Erastus, *Kurtzer Bericht*, sig. [A iiij r-v].

das Blut vollständig ergreife, solle bei Personen mit überschüssigem Lebenssaft ein Aderlass vorgenommen werden. Ferner sei auf regelmäßigen Stuhlgang zu achten.[52] Die therapeutischen Maßnahmen, die Erastus verordnet, folgen demselben Prinzip wie diejenigen in den Texten über den „englischen Schweiß". Bei den ersten Anzeichen einer Infektion legt er dem Betroffenen nahe, einen Apotheker aufzusuchen. Dieser solle ihm einen „Schwitztranck" zubereiten. Nun sei der natürlichen Funktion des Körpers freien Lauf gelassen und im Umfeld des Erkrankten müssten ideale Rahmenbedingungen geschaffen werden, um die erhoffte Genesung zu beschleunigen. Wie bei der Vorbeugung gelten die Qualität der Raumluft und die Nahrungsaufnahme als essenzielle Faktoren: „Dieweil er also schwitzt / lasse er den Lufft im Gemach seubern / mit Fewer / mit allerley bera[e]uchung nach eines jeden vermo[e]gen / vnnd mit Essich / wie oben erzehlt ist / die Wend begiessen." Die geeignete Speise sei eine kräftige und gesäuerte Fleischbrühe.[53]

1534 kam Theophrastus von Hohenheim, genannt Paracelsus, in das südtirolische Sterzing, wo die Pest grassierte. Er verfasste ein Büchlein über den Umgang mit der Seuche, das wohl auf Wunsch des Bürgermeisters und Rates der Stadt entstand. Der unbequeme Mediziner, dem seine Streitbarkeit die angesehene Stellung eines Stadtarztes in Basel und die damit verknüpfte Professur an der Universität kostete, war seit 1528 auf Wanderschaft. Paracelsus kritisierte bisweilen scharf die einseitige Festlegung seiner Kollegen auf die Humoralpathologie. Er setzte dem traditionellen System vielfach alternative Verfahren entgegen, wie etwa an der kleinen Pestschrift deutlich wird.[54]

Im Gegensatz zu Erastus beschäftigt sich Paracelsus als Einstieg mit dem Krankheitsbild. Er schildert den Lesern, wie die Seuche erkannt werden kann. Der Autor unterscheidet die „inwendige" und „auswendige" Ausprägung. Beide seien nach eingehender Beobachtung der Kranken und Beachtung der jeweiligen Beschwerden unterschiedlich zu behandeln: „Nach dem sol man acht haben auf die zeichen, sitten und geberd der kranken und nach inhalt derselbigen sitten und klag

---

52 Erastus, *Kurtzer Bericht*, sig. B v-B iij r.

53 Erastus, *Kurtzer Bericht*, sig. B iij r-[B iiij r].

54 Heinrich Schipperges, „Paracelsus als Arzt und Heilmeister," in *Paracelsus (1493-1541): „Keines andern Knecht...*", hg. Heinz Dopsch, Kurt Goldammer und Peter F. Kramml (Salzburg: Pustet, 1993), 89-94; Werner Heinz, „Die gelehrte Medizin zwischen Mittelalter und Humanismus: Wo steht Paracelsus?," in *Paracelsus im Kontext der Wissenschaften seiner Zeit: Kultur- und mentalitätsgeschichtliche Annäherungen*, hg. Albrecht Classen (Berlin und New York: De Gruyter, 2010), 151-173, hier 159-173. Zur Biographie des Paracelsus vgl. Kurt Goldammer, „Der Lebensweg des Paracelsus", in *Paracelsus (1493-1541): „Keines andern Knecht...*", hg. Heinz Dopsch, Kurt Goldammer und Peter F. Kramml (Salzburg: Pustet, 1993), 11-22.

die arznei ordnen." Obwohl Paracelsus dem Aderlass kritisch begegnete, schließt er ihn nicht von dem Maßnahmenkatalog aus. So sei er bei der „inwendigen" Pest punktuell anzuwenden.[55] Die Förderung des Schweißflusses zur Reinigung von „vergiften humores" ist für ihn ebenfalls eine legitime Methode. Dazu diene ein spezieller Trank aus Branntwein, Theriak, Myrrhe, Huflattichwurzel, Walrat, Terra Sigillata, Schwalbenwurz, Diptan, Bibernelle, Baldrianwurzel und Kampfer. Zur Aufbesserung des Geschmacks könne ein durch Destillation gewonnener Weinstein hinzugefügt werden. Arzneimittel, die durch alchemistische Verfahren hergestellt wurden, gehörten zum festen Repertoire der paracelsischen Therapie. Darüber hinaus folgte Paracelsus der Signaturenlehre, wonach die medizinische Wirkung von Pflanzen, Tieren oder Mineralien durch ihre äußere Erscheinung angezeigt werde. So erklärt sich der Rat, getrocknete Kröten auf die Bubonen anzuwenden („ab solicher arzenei sol niemants kein scheuhen haben"). Dadurch werde das „gift der pestilenz" entzogen, denn „also zeucht bös das bös hinweg."[56]

Paracelsus distanziert sich sowohl von der Miasma-Theorie als auch von der Vorstellung, dass eine bestimmte Ernährungsweise zur Prophylaxe der Pest diene. Gründe für die Ansteckung seien vielmehr im Körper selbst zu suchen:

> darumb lufts halben nichts weiter zu achten ist, als alein den leib inwendig wol zu bewaren. der gleichen also auch mit dem regiment der speis und trank nichts zu verendern; dan kein tötliche pestilenz mag hierdurch verwart werden.

So gelte als beste Vorbeugung der bereits erwähnte Trank. Das Risiko einer Übertragung der Krankheit sieht Paracelsus ebenso nicht in der Umwelt, sondern im Menschen selbst. Die Atemluft fungiere als Träger. Ein Kontakt könne dann ge-

---

55 Theophrastus von Hohenheim, „Büchlein von der Pest an die Stadt Sterzingen (1534)," in ders., *Sämtliche Werke: Medizinische, naturwissenschaftliche und philosophische Schriften*, Bd. 9: „Paramirisches" und anderes Schriftwerk der Jahre 1531-1535 aus der Schweiz und Tirol, hg. Karl Sudhoff (München-Planegg: Barth, 1925), 545-562, hier 548 f.

56 Theophrastus von Hohenheim, „Büchlein," 552. Vgl. auch Wolf-Dieter Müller Jahncke und Julian Paulus, „Die Stellung des Paracelsus in der Alchemie," in *Paracelsus (1493-1541): „Keines andern Knecht..."*, hg. Heinz Dopsch, Kurt Goldammer und Peter F. Kramml (Salzburg: Pustet, 1993), 149-154; Wolf-Dieter Müller-Jahncke, „Die Signaturenlehre des Paracelsus," in *Paracelsus (1493-1541): „Keines andern Knecht..."*, hg. Heinz Dopsch, Kurt Goldammer und Peter F. Kramml (Salzburg: Pustet, 1993), 167-169; Urs Leo Gantenbein, „Paracelsus und die Quellen seiner medizinischen Alchemie," in *Religion und Gesundheit: Der heilkundliche Diskurs im 16. Jahrhundert*, hg. Albrecht Classen (Berlin und Boston: De Gruyter, 2011), 113-163, hier bes. 115-119, 129-134.

fahrlos ablaufen, wenn die Gesunden Weihrauch und die Infizierten Meisterwurz im Mund haben. Beide Heilpflanzen verhindern eine gegenseitige Vergiftung.[57] Die medizinische Praxis des Paracelsus war wesentlich von der Astrologie geprägt.

Entsprechend sei für ihn das erste Auftreten der Erkrankung an bestimmten Stellen des Körpers mit der zu diesem Zeitpunkt herrschenden Konstellation der Gestirne in Relation zu setzen, um die Intensität der Pestinfektion prognostizieren zu können:

> Item so ein pestilenz anstoßt in seinem zeichen, als im wider, stier im haupt; im zwiling, krebs under den uexen [Achseln, d. Verf.]; in der jungfrauen, scorpion in diechen [Oberschenkel, d. Verf.]; wasserman und fisch dergleichen; die seind mer tötlich als in andern zeichen.[58]

Diagnose und Therapie mussten nach Paracelsus nicht auf der Humoralpathologie, sondern auf einer sorgfältigen Deutung der Himmelskörper beruhen.[59]

Tatsächlich spielte die Astrologie im traditionellen medizinischen Alltag des 16. Jahrhunderts eine nicht zu unterschätzende Rolle. Es fand dort jedoch weniger eine klare Abgrenzung der Theorien statt, wie sie Paracelsus propagierte, sondern sie wurden kombiniert, Gestirne korrespondierten demnach mit Regionen des menschlichen Körpers. Solche Planetarmelothesien ordnete man wiederum den humoralpathologischen Qualitäten zu. Ärzte stellten aufgrund dieses Systems ihren Patienten Horoskope, die Ursachen und Verlauf einer Krankheit bestimmen sollten. Die Sterne und ihre Konstellationen beeinflussten auch die Entscheidung, zu welchem Zeitpunkt eine Therapie vorzunehmen und Arzneien zu verabreichen waren.[60] In den ausführlich behandelten Texten zum „englischen Schweiß" und zur Pest ist mit Ausnahme der paracelsischen Schrift die Astrologie nicht thematisiert. Thomas Erastus war sogar ein entschiedener Gegner der Heilkunde, die auf eine Deutung der Gestirne vertraute. Diese Einstellung tat er insbesondere in einer Sammlung von Briefen an unterschiedliche Adressaten kund, die schließlich unter dem Titel *De astrologia divinatrice epistolae* 1580 in Druck ging. Für ihn bedeutete eine solche medizinische Praxis nichts Anderes als Aberglauben („superstitio").[61]

---

57 Theophrastus von Hohenheim, „Büchlein," 553 f.

58 Theophrastus von Hohenheim, „Büchlein," 557.

59 Vgl. Wolf-Dieter Müller-Jahncke, *Astrologisch-magische Theorie und Praxis in der Heilkunde der frühen Neuzeit* (Stuttgart: Steiner, 1985), 74-78.

60 Thomas Erastus, *De astrologia divinatrice epistolae* [...] (Basel: Perna, 1580), 1. Vgl. auch Müller-Jahncke, *Astrologisch-magische Theorie und Praxis*, 252 f.

61 Thomas Erastus, *De astrologia divinatrice epistolae* [...] (Basel: Perna, 1580), 1. Vgl. auch Müller-Jahncke, *Astrologisch magische Theorie und Praxis*, 252 f.

Anhand der ausgewählten Texte ist deutlich geworden, dass Mediziner des 16. Jahrhunderts Strategien zur Bekämpfung von Epidemien nicht nur den Patienten im direkten alltäglichen Kontakt, sondern auch einer erweiterten Zielgruppe in gedruckter Form preisgaben. Ihre Empfehlungen standen, Paracelsus ausgenommen, vornehmlich im Zeichen der traditionellen Heilkunde. Unter dieser Voraussetzung wurden verschiedenartige Seuchen wie die Pest und der „englische Schweiß" in ähnlicher Weise behandelt.

Zwei Aspekte sind in allen untersuchten Schriften kein Thema oder spielen nur eine untergeordnete Rolle. Religiös motivierte Deutungen der Seuchen sowie Appelle zu Buße und Gebet, wie sie unter anderem in der Flugblattliteratur oder theologischen Traktaten aller christlichen Konfessionen zum Ausdruck kommt, enthalten die Texte nicht. So sieht der Lutheraner Euricius Cordus zwar den „englischen Schweiß" als Strafe Gottes, widmet sich aber dennoch ausschließlich dessen irdischen Ursachen.[62]

Die Empfehlung zur Flucht vor einer Epidemie oder zur Isolierung beziehungsweise Stigmatisierung der Erkrankten ist ebenfalls bei den Autoren nicht zu finden. In der Realität kam diesen Maßnahmen durchaus Bedeutung zu, wie aus dem Bericht der Kurfürstin Maria hervorgeht. Eine obrigkeitlich verordnete Quarantäne konnte ebenfalls verhängt werden. So erließ der englische König Heinrich VIII. am 13. Januar 1518, dass alle Häuser, in denen Pestinfizierte wohnten, durch ein Strohbündel zu kennzeichnen waren und die Bewohner beim Verlassen ihrer Unterkunft einen weißen Stock mit sich führen mussten. Diese Regelung galt noch bis zu vierzig Tage nach Abklingen der Epidemie.[63]

---

62 „Wiewol diesse schreckliche vnd eylend tödtende kranckheit eyn gewisse Plag gottes ist über vns höchlich verdienten, beyd Papistischen vnd (wie man vns nennet) Euangelischen, ausgeschüt, das jhene seyn göttlich wort so tyrannisch verfolgen, vnd diese, die das-selbige angenommen haben, so vndanckbar verachten, so entspringet sie doch durch natürlich Mittel [...]." Cordus, „Regiment", 77. Zur religiösen Auseinandersetzung mit der Seuchengefahr vgl. Mauelshagen, „Pestepidemien," 245-252; Hans Wilderotter, „,Alle dachten, das Ende der Welt sei gekommen': Vierhundert Jahre Pest in Europa," in *Das große Sterben: Seuchen machen Geschichte*, hg. Hans Wilderotter und Michael Dorrmann (Berlin: Jovis, 1995), 12-53, hier 26 f.; Matthias Lang, „„Der Vrsprung aber der Pestilentz ist nicht natürlich, sondern übernatürlich...": Medizinische und theologi-sche Erklärung der Seuche im Spiegel protestantischer Pestschriften 1527-1650," in *Die leidige Seuche: Pest-Fälle in der Frühen Neuzeit*, hg. Otto Ulbricht (Köln u. a.: Böhlau, 2004), 133-180; Michael Schilling, „Pest und Flugblatt," in *Gotts verhengnis und seine straffe – Zur Geschichte der Seuchen in der Frühen Neuzeit*, hg. Petra Feuerstein-Herz (Wolfenbüttel: Herzog August Bibliothek, 2005), 93-99, hier 94.

63 Paul L. Hughes und James F. Larkin, Hg., *Tudor Royal Proclamations*, Bd. 3: The Later Tudors (1588-1603) (New Haven und London: Yale University Press, 1969), 269 f. (Anhang

Ob die Schriften tatsächlich die von ihnen anvisierte Zielgruppe, „Englishe me[n] not lerned" (Caius) beziehungsweise den „gemeinen Mann" (Erastus), erreichten, ist schwer einzuschätzen. Eine Verbreitung in dem Umfang, wie sie sich die Autoren wünschten, war wohl nicht gewährleistet. Weiten Teilen der Bevölkerung fehlte auch im 16. Jahrhundert noch die Lesefähigkeit und wenige konnten die verhältnismäßig hohen Kosten für Bücher aufbringen.[64] Denjenigen, die zu Rezipienten wurden, vermittelten die Texte jedoch ein Vertrauen in die Heilkunst, das ihren alltäglichen Kampf gegen die Seuchenbedrohung weniger aussichtlos erscheinen ließ.

Nr. 81.5). Zur Flucht vor der Pest sowie dem obrigkeitlichen Eingreifen vgl. Wilderotter, „‚Alle dachten‘," 21 f. u. 31-45.

64 Vgl. Rudolf Schenda, „Der ‚gemeine Mann' und sein medikales Verhalten im 16. und 17. Jahrhundert", in *Pharmazie und der gemeine Mann: Hausarznei und Apotheke in der frühen Neuzeit*, hrsg. v. Joachim Telle (Weinheim: VCH, 2. verb. Aufl. 1988), 9-20, hier 14-17.

Africa as a Laboratory: Robert Koch, Tropical Medicine and Epidemiology[1]

Christoph Gradmann

1   Introduction: Robert Koch, Tropical and Veterinary Medicine

The so called carrier state is known as a fundamental epidemiological concept: It relates to infected, yet healthy individuals that carry pathogens and who are suited to dispense them to their environments. It facilitates an explanation for the endemic character of infectious diseases in areas where no acute cases can be detected. Mass screening of local population is suitable to trace such carriers.[2] The conventional wisdom on its history is that the concept was developed by the German physician Robert Koch on the occasion of directing a typhoid campaign conducted in 1902.

Koch is usually remembered for innovative work on pathogenic bacteria and hygiene, as a founding father of medical bacteriology, as e.g. the man who established the bacterial aetiology of tuberculosis in 1882. It was this work that earned him the Nobel price 1905.[3] However, from about 1895 he moved his interests away from bacterial infections of the temperate climates and focussed on tropical, vector borne diseases, caused by unicellular parasites rather than bacteria.[4] Next to

---

1   This text is in large part based on Gradmann (2010). References have been cut to a minimum.

2   For a definition see Miquel Porta, ed., *A Dictionary of Epidemiology* (Oxford: Oxford University Press, 2008), 29-30. For the history see Anne Hardy, "Methods of outbreak investigation in the 'Era of Bacteriology' 1880-1920," in *A History of epidemiologic methods and concepts*, ed. Alfredo Morabia (Basel: Birkhäuser Verlag, 2004), 199-206.

3   For an introduction to Koch's work see Thomas D. Brock, *Robert Koch: A Life in Medicine and Bacteriology* (Madison/Wisconsin: Science Tech Publishers, 1988), Christoph Gradmann, *Laboratory Disease: Robert Koch's Medical Bacteriology* (Baltimore: Johns Hopkins Universiy Press, 2009).

4   Gradmann, *Laboratory Disease*, 171-229.

classical tropical infections of humans such as malaria or sleeping sickness we find a surprising number of veterinary pathologies such as rinderpest, horse sickness, East coast fever, surra etc. In his later years Robert Koch seems to have developed a propensity for veterinary diseases that all had one thing in common: they affected the life stock of farmers in so-called settlers colonies.

Another common feature seems to be that most of this work – in stark contrast to his earlier studies – was in fact erroneous by contemporary standards. The turn to tropical veterinary infections could be seen as escapism on the side of an ageing researcher. This, however, would make the carrier state a mysterious spark of creativity in the closing stages of the career of a scientist who failed to live up to his reputation. To contextualise Koch's carrier state several researchers have therefore linked the carrier state to context outside of tropical medicine. Indeed, it was developed in close cognitive and institutional connection with the German military and subsequently enjoyed a career in both military and public hygiene.[5] This paper will instead try to look the other way and investigate relations between epidemiology and tropical veterinary medicine. What it will propose is that the famous typhoid carriers should be seen as the icing on the cake of a research program on tropical infections.

2   A Colonial Traveller

Let us start with the biographical dimension and take a look at Koch's career. In 1885, ten years prior to embarking on his tropical adventure, he could look back on a successful period of work: At the age of just over 40 he had been deputy director of Germany's Imperial Health Office, and was appointed Director of the Institute of Hygiene at Berlin University. At the same time, however, medical bacteriology was changing. The tubercle bacillus of 1882 could in a way be regarded as a "Berlin parasite": its identification required the application of methods that – in those days – could only be learned in Koch's laboratory. Around 1890 the exclusive status of those methods had come to an end, there were journals, textbooks, training courses and the like. Medical bacteriology, in short, was becoming a discipline. A small group of scientists mushroomed and was transformed into a heterogeneous field of

5   Silvia Berger, *Bakterien in Krieg und Frieden: eine Geschichte der medizinischen Bakteriologie in Deutschland 1890-1933* (Göttingen: Wallstein, 2009), John Andrew Mendelsohn, *Cultures of Bacteriology: Formation and Transformation of a Science in France and Germany, 1870-1914,* (Diss. phil., Princeton University, 1996).

colleagues and critics. Concurrent opinions had to be considered more and more and this was something that Koch found hard to learn. The unexplored pastures of microbial life, which he had ploughed so happily around 1880, had been transformed into something that reminded him of a battlefield. In 1904, answering congratulations of his own pupils for his 60th birthday, Koch gave a grumpy comment on what medical bacteriology had become:

> "Those happy days are gone when the number of bacteriologists was small and each of them could research wide areas in an undisturbed manner. [... Today], there is no way to escape that even with a modest and most careful demarcation of your field of work you will step on the first colleagues toes or bump into a second one unintentional, or come too close to the third's field of work. Before you even realise it, you are surrounded by opponents."[6]

This can in way be mirrored in the course of Koch's research after 1885, which didn't progress in the way it had done so far. His fame in public had been established through uncovering aetiologies, and an attempt to transform this into a therapeutic research program on common infections failed spectacularly in 1891 when Koch's tuberculin failed as a cure for tuberculosis. As a consequence, he gave his studies some new directions during the 1890s and took to the study of tropical infectious disease. That such research required travelling was one of the attractions of doing it. "I have seen and learned such much new, when I first came to Africa!", Koch wrote to a colleague.[7] While travelling, he could go about his work in the style of a pioneer, detached from his colleagues and critics in Berlin. In a certain way his orientation followed the development of hygiene and microbiology at that time. By working on parasitic, vector-borne diseases he found a possibility to link to an up-to-date field of research – while showing little interest in other 'hot fields' of these days such as immunology.

In the 1890s there was also a shift in his perspective on infectious disease. While he had focused on individual infections so far, he now tried to understand how epidemics developed in populations. Earlier on infectious disease had been understood as a bacterial invasion of a passive human body, which would be uniformly receptive to infection and respond as passive and regular as a culture medium. Now it became clear that infection was not automatically followed by disease and that infectiousness of a host could also last much longer than its illness. It had been in the context of the Hamburg cholera-epidemic of 1892 that he first observed that

---

6 Printed in Bernhard Möllers, *Robert Koch. Persönlichkeit und Lebenswerk 1843-1910* (Hannover: Schmorl und von Seefeld, 1950), 289.

7 Koch to Gaffky, 10.10.1903, quoted in Möllers, *Robert Koch*, 272.

subclinical infections were a relevant factor in the propagation of the disease. Despite his initial sidelining of such observations as anomalies their follow up led him to re-assess his ideas about pathogenesis. Koch now came to pay rather more attention to host reaction and specificity in the context of understanding infections and epidemics.[8] What first appeared as an attempt to stabilize Koch's established thinking on infections intended to account for abnormalities by taking into account some variability on the side of the host – starting with subclinical infections – subsequently turned out to be rather productive in research. Understanding and tracking epidemics had so far been basically confined to following those who had fallen ill with it. Now epidemics became complicated and Koch became an epidemiologist.

3   Tropical Carriers

It is in this context that Koch's turn to tropical medicine and veterinary medicine acquired more than a biographical significance. Of course, the carrier concept as such spelled out while working on typhoid, but the attraction that tropical climate and more specifically veterinary infections offered are obvious: Veterinary medicine provided superior opportunities to infection experiments in populations. Groups of cattle could easily be transferred from non-endemic to endemic areas. The economic constraints that characterise veterinary medicine coincided with Koch shifting focus away from individual infections towards the understanding and control of epidemics in populations. African settlers colonies were thus the ideal places for such studies. For Koch, the continent became a laboratory of possibilities of infections and their control, a place, as he put it, where "the streets are still paved with the gold of science."[9]

Right from the beginning of his African travelling in 1896 he showed a pronounced interest in vector born, parasitic infections of cattle like Surra and Texas fever. Studying infectious processes of such complexity on cattle provided opportunities to do experiments that would be considered difficult, if not unethical when performed on humans. We need not go into detail here, but Koch's strategy consisted in combining affected and non-affected cattle with affected and non-affected ticks in infection experiments and it included a fair amount of travelling of the respective experimental populations between coastal regions, where for instance Texas fever was prevalent, and highlands, where it was not to be found. One important result of

---

8   Mendelsohn, *Cultures of Bacteriology*, Chpt. 7.
9   Koch to Gaffky, 10.10.1903, quoted in Möllers, *Robert Koch*, 272.

these experiments was that cattle from coastal regions – although seemingly unaffected by the disease – were infected and infectious nonetheless. Koch commented:

"Such cattle may look perfectly healthy and well-feed. However, when it is brought into contact with other cattle which are not immune to Texas fever, [...] an epidemic will break out after a few weeks amongst the non-immune animals."[10]

Such cattle were immune to the disease due to an earlier infection. Their blood, however, still contained the parasite, which could be transferred via the ticks. If fresh cattle were imported, an epidemic among them would be resulting – while local cattle remained healthy. Likewise the disease could travel elsewhere, if healthy but infectious cattle were brought to regions were its vector, the tick, existed, but the disease had not been endemic before.

Koch's observations contained a number of factual errors in relation to the diseases under study and in particular the parasites involved. Its impact in contemporary medical science was therefore limited.[11] Still they were important for developing his thinking on epidemics: What had been anomalies in the context of cholera in 1892 – healthy individuals spreading disease – was about to be considered a relevant trait of specific epidemics. From this kind of insight, Koch drew two conclusions that would influence his future work. While showing little interest in the immunological issues involved, it was epidemiological insights that he arrived at. One is that areas, in which no cases of acute infections were occurring, could still be considered dangerous. Such dangers could be checked by strict control of movement of cattle[12] or – more radically – by eradicating their hosts[13]. While

---

10 "Reiseberichte über Rinderpest, Bubonepest in Indien und Afrika, Tsetse- oder Surrakrankheit, Texasfieber, tropische Malaria, Schwarzwasserfieber," in *Gesammelte Werke von Robert Koch*, ed. Julius Schwalbe, vol. 2.2. (Leipzig: Verlag von Georg Thieme, 1912 (1898)), 689-742, here 727.

11 Cranefield (1991) and Gilfoyle (2005) have shown that many of Koch's results on diseases of livestock on the East-Africa Coast were quickly refuted by mostly British colonial doctors. In particular Koch's critics in the South African Veterinary service were by and large more in line with today's knowledge. Vgl.: Paul F. Cranefield, *Science and Empire: East Coast Fever in Rhodesia and the Transvaal* (Cambridge et al.: Cambridge University Press, 1991); Daniel Gilfoyle, "Veterinary Immunology as Colonial Science: Method and Quantification in the Investigation of Horsesickness in South Africa, c. 1905-1945," *Journal of the History of Medicine and Allied Sciences* 61 (2005), 26-65.

12 "Reiseberichte über Rinderpest, Bubonepest in Indien und Afrika, Tsetse- oder Surrakrankheit, Texasfieber, tropische Malaria, Schwarzwasserfieber," 729.

13 Koch proposed this in relation to surra: "Reiseberichte über Rinderpest, Bubonepest in Indien und Afrika, Tsetse- oder Surrakrankheit, Texasfieber, tropische Malaria,

failing to propose mass screening for the parasite, as he would do later on, Koch drew a second conclusion, which deeply influenced his work in veterinary medicine in the years to come. It shows how he reacted to the economic constraints that characterise veterinary medicine where the health of the individual piece of cattle counts little as compared to the wealth of the owner of the herd. Cattle farmers usually preferred vaccination to hygienic practices that limited travel and trade, let alone the killing of livestock, and Koch responded to this. Attempting to artificially reproduce natural immunity where it was the outcome of certain infections, Koch – who had shown little interest in this previously – now produced a whole series of vaccinations, all of them for veterinary infections of cattle such as surra, rinderpest or East Coast fever.

Not all inspiration came from veterinary work, though. Around 1900, on the occasion of studying malaria in German colonial territory in New Guinea, Koch made more observations that were inspired by his epidemiological approach and suited to deepen it at the same time: he observed that morbidity in local populations was age-dependent in the sense that while infants were suffering from malaria in high numbers, cases among adults were rare. Even infection rates, which could be detected by investigating blood smears microscopically, seemed to decline with age. To Koch, both pointed in the direction of an acquired immunity among survivors. Interestingly, infection rates and morbidity among people newly arrived from malaria free areas – be it as colonizers or conscript farm workers – statistically resembled those of children. Again it was the comparison of infected and non-infected populations that facilitated insight. Koch studied malaria outbreaks and challenged the customary wisdom that such events were triggered by a peculiar climatic situation. Instead it was the arrival of non-immune hosts that triggered epidemics:

> "Quite suddenly it [Malaria] erupts, not [...] as a consequence of particular climatic conditions, but as always when a larger number of new and fresh workers is imported."[14]

But how to combat a disease on that basis? Koch proposed mass screening for parasites in blood smears and treatment with quinine. He was convinced that German colonial territory could be freed from malaria entirely, yet a campaign to sanitise New Guinea in that manner failed entirely. Still, working on chronic cases of malaria had brought Koch quite close to a carrier state epidemiology of that disease.

Schwarzwasserfieber," 696.

14 "Dritter Bericht über die Tätigkeit der Malariaexpedition," in *Gesammelte Werke von Robert Koch*, ed. Julius Schwalbe, vol. 2.1. (Leipzig: Verlag von Georg Thieme, 1912 (1900)), 404-411, here 410.

When called upon by British colonial authorities to study a mysterious deadly infection among cattle in Rhodesia from 1903, Koch had the opportunity to deepen his observations. There had been an outbreak of a deadly fever among newly imported cattle destined for Rhodesia in the port of Beira on the shores of the Indian Ocean. From there the disease had travelled inland by rail and had caused havoc among Rhodesian cattle. Koch described the epidemiology of the outbreak in pretty much the same terms as he had done in 1897. Upon inspecting some of the in fact rather rare pieces of cattle that had survived the infection, he observed that "their blood contained, even though they appeared to be perfectly healthy [...], a small number of parasites."[15] East Coast fever, as it came to be called, had been endemic yet invisible along the East African coast in the form of immune stock, acting as healthy carriers of the disease. On the nature of a certain group of tropical infections and on the animals infected by them he noted in his diary:

> "Such animals may appear to be perfectly healthy, but they may be dangerous for healthy animals of the same species. The keeping of livestock under such circumstances will always be subject to limitations in the sense that animals can only be exported after being slaughtered and that healthy animals, which are supposed to be imported from other countries, will have to be immunized artificially."[16]

Strategies to follow from that type of evidence there were two: On the one hand screening and stamping out with the aim of eliminating the pathogen from the population. This was what Koch as a scientist would have preferred. However, while white farmers could be expected to agree to screening they certainly resented the idea of transport restrictions let alone mass killings of livestock. Indigenous farmers could not be expected to comply with the necessary screenings of cattle and pastures for pathogen and vector. As Koch somewhat grumpily conceded in his report:

> "If no objections are to be raised against the instance that by way of artificial immunisation a disease will not be exterminated but preserved – admittedly preserved and spread in an attenuated and harmless form, unsuitable to cause considerable losses – then one has to consent to that form of the control of plagues."[17]

Still, Koch began to walk in the footsteps of his own pupils Emil Behring and Paul Ehrlich and developed an antitoxic vaccine for East-Coast fever. Lengthy field trials

---

15 "Dritter Bericht über das Rhodesische Rotwasser oder 'Afrikanische Küstenfieber'," in *Gesammelte Werke von Robert Koch*, ed. Julius Schwalbe, vol. 2.2. (Leipzig: Verlag von Georg Thieme, 1912 (1904)), 764-773, here 754.

16 Robert Koch-Institut-Archive, AS/W4/006, p. 43.

17 Robert Koch-Institut-Archive, AS/W4/006, p. 44.

served to convince sceptical farmers that the vaccine was safe and efficient to use. As it turned out, scepticism had been quite justified. Koch's vaccine proved ineffective and his work on African Coast fever came to be remembered for its factual errors in relation to aetiology, wishful thinking in relation to the efficacy of his vaccine, for cannibalising work done by the South African veterinarians and – last but not least – for the enormous bills that Koch and his assistants charged.

Unimpressed by such (and other) failures, Koch stuck to his methods and several years later we see a strategy of the above described fashion being followed on the example of a condition that was neither a veterinary disease nor does its pathology contain any sort of a carrier state. That disease is human trypanosomiasis, commonly known as sleeping sickness. In this case Koch tested means for control on a long expedition in British and German East-Africa. Like most of his contemporaries he was convinced that the disease was 100 % lethal and thus there could be no such thing as a carrier state. Still, in the measures proposed to combat its spread his epidemiological understanding resurfaced in a remarkable way. In his work Koch highlighted some of the peculiarities of the disease. Following infection there was normally a rather long period of latency during which the patient – although infected and infectious – would not develop a lot of clinical symptoms and feel healthy. Yet, much like the cattle on the East Coast, he or she was suited to transmit the parasites via a vector, in this case the tsetse fly, to others. The responsible pathogen, the *Trypanosoma gambiense* could be detected by diagnostic means.

To treat the disease Koch, like others, experimented with arsenicals, atoxyl in particular. Following initial successes however, it became clear that its therapeutic value was limited: It produced severe side-effects; all it brought about was a temporary recession of clinical symptoms and a disappearance of parasites from peripheral blood vessels. In that respect it may seem surprising that Koch in his final report forcefully advocated a grand scale campaign to combat sleeping sickness in German East-Africa that was based on the application of such medicine. Yet, it is precisely here that he followed his epidemiological and veterinary experiences: The recourse to arsenicals was less motivated by the expected improvement of the individual's state of health – Koch was aware that this was very unlikely. Instead he saw it as a means to fight the epidemic as far as the population was concerned. Treated with this drug, the patients could not transmit the disease for months, even without profiting from it personally.

"In that way we are capable of keeping people who suffer from trypanosomiasis free from parasites in relation to their blood for at least 10 month and to bring about the result that they are unsuited [...] in relation to infecting tsetse flies and as a consequence for the propagation of the disease." [18]

Based on this understanding Koch planned serial examinations and the establishment of what he called "Konzentrationslager" (concentration camps) for those infected with sleeping sickness on German colonial territory.[19] Inside these camps the patients were to be isolated and treated, if necessary against their will. This proposal certainly had consequences, since it stood at the beginning of a campaign against sleeping sickness in the German colonies that was to follow in the years until WWI.[20] That campaign would be equally based on mass screening and medicine as it was on the use of barbed wire and armed guards. By giving priority to the fight against the epidemic instead of a therapy of individual patients, Koch brought his veterinary experience to bear, which moreover combined swiftly with the racist ideological background of 'koloniale Menschenökonomie', of treating indigenous patients in Africa like economic commodities or livestock and having double ethical standards for them and patients in Germany. As Koch spelled it out, the value of the campaign would not be the healing of individuals, but the maintenance of the population's workforce as a whole.

4   Man and cattle in a laboratory

In his years as a tropical hygienist after 1896, Koch for the first time in his career developed a more than accidental interest in veterinary infections. As this paper has demonstrated, studying tropical infections of humans and cattle was part and parcel of the epidemiological turn in his work. Pathologies of men and cattle that could be studied at ease under the conditions of a colonial laboratory were suitable to develop epidemiologically inspired measures for the control of diseases in populations and the cleansing of spaces. The dehumanizing potential of this

---

18 "Schlußbericht über die Tätigkeit der deutschen Expedition zur Erforschung der Schlafkrankheit," in *Gesammelte Werke von Robert Koch*, ed. Julius Schwalbe, vol. 2.1. (Leipzig: Verlag von Georg Thieme, 1912 (1907)), 534-546, here 543.

19 In fact, we can assume that he borrowed on the English word in the first place. This had been a British creation during the recent Boer war.

20 Wolfgang U. Eckart and Meike Cordes. "'People too Wild?' Pocken, Schlafkrankheit und koloniale Gesundheitskontrolle im Kaiserlichen 'Schutzgebiet' Togo", in *Neue Wege in der Seuchengeschichte*, ed. Martin Dinges and Thomas Schlich (Stuttgart: Steiner, 1995), 175-206.

approach has been highlighted by Paul Weindling in particular on the example of early 20th century epidemiology and bacteriology.[21] Yet, as I hope to have shown, the approach also bears on a legacy in tropical and veterinary medicine. As Koch himself wrote, it was really tropical epidemiology that had set him on the trail of screening for healthy carriers of typhoid:

> "What has been demonstrated here is identical to what I have found in my studies on malaria. The first attempt to control malaria in New-Guinea has in fact only been undertaken with the aim to give evidence that there is no other source of malaria-infection then people themselves. And this same proof I believe to have established [...] for typhoid."[22]

Seen from this angle, the carrier state was a spin-off from tropical medicine to European pastures. However, for its potential to evolve for better and for worse, the concept also needed to be transferred in a certain sense. Koch's colonial laboratory offered unique possibilities to develop epidemiological models. However, the lack of infrastructure in the colonies also made their application in the same places difficult. In this sense Europe was far better suited. Talking about the extermination of hosts as a measure to control veterinary infections, Koch commented:

> "Under European conditions [...] the extermination of such a disease would be the best method of treatment, even though such an approach would be costly and would require a couple of years to be put in practice. Here in Rhodesia, however, conditions are very different from those in European countries, because the cattle owned by the indigenous people cannot be brought under surveillance."[23]

For a host of reasons much of Koch's research on tropical veterinary infections was ill-informed in parasitological and immunological matters and on that account was widely disregarded. However, it was through working on tropical infections of men and cattle that Koch developed his epidemiologic interests. Such work started long before he spelled out the carrier state on the example of typhoid and continued thereafter. All this is largely remembered through the typhoid carriers since this was where the means proposed (such as screening) came to be applied with

---

21 Paul Weindling, *Epidemics and Genocide in Eastern Europe, 1890-1945* (Oxford: Oxford University Press, 2000); cf. Berger, *Bakterien in Krieg und Frieden.*

22 Robert Koch, "Die Bekämpfung des Typhus," in *Gesammelte Werke von Robert Koch,* ed. Julius Schwalbe, vol. 2.1. (Leipzig: Verlag von Georg Thieme, 1912 (1902)), 296-305, here 303/04.

23 "Dritter Bericht über das Rhodesische Rotwasser oder 'Afrikanische Küstenfieber'," 770.

some success: While sanitising New Guinea in relation to malaria was a hopeless endeavour, sleeping sickness was not brought under control and Koch's veterinary vaccines lacked efficacy, screening for healthy carriers of typhoid became common practice. Yet, this becomes apparent only with the benefit of hindsight and it obscures the fact that all that work was connected in a single research programme. It was with the carrier state that tropical medicine, which had initially been an export of western medicine to warm countries, returned home.

Devaluation by Categorization: Encephalitis lethargica from 1919 to 1940 in Germany[1]

Wilfried Witte

Encephalitis lethargica is a disease that appeared in acute form between about 1916 and 1926 and in epidemic form no later than 1918. The latter also resulted in the contemporary, related name encephalitis epidemica. The epidemic was gradually forgotten during the 1940s and 1950s. It re-entered public awareness again in the 1970s through the therapeutic experience reports in the popular-science writing of Oliver Sacks.[2] While Sacks published on chronic patients, the acute patients of the epidemic of that time received publicity in the early 21st century. The American neurobiologist Joel Vilensky and the Australian medical historian Paul Foley, in particular, went about examining the former international discussion among medical experts as completely as possible for the sake of comparing it with current, virologically based knowledge. Among other things their concern was whether, if a serious avian flu epidemic were to occur, an encephalitis lethargica epidemic might follow in its wake.[3] They tried to give a complete review about the clinical signs,

1 Translation by Isabell Hermansson, Alan Wildblood (both Berlin) and the author. Many thanks for comments on previous versions of the paper to Silvia Berger (Zürich), Paul Foley (Sydney), Volker Hess (Berlin) and Howard Phillips (Cape Town).

2 Oliver Sacks, *Awakenings* [1st edition New York: Harper Perennial, 1973] (New York: Harper Collins rev. ed., 1990).

3 Joel A. Vilensky and Sid Gilman, "Encephalitis lethargica: could this disease be recognised if the epidemic recurred?," *Practical Neurology* 6 (2006), 360-367; Joel A. Vilensky, Sid Gilman and Sherman McCall, "A Historical Analysis of the Relationship Between Encephalitis Lethargica and Postencephalitic Parkinsonism: A Complex Rather than a Direct Relationship," *Movement Disorders* 25 (2010), 1116-1123; Joel A. Vilensky, Sid Gilman and Sherman McCall, "Does the Historical Literature on Encephalitis Lethargica Support a Simple (Direct) Relationship with Postencephalitic Parkinsonism?," *Movement Disorder* 25 (2010), 1124-1130; Joel Vilensky, ed., *Encephalitis Lethargica. During and After the Epidemic* (Oxford: Oxford University Press, 2011), Paul Bernard Foley, *Beans,*

aetiology and neuropathology of the disease. This account ought to resolve the simplistic picture of the disease as being primarily acute or chronic as transitional states came to light. The history of science of Encephalitis lethargica in the USA and in France has been highlighted by the Canadian historian Kenton Kroker.[4]

1   Framing Disease[5]

In addition to the emphases on various stages of the illness documented in medical writings, this paper assumes that the transition from acute to chronic, the in-between, also constitutes the relevance of the topic for cultural history. This in-between can be seen as a threshold sphere in which the negotiation processes about the inflamed, presumably infected patients occurred in comparison to the chronic patients. That differs from a historiographical approach where the typical stages of the disease are described in a nosological or otherwise scientific manner. Instead it is about social and cultural changes being mirrored in the handling of patients who suffered from Encephalitis lethargica. Accordingly the main question of this paper is whether the German 'Nervenheilkunde', connecting neurology and psychiatry institutionally, opened a route that adequately fitted the needs of the diseased who were afflicted by a neurological and psychiatric, i.e. a transitional neuropsychiatric disorder.[6] To analyse self-reports of doctors about the disease can be a first step to

Roots and Leaves (Marburg: Tectum, 2003); Paul Bernard Foley, "Encephalitis lethargica and influenza. I. The role of the influenza virus in the influenza pandemic of 1918/1919," Journal of Neural Transmission 116 (2009), 143-150; Paul Bernard Foley, "Encephalitis lethargica and the influenza virus. II. The influenza pandemic of 1918/19 and encephalitis lethargica: epidemiology and symptoms," Journal of Neural Transmission 116 (2009), 1295-1308; Paul Bernard Foley, "Encephalitic lethargica and the influenza virus. III. The influenza pandemic of 1918/19 and encephalitis lethargica: neuropathology and discussion," Journal of Neural Transmission 116 (2009), 1309-1321.

4   Kenton Kroker, "Epidemic Encephalitis and American Neurology, 1919-1940," Bulletin for the History of Medicine 78 (2004), 108-147; Kenton Kroker, "Creatures of Reason? Picturing Viruses at the Pasteur Institute during the 1920s," in Crafting Immunity. Working Histories of Clinical Immunology, ed. Kenton Kroker, Jennifer Keelan and Pauline H. Mazumdar (Aldershot/Burlington: Ashgate, 2008), 145-163.

5   Cf. Charles and E. Rosenberg, "Framing disease: Illness, society, and history," in Explaining Epidemics and other Studies in the History of Medicine, ed. Charles E. Rosenberg (Cambridge: Cambridge University Press, 1992), 305-318.

6   G. Northoff, "Encephalitis lethargica – eine neuropsychiatrische Erkrankung," Fortschritte der Neurologie – Psychiatrie 60 (1992), 133-139; Paul Foley, "The Encephalitis Lethargica

approach the transition process.[7] But the professional interpretation of experts (as patients) limits the ability to get a picture of patients who lost control of their lives by the sequelae of the disease and were transferred to objects of medical treatment and social devaluation.

2   A fascinating story

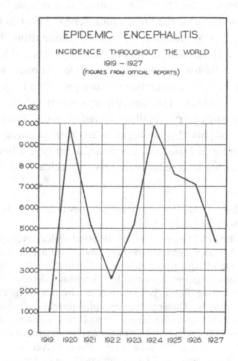

Fig. 1

Incidence of Encephalitis lethargica 1919-1927

Source: William Darrach et al., Epidemic Encephalitis. Etiology, Epidemiology, Treatment. Report of a Survey by the Matheson Commission (New York: Columbia University Press, 1929), 189.

Patient as a Window on the Soul," in *The Neurological Patient in History*, ed. L. Stephen Jacyna and Stephen T. Casper (Rochester: Rochester University Press, 2012), 184-211, here 207.

7   Vilensky, *Encephalitis Epidemic*, 261-297; Foley, "The Encephalitis Lethargica Patient as a Window on the Soul," 184-211.

In the epidemic phase of the encephalitis lethargica, the two core elements that were reflected in the negotiation process were scientific fascination and relevance to the welfare state. The Swiss psychiatrist Manfred Bleuler formulated the traditional reading of the historical significance of encephalitis lethargica as follows in 1979:

> "In the history of medicine, this disease, which was first described in detail by von ECONOMO, played a major role. It first made apparent the interrelationship between brain stem lesions and changes in urge, drive and mood."[8]

An essentially completely new field of activity opened: complex extrapyramidal motor movement disorders. The Austrian neurologist Constantin von Economo, who prevailed against the Frenchman René Cruchet in the dispute over priority in the discovery of the disease (because, for one thing, his textbook appeared in English in 1931) enjoys the best reputation as the medical scientist who seems to have defined the consensus in this case.[9] Much less known today is the broad medical discussion about the disease that was not restricted to the doctrine of von Economo whose main interest incidentally was not encephalitis but cortical mapping.[10]

Economos discovery actually occurred in 1916/17 before the epidemic. However, the number of patients only began to multiply in chronological association with the Spanish flu of 1918-1920. The Spanish flu gave a boost to neuropathological and medical research on encephalitis lethargica.[11] According to official reports

---

8 Eugen Bleuler, *Lehrbuch der Psychiatrie*, newly arranged by Manfred Bleuler (Berlin et al.: Springer 14. ed., 1979), 245.

9 Constantin von Economo, "Encephalitis lethargica," *Wiener Klinische Wochenschrift* 30 (1917), 581-585; Constantin von Economo, "Die Encephalitis lethargica." Separate print from the *Jahrbücher für Psychiatrie und Neurologie* 38 (Leipzig/Wien: Franz Deuticke, 1918); Constantin von Economo, *Die Encephalitis lethargica, ihre Nachkrankheiten und ihre Behandlung* (Berlin/Wien: Urban & Schwarzenberg, 1929); R. Cruchet, F. Moutier and A. Calmette, "Qurante cas d'encéphalomyélite subaiguë," *Bulletins et Mémoires de la Société médicale des hôpitaux de Paris* 41 (1917), 614-616; René Cruchet, *L'Encéphalite épidémique. Ses origines – les 64 premières observations connus* (Paris: Gaston Doin et Cie., 1928); R. Cruchet, "The Relation of Paralysis Agitans to the Parkinsonian Syndrome of Epidemic Encephalitis," *Lancet* 209 (1927), 264; Constantin von Economo, "Cruchet's 'Encéphalomyélite subaiguë diffuse' and Epidemic Encephalitis Lethargica," *Lancet* 214 (1929), 121-122; "Economo on Encephalitis Lethargica (Annotations)," *Lancet* 218 (1931), 362-363; Constantin von Economo, *Encephalitis Lethargica: its Sequelae and Treatment*, trans. and adap. K.O. Newman, M.D. (Oxford University Press, London: Humphrey Milford, 1931).

10 Vilensky, *Encephalitis Epidemic*; email Paul Foley, May 7, 2012.

11 Kroker, "Epidemic Encephalitis and American Neurology, 1919-1940," *Bulletin for the History of Medicine*, 108-147; Foley, "The Encephalitis Lethargica Patient as a Window

ca. 80 000 cases of Encephalitis lethargica emerged worldwide, mainly in Europe, the Soviet Union and Northern America.[12] However today medical research about Encephalitis lethargica assumes a practice of over-diagnosing in those days.[13]

Since approximately 15 to 30 % of sufferers died of the presumed epidemic,[14] enough illustrative material became available to be able to get to the bottom of the matter. However, Richard Geigel of Würzburg already criticised the naive enthusiasm for the new disease in 1925:

"Thus, encephalitis epidemica constitutes a rather noteworthy and apparently rather necessary enrichment of the arsenal that has escaped from Pandora's box in most recent times. Whoever is only scientist and not doctor, only has a brain and no heart, can indeed experience an unadulterated joy over the quite significant enrichment of our knowledge with respect to the basal ganglia and vicinity, the extrapyramidal system, that the new disease has brought us."[15]

Many of the patients exhibited contingent neurological and psychiatric symptoms that had a tendency toward becoming chronic. The young Tübingen psychiatrist Werner Villinger, who was later to be employed as a "euthanasia" appraiser, already in 1921/22 began to attest to encephalitis patients that they would suffer "organ system inferiorities" ("Organsystemminderwertigkeiten")[16] – an opinion that surely was convenient for his boss Robert Gaupp, full professor at Tübingen, since he was

---

on the Soul," 184-211.

12 William Darrach et al., *Epidemic Encephalitis. Etiology, Epidemiology, Treatment. Report of a Survey by the Matheson Commission* (New York: Columbia University Press, 1929), 187-394; Felix Stern, "Epidemische Encephalitis (ECONOMOsche Krankheit)," in *Handbuch der Neurologie. Vol. 13: Spezielle Neurologie V. Erkrankungen des Rückenmarks und Gehirns III. Infektionen und Intoxikationen II*, ed. O. Bumke and O. Foerster (Berlin: Julius Springer, 1936), 322-330.

13 Vilensky, *Encephalitis Epidemic*, 83 und 300.

14 Felix Stern, *Die Epidemische Encephalitis* (Berlin: Springer, 1928), 261-262; F. Lüthy, "Encephalitis lethargica (von Economo)," in *Infektionskrankheiten* Band I, *Krankheiten durch Viren*, Teil 2, *Wahrscheinlich virusbedingte und virusähnliche Krankheiten*, ed. O. Gsell and W. Mohr (Berlin et al.: Springer, 1967), 907; P. P. Mortimer, "Was encephalitis lethargica a post-influenzal or some other phenomenon? Time to re-examine the problem," *Epidemiology and Infection* 137 (2009), 449-455.

15 Richard Geigel, *Gehirnkrankheiten* (München: J.F. Bergmann, 1925), 239.

16 Werner Villinger, "Konstitutionelle Disposition zur Encephalitis epidemica," *Münchener Medizinische Wochenschrift* 68 (1921), 913-914; Werner Villinger, "Konstitutionelle Disposition zur Encephalitis epidemica," *Münchener Medizinische Wochenschrift* 68 (1921), 913-914; Werner Villinger, "Zur Begutachtung von Spätzuständen nach Encephalitis epidemica," *Münchener Medizinische Wochenschrift* 69 (1922), 1561-1565.

particularly active in the discussion on so-called degeneration.[17] Nevertheless, a genetic explanation of the disease remained a minority position.

3   Patient histories

The best known case history of an Encephalitis lethargica patient in Germany is that of a patient who was repeatedly treated in the Tübingen psychiatric department. This is the master shoemaker Martin Bader of Giengen an der Brenz in the Swabian Jura, who was born in 1901.[18]

In his *30 Years in a Life*, which he wrote himself, Martin Bader described the start of his illness:

"In October 1918, I was in the hospital for 3 weeks because I had fallen ill with a head flu. My sister died on 21 October in the hospital from the head flu."

Though this was a passing episode, severe problems that were attributed to the formerly endured 'head flu' ('Kopfgrippe') recurred over the years:

"Now the sad part begins because in 1926 a nervous tremor started in my left body half as a contingent condition of my head flu of 1918. The ailment increasingly worsened so that I went to the psychiatric clinic in Tübingen because my brain had also suffered distress for some time. I was there for 6 weeks, and I will defame this place of misfortune, for the most unfortunate of people are there."

---

17   Robert Gaupp, *Die Unfruchtbarmachung geistig und sittlich Kranker und Minderwertiger* (Berlin: Julius Springer, 1925); Ernst Klee, *Deutsche Medizin im Dritten Reich. Karrieren vor und nach 1945* (Frankfurt/Main: S. Fischer, 2001), 58 and 86; Stephanie Neuner, *Politik und Psychiatrie. Die staatliche Versorgung psychisch Kriegsbeschädigter in Deutschland 1920-1939* (Göttingen: Vandenhoeck & Ruprecht, 2011), 57, 107, 142 and 287.

18   Helmut Bader, "Martin Bader – 'Mein Name ist in Giengen und Umgebung gut bekannt'," in *'Das Vergessen der Vernichtung ist Teil der Vernichtung selbst'. Lebensgeschichten von Opfern der nationalsozialistischen Euthanasie*, ed. Petra Fuchs et al. (Göttingen: Wallstein, 2007), 105-122; Helmut Bader, "Selbstzeugnisse eines Opfers: Martin Bader," in *Die nationalsozialistische 'Euthanasie'-Aktion 'T4' und ihre Opfer. Geschichte und ethische Konsequenzen für die Gegenwart*, ed. Maike Rotzoll et al. (Paderborn et al.: Ferdinand Schöningh, 2010), 200-202; *Tödliche Medizin. Rassenwahn im Nationalsozialismus* (Exhibition at the Jüdisches Museum Berlin, 13.3.-19.7.2009), ed. Jüdisches Museum Berlin (Göttingen: Wallstein, 2009), 7.

Fig. 2
InMartin Bader, ca. 1916

Phases of improvement and worsening alternated, and he was no longer able to practise his profession at times. Finally, it was no longer possible at all.[19]

Much of this narrative is typical of the circumstances that encephalitis patients were exposed to. Their illness defied simple classification and exceeded the neurologists' field of work: though it was for a start neurological (brain damage), it could turn into a psychiatric condition temporarily or lasting (pathological behaviour). Whether or not a pathological behaviour in this vein indicated a change in mental sanity, ultimately remained in the expert's interpretational discretion according to the medical theory of the time.

Meanwhile a much bigger practical problem arose: the unanswered question about the proper facilities to take care of the Encephalitis lethargica patients. Their treatment challenged the health care system. It was completely unclear to which facilities and to which wards they should be admitted (at which level of the disease) or how their treatment as outpatients should continue.

---

19 Martin Bader, *Lebenslauf von 30 Jahren* [Private property, transcription by Helmut Bader, his son].

This was already due to problems with the definition of the disease.

The later so-called von Economo triad – fever, somnolence and cranial nerve paralysis – allowed for a simple diagnosis where these symptoms were present.[20] But this was often not the case. In fact, instead of the name-giving lethargy, the opposite often occurred: hyperkinesia. Various classification systems of the subtypes of epidemic encephalitis were developed. In particular, the Göttingen neurologist Felix Stern, who decisively participated in defining the textbook knowledge of the disease at least in the German Empire, distinguished influenza encephalitis patients from encephalitis epidemica, notwithstanding the question of the causal link between encephalitis and influenza.[21] But it was no use. Another, initially vernacular, term that gained currency in expert circles was that of a 'head flu'.

Accompanying and contingent psychological symptoms were common. When this was the case, intelligence tests were routinely administered. Just as routinely, they failed to provide evidence for a decline of intelligence. When a slight retardation was detected this was not equated with proof that a formal thought disorder had appeared. The chronic profile was dominated by Parkinson-like images: muscular hypertonus, rigidity, complex movement disorders and usually a tremor that differed from typical pill-rolling of Parkinson's. Sometimes no tremor was to be seen at all, which is why there also was talk of *paralysis agitans sine agitatione*. The extrapyramidal motor disorders were also grouped under the name amyostasis.[22] One patient group that was treated separately – children and adolescents – was remarkable not so much because of Parkinson's symptoms but because all types of deficient morals (deviant behaviour) from simple disobedience and sexual excesses

20 Economo, "Encephalitis lethargica," *Wiener Klinische Wochenschrift*, 581-585; Lüthy, "Encephalitis lethargica (von Economo)," 913.

21 Felix Stern, *Die Epidemische Enzephalitis* (Berlin: Julius Springer, 1922); Stern, *Epidemische Enzephalitis* (1928).

22 Economo, "Encephalitis Lethargica" *Lancet*, 18; Ernst Herz, *Die amyostatischen Unruheerscheinungen. Klinisch-kinematographische Analyse ihrer Kennzeichen und Begleiterscheinungen* (Leipzig: Johann Ambrosius Barth, 1931).

to lawbreaking occurred among them.[23] After the end of the epidemic period the amount of parkinsonian signs in relatively young patients accelerated.[24]

Establishing a diagnosis remained difficult. A patient from Kassel, who was born in 1897, contracted a 'sexually transmitted disease' and an 'influenza' on the western front. After the war, he spent a total of two and a half years in prison – first due to attempted rape and then due to embezzlement. Following his release from prison, he was observed to have a 'strange manner'. He was shy, could not sleep and had a rigid appearance. 'Twitching of the leg, grinding teeth' were added, he had headaches, became irritable and violent, but was perfectly oriented with regard to time and location. The doctor attempting the first diagnosis was completely undecided when he wrote in November 1924:

> "Since both the venereal disease and the flu (encephalitis lethargica?) can be considered as the cause of the mental disorder after the single examination, only institutional observation during its prospective further development will permit an evaluation. It is probable that an adolescent insanity (schizophrenia) is present."

The institutional treatment lasted for several months. The manner in which the afflicted expressed his experience in this period is typical. In June 1925, he wrote a letter to his father complaining about his lot:

> "I am now in my seventh month here and deprived of my freedom. I was forced into this misery. Though I am ill and really need better care. Why am I not granted greater freedom of movement? I can no longer bear my current surroundings. Furthermore, I suffer from the personal insults of the senior orderly (…) ('after all, the institution did not come for me'). (…) I get little sleep and always suppress my headaches, so that I

---

23 Max Kirschbaum, "Über Persönlichkeitsveränderungen bei Kindern infolge von epidemischer Encephalitis," *Zeitschrift für die gesamte Neurologie und Psychiatrie* 77 (1921), 599-605; G. Anton, "Zur krankhaften Charakterababartung bei Kindern nach Encephalitis epidemica," *Zeitschrift für Kinderforschung* 28 (1923), 60-63; Werner Villinger, "Die Kinder-Abteilung der Universitätsnervenklinik Tübingen. Zugleich ein Beitrag zur Kenntnis der Enzephalitis epidemica und zur sozialen Psychiatrie," *Zeitschrift für Kinderforschung* 28 (1923), 128-160; Georg Brdiczka, „Psychische Veränderungen nach Encephalitis lethargica epidemica bei Jugendlichen" (Med. Thesis, Breslau: 1924); Kurt Fabisch, „Zur Frage der Charakterveränderungen und ihrer Prognose nach Encephalitis epidemica." (Med. Thesis, Friedrich-Wilhelms-Universität Berlin, 1925); Rudolf Thiele, "Über psychische Folgezustände nach Encephalitis epidemica bei Kindern und Jugendlichen," *Zeitschrift für Kinderforschung* 31 (1926), 506-515.

24 Vilensky, *Encephalitis Lethargica*, 85-86.

may finally be transferred. However, my head is so confused and I cannot talk openly to anyone. I have no peace any more and hope that I will soon be released. (…)."[25]

4   Aetiology of Encephalitis Lethargica

It weighed seriously from the start that it was not possible to identify a causative agent of the presumably infectious disease using bacteriological means. The association with influenza appeared evident to many but it was also not clear what actually caused the flu – if one overlooks the fact that the majority of German microbiologists had decided for strategical reasons in 1920 not to demote Pfeiffer's bacillus.[26] Streptococci seemed to be an alternative pathogen, but from the start the question of whether this would not be an ultra-visible, filterable 'virus' lurked in the background. Starting in 1920 it was the 'herpes virus' that was the prime suspect for causing epidemic encephalitis.[27] The international leaders in researching the link between the herpes virus and epidemic encephalitis were the Austrian Robert Doerr, who was working in Basel, Switzerland, and the Romanian Constantin Levaditi at the Pasteur Institute in Paris.[28] However, no decisive breakthrough occurred and a causative agent of encephalitis lethargica has not been identified to this day.

The aetiology remained hazy, the diagnosis was difficult, and an effective therapy did not exist. The fact that a considerable number of encephalitis patients was housed from the start in psychiatric institutions was also an expression of a marked perplexity.

---

25 Archive of the *Landeswohlfahrtsverband Hessen* (LWV-Archiv), Bestand 16, K 5999.

26 Wilfried Witte, *Erklärungsnotstand. Die Grippe-Epidemie 1918-1920 in Deutschland unter besonderer Berücksichtigung Badens* (Herbolzheim: Centaurus, 2006), 245-259.

27 Wilfried Witte, *Tollkirschen und Quarantäne. Die Geschichte der Spanischen Grippe* (Berlin: Wagenbach, 2008), 53-69; Foley: "Encephalitis lethargica I" *Journal of Neural Transmission*, 143-150; Foley: "Encephalitis lethargica II", *Journal of Neural Transmission*, 1295-1308; Foley: "Encephalitic lethargica III", *Journal of Neural Transmission*, 1309-1321.

28 R. Doerr and W. Berger, "Die Beziehungen der Encephalitis epidemica zum Herpes febrilis und zur Influenza," *Schweizerische Medizinische Wochenschrift* 52 (1922), 862-866; Constantin Levaditi, *L'Herpes et le Zona. "Ectodermoses Neurotropes" – Étude Étiologique et Pathogénique* (Paris: Masson et Cic., 1926); Kroker, "Creatures of Reason? Picturing Viruses at the Pasteur Institute during the 1920s".

5 Patients in Psychiatry

The director of the Saxon state mental hospital in Altscherbitz in Saxony, Julius Braune, complained in 1930 about the shortcomings in the care of encephalitis patients. Apart from the futile hope for an unambiguous determination of the disease, his statements provide vivid testimony of the situation at that time:

> "In my opinion, an essential change will have to occur in the care of encephalitis patients. So far, at least in Prussia, they have mostly been housed in insane asylums. After all, it is not so long ago that they first became a burden to public care. Their disease profile is still new and unknown to some physicians. Often, patients of this type, whom no doctor can help and whose disease has not yet been determined, are only recognized as encephalitics in the outpatient consultation by a specialist who can provide them with the happy news that their suffering will probably be relieved and that they may become capable of working again. Many of these patients had to be taken care of by their communities in some manner. But no one knew where to put them. Given their helplessness and depressed mood, they were considered mentally ill and an attempt was made to refer them to an insane asylum, which appears to have succeeded in most cases."[29]

This referral practice is also documented in Westphalia. The director of the nursing and mental facility in Lengerich estimated that war damage and poor nutrition played almost no role in causing mental illnesses in the period from 1911-1924. "Encephalitis cases are somewhat more significant and their share is probably even greater in institutions other than this one."[30] For 1924 he stated that their share was 3.1 percent. In 1927, the Recklinghausen public health physician noted in a report on neuropathic and mentally ill patients in his county that many 'neuropathics' ('Nervenkranke') had also come under public care. He was not all too happy about this expansion of duties:

> "Initially, it was not planned to extend care to those who are mentally healthy. However, since so many of them required care – I will only recall the contingent symptoms of

---

29 Julius Braune, "Zur Behandlung der postenzephalitischen Folgezustände mit hohen Atropingaben." *Monatsschrift für Psychiatrie und Neurologie* 79 (1931), 216-222, here 218.

30 Schmidt an Landeshauptmann, 3. Mai 1925, Lengerich (Reinschrift), in *Quellen zur Geschichte der Anstaltspsychiatrie in Westfalen, Vol. 2: 1914-1955*, ed. Franz-Werner Kersting and Hans-Walter Schmuhl (Paderborn et al.. Schöningh, 2004), 119-120.

encephalitis, syphilis and other spinal column diseases, brain tumours – we were not able to refuse them."[31]

The proximity to psychiatry was also retained in the encephalitis ward of the Neurological Clinic at the University of Göttingen, which was opened in 1926 with support from the Prussian state as an 'open annex department of the Medical and Care Facility'. Ernst Schultze, the professor for neurology and psychiatry ('Nervenheilkunde') there, had initiated this, but Felix Stern, his senior physician, was the driving force. Stern emphasized before Prussian health officials in September 1924 that it was critical to care for chronic patients and not for acute patients – this could be 'done in any good hospital'. So far, according to Stern, amyostatic patients were often treated as war neurotics. However, this would raise insurance issues.

> "Hysterical tremor patients should generally not be considered invalids but continue to work, if necessary after a therapy, and it is the same with other hysterical disorders. The actual severity of the decrease of earning capacity cannot be doubted in encephalitis patients, who suffer from pronounced bradykinesia or work impairment due to tremors."[32]

Amyostatics are neither mentally ill nor do they require guardianship. A similar facility was apparently also established by the Ministry of the Interior of the state of Baden at the mental and nursing facility in Emmendingen.[33]

6   The Classification of Diseases in Psychiatry

However, the focus in the encephalitic question shifted during the Depression in 1929-1932. Since no new acute patients were recorded, a fascinating field of research turned into a purely diagnostic and therapeutic dead end. While treatment

---

31 Julius Dorner, "Die Fürsorge für Nerven- und Gemütskranke des Kreises Recklinghausen," in *Die offene Fürsorge in der Psychiatrie und ihren Grenzgebieten*, ed. Hans Roemer et al. (Berlin: 1927), 81-84, in *Quellen zur Geschichte der Anstaltspsychiatrie in Westfalen*, Vol. 2: 1914-1955, ed. Franz-Werner Kersting and Hans-Walter Schmuhl (Paderborn, München et al.: Schöningh, 2004), 159.

32 Felix Stern, "Die epidemische Encephalitis und ihre soziale Bedeutung," *Zeitschrift für Medizinalbeamte* 37 (1924), 399-427; Geheimes Staatsarchiv Preußischer Kulturbesitz Rep. 76 VIII B, Nr. 3764; Witte, *Erklärungsnotstand*, 232-244; Witte, *Tollkirschen*, 66-69.

33 Felix Stern, "Fürsorge für Enzephalitiker," in *Handwörterbuch der psychischen Hygiene*, ed. O. Bumke et al. (Berlin/Leipzig: de Gruyter 1931), 77-81, here 80.

of patients was previously discussed as a welfare state question, the encephalitis question now entirely became a social problem that was considered urgent and had to be solved. The contingent psychiatric designation hardened into obligatory psychiatric designation of encephalitics.

A debate among the leading German psychiatrists and neurologists on the classification of psychological disorders that began in 1929 finally referred encephalitis patients who required permanent care entirely to the field of psychiatry. In 1933 the German classification system, which was later entitled the Würzburg Key ('Würzburger Schlüssel'), originated from this debate.[34]

In this key, epidemic encephalitis was included as an independent category (Category 5). Did this have practical consequences for the afflicted? Not at once. It did not become relevant for encephalitics in the context of the Law for the Prevention of Hereditarily Impaired Offspring ('Gesetz zur Verhütung erbkranken Nachwuchses') of July 1933.[35] Encephalitis was not considered a hereditary disease, so patients with encephalitis or postencephalitic Parkinson's were not sterilized.[36] Some patients allegedly pretended to have 'head flues' to escape enforced sterilisation.[37] On the other hand encephalitics who had left psychiatric care feared to fall victim to sterilization.[38]

The disease lost its status as an intellectual pursuit when the epidemic receded, but the diagnostic dead end remained. Therapy emerged as the priority field of activity. Healing was intended to reintegrate chronic patients into the workforce and to solve the social encephalitis problem. Heavier artillery was to be deployed, also beginning in 1929.

---

34 Andrea Dörries and Jochen Vollmann, "Medizinische und ethische Probleme der Klassifikation psychischer Störungen. Dargestellt am Beispiel des 'Würzburger Schlüssels' von 1933," *Fortschritte der Neurologie – Psychiatrie* 65 (1997), 550-554.

35 Raimond Reiter, *Psychiatrie im Dritten Reich in Niedersachsen* (Hannover: Hahnsche Buchhandlung, 1997), 36.

36 Christoph Braß, *Zwangssterilisation und 'Euthanasie' im Saarland 1933-1945* (Paderborn, München et al.: Schönigh, 2004), 54-56.

37 Gisela Bock, *Zwangssterilisation im Nationalsozialismus. Studien zur Rassenpolitik und Frauenpolitik* (Opladen: Westdeutscher Verlag, 1986), 333.

38 Maria Dorer, *Charakter und Krankheit. Ein Beitrag zur Psychologie der Encephalitis epidemica* (Berlin: Junker und Dünnhaupt, 1939), 22.

7   Drug Therapy of Chronic Encephalitis Lethargica

It had been known for some time that anticholinergics such as atropine and scopolamine, can reduce rigour, akinesia, tremor as well as saliva flow in postencephalitic
Parkinson's patients. Starting with the observation that chronic encephalitis patients often tolerated high doses of atropine without developing toxic side effects,
administration of high doses of atropine was eventually introduced in the regular
treatment in practices at the 'Sanatorium of Dr. Römer' in Hirsau in the Black Forest.
This policy was first published by the physician Anna Kleemann, who worked at
Carl Römer's sanatorium.[39]

The encephalitis patient Martin Bader of Giengen was also subjected to such
atropine cures at the Tübingen clinic in the 1930s. He received atropine as drops
at the clinic. Later, he was supposed to continue the therapy with tablets. Since,
in the meantime, he was no longer able to tolerate the side effects of highly dosed
atropine (fatigue, dry mouth, visual disorders), he discontinued the medication at
times on his own in October 1933. To make up for the accommodation weakness,
he was twice prescribed 'atropine glasses'. The motor difficulties improved slightly
but not decisively with the therapy.[40]

The pharmaceutical industry began to research belladonna alkaloids, for example, at the research laboratories of the Chemische Fabrik Merck in Darmstadt.
There, the focus was on apoatropine, which was eventually clinically tested in the
late 1930s in the encephalitis ward of the Göttingen neurological clinic but failed
to establish itself.[41]

Finally, in the mid-1930s, news reached in the German Empire of the so-called
Bulgarian cure, in which the entire belladonna plant was used and research on
which was promoted by the Italian royal family (Queen Elena). The physician

---

39 Anna Kleemann, "Mitteilungen zur Therapie der chronischen Enzephalitis," *Deutsche
    Zeitschrift für Nervenheilkunde* 110 (1929), 199-305; Carl Römer, "Die Atropinbehandlung
    des Parkinsonismus," *Die Medizinische Welt* 6 (1932), 1127-1129; J. Wuite, *De Hirsauer
    Behandelingsmethode van het postencephalitisch Parkinsonisme. Een klinisch en experi-
    menteel psychologisch onderzoek* (Assen: Van Gorcum & Comp., 1935); J. J. Wuite: "De
    Hirsauer Behandeling van het Parkinsonisme," *Nederlands Tijdschrift voor Geneeskunde*
    79 (1935), 3849-3854.

40 Archive of the *Universitätsklinik für Psychiatrie und Psychotherapie der Universität
    Tübingen*, Patientenakte Martin Bader, geb. 1901.

41 H. Kreitmair and O. Wolfes, "Über Apoatropin, ein wenig bekanntes Belladonna-Alkaloid,"
    Klinische Wochenschrift 17 (1938), 1547-1554; Frank Hall, *Psychopharmaka – Ihre
    Entwicklung und klinische Erprobung. Zur Geschichte der deutschen Pharmakopsychiatrie
    von 1844 bis 1952* (Pharmaceutical Thesis, Freie Universität Berlin, 1996), 76-77.

Walther Völler of Kassel, who until then was entirely unknown but had come into contact with the Italian queen by chance, founded an Elena clinic on the Roman model in 1937 in Harleshausen near Kassel that focused on care of encephalitics.[42] About the same time, the director of the sanatorium in Kreischa near Dresden, a mental hospital of the Imperial Insurance Agency for Employees ('Reichsversicherungsanstalt für Angestellte'), had resorted to propagating an adapted form of the Italian-Bulgarian cure. The cocktail atropine, scopolamine and hyoscyamine proposed by Heinz-Detlev von Witzleben was eventually produced industrially under the name Homburg 680 by the Chemisch-Pharmazeutische AG Bad Homburg in Frankfurt am Main.[43] While von Witzleben's initiative attracted international attention because he published about the modified Bulgarian cure in the year 1942 in English after he had left Germany,[44] Völler's clinic was more or less an insider's tip in Germany. Press announcements about the clinic, which was founded in 1937, resulted in relatives of the afflicted attempting to have them transferred there.[45] However, this required that patient's psychological problems did not threaten to cause difficulties in the neurological and rehabilitative work of the clinic.[46]

---

42 Witte, *Tollkirschen*, 62-65.
43 H. D. von Witzleben, "Die Behandlung der chronischen Encephalitis epidemica mit der bulgarischen Kur," *Psychiatrisch-Neurologische Wochenschrift* 39 (1937), 403-404; H. D. von Witzleben, "Die Behandlung der chronischen Encephalitis epidemica mit der bulgarischen Kur (Ergänzung der "vorläufigen Mitteilung" in ds. Wschr. 1937 Nr. 36)," *Psychiatrisch-Neurologische Wochenschrift* 40 (1938); H. D. von Witzleben, *Die Behandlung der chronischen Encephalitis epidemica (Parkinsonismus) mit der 'Bulgarischen Kur'* (Berlin: Julius Springer, 1938); H. D. von Witzleben and Arno Werner, "Behandlung der chronischen Enzephalitis epidemica (Parkinsonismus). Bulgarische Kur mit 'Homburg 680'," *Deutsche Medizinische Wochenschrift* 64 (1938), 1174-1178.
44 Henry D. von Witzleben, *Methods of Treatment in Post Encephalitic Parkinsonism* (New York: Grune, 1942) – according to: Henry Brill, "Postencephalitic Psychiatric Conditions," in: *American Handbook of Psychiatry*, Vol. 2, ed. Silvana Arieti (New York: Basic Books, 1959), 1163-1174.
45 Archive of the *Landeswohlfahrtsverband Hessen* (LWV-Archiv), Bestand 16, K 7023, 6509.
46 Archive of the *Landeswohlfahrtsverband Hessen* (LWV-Archiv), Bestand 13, K 1942/041.

8   Death Sentence in Nazi Germany

Finally, under the Nazi regime, all encephalitis patients who were not able to flee from the psychiatric institutions early enough were in danger of falling victim to the arbitrary 'euthanasia' decisions of evaluating physicians. Since they were psychiatric patients and no longer able to work, they could easily be streamed into 'euthanasia' as 'burdensome existences' ('Ballastexistenzen'). The basis was again the categorization in the Würzburg key of 1933. The T4 patient murder action in 1940/41 was also based on the Würzburg diagnostic scheme. This time, Category 5 – encephalitis epidemica – was included.[47]

According to available data, at least 1 % of the about 70,000 institutional patients that were killed in the T4 "mercy killing action" were encephalitics.[48]

One of them was the master shoemaker Martin Bader of Giengen. In the meantime, he had been accepted to the Bad Schussenried mental hospital. There, he too was certified as unworthy of living. On 14 June 1940, he was transferred to the Grafeneck killing facility, where he was murdered that very day.[49]

In the Weimar Republic, the Göttingen encephalitis ward stood for a theoretically and practically nuanced treatment of encephalitis patients – regardless of the fact that even there patients who were no longer considered (neurologically) manageable could be moved one or two houses down into the locked facility.

However, from the 1930s, the problem was increasingly reduced to the question whether belladonna therapies – either in extracted or in more naturalistic form – were effective or not. The lives of those for whom this was not the case were in jeopardy.

Felix Stern, the protagonist of the Göttingen facility, left it in 1928 and took the position of head of the neurological department at the medical research office in Kassel. In 1933 he was deprived of his teaching permit due to his Jewish origin. He then opened a private practice in Berlin. He was able to contribute the entry on epidemic encephalitis to the authoritative German neurological manual as late as 1936.[50] When he was threatened with deportation, he committed suicide in 1941.[51]

---

47   Reiter, *Psychiatrie im Dritten Reich in Niedersachsen*, 36 and 64-65; Braß, *Zwangssterilisation und 'Euthanasie' im Saarland 1933-1945*, 54-56, 89-93.

48   Gerrit Hohendorf et al., "Die Opfer der nationalsozialistischen 'Euthanasie-Aktion T4'. Erste Ergebnisse eines Projektes zur Erschließung von Krankenakten getöteter Patienten im Bundesarchiv Berlin," *Nervenarzt* 73 (2002), 1065-1074.

49   Helmut Bader, "Selbstzeugnisse eines Opfers: Martin Bader," 105-122.

50   Stern, "Die epidemische Encephalitis und ihre soziale Bedeutung," *Zeitschrift für Medizinalbeamte*, 399-427.

51   Anikó Szabó, *Vertreibung, Rückkehr, Wiedergutmachung. Göttinger Hochschullehrer im Schatten des Nationalsozialismus* (Göttingen: Wallstein, 2000), 63-64.

Fig. 3
Martin Bader and his
family, 1938

9 Devaluation by categorization

In the realm of medicine and medical research, Encephalitis lethargica started as a fascinating disease offering new chances to understand the working of the brain (neuroscience). The period of scientific fascination was more or less limited to the epidemic occurrence of the seemingly infectious disease. The transitional character of the disease came more and more to the fore when the emergence of new, acute cases waned. *Encephalitis lethargica sive epidemica*, as it was called, eventually lost its appendix 'sive epidemica' and became a chronic disease. With the predominance of the chronic cases and corresponding symptomatology, Encephalitis lethargica and all its postencephalitic sequelae mutated into a social problem. This trend and Depression constrained: caused the disease to loose acceptance as the economy worsened.

The transitional character of the disease could be focused on the characteristic appearance of neuropsychiatric symptoms, be it mood fluctuations or schizoid behaviour or something else. Evidently it was logical for a discipline with the claim of connecting neurology and psychiatry ('Nervenheilkunde') to represent the neuropsychiatric focus of the disease when categorization was on the agenda.

But the new categories were merely psychiatric and the disease was not. Whatever the historiography of the Würzburg key of 1933 has to involve, to encompass the complexity of the phenomenon, in the case of Encephalitis lethargica, the key reduced the ailment to a purely mental disease. Thus, the transitional status vanished, and concurrently the puzzling framing of the disease was simplified. Patients with Encephalitis lethargica were subjected to the murderous NS sanitation of the insane ('euthanasia') if an appraiser was found who putatively detected the prescribed array of psychiatric symptoms in a concrete medicalized case. This operation would have been unthinkable if the transitional status of the disease had not been eliminated in categorization. Whether or not these sequelae of categorization were recognized by the medical experts who created the key still cannot be determined in regard to Encephalitis lethargica. However, it can be realized that the categorization of the key tended to devaluate the life of Encephalitis lethargica sufferers.

A Hidden History of Malaria in 20th Century Japan

Wataru Iijima

Preface

The purpose of this essay is to confirm the basic situation of malaria studies and anti-malaria programs in 20th century Japan. Until the defeat of 1945, the Japanese empire ruled Taiwan, Korea and Sakhalin as colonies, the Guandong peninsula as a leased territory, the Nanyo islands in Micronesia as trusteeship territory from the League of Nations and Manchuria through a puppet government. The territory the Japanese empire ruled extended from the tropical regions in the West Pacific to the cold regions of Northeast Asia. In these regions, the Japanese empire faced the pandemic of malaria. During WW2 the Japanese military forces occupied many regions in South China, Southeast Asia and New Guinea. In those regions, there were many infectious diseases, including malaria of the severe type.

Japanese colonial medicine, including malaria studies, was established based on the experience in Taiwan from 1895 to 1945. Upon the colonization of Taiwan, the Japanese colonial government encountered two main infectious diseases, bubonic plague from Hong Kong after 1894, and malaria of the severe type, which was endemic in Taiwan. From the late 19th century to the first decade of the 20th century, the Japanese colonial government in Taiwan implemented an anti-bubonic plague program by the establishment of quarantine and public health systems, especially in urban districts of Taiwan. Due to these programs, the bubonic plague in Taiwan had been brought under control by the first decade of the 20th century.[1]

The next step was to control malaria in the rural districts and among Taiwan's aborigines. From the late 19th century to the 1930s, the severe type of malaria in Taiwan was one of the main causes of death among Japanese and Taiwanese. In

---

1   Wataru Iijima, *Pesuto to Kindai Chugoku* [Plague and Modern China; The institutionalization of public health and social change] (Tokyo: Kenbun Shuppan, 2000), 103-117.

1910, the Japanese colonial government in Taiwan started the program against malaria in Beitou near Taibei. Blood tests for all residents and the administration of quinine to malaria patients were the main methods in the districts where anti-malaria campaigns were established. This model was based on the German methods introduced by R. Koch in New Guinea.

After the success of the Beitou methods, the Japanese colonial government decided to extend this system all over Taiwan – and then the Taiwan model became the anti-malaria strategy of Japanese colonial medicine in other regions. In the WW2 era, the Japanese empire also used the Taiwan model to fight malaria in South China, Southeast Asia and New Guinea.

This essay analyzes if the Japanese method of fighting malaria based on the Taiwan model was a success or failure.

1   The first stage: encounter of malaria in Taiwan

The history of malaria studies and anti-malaria programs in Japan is divided into four stages.

In order to establish a boundary and restructure diplomatic relations with China, the Japanese Meiji government decided in 1874 to take military action against Taiwan because people of Okinawa were killed by Taiwan aborigines in South Taiwan. After the landing of Japanese military forces in southern Taiwan, many soldiers died from "Taiwan fever", which was malaria of the severe type.[2]

According to the report of Y. Ochiai, who was one of the army's surgeons, 7.919 patients were suffering from infectious diseases, 360 of them died. He reported 3.769 cases of "Taiwan fever", 784 of intermittent fever, 246 of dysentery, 89 of typhoid fever, and 773 of beriberi.[3] "Taiwan fever" and intermittent fever were malaria in reality. Ochiai thought that the "Taiwan fever" had two sources, one being bad molecules in the air of Japanese military camps, and the other the fact that Japanese troops could not adapt to the environment conditions of Taiwan. In fact, only a few native people were infected by "Taiwan fever".[4] He concluded that the "Taiwan fever" was a type of malaria, and the cause of malaria was bad air, the "miasma".[5]

---

2   Yasuzo Ochiai, *Meiji Nananen Seiban Ishi* [The Report of military operation of 1874 in Taiwan], (n.d.), 23.

3   Yasuzo Ochiai, *Meiji Nananen Seiban Ishi*, 50-52.

4   Yasuzo Ochiai, *Meiji Nananen Seiban Ishi*, 22b.

5   Yasuzo Ochiai, *Meiji Nananen Seiban Ishi*, 46b.

After the Sino-Japanese War from 1894 to 1895, the Japanese government sent troops to Taiwan for colonization. Many Japanese troops were killed by malaria and other infectious diseases, especially by the pandemic of Asiatic cholera – in fact more of them died from diseases than from injuries on the battlefield. It seemed that the Japanese military forces had not learned from the severe experience of 1874.[6]

A key point worth noting is that the colonization of Taiwan by Japan began at the same time as the development of malaria studies in tropical medicine. Many Japanese scientists studied malaria in Taiwan, following the academic contribution by P. Manson and R. Ross.

M. Koike, the chief of the Medical Bureau of the Japanese Army, also tried to control malaria through mosquito control measures in 1901, a few years after the academic contribution by R. Ross. His plan was to protect Japanese soldiers from anopheles mosquitoes in the military units.[7]

---

2 The second stage: anti-malaria campaign and the development of malaria studies in Taiwan before the 1930s

At the beginning of the colonization of Taiwan, the Japanese colonial government could not start fighting malaria, except in military units. At this time the main attention and resources were focused on anti-bubonic plague programs, because the Japanese colonial government was much more afraid of the bubonic plague coming from Hong Kong.

After having established control over the bubonic plague by quarantine and other public health measures, the Japanese colonial government in Taiwan could concentrate on establishing an anti-malaria program in the first decade of the 20th century. J. Hatori was one of the key persons to establish the malaria-eradication program in Taiwan. He started to identify the type of anopheles mosquito and imported Koch's method of malaria prevention.

In 1910, J. Hatori established the anti-malaria district, set up an anti-malaria program in Beitou, and succeeded in controlling malaria. His method was based

---

6   Jiro Kagotani, "Shishatachi no Nisshin Senso [The Sino-Japanese War and the death of soldiers]," in *The Social History of the Sino-Japanese War*, ed. Tadashi Otani and Keiichi Harada (Kyoto: Forum A, 1994).

7   Kesaburo Tamura, *Nihon Rikugun Gunyi no Gyoseki* [The contributions of army surgeons in Japan] (Tokyo: Nanko-do, 1903), 16-18.

on R. Koch, and quinine was given to all persons after the blood test.[8] The main aspect of the malaria campaign in Beitou was to emphasize the control of malaria parasites in the human body by blood tests and to attack malaria parasites by the use of quinine. After the success of this Beitou system, it was introduced to all of the anti-malaria districts. Through the malaria control program, the Japanese colonial rule spread to rural districts including the habitats of Taiwan aborigines. Although J. Hatori stated in *J. Hatori's Memory* that the control of the anopheles mosquito was also important, they had to select the quinine method to control malaria parasites because of limited budgets.[9]

What was the effect of the anti-malaria programs in Taiwan under the Japanese colonial rule? According to the statistics reports, the number of malaria infections and deaths decreased until the 1930s. However, the number of parasites found in human blood tests increased from the 1930s to 1940s.[10] The reason for this was the reform of blood inspection,[11] and the environmental change caused by rice production and the planting of camphor trees. In the 1930s, the Japanese colonial government chose rice to replace cane sugar due to food shortage in the Japanese empire. The change from cane sugar to rice was one of the reasons for the increase of malaria parasites after the 1930s.[12]

The malaria studies in Taiwan were closely related to the study of infectious diseases by the *Densenbyo Kenkyuyjo*, the Institute for Infectious Diseases in Tokyo. This institute was established by S. Kitasato in 1892. He studied at the medical school of Tokyo University and abroad in Germany. After returning from Germany, he established the Institute for Infectious Diseases as a non-governmental institute with the support of S. Goto, the chief of the Medical Bureau of the Ministry of Home Affairs, and Y. Fukuzawa, the founder of Keio University.

In 1899, the Institute for Infectious Diseases became the National Institute for Infectious Diseases under the control of the Public Health Department of the Ministry of Home Affairs. In 1896, S. Goto became the Chief Secretary of the Japanese colonial government in Taiwan. Based on their personal relationships with Goto,

8   Juro Hatori, *Mingaku Jijo Kaisoroku* [My memory of Taiwan] (1964), 47-49.
9   Tsuguo Horiuchi and Juro Hatori, "Ryoyu Zengo ni okeru Taiwan no Iji Eisei Jijyo [The condition of medicine and public health in Taiwan at the early time of Japanese rule]," *Nichi Doku Igaku* [Japan-German Medicine] 5 (special version) (1943), 22.
10 Wataru Iijima, *Pesuto to Kindai Chugoku*, 124.
11 Ku Ya-wen, "Shokuminchiki Taiwan niokeru Kaihatsu to Mararia no Ryuko 1895-1945 [The development and incidence of malaria in colonial Taiwan, 1895-1945]," *Shakai-Keizai-Shigaku* [Socio-Economic History] 70, no. 5 (2005).
12 Wataru Iijima, *Pesuto to Kindai Chugoku*, 122-123.

many scientists worked at the Institute for Infectious Diseases, and the National Institute for Infectious Diseases moved to Taiwan.

T. Takagi was one of the key persons in establishing the public health system in Taiwan. The scientist worked at the Institute for Infectious Diseases and became the head of the Public Health Section of the colonial government in Taiwan. He became the director of a medical school established by the Japanese colonial government.[13] Many scientists who worked in Taiwan and studied malaria had close relationships with the Institute of Infectious Diseases in Tokyo and may be considered part of the Kitasato school, members who followed Kitasato.

In 1914, the National Institute for Infectious Diseases came under the control of the Ministry of Education and was incorporated into the medical school of Tokyo University. Due to a conflict between Kitasato and Tokyo University, Kitasato retired from the National Institute for Infectious Diseases and established the Kitasato Institute for Infectious Diseases and the Medical School of Keio University.[14]

M. Koizumi was one of the scientists working on malaria studies at the Central Institute that had been established by the Japanese colonial government in Taiwan. He became professor at the Keio University under the control of Kitasato. After Koizumi, K. Morishita became a research fellow at that institute and professor at the Medical School of Tauhoku Imperial University. Many articles on malaria were published in the *Journal of the Central Institute of Taiwan* and the *Journal of Medicine in Taiwan*. Koizumi and Morishita also discussed the importance of anti-anopheles programs for the eradication of malaria, and they also stated that anti-anopheles programs would be more effective than anti-parasite programs.

A discussion of the relationship between these institutes and the development of Japanese colonial medicine as a whole is beyond the scope of this short essay. But it is necessary to point out that many scientists who worked in Japan's colonies had close relationships with Kitasato and the Kitasato school based on German medicine.[15]

Actually malaria had been a very common infectious disease in Japan since ancient times, but it had been of a mild type, except in Yaeyama and Miyako in the Ryukyu Islands, the southern islands of Ryukyu Okinawa. According to M. Sasa there had been many victims of malaria in Japan since ancient times, and the

---

13 Lin Bing-yan, "Zhongsu Taiwan Yixiaozhan Takagi Tomoki Boshi de Diaoxinag [History of Takagi, the director of Taibei Medical College]," *Academia; Taibei Diguo Daxue Yanjiu Tongxun* [The Newsletter of Taihoku Imperial University], no. 2, 70-71.

14 Keiichi Tsuneishi, "Densenbyo Kenkyujo Ikan Jiken [The Transfer Incident of Institute for Infectious Diseases to the Tokyo University]," *Kagaku-Asahi* 47, no. 11 (1987).

15 Wataru Iijima, "The establishment of Japanese Colonial Medicine: Infectious and Parasitic Disease Studies in Taiwan, Manchuria, and Korea under the Japanese Rule before WWII," *The Journal of History Department – Aoyamagakuin Univ.* 28 (2010).

number of victims had decreased due to land reforms such as drying of fields for rice production.[16] There was a severe type of malaria in Yaeyama and Miyako, it was of the same kind as that in Taiwan.

The history of malaria in Yaeyama and Miyako is also an interesting topic. The local eradication of the disease started in the 1920s, after the malaria control program in colonial Taiwan. Therefore, it was carried out with the Taiwan model, blood tests and the administration of quinine as the main methods.[17]

M. Miyajima worked at the Institute for Infectious Diseases and became professor at Keio University. He also researched malaria in Yaeyama and discussed the need for importing the anti-malaria program from Taiwan.[18] In accordance with the Taiwan model, the main methods for fighting malaria in Yaeyama and Miyako were blood tests for all residents and the administration of quinine to malaria patients.

Where was this malaria control method situated in the world of malaria studies? For the eradication of malaria, there were two methods, the anti-parasite method employing blood tests and quinine, and the anti-mosquito method, involving environmental change. These two methods were discussed in the Malaria Committee of the League of Nations, and the Rockefeller Foundation emphasized the importance of the anti-mosquito method. It is noteworthy that the scientists in Taiwan and Yaeyama also confirmed that the anti-mosquito method was more effective than the anti-parasite method. But due to limited budgets, the Japanese government in Taiwan and Yaeyama put the anti-parasite method into practice.

The first conference of the Far Eastern Association for Tropical Medicine was held in Manila in 1910, the participants came from colonies of Western countries and from Japan.[19] After the first conference in Manila, the conferences were held in the following cities: Hong Kong in 1912, Saigon in 1913, Java in 1921, Singapore in 1923, Tokyo in 1925, Calcutta in 1927, Bangkok in 1930, Nanjing in 1934, and Hanoi in 1938.

---

16 Manabu Sasa, *Nihon no Fudobyo* [The endemic in Japan] (Tokyo: Hosei University Press, 1974), 124.

17 Wataru, Iijima, "Colonial Medicine and Malaria Eradication in Okinawa in the Twentieth Century: From the Colonial Model to the United States Model," in *Disease, Colonialism, and the State: Malaria in Modern East Asia History*, ed. Yip Ka-che (Hong Kong: Hong Kong University Press, 2009)

18 Wataru Iijima, "Kindai Nihon no Nettai Igaku to Kaitaku Igaku [The tropical medicine and development medicine of Modern Japan]," in ed. Masatoshi Miichi et al., *The disease, development and Imperial Medicine; The Social History of Medicine in Asian Context*, (Tokyo: University of Tokyo Press, 2001), section 2.

19 Wataru Iijima, *Pesuto to Kindai Chugoku*, 267-268.

In the Tokyo conference of 1925, the Prime Minister of Japan, T. Kato, stated as follows:

> The success of the Suez Channel and the development of tropical regions were based on the development of tropical medicine, and the Japanese government stimulated the experience of tropical medicine in Taiwan and Nanyo. As the result of this, Japanese scientists will play an important role in the field of tropical medicine.[20]

In the first decade of the 20th century, the Japanese government organized two associations for medical activities in China. The first one was Dojinkai, established in 1902. The name of Dojinkai refered to the Confucian thought offering the same charitable activities to all people of Asia, mainly Chinese. The activity of Dojinkai was supported by the Japanese Ministry of Foreign Affairs. Dojinkai sent medical missions and established several hospitals in some large cities in China, for example Beijing and Hankou.[21] The other association was Hakuaikai. The name of Hakuaikai also meant offering charitable activities to all Asian people. The activities of Hakuaikai were supported by the Japanese colonial government in Taiwan, and it established several hospitals in Fujian and Guangdong provinces and North Borneo in the 1910s.[22] The purpose of the establishment of Dojinakai and Hakuaikai was to compete with the activities of the Rockefeller Foundation in China.

3 The third stage: war and malaria

War against China after the 1930s drastically changed the circumstances of malaria studies in the Japanese empire. The war spread to South China after the July 7th incident in 1937, and to Southeast Asia and New Guinea after the attack of Pearl Harbor of 1941, and there was severe malaria in those regions.

The Japanese Army and Navy started to research malaria in those districts, because the Japanese government was afraid that many soldiers who returned

---

20 *Tokyo Mainichi Shinbun*, October 18, 1925.

21 Dojinkai, *Dojin kai Yonjunen shi* [Forty Years History of Dojinkai] (Tokyo: Dojinkai, 1943)

22 Taiwan Sotokufu [The Japanese colonial government in Taiwan], *Nanshi Nanyo no Iryoshisetsu* [The medical institutions in South China] (Taipei: 1936).

from the battlefield of South China would be infected with severe-type malaria and would cause a pandemic in Japan proper.[23]

The Hakuai Kai, supported by the colonial government in Taiwan, also sent medical missions for research on malaria in South China. The report of K. Shimojyo was one of these cases. Shimojyo and other staff members were sent from the colonial government in Taiwan to research malaria in Guangzhou city and villages in about 30 districts in the Guandong province from February to December 1939, doing blood inspections on 20.000 Chinese people. The main purpose of this research was to protect the Japanese Army from malaria, and the main method was blood inspection and quinine based on the Taiwan model.[24]

The Medical School of Nagasaki University established a training school for medical surgeons in 1939, and organized the *Research Society for Tairiku Igaku,* the research society for medicine in China. For this program, Nagasaki University invited Y. Aoki to organize the Endemic Institute of Nagasaki University. Aoki graduated from Nagasaki University and became professor of Taegu Medical College in Korea in those days.[25] The Endemic Institute of Nagasaki University played an important role in the anti-infectious diseases program in Hankou, the largest city along the middle Yangzi River under the Dojinkai.[26]

In 1941 the Japanese government went to war against the US, Britain, and the Netherlands in Southeast Asia and New Guinea. We should notice that the military operation in the Pacific was also a war against malaria. The Japanese Military Forces used the anti-malaria method based on quinine because this was effective to some degree at the battlefields in South China. For research on malaria, the Japanese Army established a malaria institute in Java, and the Japanese Navy established a malaria institute in Makassar in Celebes. From the report of Y. Kurashige, who worked at the Makassar Institute from 1944 to 1945 and who became professor

23 Hatsuo Miyahara, "Mararia no Chiryo [The treatment of malaria]," *Kyudai-Yiho* [The Medical Journal of Kyushu University] 12, no. 6 (1938), 1.

24 Kumakazu Shimojo, "Nanshi Kanton Chihou ni okeru Mararia Chousa Houkoku [The Report of malaria in Guangdong, South China]," *Tokyo Iji Shinshi* [The New Journal of Tokyo Medicine] 3177 (1940).

25 Nettai Igaku Kenkyujo [The Institute for Tropical Medicine of Nagasaki University], *Nettken Gojunen no Ayumi* [Fifty Years of the Institute of Tropical Medicine] (Nagasaki: 1993), 16, 18.

26 Yoshio Aoki, *Dojinkai Shinryo Boekihan* [The anti-infectious diseases unit in the Dojinkai], (Nagasaki: 1975), 68.

of zoology at Utsunomia University after WW2, we see that his most important duties involved researching the type of anopheles mosquito.[27]

M. Sasa, who studied in the Medical School of Tokyo University, joined the research project by the Japanese Navy, and reported the types of anopheles mosquito in the Pacific regions.[28] Morishita also reported the type of anopheles mosquito in East Asia and Southeast Asia.[29]

There is a huge amount of material on the situation of malaria at the battlefields in Southeast Asia. Now I want to introduce the case of the battle of Imphal in India and Burma. According to the diary of Y. Shiokawa, malaria and beri-beri had the greatest impact on the battle unit; 10 percent of soldiers were infected by malaria of the severe type, and the anti-parasite method failed due to limited supplies of quinine.[30]

4 The fourth stage: the legacy after the Second World War

In the end, the Japanese government could not control malaria in Taiwan and the battlefields of Southeast Asia and New Guinea during WW2. Was Japanese colonial medicine, especially malaria studies, broken down by the defeat in WW2?

Many Japanese scientists returned to Japan and found new jobs in the medical schools of newly established universities. During WW2, the Japanese government had established many training schools for military surgeons. The GHQ, the General Headquarters for Occupation of Japan, tried to reform the medical and public health systems in Japan, and converted many training schools for military surgeons to medical universities. Ironically, the GHQ offered new job opportunities for many scientists returning from former Japanese colonies.

---

27 Yoshio Kurashige, *Ranyin Taizaiki* [My Diary in the Netherlands Indies], (Tokyo: Shimizu Kobundo, 1988), 41-43, 72, 128, 230, 239.

28 Isao Miyao and Manabu Sasa, *Daitoa Zenchiiki ni kansuru Anoferesu no Kanbetsu narabi ni Bunpu ni kansuru Chosa Kenkyu* [The research report on the type of anopheles mosquito and method of identify in Greater East Asia], (n.d), 1-2, Figure 1-4.

29 Kaoru Morishita, "Nishi-Taiheiyogan oyobi Shoto ni Okeru Mararia Denpaka no Bunpu ni tsusite [The anopheles mosquito in West Pacific Islands]," in *The Nanyo Shoto* [The Southern Islands], ed. Taiheyo kyokai (Tokyo: 1940).

30 Yuichi Shiokawa, *Gunyi no Biruma Niiki* [The Diary of Army Surgeon in Burma] (Tokyo: Nihon Keizai Hyoron Sha, 1994), 14, 91.

Turning now to the scientists for malaria studies, Morishita, former professor of the Taihoku Imperial University became professor of the medical school of Osaka University, and Sasa also became professor of the Institute of Infectious Diseases in Tokyo University.

Morishita became an advisor to the anti-malaria committee in Hikone near Kyoto and Biwako Lake. Hikone was known for having a mild type of malaria in Japan. To control malaria, the GHQ organized a malaria control campaign involving DDT spraying. The case of Hikone was one of model cases of the excellence of the US method, and the GHQ supported the malaria eradication program. Morishita agreed with the US method of DDT spraying all of Hikone city, but he also emphasized the need for enforcement of blood inspection.[31]

At the WHO conference at Manila in 1954, Morishita took part in this conference as the only member from Japan. In this conference, he introduced the experience of malaria eradication program in colonial Taiwan and then concluded that the DDT spraying was better than quinine for the eradication of malaria. Examining Morishita's role in this conference, I think that he was a person who served as an example of how not to behave in the field of tropical medicine.[32]

Sasa had a chance to visit China in 1955 and researched several institutes for anti-malaria programs.[33] Y. Komiya also had a chance to visit China as one of the members of a research mission in 1956. The government of the People's Republic of China invited many Japanese scientists to help eradicate infectious diseases, including malaria. Komiya played an important role in controlling schistosomiasis in Japan under the support of the GHQ, and also played an important role in controlling shistosomiasis in China under the Chinese Communist Party.[34]

After WW2 Japanese colonial medicine was not neglected, as I discussed before. M. Otsuru was one of the first students to graduate from the Medical school of Taihoku Imperial University. He became a research associate before 1945, and became professor of the Medical School of Niigata University in 1954. In 1957, he had a chance to visit China as one of the members of the medical research mission.

---

31 Hiroshi Kobayashi, *Hikoneshi no Mararia Taisaku* [The anti-malaria program in Hikone city] (Hikone: 1952)

32 Kaoru Morishita, "DDT Zanryu Funmu no Koka [Efficacy of DDT residual spraying: A new strategy in malaria control]," *Eisei Dobutsu* [Sanitary Zoology] 7, no.1 (1956).

33 Manabu Sasa, *Fudobyo tono Tatakai* [The battle against endemic] (Tokyo: Iwanami Shoten, 1960), 149-152, 158.

34 Wataru Iijima, "'Farewell to the God of Plague': Anti-Schistosoma japonicum Campaign in China and Japanese Colonial Medicine," *The Memories of the Toyo Bunko* 66 (2008).

On this research trip, he researched malaria-control programs during radical political movements.[35]

In 1978, Otsuru became first dean of the Medical School of University of Ryukyus. In *Memories of Toneikai*, the journal of the students graduated from the Medical School of Taihoku Imperial University, he stated as follows:

"The Okinawa islands are located in a semi-tropical district and are very near Taiwan; I do hope that the new medical school in University of Ryukyus will play an important role in the field of tropical medicine. It needs to establish an institute for tropical medicine and have a close relationship with Taiwan University and other medical schools in Southeast Asia".[36]

In the 1980s, the circumstances surrounding Japanese tropical medicine were changed by rapid economic growth: international aid to the developing countries from the Japanese government became very important. Tropical medicine, control of malaria and other infectious diseases and the improvement of public health infrastructure were one form this aid took. For example, the Japanese government organized an anti-malaria program in the Solomon Islands. There, DDT spraying was organized by the US military forces and the British government after WW2, and malaria of severe type was controlled. But there was a resurgence of malaria after the independence from the British government in the 1970s. The JICA, the Japanese International Cooperative Association under the Japanese government, researched the situation, and established an anti-malaria training center at Honiara in the Guadalcanal islands. This malaria-control program in the Solomon islands was organized by Sasa, who was president of Toyama Medical College in those days.[37] The Guadalcanal islands had been one of most violent battlefields in WW2, and many soldiers had died from malaria. Another case was North-Sumatra, in Indonesia.[38]

---

35 Masamitsu Otsuru, "Chukyo no Mararia Jijyo [The conditions of malaria and anti-malaria movement in mainland China]," *Nihon Yiji Sinpo* [New Journal of Japanese Medicine] 1770 (1958).

36 Mamitsu Otsuru, "Ryukyu-Daigaku Shinsetsu no Sekinin [My obligation of newly established medical school of the Ryukyu University]," in *Toneikai Yonjunen* [The Memory of Toneikai for Forty Years] (Tokyo: 1978), 360.

37 Manabu Sasa, "Mararia Kenshu Senta, Sono Nerai to Kongo heno Kitai [The anti-malaria training center, purpose and its future]," *Kokusai Kaihatsu Journal* [The Journal of International Development] 382 (1988).

38 Akira Ishii, "Mraria Taisaku Kaihatsu Enjo no Gijutsu Kyoryoku [Technical support for anti-malaria program in the field of tropical medicine, case of North Sumatra of Indonesia]," *Kokusai Kyoryoku Kenkyu* [The Study for International Aid] 5, no. 2 (1989).

In 1983, a training course for malaria prevention was established at the Medical School of Nagasaki University, supported by the JICA, and many doctors and scientists were invited from developing counties.

5   Conclusion

The history of malaria studies and anti-malaria programs in Japan in the 20th century can be divided into four stages. The first stage was the invasion of Taiwan in 1874 and the military action for colonization after the Sino-Japanese War. Many Japanese soldiers were killed by malaria of severe type on the battlefields of Taiwan. They did not know the cause of malaria, and thought that it was due to miasma, as did other scientists around the world.

The second stage was from the 1910s to 1920s. The Japanese colonial government implemented a malaria-control program of the R. Koch style. Many scientists in Taiwan confirmed that the anti-mosquito method was better than the anti-parasite method, but due to a limited budget, the Japanese colonial government in Taiwan selected the anti-parasite method, using blood inspection and quinine. At the result of this, the anti-parasite method played a role of channel between Japanese colonial order and Taiwanese society, including aborigines. The experience in colonial Taiwan was then exported to Yaeyama and Miyako.

The Institute for Infectious Diseases in Tokyo under the Kitasato school played an important role in the establishment of public health and infectious diseases studies, including malaria study, due to the personal relationship between Goto and Kitasato.

The third stage was from the 1930s to the age of WW2. The research fields spread to South China, Southeast Asia and New Guinea. The circumstances surrounding malaria studies were drastically changed. Several institutes for malaria studies were established at the battlefields by the support of the Japanese Army and Navy, and many scientists in colonies were mobilized to these institutes. The method at the battlefields was the anti-parasite method based on the Taiwan model. The Japanese Military Forces introduced blood inspection and quinine in the occupied regions, but the anti-parasite method did not succeed on the battlefields in Southeast Asia and New Guinea, and many soldiers died from malaria.

The fourth stage was after WW2. Many scientists continued malaria studies based on Taiwan and other battlefields. Morishita became professor of the Institute for Bacteriology of Osaka University, and Sasa became professor of the Institute of Infectious Diseases of Tokyo University.

Because of the strong economic growth of post-war Japan, the circumstances of Japanese tropical medicine changed by the international aid to developing countries including former battlefields of WW2.

In the 1990s, malaria was one of the most influential infectious diseases in the world, especially in the countries of Southern Africa, and the WHO declared an emergency due to the revival of malaria. Under these circumstances, the Japanese government has a plan to control many infectious and parasitic diseases including malaria all over the world and encourage a "soft-power" in non-military field. This plan is based on the "Hashimoto initiative", from the former Prime Minister R. Hashimoto. But if we discuss Japanese tropical medicine, few people know its history, how it developed in Taiwan, or about the very important role it played in colonization and controlling occupied regions in WW2. The history of tropical medicine as a colonial medicine has been neglected in Japanese society, as well as by many scientists after WW2. Many scientists did not touch a history of malaria studies in Japan established in Taiwan and in the battlefields of WW2.

The Mystery of Relapse in Malaria Research

Gabriele Franken, Vanessa Miller and Alfons Labisch

1 Introduction

Why can malaria return to a previously successfully treated patient although he has not been exposed to the agent again? This phenomenon is named as 'recurrent malaria'. In order to explain the phenomenon of 'recurrent malaria' several theories were developed. Today we distinguish between two types of recurrent malaria: recrudescence and relapse. This differentiation is described by William E. Collins as follows: "Relapse is the result of the activation of quiescent liver-stage developmental forms, known as 'hypnozoites', that remain dormant within hepatocytes for varying intervals before spontaneously dividing and developing into schizonts and subsequently releasing invasive merozoites into the bloodstream to infect red blood cells. Relapse contrasts with recrudescence, which is the reappearance in peripheral blood of parasites derived from blood-stage parasites that had been at very low or undetectable levels."[1] Hypnozoites are brought into relationship with *Plasmodium vivax* and *Plasmodium ovale*, while recrudescence is assigned to *Plasmodium falciparum* and *Plasmodium malariae*. Despite this clear assignment there are still questions concerning this interpretation. Questions, which Heinrich Ruge[2] raised in 1936, questions Frank Cogswell asked in 1992[3] and questions which remain today.

---

1   William E. Collins, "Further Understanding the Nature of Relapse of *Plasmodium vivax* Infection," *The Journal of Infectious Diseases* 195, no. 7 (2007), 919.

2   Heinrich Ruge, "Zur Frage der James'schen Sporozoitentheorie," *Zeitschrift für Hygiene und Infektionskrankheiten, medizinische Mikrobiologie, Immunologie und Virologie* 118, no. 6 (1936), 724-737.

3   Frank B. Cogswell, "The hypnozoite and relapse in primate malaria," *Clinical Microbiology Reviews* 5, no. 1 (1992), 26-35.

Malaria is triggered by a parasite, called *Plasmodium*. There are four *Plasmodium* species that cause the disease in humans: *Plasmodium falciparum*, *Plasmodium vivax*, *Plasmodium ovale* and *Plasmodium malariae*. Since the French army doctor Alfonse Laveran observed the Parasite in 1880[4] and since the English military surgeon Ronald Ross[5] and the Italian zoologist Battista Grassi[6] verified Anopheles as a vector for malaria in the 1890th there were two developmental cycles known: a sexual cycle in the mosquito and an asexual cycle in the blood of hosts, like the human. During its life cycle in humans, the parasite runs through various stages of development. With the bite by Anopheles the parasite enters the blood stream. At this asexual stage the parasite is called 'sporozoite'. Using the blood stream it enters the liver cells, where it changes its form and replicates oneself in multiple daughter cells, called 'merozoites'. The liver cells, which attend to the parasite, burst and release the merozoites back into the blood stream. They enter the red blood cells and start to replicate again. When the reproduction is completed again the red cells release the merozoites, these enter the blood stream and the released 'merozoites' may enter red cells again. This asexual cycle called 'schizogony' and can be repeated over and over again if it is not interrupted by a drug. Some of the parasites in the blood cells change into male or female, the "gametocytes". When a mosquito sucks blood of an infected human it incorporates these "gametocytes". Now the sexual cycle in the stomach of the mosquito begins.

2   Malariological hypotheses and research before the model of the liver cycle

With the start of the possibility of microbiological exploration of malaria the explanation of 'recurrent malaria' begins in research literatures. In his study about the summer-autumn fever in Rome from 1893 Camillo Golgi[7] explained

---

4   Charles L. A. Laveran, "Un nouveau parasite: Trouvé dans le sang des malades atteints de fièvre palustre," *Bulletins de la Société Médicale des Hopitaux de Paris* (1880), 158-164.

5   Ronald Ross, "On some peculiar pigmented cells found in two mosquitos fed on malarial blood," *British Medical Journal* (1897), 1786-1788.

6   Cp. summarily Battista Grassi, "Nach fünfundzwanzig Jahren. Chronologische Uebersicht der Entdeckung der menschlichen Malariaübertragung," *Centralblatt für Bakteriologie, Parasitenkunde und Infektionskrankheiten* 92, no. 5/6 (1924), 392-397.

7   Camillo Golgi, "Sulle febbri malariche estive-autunnali die Roma: Lettera al Prof. Guido Baccelli," *Gazzetta Medica di Pavia* 2 (1893), 481-493, 505-520, 529-544 und 553-559; Camillo Golgi, "Sur les fièvres malariques estivo-automnales de Rome," *Archives Italiennes*

his observations, by suggesting a tissue stage of the parasite in different internal organs as the bone marrow and the spleen. Furthermore Golgi believed that such an intracellular stage, which came into existence by phagocytosis and maturation of the parasites in white blood cells and tissue elements, causes the drugs such as quinine to be ineffective and thus be the reason for relapse.[8]

In 1900 Battista Grassi noted that there had to be another generation of parasites which corresponded to the incubation time after the bite of the mosquito and introduction of sporozoites. This stage, hidden somewhere in the body, but not in the red blood cells, is associated with relapse.[9] A damper was put on this explanation for relapses by means of tissue stages through the observation of Fritz Schaudinn.

---

de Biologie 20 (1894), 288-402; Camillo Golgi, "Ueber die römischen Sommer-Herbst Malariafieber," Deutsche Medizinische Wochenschrift 20, no. 13/ 14 (1894), 291-292 und 317-318; Camillo Golgi, ed., Gli studi di Camillo Golgi sulla malaria, raccolti e ordinati dal Prof. Aldo Perroncito (Roma: Luigi Pozzi, 1929), 173-217.

8 "... möchte ich auf eine mögliche intracelluläre Entwicklung der Malariaparasiten (Entwicklung in Leukocyten oder in Gewebselementen) hinweisen sowie auf den besonderen Schutz, den sie an dieser verborgenen Stelle genießen können. ... Es ist vielmehr sehr wahrscheinlich, daß ähnlich wie es von pathogenen Mikroorganismen anderer Art angenommen wird, auch die von den weißen Blutkörperchen umschlossenen Malariaparasiten, anstatt einem Zerstörungsprozeß zu unterliegen, unter gewissen Umständen weiterleben können, vermehren und sogar das Übergewicht gewinnen über diejenigen Elemente, von denen sie einverleibt wurden. ..., daß verschiedene innere Organe, vor allem Knochenmark und Milz, eine mehr oder weniger große, manchmal sogar enorme Anzahl von Zellen aufweisen, welche die Malariaparasiten in den verschiedensten Phasen ihrer Entwicklung von den kleinen intracellulären Hämamöben bis zu fortgeschrittenen Entwicklungsstadien, darunter auch Teilungsformen, enthalten. ... dann scheint gewiß der Gedanke nicht unbegründet, daß die in den Knochenmarks- oder Milzzellen enthaltenen Parasiten des Sommer-Herbstfiebers in diesen Zellen die für ihre Erhaltung und ihre weitere Entwicklung notwendigen Bedingungen vorfinden und auf diese Weise einen intracellulären Zyklus durchlaufen." See the German translation: Walter Kikuth and Lilly Mudrow, "Die endotheliale Phase der Malariaparasiten und ihre theoretische und praktische Bedeutung," Ergebnisse der Hygiene, Bakteriologie, Immunitätsforschung und experimentellen Therapie 24 (1941), 6.

9 „Bei dem Entwicklungszyklus der Malariaparasiten sind also zwei Generationen beobachtet worden: eine durch Conitomie bewirkte Monogonie (I), welche sich bei jedem Fieberanfall wiederholt, und eine durch Conitomie bewirkte Amphigonie (II), die sich im Anophelenkörper abspielt. In dem menschlichen Körper muss aber noch eine Generation (III), welche mit dem Anfang der Inkubation in Zusammenhang steht, und zwar gleich nach der Inokulation der Sporozoiten vor sich geht, und vielleicht könnte man auch noch eine (IV), in Beziehung mit den Rückfällen stehende Generation konstatieren." Battista Grassi, Die Malaria: Studien eines Zoologen (2nd edition, Jena, 1901), 179.

1902 Fritz Schaudinn, a German zoologist, did his research in the 'Zoologische Station des Berliner Aquariums' in Rovigno, Istrien/Croatia. In an experiment he described the invasion of two *Plasmodium vivax* sporozoites into red blood cells. The hypotheses of Battista Grassi, that the parasite has another generation during the incubation period, he refused to recognize.[10] For the next thirty years the observations and descriptions of Fritz Schaudinn were dominant in the research on 'recurrent malaria'. The reason for 'recurrent malaria' was no longer associated with the possibility of tissue stages.

Again this kind of explanation for relapse was developed at the beginning of the thirties. It was based on the assumption of the English army surgeon Sydney Price James. In 1931 he wrote: "Sporozoites are essentially parasites of tissue cells and it is possible that what happens to them when they are injected by the mosquito is that they are carried by the blood stream to reticulo-endothelial cells of the lungs and other ..."[11] Five years later the German naval- and tropical doctor Heinrich Ruge called this idea 'James's sporozoite theory'.[12] This is not the place to discuss whether James is the originator of this explanation or if the Italians Camillo Golgi and Battista Grassi were the initiators, as some Italian scientists[13] wanted to call it the 'Grassi-Golgi's hypothesis'. But it reminds one of the disputes between Ronald Ross and Battista Grassi about who identified the mosquito as the vector for human malaria transmission.[14]

---

10 Fritz Schaudinn, "Studien über krankheitserregende Protozoen. II. *Plasmodium vivax* (Grassi und Feletti), der Erreger des Tertianfiebers beim Menschen," in *Fritz Schaudinns Arbeiten*, 351-425 (Hamburg-Leipzig 1911), 383-387.

11 Sydney P. James, "The use of plasmoquine in the prevention of malarial infections," *Proceedings of the Section of Sciences* 34 (1931), 1425.

12 Ruge, "Zur Frage der James'schen Sporozoitentheorie," *Zeitschrift für Hygiene und Infektionskrankheiten, medizinische Mikrobiologie, Immunologie und Virologie*, 724-737.

13 Corradetti, Missiroli, Giovannola. citation see:Kikuth and Mudrow Die endotheliale Phase der Malariaparasiten und ihre theoretische und praktische Bedeutung," *Ergebnisse der Hygiene, Bakteriologie, Immunitätsforschung und experimentellen Therapie*, 4 f.

14 Grassi, "Nach fünfundzwanzig Jahren. Chronologische Uebersicht der Entdeckung der menschlichen Malariaübertragung," *Centralblatt für Bakteriologie, Parasitenkunde und Infektionskrankheiten*, 392-397.

The thesis of Sydney James was verified in several bird malarias. The tissue stage of the parasite was found by histological proof by Italian[15], American[16], English[17] and German[18] researchers in different birds. In contrast to the blood cycle the tissue stage has no detectable pigment. The researchers found the unpigmented schizogonic phase in reticulo-endothelial cells in internal organs, like the liver, the spleen, the brain and the bone marrow. The reticulo-endothelial system is part of the immune system and its cells have a close relationship to the blood- and lymph system.[19] In the forties of the 20th century the British scientists Henry Shortt and Percy Garnham[20] demonstrated the parasite in the liver of apes and humans where exo-erythrocytic schizogony takes place.

15 Raffaele: *Plasmodium elongatum*, Giulio Raffaele, "Un ceppo italiano di *Plasmodium elongatum*," *Rivista di Malariologia* 13 (1934), 332-336; Giulio Raffaele, "Il doppio ciclo schizogonico di *Plasmodium elongatum*," *Rivista di Malariologia* 15 (1936), 309-317; Raffaele: *Plasmodium relictum-praecox*; Giulio Raffaele, "Presumibili forme iniziali di evoluzione di *Plasmodium relictum*," *Rivista di Malariologia* 15 (1936), 318-324.

16 Huff and Bloom: *Plasmodium elongatum*, Clay G. Huff and William Bloom, "A malaria Parasite infecting all blood and all blood forming cells of birds," *The Journal of Infectious Diseases* 57 (1935), 315-336.
    Hegner and Wolfson: *Plasmodium nucleophilum*; Robert Hegner and Fruma Wolfson, "Toxoplasma-like parasites in canaries infected with *Plasmodium*," *The American Journal of Hygiene* 27 (1938), 212-230; Robert Hegner and Fruma Wolfson, "Tissue-culture studies of parasites in reticulo-endothelial cells in birds infected with *Plasmodium*," *American Journal of Hygiene* 29 (sect. C) (1939), 83-87.

17 James and Tate: *Plasmodium gallinaceum*; Sydney P. James and P. Tate, "Preparations illustrating the recently discovered cycle of avian malaria parasites in reticulo-endothelial cells.," *Transactions of the Royal Society of Tropical Medicine and Hygiene* 31 (1937), 4-5.

18 Kikuth and Mudrow: *Plasmodium cathermerium*; Walter Kikuth and Lilly Mudrow, "Über pigmentlose Schizogonieformen bei der Vogelmalaria," *Klinische Wochenschrift* 48 (1937), 1690-1691; Walter Kikuth, "Endotheliale Schizogonie bei Hühnermalaria (Pl. gallinaceum, E. Brumpt 1935)," *Centralblatt für Bakteriologie, Parasitenkunde und Infektionskrankheiten* 140 (1937), 227-230.

19 Wilhelm von Möllendorff, *Lehrbuch der Histologie und der mikroskopischen Anatomie des Menschen*, (24th edition, Jena: Gustav Fischer, 1940), 199.

20 Henry E. Shortt and Percy C. C. Garnham, "Demonstration of a persisting exo-erythrocytic cycle in *Plasmodium cynomolgi* and its bearing on the production of relapses," *British Medical Journal* 1 (1948), 1225-1228; Henry E. Shortt and Percy C. C. Garnham, "The pre-erythrocytic development of *Plasmodium cynomolgi* and *Plasmodium vivax*," *Transactions of the Royal Society of Tropical Medicine and Hygiene* 41, no. 6 (1948), 785-795; Henry E. Shortt and Percy C. C. Garnham, "Pre-erythrocytic stage in mammalian malaria parasites," *Nature* 161 (1948), 126; Percy C. C. Garnham, "Exo-erythrocytic schizogony in malaria," *Tropical Disease Bulletin* 45, no. 10 (1948), 831-844; Percy C. C. Garnham, "Patterns of exoerythrocytic schizogony," *British Medical Bulletin* 8, no.

3   Malariological hypotheses and research before the hypnozoite theory

But how do these findings help to understand malaria relapses? For twenty years since James's idea about the sporozoites triggering tissue stages of the malaria parasite was proven and accepted, researchers assumed that this stage somehow was related to the relapses. Percy Shute hypothesised that the sporozoites remain in human cells for some time and when the infected human cells died the parasite changed into a new life stage and entered the blood stream as merozoites.[21] Heinrich Ruge argued similarly in 1936 that short relapses, a relapse within one year, may be illustrated this way to the natural death of the reticulo-endothelial cell after a life of approximately one year discharges the parasite. This would explain the relapse after one year. But what happens in case of relapses causing malaria after two or three years? Ruge's explanation of late relapses occurring because of the death of reticulo-endothelial cells in areas of the human body with little stress didn't convince.[22]

Beside the verification of the liver stages it was important to determine whether these stages were involved in relapse. In 1948 Shortt and Garnharm demonstrated exo-erythrocytic schizonts of the apes' *Plasmodium cynomolgi* three and a half months after triggering a sporozoite-induced infection.[23] They summarized: This "finding [...] is evidence of the persistence of the exo-erythrocytic cycle after establishment of the blood infection. Reasons are given for the assumption that this is the cycle responsible for the production of relapses."[24] This was important for the understanding of relapses in malaria. After the first attack there were still parasites in the tissue which could cause malaria after months or years.

Following this a theory of polymorphic sporozoites developed. The literature suggested two populations of sporozoites in *Plasmodium vivax*.[25] This polymorphic

---

1 (1951), 10-15; Percy C. C. Garnham et al., "The pre-erythrocytic stage of *Plasmodium ovale*," *Transactions of the Royal Society of Tropical Medicine and Hygiene* 49, no. 2 (1955), 158-167.

21 Ruge, "Zur Frage der James'schen Sporozoitentheorie," *Zeitschrift für Hygiene und Infektionskrankheiten, medizinische Mikrobiologie, Immunologie und Virologie*, 725.

22 Ibid., 728 und 730.

23 Shortt and Garnham, "Demonstration of a persisting exo-erythrocytic cycle in *Plasmodium cynomolgi* and its bearing on the production of relapses," *British Medical Journal*, 1225-1228.

24 Ibid., 1128.

25 Percy G. Shute et al., "A strain of *Plasmodium vivax* characterized by prolonged incubation: the effect of numbers of sporozoites on the length of the prepatent period," *Transactions*

characteristic of *Plasmodium vivax* is, according to A. Lysenko, "controlled by a set of genes. According to these postulates sporozoites may be subdivided into two groups designated as tachysporozoites and bradysporozoites, responsible for early and late manifestations, [...]".[26] Refering to this theory Henry Shortt noted: "If the mosquito attacks a case of relapsing type malaria two populations are required, one to produce the primary attack and one to produce hypnozoites. On the other hand, if the mosquito attacks a case of non-relapsing malaria it must produce a third type of sporozoite – one which will produce only a case of non-relapsing malaria."[27]

In addition to the polymorphic theory about sporozoites another theory was established. In 1946 Percy Shute wrote about an intermediate stage, inactive sporozoites which developed into a resting stage in the host.[28] This idea led to the concept of dormant sporozoites. This is, according to Percy Shute: "an attractive theory and perhaps this stage is capable of survival in organs other than the liver. Is it possible that some sporozoites get trapped by cells perhaps of a particular age which hold them as prisoners for the rest of the life of the cell? Then when the cell breaks down the sporozoite finds its way to the liver where it undergoes exoerythrocytic schizogony on the normal duration."[29]

4 Malariological research on the hypnozoite theory

These interpretations were important for an understanding of relapse, but they did not really bring a breakthrough in the explanation of relapse. The explanation of the relapse, that we know today, became accepted in the early eighties. A new examination method, the IFA[30], the indirect fluorescent antibody technique, made

---

of the Royal Society of Tropical Medicine and Hygiene 70, no. 5/6 (1976), 474.

26 A. J. Lysenko, A. E. Beljaev and V. M. Rybalka, "Population studies of *Plasmodium vivax*: 1. The theory of polymorphism of sporozoites and epidemiological phenomena of tertian malaria," *Bulletin of the World Health Organization* 55, no. 5 (1977), 541.

27 Henry E. Shortt, "Relapse in primate malaria," *Transactions of the Royal Society of Tropical Medicine and Hygiene* 75, no. 2 (1981), 321.

28 Percy G. Shute, "Latency and long-term relapses in benign tertian malaria," *Transactions of the Royal Society of Tropical Medicine and Hygiene* 40, no. 2 (1946), 200.

29 Shute et al., "A strain of *Plasmodium vivax* characterized by prolonged incubation: the effect of numbers of sporozoites on the length of the prepatent period," *Transactions of the Royal Society of Tropical Medicine and Hygiene*, 479.

30 A. Voller, "Fluorescent antibody studies on malaria parasites," *Bulletin of the World Health Organization* 27, no. 2 (1962), 283–287; R. L. Ingram and R. K. Carver, "Malaria

this possible. This method identified a parasite protein as an antigen and facilitated creating during this time a random antibody. A second antibody was linked to a fluorescent colorant and that could be viewed under a microscope.

Using these methods a scientist group led by the Polish-American physician Wojciech Krotoski detected the parasite in tissue cells, and not only there, this experiment visualized the oocysts on the mosquito gut wall, the free sporozoites, maturing and mature pre-erythrocytic forms and the blood stages.[31] This experiment does not only show the particular parasite forms which maybe cause relapse, but in general the parasites in its host. After finding the parasites in human tissue with the IFA technique, the researchers took a photo of the fluorescent parasite and then by washing out the Antibody were able to corroborate their results with Giemsa stain. They recurred to the same location on the object carrier to detect the parasite. Differentiation between the single parasite stages was still done by this old detection method.

In the liver next to the large developing schizont they located a small body which they identified as the other stage of the parasite. The researchers found: "During the preliminary check of IFA reagents on 7-day biopsy sections from monkey M581, several small, highly discrete fluorescent bodies were detected among the numerous 7-day pre-erythrocytic schizonts in each region. … These small parasites exhibited a remarkably uniform appearance, consisting of a round-to-slightly-oval structure with faint bluish cytoplasma and a single, slightly irregular chromatin nucleus."[32] This stage of the parasite, named today as 'hypnozoites', was also found in 50-, 102- and 105-day biopsies.[33] In the following years these bodies were detected in the following Plasmodium species: Plasmodium cynomolgi, Plasmodium vivax and Plasmodium simiovale. In an experiment with Plasmodium knowlesi no 'hypnozoites' could be demonstrated.

The term, 'hyponozoites', for a special stage of malaria parasites was first used even before in 1978 by the South African researcher Miles Markus, he noted: "The hypnozoite hypothesis of relapse and latency in malaria is currently gaining favour – 'hypnozoite' would describe and dormant sporozoites or sporozoite-like stages

---

parasites: Fluorescent antibody technique for tissue stage study," *Science* 139, no. 3553 (1963), 405-406; Augusto Corradetti et al., "Fluorescent antibody testing wih sporozoites of plasmodia," *Bulletin of the World Health Organization* 30, no. 5 (1964), 747-750.

31 Wojciech A. Krotoski et al., "Observations on early and late post-sporozoite tissue stages in primate malaria: I. Discovery of a new latent form of *Plasmodium cynomolgi* (the hypnozoite), and failure to detect hepatic forms within the first 24 hours after infection," *American Journal of Tropical Medicine and Hygiene* 31, no. 1 (1982), 25.

32 Ibid., 26 f.

33 Ibid., 27-32.

in the life of Plasmodium or other Haemosporina."[34] His analysis was based on results which he made together with Heinz Mehlhorn, Professor of the Institute for Zoology of the Heinrich Heine University Düsseldorf, on *Isospora felis*, protozoa of cats and dogs settling in the gut wall of its host. Here they spoke about 'waiting stages' of this parasite.[35] Markus turned this term first to 'dormozoites'[36], later he switched to 'hypnozoites'.

The assumption of the 'hypnozoites' as origin for relapse is accepted since the beginning of the eighties. But still it did not effectively explain relapse. It seems that this stage of the parasite was only given a name. One still could not explain the mechanism that underlies relapse. Understandably some people asked questions. In 1981 Henry Shortt remarked like Ruge 1936: "What happens to these [hypnozoites] when their individual liver cells reach their allotted span of existence? Does the hypnozoite now enter a new home in another liver cell and so flit from cell to cell, eventually to produce a relapse, perhaps after a long period?"[37] In 1992 Frank Cogswell asked as well: "Another area of interest involves the relationship of the hypnozoite to its host cell. If the longevity of hepatic parenchymal cells is estimated to be less than 1 year, how are we to explain the occurrence of relapse after more than a year in some instances, e. g., in cases of infection with *Plasmodium vivax*?"[38]

5 Malariological hypotheses and research under the genetic paradigm

In recent years genetic studies bring out new aspects. One article, which refers to studies in Thailand, Myanmar and India, maintains that relapses usually result from activation of heterologous hypnozoites. They observed that: "the infections

---

34 Miles B. Markus, "Terminology for invasive stages of the subphylum sporozoa (apicomlexa)," *Proceedings of the International Congress of Parasitology* 4 (1978), 80.

35 Heinz Mehlhorn and Miles B. Markus, "Electron microscopy of stages of *Isospora felis* of the cat in the mesenteric lymph node of the mouse," *Zeitschrift für Parasitenkunde* 51, no. 1 (1976), 15-24.

36 Miles B. Markus, "Possible support for the sporozoite hypothesis of relapse and latency in malaria," *Transactions of the Royal Society of Tropical Medicine and Hygiene* 70, no. 5-6 (1976), 535.

37 Shortt, "Relapse in primate malaria," *Transactions of the Royal Society of Tropical Medicine and Hygiene*, 320 f.

38 Cogswell, "The hypnozoite and relapse in primate malaria," *Clinical Microbiology Reviews*, 32.

causing relapses were usually caused by parasites that were genetically distinct from those that caused the acute infection."[39] But this implied, so William Collins in his comment on this article that: "infected mosquitoes may have fed on the patient, sporozoites with different molecular characteristics and development times eventually emerged in the patient."[40] The same group pointed out that "the hypnozoites of different parasite strains" for example from temperate and tropical zones "may have different fixed periods of dormancy. [...] how activation of the hypnozoites of heterologous genotype occurs is unknown."[41]

A second article was published by an Australian research group and went in the same direction. They concluded: "Our data suggest that a single clone of *Plasmodium vivax* can cause a primary infection and a few relapses at varying intervals. Infections with multiple *Plasmodium vivax* strains, whether through multiple infectious bites or through a single infectious bite inoculating multiple strains, give rise to multiple relapses at various predetermined intervals."[42] Also they guessed: "[...] that the hypnozoites were activated according to a genetically determined biological clock."[43]

But these new aspects also did not give an answer about the questions of the origin of relapses. So it is legitimate that William Collins asks: "First, does such variation in genotype depend on the bites from mosquitoes that had multiple oocysts, suggesting that most blood-stage infections contain multiple genotypes? Second, do sporozoites from single oocysts produce sporozoites with different relapse potential?"[44]

Another aspect in the life of the parasite emblazes a research group of the Bernhard Nocht Institute in Hamburg. They attended to the behaviour of the parasites in the liver cells of mice, *Plasmodium berghei*. In 2010 they found that the parasites produce a cysteine protease inhibitor, the PbICP (*Plasmodium berghei* inhibitor of

---

39 Mallika Imwong et al., "Relapses of *Plasmodium vivax* infection usually result from activation of heterologous hypnozoites," *The Journal of Infectious Diseases* 195, no. 7 (2007), 932.

40 Collins, "Further Understanding the Nature of Relapse of *Plasmodium vivax* Infection," *The Journal of Infectious Disease*, 919.

41 Imwong et al., "Relapses of *Plasmodium vivax* infection usually result from activation of heterologous hypnozoites," *The Journal of Infectious Disease*, 932.

42 Nanhua Chen et al., "Relapses of *Plasmodium vivax* infection result from clonal hypnozoites activated at predetermined intervals," *The Journal of Infectious Diseases* 195, no. 7 (2007), 940.

43 Ibid.

44 Collins, "Further Understanding the Nature of Relapse of *Plasmodium vivax* Infection," *The Journal of Infectious Disease*, 919.

cysteine proteases), which has important influence in the life cycle of the parasite. "The inhibitor is expressed in all analysed stages of *Plasmodium berghei* (blood stage, sporozoites, liver stages) and according to its different localizations it can potentially control parasite as well as host cell-derived proteases."[45] The inhibitor has differing effectiveness: it plays an important role in the invasion of the liver cell, as it inhibits the parasite-independent host cell death; during the phase of schizogony, the inhibitor is predominantly located in the parasite; and at the termination it organizes the slow host cell death and thus allows the formation of merosomes, a vessel full of merozoites entering the blood stream.[46]

The previously presented historical outline is part of a larger research project at the Institute for History of Medicine at the Heinrich-Heine-University of Düsseldorf.[47] This project presents and questions the historical perspectives on different theories on malaria relapse. In order to illustrate this method, a few theories and unresolved issues shall be illustrated and questioned below.

6   Malariological hypotheses and remaining research questions

It is one thing to report research results yet another thing to interpret them. So the research results from the last few years probably provide a chance to see what happens between the parasite and the liver cell when the former turns into „hypnozoites". Today there is no answer to this issue. But now we know that the parasite produces an inhibitor which regulates the host cell as long as it proliferates. If we follow up this idea it is possible to continue this research, thinking that the parasite also controls the host cell in so far that the host cell lives longer than its normal life span. So a long relapse of two or three years maybe possible. Or does the parasite have the ability to change host cells in the liver before it starts to proliferate again and causes relapses? These are the options which will be discussed in the future. The manipulation of the host cell through the parasite, as the German research

---

45 Annika Rennenberg et al., "Exoerythrocytic *Plasmodium* parasites secrete a cysteine protease inhibitor involved in sporozoite invasion and capable of blocking cell death of host hepatocytes," *PLoS Pathogens* 6, no. 3 (2010), 13.

46 Ibid., 14 f.

47 We thank the members of the scientific colloquium of the Institute for the History of Medicine. Our special thanks go to Ulrich Koppitz and Julia Kouzmenko. They supported us in all matters with words and deeds.

group illustrates, is an important step to explain how the „hypnozoites" probably operate in the host cell.

Another question is also important. When scientists deal with relapses in malaria, they only speak about *Plasmodium vivax* or *Plasmodium ovale*. Because of its rarity *Plasmodium ovale* does not play a great role in the research. So it is primarily *Plasmodium vivax* which is in the focus if we discuss relapses. But if we speak about *Plasmodium malariae* it is characterized as a parasite that recrudesces. That is to say the parasites cause malaria because it survives in the erythrocytes. If we transfer the questions of Ruge and Cogswell on *Plasmodium malariae* we have to ask what happens to the parasite in a cell like the erythrocyte which dies after 120 days and is removed by the spleen. Is it possible that the inhibitor, which the German group found, also manipulates the erythrocyte, as they identified the inhibitor at all stages of the parasite including the blood stage?

The problematic could be illustrated with an example of a patient of the Tropical Medicine Unit of the Heinrich-Heine-University Düsseldorf. In May a woman visited Kenya and returned with fever and headache. The Tropical Medicine Unit diagnosed complex malaria tropica affecting the central nervous system. Intravenous therapy with quinine and doxycycline was given, followed by Artemeter and Lumefantrin. At the beginning of June the patient was released without any sign of *Plasmodium falciparum*. However after two months in Germany the patient returned with fever. But now it was a Malaria quartana, *Plasmodium malariae* was detected by PCR.[48]

Where was this parasite? There are two options: the erythrocytes or the tissue. If the parasites was in the erythrocytes and occur as a recrudescence, why was the therapy ineffective? The patient had received a therapy which normally combats a heavy malaria tropica. But why was it not effective against the erythrocyte stages of *Plasmodium malariae*? Is it possible that *Plasmodium malariae* also produces a stage like the "hypnozoites", allowing it to survive in the tissue? *Plasmodium malariae* is known as a parasite that causes malaria after years. Can we really explain this mechanism with erythrocytes stages? This case report is only an example where the explanation of recurrent malaria subdivided in relapse by *Plasmodium vivax* and *Plasmodium ovale* and recrudescence by *Plasmodium malariae* and *Plasmodium falciparum* failed.

Another fundamental question is: why does Plasmodium produce "hypnozoites"? What is the benefit? To be of benefit it would have had to develop over thousands of years. Some researchers explain this with the chance of survival of the parasite

---

48 Gabriele Franken et al., "Why do *Plasmodium malariae* infections sometimes occur in spite of previous antimalarial medication?," *Parasitology research* 111, no. 2 (2012), 943-946.

in temperate climates, "enabling it to cope with long winters and episodes of successive cold summers".[49] But "hypnozoites" can be found as well in *Plasmodium vivax* strains in tropical climates. *Plasmodium ovale* also exists in tropical climates, generally in West Africa and Asia. Do they really need "hypnozoites" for survival? Or do we look into wrong directions?

Why do we see "hypnozoites" as something particular? Perhaps it is normal to produce hypnozoites and not to produce "hypnozoites" is abnormal. Other parasites also produce resting stages. Most findings of the resting stages in malaria parasites were deduced in analogy from other parasites. Miles Markus and Heinz Mehlhorn studied the 'waiting stages' of *Isospora*.[50] Miles Markus generally sees in parasites, which belong to the group of apicomplexan organisms like *Plasmodium* or *Cystoisospora*, a producer of dormant cells.[51]

The question behind the phenomenon 'relapse' appears to be clear but a closer look behind the theories and explanations still reveals quite some inconsistencies and unclarities.

---

49 Paul Reiter, "From Shakespeare to Defoe: Malaria in England in the Little Ice Age," *Emerging infectious diseases* 6, no. 1 (2000), 5 f.

50 Mehlhorn and Markus, "Electron microscopy of stages of *Isospora felis* of the cat in the mesenteric lymph node of the mouse," *Zeitschrift für Parasitenkunde*, 15-24.

51 Miles B. Markus, "The hypnozoite concept, with particular reference to malaria," *Parasitology research* 108, no. 1 (2011), 247-252.

Negotiating Pandemic Risk: On the Scandalization and Transcultural Transformation of the Swine Flu

Norbert W. Paul and Mita Banerjee

1   On some methodological venture points

Epidemiology, it would seem, lends itself to an interdisciplinary dialogue between medicine and the humanities in particular ways. More than any other medical discipline, perhaps, epidemiology has triggered responses by cultural theorists and cultural historians, and it has done so on two levels and on account of two, mutually interrelated reasons. First, epidemiology as a discourse and medical practice has been so seductive to cultural theorists because of the *metaphorical* potential inherent in what Priscilla Wald has termed the "outbreak narrative". As Wald writes,

> [Accounts of epidemics] put the vocabulary of disease outbreaks into circulation and introduced the concept of "emerging infections". . . . Collectively, they drew out what was implicit in all of these accounts: a fascination not just with the novelty and danger of the microbes but also with the changing social formations of a shrinking world. . . . Disease emergence dramatizes the dilemma that inspires the most basic of human narratives: the necessity and danger of human contact.[1]

Epidemiology and pandemic risk is inseparable, Wald succinctly argues, from the human bodies targeted as the carriers and "spreaders" of the epidemic. The drama of the epidemic play itself out through the "dramatis personae of an unfolding tragedy".[2] As Wald goes on to note about the coverage of the SARS epidemic in the New York Times,

---

1   Priscilla Wald, *Contagious: Cultures, Carriers, and the Outbreak Narrative* (Durham: Duke UP, 2008), 2.
2   Ibid., 3.

"A child in China is so infectious that he is nicknamed 'the poison emperor.' ... Their unwitting role in the spread of the new virus turned these unfortunate sufferers into stock characters of a familiar tale. The epidemiological precedent of an "index case" responsible for subsequent outbreaks quickly transformed these figures from victims to agents – and embodiments – of the spreading infection."[3]

Moreover, it is at this very juncture that medical prediction converges with cultural presupposition. Precisely if the spread of contagion is tied to specific cultural practices, practices originating, presumably, in a particular ethnically or geographically defined group, this group, by necessity, is "frozen" in its cultural habits through the logic of epidemiology as the attempt to limit epidemic risk. In the newspaper article traced by Wald, it is hence no coincidence that the "poison emperor" should have been a Chinese child; this is an idea to which we will return as this article progresses.

At the same time, it may be essential to compare the discourse of 21st century epidemics and the cultural use of the "outbreak narrative"[4] to earlier epidemics, such as the Bubonic plague or the outbreak of smallpox. What this historical comparison may yield is that particular cultural imaginaries are so ingrained in our mental repertoire of ethnic communities and disease outbreaks that they are "triggered" by every new instance of fear of a new epidemic. If, however, the outbreak narrative of the 21st century is one motivated by "the necessity and danger of human contact",[5] the frequency of such contact has of course been amplified by the logic of global capitalism. China, in the 21st century, is no regard as remote as it was in the nineteenth or early twentieth century.

It is in the tying of pandemic risk to the (presumed) cultural practices of "other" cultural groups, then, that the gauging of pandemic risk has historically been closely tied to the "scapegoating" of ethnic communities. In Europe, the outbreak of the plague was historically ascribed to Jewish populations as *Brunnenvergifter*[6] in the US of the late nineteenth century, smallpox epidemics were ascribed to the "unsanitary practices" and housing conditions of US Chinatowns in the nineteenth centuries. According to historian Nayan Shah,

"Health authorities readily conflated the physical condition of Chinatown with the characteristics of Chinese people. They depicted Chinese people as a filthy and

---

3   Ibid.
4   Ibid., 2.
5   Ibid.
6   Dirk Jäckel, „Judenmord – Geißler – Pest: Das Beispiel Straßburg 1349," in *Pest. Die Geschichte eines Menschheitstraumas*, ed. Mischa Meier (Stuttgart: 2005), 162-178, hier 167.

diseased "race" who incubated such incurable afflictions as smallpox, syphilis, and bubonic plague and infected white Americans."[7]

Crucially, such diction of the Chinese as a "diseased race" is clearly a notion which belongs to the nineteenth century and would today be frowned upon at best. Yet, what may be interesting to consider nonetheless is whether the idea of "Chinese cultural practices" as potentially unsanitary and hence conducive to the spreading of epidemics may not linger on in the cultural imaginaries we find in the coverage, for instance, of the swine flu. At the same time, it is here that the dichotomy which we have so far traced between medical discourse and cultural ascription may fall short in one crucial respect. For the missing link between the epidemiologist and the presumable "bearer" of contagion is the institution of public health. In late nineteenth century US Chinatowns, for instance, it is the health inspector, not the epidemiologist, who inspects Chinatown for occurrences of unsanitary behavior. As Shah notes,

> "Public health served as one of the most agile and expansive regulatory mechanisms in nineteenth-century American cities. Next to the police and tax assessors, municipal public health administrators assumed the most sweeping authority to survey and monitor the city and its inhabitants. Although municipal public health institutions often had small budgets and staffs, their legal authority to regulate property and people's conduct was considerable. [...] The idea of securing the "health" of the population linked the condition and conduct of individuals with the vitality, strength, and prosperity of society overall."[8]

It is here that "health diagnosis", in its institutional sense, is inseparable from cultural assumptions, even cultural prejudice. On his tour through Chinatown, the health inspector sees, in other words, what may already have been part of his set of cultural assumptions prior to his visit to Chinatown. His knowledge, as cultural theorist Edward Said has argued in another but related context, has been pre-scripted or predetermined by an imaginary and cultural repertoire specific to the health inspector's own culture. As we will show later on, the role of WHO in the so-called swine-flu pandemic has much in common with the role of a global health inspector and a lot less in common with epidemiology and rational discourses on risk and control than it seems at first glance.

As we move from the nineteenth to the twenty-first century, then, the nature of health institutions, however, has changed profoundly. What is at stake today is the

---

7   Nayan Shah, *Contagious Divides: Epidemics and Race in San Francisco's Chinatown* (Berkeley: University of California Press, 2001), 102.

8   Ibid., 3-4.

surveying, and maintaining, of global health, or of public health on a global scale. Yet, the tracing of epidemics to potential sources of contagion may still depend on the targeting of specific local communities in the mode of health inspections rather than in the mode of enabling and empowering practices of risk analysis and control.

It is at this juncture, then, that the "global" discourse of pandemic risk may in turn trigger particular local responses to the discourse of "unsanitary" cultural practices. In its cultural imaginary, each (national) community may have its own *Brunnenvergifter*. As we will see, it is no coincidence that in the US, the swine flu, as the pandemic of the twenty-first century, should have been blamed on Mexico. The discourse of epidemic risk may hence be much more than a medical narrative: Rather, it may be a cultural narrative to the same extent that it is a medical one, with cultural assumptions and presuppositions being mapped onto the medical discourse of risk control. It is at this point that one of the merits of an interdisciplinary dialogue between medicine and the humanities may lie: For in historical accounts of "medical scapegoating" such as Shah's as much as in discursive analyses of medical metaphors pervading our daily lives such as Wald's, humanities scholars have striven to highlight the power which medical discourse has in shaping our cultural imaginaries, and the junctures in which medical discourse is itself shaped by cultural constructions. The "double bind" which Ian Haney Lopez has traced between culture and the law may thus also apply to the nexus of medicine and culture.[9]

At the same time, and this is an idea on which we will elaborate below, cultural analysis of medical discourse may remind medicine of its (epistemological) blind spots, but it has largely refrained from participating in amending these blind spots. If medicine is shaped by culture, a culture which it itself continues to shape, why do cultural theorists not strive to leave their own imprint on medical practice? And what would be potential avenues and measures for doing so? How, in other words, may life writing not only react to life science, but how may the practice of life science itself be affected, and perhaps even modified by life writing?

---

9   Ian Haney López, *White By Law: The Legal Construction of Race* (New York: New York UP, 1996), 14.

2   The swine flu pandemic as a global narrative of risk

Let us now look at the swine flu as a global narrative of risk in more detail. It was the 16th of September in 2010. On page 8 of the weekly newspaper, we read that the 2009 A/H1N1 swine flu pandemic is officially over according to a statement made the day before by Dr. Margaret Chan, Director General of the World Health Organization. As we read on, the story turns from the relatively mild course of the swine flu to speculations about its origins and the remainder of some endemic hot-spots, such as Florida and Mexico. The article also provides links to online resources and here we find out, that the Swine Flu was understood to be the great American flu, now hibernating to come back in winter. The responsibilities and the reliability of the public health services, the WHO the Centers of Disease Control and national agencies such as the Robert-Koch-Institute and the Institute Pasteur are discussed.

Furthermore, the danger of the rise of some mutant strands originating mostly in the middle-east and the far-east is stressed. Especially cultural practices of a close relation between humans and life-stock are held to be responsible for the viral criss-crossing of species boundaries leading to an increasing global threat caused by local habits generally regarded to be a problem of pre-industrialized, developing countries or areas. Especially American sources point out that these countries striving for a full integration into the global community and into the global markets bear a specific responsibility for the sanitation of their territories. This is a form of logic also traced by Patricia Wald's analysis of SARS as an outbreak narrative. She notes,

> "The juxtapositions supply the connections, plotting the routes of the disease from the duck pen, which suggests a lack of cleanliness and propriety – human beings living in close proximity to their animals, as in preindustrial times – to the airports and cities of the global village."[10]

As Wald goes on to cite a *Newsweek* article in its depiction of such, presumably preindustrial, living conditions, "'Pigs, ducks, chickens and people live cheek-by-jowl on the district's primitive famers, exchanging flu and cold germs so rapidly that a single pig can easily incubate human and avian viruses simultaneously'".[11] What such a depiction implies, of course, is a particular form of marshalling a discourse of fear, and of cultural projection. Because of the presumed proximity of the "primitive" and the "modern", "we" can highly prevent infection. What is at

---

10   Wald, *Contagious: Cultures, Carriers, and the Outbreak Narrative*, 5.
11   Wald, *Contagious: Cultures, Carriers, and the Outbreak Narrative*, 5.

stake here is an understanding of the global village as a simultaneity of two mutually exclusive time zones, one modern and one primitive. The threat of the epidemic, then, lies in the mixing of these very time zones. According to Wald,

> "The "primitive farms" of Guangzhou [a province in China where SARS was said to have originated], like the "primordial" spaces of African rainforests, temporalize the threat of emerging infections, proclaiming the danger of putting the past in (geographical) proximinty to the present".[12]

As these considerations show, the news on the end of the pandemic blurs a variety of discourses: politics, and science, aspects of virology, public health, emergency plans, studies on vaccines, social and cultural practices, pride and prejudice. This is – as Bruno Latour put it in his book "We have never been modern" – a proliferation of hybrids.[13] During our research for this paper, we were intrigued by the fact how difficult – if not impossible – it is to get the facts straight. We wanted to come up with some major leitmotiv, some characteristic processes of the transcultural negotiations of uncertainty and risk with regard to the swine flu. However, the proliferation of hybrids and a specific notion of crisis acted as a kind of undertow, softly but inevitably pulling us into another direction. Thus, in the following, we will – again following the thoughts of Bruno Latour – take a close look at the retying of a Gordian Knot.[14]

The arrival of epidemics or pandemics has always been much more a threat than a challenge to cultures striving to cope with the contingencies of human existence. In this regard, the mismanagement of a pandemic event in modern cultures is both, a scandal and a humiliating experience of the loss of control. Thus, negotiating the sources of pandemic risk becomes a necessary reaction of national and international organisations seemingly vested with the tools to control pandemic risk to protect their institutional integrity, to limit their burden of responsibility to realistic dimensions.

The following few thoughts are part of a much larger project dealing with life sciences and life writing, in short professional and personal narratives of life, health, disease and death. Forgive us, if we do not take you to the theoretical battleground of narrative approaches. Due to the limited space, we will also abstain from jumping into a deep pond of sources. What we will try, however, is to present a first contextualization of the negotiation of pandemic risk, using cultural dimensions as a venture point. We would like to invite you to explore this realm of Latourian hybrids

---

12 Ibid., 7.
13 Bruno Latour, *We Have Never Been Modern* [1st edition 1993] (Cambridge MA: Harvard UP, 1999), 1-3.
14 Ibid., 3-5.

with us in four steps. First, we will have a closer look at the historical and cultural grassroots of our fears of pandemics. Inevitably, we will have to deal with cultural difference, otherness and – yes – the plague. Secondly, we will see how far analytical approaches towards uncertainty and risk will carry us in a field, where manifold rationalities of the natural, social, political, ideological, cultural all together form the epistemological raw material of which general and particular understandings of epidemics, risk, and uncertainty are moulded. Thirdly, global narratives in the construction of threats – as illustrated above – of strategies of responses, responsibilities and last not least of normalization need to be briefly explored. Finally, the role of situated knowledge and local practices in contrast to a globalized biomedical world may help to explain what is meant by the retying of the Gordian knot.

3   Cultures, epidemics and fear

Negotiating pandemic risk is a more or less global and thus transcultural process. Hence, we need to understand how concepts of culture may impact on the ways – or if you will strategies – in or by which the negotiation process is fuelled. So let us first address some of the most pressing questions concerning the hinges on which the doors of our discussion may swing – or may not swing: The concepts of culture and identity. According to Amartya Sen,[15] it is important to understand that influential as culture is, it is not uniquely pivotal in determining our lives and identities. Other factors such as education, class, gender, and politics also matter, sometimes quite powerfully.

Furthermore, culture is not a homogeneous attribute. There can be tremendous variations even within the same general cultural milieu and, as Sen points out that cultural determinists often underestimate the extent of heterogeneity within what is taken to be 'one' distinct culture.[16] While we do not want to make this common mistake of deterministic thinking, we may have to acknowledge that discordant voices are constitutive for the heterogeneity of cultures, are "internal" and arise from particular components of culture not easily accessible from the outside.

The view from the outside is particularly difficult because culture does not sit still. Any presumption of stationarity can be disastrously deceptive, be it as a deterministic misreading from the outside or a coercive, traditionalist misreading from

---

15   Amartya Sen, "How Does Culture Matter?," in *Culture and Public Action*, ed. Vijayendra Rao und Michael Walton (Stanford: Stanford UP, 2004), 37-58.

16   Ibid., 46 ff.

the inside. Again, let me quote Amartya Sen. "The temptation toward using cultural determinism often takes the hopeless form of trying to fix the cultural anchor on a rapidly moving boat."[17] Let us add: The temptation to stabilize a culture through the conservation of cultural beliefs and practices from an internal position is like a confusion of the boat with solid grounds.

Last not least, cultures are not solitary, they interact with each other, exchange and create new readings of the world and fuse. So this is why not only people but cultural practices quite swiftly migrate both, locally and globally and become mosaic stones of identities.

Of course, Amartya Sen had the political dimension of cultures in mind. If we understand culture – in a more integrative view appreciating rival sources of influence – to be instantiated only by individual and local practices determined by a number of concomitant factors, if we understand culture to be non-homogeneous, non-static, and interactive, it can be a very positive and constructive part in our understanding of human behaviour. If we do not use it that way, it may just be a playground or a battlefield for the interest-driven discourse of power-relations, fuelled by bigotry and alienation.[18]

4   Cultural uncertainty and (pandemic) risk

To put this rather bold thesis to a test, we need to look at two different ways of negotiating cultural traits. Especially anthropologically inspired studies differentiate between cultural ascriptions cultural inscriptions. From an even more philosophically inspired perspective, we need to differentiate between an ascriptive view of culture and an inscriptive view to at least define a venture point for our analysis. In the first case, culture is ascribed to someone. The normativity of the ascription of culture can be quite powerful – and quite misleading – because it tends to neglect the heterogeneity of cultures and the fact that they are constantly in flux. By contrast, the inscription of culture is an internal view and a personal instantiation of cultural practices and as such characterized by heterogeneity not of the cultural repertoire, but by the different modes of its usage.

To cut a long story short: Culture as a concept is quite blurred, fuzzy and at best described as a mixture of the real, the imaginary and the symbolic with all the ambiguity that comes with them. This is why in negotiating pandemic risk it

---

17   Ibid., 43.
18   Ibid., 44 f.

is so easy to get away with the confusion of ones views and beliefs regarding risky cultural behavior on one hand and the actual behavior and their impact on the pandemic on the other.

The only comfort is that we may observe – as Levi-Strauss[19] did – that despite the vast cultural diversity the ways in which humans approach the world are quite similar on a very fundamental level. That is that the deeply rooted fear of pandemic risk can be a powerful stimulus for concerted measures of control. For the sake of this analysis, is it therefore more fruitful to focus on cultural inscriptions of pandemic risk in order to identify deterministic infringements in the transcultural sphere whenever they occur. In other words: In order not to bother the reader with the relative explanatory power of concepts of culture – let us now address some commonly shared, yet locally altered, cultural inscriptions of pandemics.

5   Global narratives of pandemic risk and the construction of threats

At this point, however, we may well have arrived at an impasse – if a potentially productive one – between epidemiology and cultural studies. If the discourse of epidemiology as an attempt to control pandemic risk must implicitly "freeze" certain communities in their "unsanitary" practices in order to eradicate these practices and target these communities as potential sources of contagion, the cultural theorist will counter this attempt at medical control through cultural control by saying that there is nothing to be frozen in the first place. Wald notes,

> From precedents and standardization a recognizable story begins to surface. Ep-
> idemiologists look for patterns. For Timmreck, the job of epidemiologists is to
> characterize "the distribution of health status, diseases, or other health problems in
> terms of age, sex, race, geography, religion, education, occupation, behaviors, time,
> place, person, etc." (2). The scale of their investigation is the group, or population,
> rather than the individual, and they tell a story about that group in the language of
> disease and health. [...] In their investigations epidemiologists rely on and reproduce
> assumptions about what constitutes a group or population, about the definition of
> pathology and well-being, and about the connections between disease and "the
> lifestyle and behaviors of different groups" (21).[20]

---

19 Claude Levi-Strauss, *Das Rohe und das Gekochte* [French original 1964] (Frankfurt a. M.: Suhrkamp, 2000).

20 Wald, *Contagious: Cultures, Carriers, and the Outbreak Narrative*, 19.

Yet, if culture is itself, as James Clifford[21] reminds us, a "moving target", the epidemiologist's risk control will miss its mark. And yet, for all its "cultural shortcomings", it would be equally absurd to dismiss epidemiology as a medical practice. In Europe, for instance, a major step in controlling tuberculosis was achieved through sanctioning the "practice" of public spitting: Once the (culturally accepted) practice of public spitting was stigmatized as "uncultured", the risk of contagion was substantially reduced, a concept analysed in great detail earlier on by Alfons Labisch.[22] It is here, then, that the idea cultural relativism may emerge: If historically, public spitting had been protected as the (legitimate) cultural expression of a particular local or ethnic group, what would have happened to the necessity of risk control? This is a logical impasse, which our paper addresses without quite being able to solve it. Yet, we would argue that in an interdisciplinary dialogue between medicine and the humanities, it is important to highlight the fact that beyond the foundational epistemological rationales inherent in each of our disciplines, the world as we observe it consists rather of subjective narratives competing in a hybrid forum of truth claims and power constellations than it is shaped by seemingly objective knowledge.

In the discussion of epidemics and epidemic risk, Orientalist as well as Occidentalist views have often loomed large. The so-called "manufactured" plagues are usually ascribed to the West, whereas the "unsanitary" plagues are usually ascribed to the East. The latter problem, it is assumed by (Orientalist) discourses, is caused by "unsanitary", "primitive" or "indigenous" cultural practices, especially, in the case of the swine flu, by housing conditions in which humans and animals live closely together, as we have outlined above.

For the US, then, the swine flu originated in Mexico; in Europe, on the other hand, it was termed the "American flu". It is at this point that risk control takes an ethnographic turn; each nation ascribes the threat of contagion to those spaces which it considers different, threatening or outlandish. For the US, the idea that Mexico is the "source" of illegal immigration and hence a threat to the civic body of the nation is turned into the idea of a medical contagion originating in Mexico. What role, then, does the WHO play in this context of the interrelatedness of ethnographic assumptions and risk control? Crucially, the US may constitute the tacit point of reference, a center of global intersections which is itself exculpated from being the source of contagion. It is hence not surprising that the US should quickly have disappeared from the map of the WHO. Why, however, did Mexico also disappear? It seems, that in our post-colonial time the colonization of risk is

---

21   James Clifford, "The Truth is a Moving Target," *New York Times* Review, January 12, 1997.
22   Alfons Labisch, *Homo hygienicus. Gesundheit und Medizin in der Neuzeit* (Frankfurt a. M.: Campus, 1992).

no longer that easy. For Mexico is not only an alleged source of contagion but also – from a (highly problematic) US-American perspective, "America's backyard". Thus, it may have been counterproductive to assign the blame to Mexico; if the US disappeared from the map of the WHO, then, Mexico had to disappear with it. Hence, the colonization of risk contains a double bind in which local proximity always has to be weighed against global responsibility. So how do the narratives used to construct this reality read? Let us first consider the narrative of outbreak in detail:

"BY THE ASSOCIATED PRESS, DAILY NEWS STAFF WRITER.
Tuesday, April 28, 2009

MEXICO CITY – The swine flu epidemic crossed new borders Tuesday with the first cases confirmed in the Middle East and the Asia-Pacific region, as world health officials said they suspect American patients may have transmitted the virus to others in the U.S. Most people confirmed with the new swine flu were infected in Mexico, where the number of deaths blamed on the virus has surpassed 150. But confirmation that people have been infecting others in locations outside Mexico would indicate that the disease was spreading beyond travelers returning from Mexico, World Health Organization spokesman Gregory Hartl told reporters on Tuesday in Geneva. Hartl said the source of some infections in the United States, Canada and Britain was unclear. The swine flu has already spread to at least six countries besides Mexico, prompting WHO officials to raise its alert level on Monday. 'At this time, containment is not a feasible option,' said Keiji Fukuda, assistant director-general of the World Health Organization. New Zealand reported Tuesday that 11 people who recently returned from Mexico contracted the virus. Tests conducted at a WHO laboratory in Australia had confirmed three cases of swine flu among 11 members of the group who were showing symptoms, New Zealand Health Minister Tony Ryall said. Officials decided that was evidence enough to assume the whole group was infected, he said. Those infected had suffered only "mild illness" and were expected to recover, authorities said. There are 43 more suspected cases in the country, officials said. The Israeli Health Ministry on Tuesday confirmed the region's first case of swine flu in the city of Netanya. The 26-year-old patient recently returned from Mexico and had contracted the same strain, Health Ministry spokeswoman Einav Shimron. Dr. Avinoam Skolnik, Laniado Hospital's medical director, said the patient has fully recovered and is in "excellent condition" but will remain hospitalized until the Health Ministry approves his release. Another suspected case has been tested at another Israeli hospital but results are not in, the ministry said. Meanwhile, a second case was confirmed Tuesday in Spain, Health Minister Trinidad Jimenez said, a day after the country reported its first case. The 23-year-old student, one of 26 patients under observation, was not in serious condition, Jimenez said."

What happend due to the fact that a cultural need for a clear definition of risk could not be met, was a bargaining process between responsibilities and deniability. Here, the flexibility of criteria for the handling of pandemics by the WHO has stimulated quite some debate. By and large, WHO was blamed for raising a panic with regard to H1N1 and a number of voices stressed that this could have been an interest-driven construction of a threat providing the pharmaceutical industry with a blank check for the marketing of vaccines, which is just another cultural myth. However, the rapid spread of the virus together with the relatively mild course of the disease lead to a situation, in which the WHO, officially represented by Keiji Fukuda, assistant director-general for health security and environment at the WHO, stressed the importance of flexibility in deciding whether to move from the current pandemic alert level of phase 5 to phase 6.

> "On the one hand, the H1N1 swine flu virus continued to spread. But on the other hand, most cases haven't been severe, and Fukuda pointed out that the WHO is "trying to walk a very fine line between not raising panic not becoming complacent." The main point of the pandemic alert phase system is to help countries prepare, and many countries have done that for swine flu, Fukuda noted. But "there is nothing like reality to tell you if something is working or not," Fukuda told the media. "Rigidly adhering to something which is not proving to be useful would not be helpful to anybody. Fukuda said the basic idea will be to look for 'signals' that the virus is becoming more dangerous to people. Those cues might include greater severity of illness or changes in how the virus is behaving."[23]

More or less implicitly, WHO also addressed issues of cultural difference – such as the proximity of humans and life-stock in certain, culturally molded housing conditions. Thus, those who definied a global threath delegated the responsibilty to deal with the threat to local practices and created that way a sphere of deniability. However, the transformation of notions of pandemics and the inter- and intracultural diversity of means by which risk and uncertainty were addressed, inevitably lead to a proliferation of hybrids, a tightening of the Gordian Knot.

6   Revisiting the Gordian Knot from the perspective of Life Writing

Let us now take a closer look at some of the major ropes tied together in the Gordian knot. As you all know, ropes consist of different, intertwined outer strands and a middle part called "the soul of the rope" by sailors. So it is not a surprise that the

---

23 WebMD, "WHO Rethinks Swine Flu Pandemic Criteria", May 22, 2009, www.webmd. com/ cold-and-flu/news/20090522/who-rethinks-swine-flu-pandemic-*criteria* (abgerufen am 12. Februar 2013).

major strands of the negotiation of risk and uncertainty with regard to epidemics are inseparably intertwining the rational and the cultural, the global and the local, explanations and applications. For the sake of the argument, however, let us assume the following: Risk is the probability of the advent of a well-defined, undesired event in relation to the severity of the impact. Uncertainty is the possibility of the advent of any known or unknown event where the impact cannot be gauged. With regard to epidemics, risk is considered to be the rational approach driven by biomedical science. It is used to classify epidemics and to implement strategies of risk control. Uncertainty is considered to be a consequence not only of the unknown, but of uncontrollable local practices (such as the proximity of humans and life-stock).

In the humanities, the concept of "life writing" has recently emerged as a potential bridge between literary and cultural studies on the one hand, and the social and natural sciences on the other. The concept of life writing is pivotal to our discussion here in pointing out that the lives of ethnic communities must be written, not only by medical science as the gauging of epidemic risk, but also by taking into account the self-representation of the community itself. Thus, the targeting of a given community's cultural practices as "unsanitary" always ascribes to this community a degree of what may be termed "medical illiteracy". Similarly, as Nayan Shah has discussed in his portrayal of US Chinatown in the nineteenth and twentieth century, the agency of sources of outbreak with regard to the swine flu depended on their ability to "highjack" the very rhetoric which saw their living practices as unsanitary. What is at stake here from our point of view, is to use the concept of life writing, in the attempt by suspected carriers of contagion, of writing their own lives, not to have their lives written by official agencies and the media. This rewriting of lives is crucial, for an understanding of the negotiation of pandemic risk as culturally constructed local practices

At the same time, and it would be disingenuous not to address a paradox: The global need for controlling epidemics and pandemics indeed "transformes" local cultural behavior in a way that public health discourse has declared "fit". The nature of this transformation is twofold: Local subjects write their own lives describing their living conditions to the global community represented by multinational agencies and the media in a way that it becomes intelligible, and is hence no longer "primitive". Secondly, local communities may transform their own lives in order to adopt Western hygienic standards. The question we need to ask at the end of this paper, however, is this: What is the connection between Westernization and medical reform?

This example may indicate an avenue for interdisciplinary dialogue between life sciences and life writing, between medicine and culture, which Wald's study of contagion, despite her astute analysis of discursive patterns, has ultimately failed to address. For cultural studies as a discipline has tended to diagnose flaws in the logic of the discourse (and practice) of epidemiology, but it has largely shied away from providing alternative to such discursive practice. It is at this juncture, we believe, that the epidemiologist and the cultural analyst will continue to live on different planets. The "case" of local communities appropriating the very discourse which saw them as health risks, on the other hand, seems to provide alternatives to such a disconnect between life science and life writing. For the goal of interdisciplinary research – and of a medical practice attuned to such research – must be to change or to affect that nature of the lives written by the life sciences, and in two specific ways. First, local communities set out to "correct" the image painted of their own cultural practices by global media; second, they proceeded to inspect their own lives for ways in which contagion could be reduced. The first instance of change, we would insist, does not render the second one superfluous. Even if, in other worlds, medical self-inspection is triggered by a discourse which is flawed (a discourse ascribing to local communities "unsanitary" practices of living), the (f)act of self-inspection may nonetheless be beneficial to the community itself.

With what conclusions does a discussion of the swine flu and the negotiation of pandemic risk leave us in the attempt to bridge potential gaps between medicine and the humanities, between life science and life writing? It may leave us with an insight, provided by the recent example of the swine flu, into the profound inter-connectedness between "science" and "society", between medical diagnosis and cultural assumptions. Secondly, through the swine flu as a case in point, we may want to reconsider the idea of biomedical science as a global phenomenon. The global scope of biomedical science, we have argued in this paper, must be carefully negotiated against the situated absorption and local transformation of biomedical knowledge. Finally, it must be noted that medicine, science and public health are cultures with their own rituals, and may hence converge much more than they differ with such practices to which we would grant such cultural constructedness much more easily. Both medicine and the humanities, in other words, construct their objects. Thus, as we have tried to suggest in this essay, it would ultimately be unproductive not to take into account the ways in which a specific object is constructed in the each specific discipline, even if this link may sometimes lead to uneasy confusions or (temporary) impasses in logic. It is to such an interdisciplinary understanding of medicine and the humanities, of the interwovenness between life sciences and life writing that we have sought to contribute in co-authoring this paper.

IV
Perspectives

Geschichte – Medizin – Biologie: ein selbstkritischer Rück- und Ausblick auf die Sozialgeschichte der Medizin

Alfons Labisch

Vorbemerkung

Vom 27. bis 29. Oktober 2011 hat im Institut für Geschichte der Medizin der Heinrich-Heine-Universität Düsseldorf die von der DFG geförderte internationale wissenschaftliche Arbeitstagung „Epidemics and Pandemics in Historical Perspective" stattgefunden. Für die Konzeption der Tagung zeichneten Jörg Vögele, Gabriele Franken, Stefanie Knöll, Ulrich Koppitz und Thorsten Noack, für die Organisation und die Durchführung Vanessa Miller, Christa Reissmann und Birgit Uehlecke verantwortlich. Ihnen, allen voran Jörg Vögele, dem geschäftsführenden Direktor des Instituts für Geschichte der Medizin der Heinrich-Heine-Universität Düsseldorf, sei auch an dieser Stelle herzlich gedankt. Mir war es beschieden, unter dem Titel „Geschichte – Medizin – Biologie: Zur molekularen Sozialgeschichte der Medizin" einen Kommentar zu den Vorträgen samt einem Schlusswort beizutragen. Es wurde ein launiger Rückblick auf die Geschichte der Medizin der letzten Dekaden und auf die Arbeitstagung der vergangenen Tage. Mit einer Publikation ändern sich indes die Vorgaben. Vom Medium eines mündlichen Resumees nach einem zweitägigen intensiven Gedankenaustausch wird in das Medium Schrift und damit in ein anderes Genre und in einen anderen Rezeptionskreis gewechselt, der mit der Dynamik einer solchen Tagung nur bedingt etwas gemein hat. Was sollte also aus dem Schlusswort werden – dies war die Frage.

Zwei Vorgaben wiesen den Weg. Einem ersten Übersichtsaufsatz Ende der 1970er Jahre zur Sozialgeschichte der Medizin sind im Laufe der Jahre sowohl eine Reihe von Arbeitstagungen als auch von Übersichtsaufsätzen gefolgt.[1] Was läge also nä-

---

1 Zur Arbeit des Instituts für Geschichte der Medizin der Heinrich-Heine-Universität Düsseldorf samt den bibliographischen Hinweisen zu den o.g. Übersichten vgl. nun Jörg Vögele, ed., *Retrospektiven – Perspektiven. Das Institut für Geschichte der Medizin der*

her als hier erneut einen Blick auf die Situation des Faches zu wagen. Angespornt wurde dieser Beschluss durch die Einladung, auf der Tagung der „Asian Society for the History of Medicine" am 14. Dezember 2012 in Tokyo eine Keynote-Lecture zur Lage der Sozialgeschichte der Medizin in Deutschland zu halten. Anstelle von Kommentaren und Anmerkungen zu einzelnen Beiträgen dieses Bandes folgt hier also eine zwar kurze, aber hoffentlich wiederum launige und durchaus provokante Situationsanalyse des Faches Sozialgeschichte der Medizin. „Leitplanken" sind nicht allein annähernd 40 Jahre Arbeit im Fach – in der Tat habe ich im Sommer 1974 – und zwar nach einem Gespräch mit Hans Schadewaldt begonnen, medizinhistorisch zu arbeiten. Wichtiger sind vielmehr die überaus unterschiedlichen Erfahrungen, die sich einmal aus der Außenperspektive der Medizinsoziologie und einmal aus der Binnenperspektive der Medizin ergeben – wie sie aus meiner Arbeit an den Universitäten Kassel und Düsseldorf folgen. Eine bedeutende Rolle spielen die Erfahrungen, die ich in der Zeit von 1980 bis 1992 als – zumindest in Teilzeit tätiger – praktischer Arzt machen konnte. Ebenso bedeutsam sind die Erfahrungen, die sich aus der Leitungsperspektive des Dekanates einer großen Medizinischen Fakultät und des Rektorates einer in Tradition und Forschungsschwerpunkten auf die Medizin und die Lebenswissenschaften ausgerichteten Universität ergeben haben.[2]

Heinrich-Heine-Universität Düsseldorf 1991 bis 2011 (Düsseldorf: Düsseldorf University Press, 2013).

2   Im Nachhinein durfte ich – getreu dem Satz „Wer behauptet, dazu gibt es nichts, hat nicht genug gelesen" – feststellen, dass es seit längerem Überlegungen zum „Ende der Sozialgeschichte der Medizin" gibt. Vgl. Norbert Paul, „Das Programm einer „Sozialgeschichte der Medizin" in der jüngeren Medizinhistoriographie," in *Eine Wissenschaft emanzipiert sich. Die Medizinhistoriographie von der Aufklärung bis zur Postmoderne*, ed. Ralf Bröer (Pfaffenweiler: Centaurus, 1999), 61-71; Roger Cooter, „'Framing' the End of the Social History of Medicine, in *Locating Medical History: The Stories and their Meanings*, ed. Frank Huisman, and John Harley Warner (Baltimore: Johns Hopkins UP, 2004), 309-337; und Heiner Fangerau und Igor J. Polianski, „Geschichte, Theorie und Ethik der Medizin: Eine Standortbestimmung," in *Medizin im Spiegel ihrer Geschichte, Theorie und Ethik. Schlüsselthemen für ein junges Querschnittsfach* (Stuttgart: Steiner, 2012), 7-13.

Im übrigen darf ich mit Blick auf das durchaus innige Verhältnis von Geschichte und ärztlichem Handeln auf den Austausch mit Jacalyn Duffin verweisen, die von der praktischen Medizin her kommend zu ähnlichen Gedanken und Schlussfolgerungen kommt, wie ich sie selbst ziehen konnte; vgl. Jacalyn Duffin, „A Hippocratic Triangle: History, Clinician-Historians, and Future Doctors," in *Locating Medical History: The Stories and their Meanings*, ed. Frank Huisman, and John Harley Warner (Baltimore: Johns Hopkins UP, 2004), 432-449; und Alfons Labisch, „Transcending the Two Cultures in Biomedicine. The History of Medicine and the History in Medicine," in *Locating Medical*

0 „Sozialgeschichte der Medizin als Leitdisziplin" – Ausgangssituation und Problemstellung

Der scheinbar unaufhaltsame Aufstieg der Sozialgeschichte

Am Anfang dieser Gedanken steht eine kurze, durch und durch holzschnittartige „Sozialgeschichte der Sozialgeschichte" – mit dem Schwerpunkt Deutschland, aber auch mit einigen Blicken auf die internationale Entwicklung.

In den 1970er Jahren war die Sozialgeschichte der Herausforderer der wesentlich auf die Politikgeschichte und auf die Geschichte großer Persönlichkeiten konzentrierten allgemeinen Historiographie der Nachkriegsjahre.[3] Anfänglich war strittig, ob das Wort „sozial" gegenständlich oder methodisch gemeint war. Dieser Streit erinnert an ähnliche Missverständnisse – so etwa an den Streit, der um die Wende zum 20. Jahrhundert um das damals neue Fach „Sozial-Hygiene" geführt wurde. Handelt es sich also um eine Geschichte vornehmlich sozialer Rand- oder Unterschichten, die bislang in der Geschichtsschreibung nicht hinreichend beachtet worden waren – mithin um einen Teilbereich der gesamten Historiographie? Oder handelt es sich um einen methodischen Ansatz, der historische Fragestellungen in einen gesellschaftlichen Zusammenhang stellt und sowohl diesen Zusammenhang als auch die daraus wiederum resultierenden Fragestellungen soziologisch-theoretisch einordnet, konzeptualisiert und operationalisiert – und damit für die Geschichtswissenschaften überhaupt gilt? Diese zunächst oszillierenden Positionen wanderten im Laufe der Jahre immer weiter auf die theoretisch-methodische Seite.

Die Protagonisten der Sozialgeschichte – zwar noch vor oder während des Zweiten Weltkriegs geboren, aber nicht mehr durch den Nationalsozialismus geprägt – wollten allerdings nicht allein das thematische und methodische Spektrum der Geschichtswissenschaft erweitern. Vielmehr ging es ihnen auch darum, das Schweigen über die weithin ignorierte Geschichte des Nationalsozialismus und die aus diesem Beschweigen resultierende thematische und methodische Enge der allgemeinen Geschichte zu durchbrechen – wenngleich die NS-Vergangenheit des eigenen Faches und der eigenen (akademischen) Väter zunächst sorgsam ausgespart wurde.

History: The Stories and their Meanings, ed. Frank Huisman, and John Harley Warner (Baltimore: Johns Hopkins UP, 2004), 410-431.

3   Vgl. als Fanal Hans-Ulrich Wehler, ed., *Moderne deutsche Sozialgeschichte* (Köln u. a.: Kiepenheuer u. Witsch, 1966), sowie die weiteren von Wehler in der NWB herausgegebenen Sammelbände; zusammenfassend s. Ders., *Geschichte als Historische Sozialwissenschaft* (Frankfurt a. M.: Suhrkamp, 1973).

Mit einer Verzögerung von einigen Jahren setzte sich die Entwicklung hin zur Sozialgeschichte und historischen Sozialwissenschaft in der Medizingeschichte fort. Hier kommt nun ein nationales Moment zum Tragen: In Deutschland ist die Medizingeschichte traditionell in der Medizin angesiedelt. Die meisten Medizinhistoriker in Deutschland waren – und sind bis heute – Mediziner, in Teilen mit durchaus langjähriger Berufserfahrung als praktizierende Ärzte. Mit nur wenigen Ausnahmen war die Medizingeschichte in der frühen Bundesrepublik eine Geschichte der Medizin von Ärzten für Ärzte. Es bestand thematisch, methodisch und theoretisch ebenfalls nur in Ausnahmefällen – wie z. B. für den Arzt und Bibliothekar Gunter Mann und seine Schüler in Mainz – eine Verbindung zur Bezugsdisziplin Geschichtswissenschaft. In der Aufbruchsituation der 1960er und 1970er Jahre wuchs eine neue, nach dem Krieg geborene Generation von Medizinhistorikern heran, die weder mit der theoretisch-methodischen noch mit der thematischen Abstinenz der vorherrschenden Medizingeschichte zufrieden war. Diese Generation war sehr gut ausgebildet – meistens mit zwei, gelegentlich mit drei oder mehr Studienabschlüssen, neben der Medizin üblicherweise Geschichte und Soziologie, aber etwa auch Philosophie oder Literaturwissenschaften. Überdies war sie als Vertreter der sog. „68er-Generation" auch politisch engagiert. Und auch dies ist in der Rückschau wichtig: Gegenüber den heiklen Berufsperspektiven dieser Tage qualifizierte sich diese Generation in den 1970er Jahren in einen rasant wachsenden Markt akademischer Berufe hinein. Die bislang nahezu völlig ausgesparte Geschichte der Medizin im Nationalsozialismus bildete ein spezielles Reizthema.

In Deutschland reifte die allgemeine Sozialgeschichte in den 1980er Jahren zu einem imperativen, in den 1990er Jahren zum hegemonialen Modell der allgemeinen Geschichte heran. Es ging nicht mehr um den klassischen Teilbereich sozialer Gruppen, vornehmlich auch gesellschaftlicher Randgruppen – wie etwa der aufstrebenden Arbeiterschaft des 19. und frühen 20. Jahrhunderts. Vielmehr stellten die Protagonisten die Frage in den Raum, ob die Sozialgeschichte nicht als ein Teilbereich der Geschichtswissenschaften, sondern als „eine oder gar die gegenwärtig einzig legitimierbare Form von Gesamtgeschichte, also die auf die Totalität des historischen Prozesses gerichtete ‚Gesellschaftsgeschichte' betrieben werden sollte" – wie dies Jürgen Kocka 1977 und auch noch 1986 ausdrückte.[4] Die Sozialgeschichte wurde zur Gesellschaftsgeschichte und zur umfassend angelegten Historischen Sozialwissenschaft. In diesem hegemonialen Sinne, intellektuell vor-

---

4   Jürgen Kocka, *Sozialgeschichte. Begriff, Entwicklung, Probleme* (Göttingen: Vandenhoeck u. Ruprecht, 1977), 49; unverändert in der 2. Aufl. 1986, 49.

angetrieben durch den „Arbeitskreis für moderne Sozialgeschichte",[5] begann auch die allgemeine Sozialgeschichte sich allmählich für Themen zu interessieren, die zuvor in der Fachgeschichte der Medizin eingesperrt waren. So ergab sich in einer Art „historiographischer Wende"[6] ein immer breiteres Interesse sowohl in der allgemeinen Sozialgeschichte als auch in der Medizingeschichte für Themen, die in den weiteren Bereich der Medizin gehören. Ebenso wie die allgemeine Sozialgeschichte verstand sich auch die Sozialgeschichte der Medizin als eine Gesamtgeschichte:

- historische Demographie und Epidemiologie,
- eine neue Sicht auf gesellschaftlich relevante medizinische Randfächer und Randgebiete – Arbeitsmedizin, Sozialmedizin, öffentliche Gesundheitssicherung – und
- Institutionen – öffentliche Gesundheitssicherung, Krankenhaus, Krankenversicherung,
- Krankheit und Gesellschaft,
- Gesundheit und Gesellschaft,
- Professionalisierung der Medizin,
- Medikalisierung der Gesellschaft

und viele weitere Themen wurden nun behandelt. Besonders intensiv wurde – mit der Initialzündung des berühmten Gesundheitstages 1980 in Berlin[7] – die Geschichte der Medizin im Nationalsozialismus erforscht.

So trat die Sozialgeschichte der Medizin in den 1980er und 1990er Jahren als eine innovative Richtung in der Medizingeschichte auf, die möglicherweise einen imperativen Anspruch durchaus vertrat, der ihr aber auch von anderen zugeschrieben wurde. Unterstützend wirkte, dass die allgemeine Geschichte und Sozialgeschichte vormals klassische medizinhistorische Themen nun mit einem professionellen historiographischen Zugriff anging, vor dem sich die institutionalisierte Medizingeschichte nicht mehr verbergen konnte.

Unterstützend wirkte weiterhin, dass auch die internationale Historiographie die Medizin und die Medizingeschichte für sich entdeckte. In den 1980er und 1990er Jahren wurde Großbritannien zum Mekka fortschrittlicher Medizinhistoriker. Das

---

5   Ulrich Engelhardt, *Konzepte der „Sozialgeschichte" im Arbeitskreis für moderne Sozialgeschichte. Ein Rückblick* (Bochum: Stiftung Bibliothek d. Ruhrgebiets, 2007).

6   Wolfgang U. Eckart, und Robert Jütte, *Medizingeschichte. Eine Einführung* (Köln u. a.: Böhlau, 2007), 156.

7   Gerhard Baader, und Ulrich Schultz, eds., *Medizin und Nationalsozialismus. Tabuisierte Vergangenheit, ungebrochene Tradition? Dokumentation des Gesundheitstages Berlin 1980, Band 1* (Hamburg: Verl.-Ges. Gesundheit, 1. Aufl. 1980, 2. Aufl. 1983, 3. Aufl. 1987; 4. Aufl. Frankfurt a. M.: Mabuse 1989).

lag – und liegt nach wie vor – an der Förderpolitik der Wellcome Foundation, die massive Mittel für die Medizingeschichte ausgab – und nach wie vor ausgibt. Das lag ferner an der außerordentlich produktiven Gruppe von Medizinhistorikern wie beispielsweise zunächst in Oxford um Charles Webster und Paul Weindling, dem langjährigen Redakteur der „Social History of Medicine" und ihrer Vorläufer, dann in London um die charismatische Leitfigur des unvergessenen Roy Porter – der übrigens über lange Zeit ein entschiedener Gegner der Sozialgeschichte der Medizin war. Ganz im Gegensatz zu Deutschland waren und sind die britischen Medizinhistoriker nahezu ausschließlich Allgemeinhistoriker und keine Ärzte, haben also keine persönliche Erfahrung aus der Entscheidungsproblematik ärztlichen Handelns.

Der plötzliche Niedergang der Sozialgeschichte: Problemstellung und Gliederung

Ende der 1990er / Anfang der 2000er Jahre kippte diese scheinbar unaufhaltsame Entwickelung um. Die Sozialgeschichte wurde in der allgemeinen Geschichtswissenschaft unter massiven Rechtfertigungsdruck gesetzt. Und die Sozialgeschichte der Medizin verschwand zunächst kaum merklich und dann zusehends aus dem Focus möglicher Themen und Forschungsansätze. Inzwischen haben allerdings auch die – weiter unten anzusprechenden – neueren Forschungsansätze der allgemeinen Geschichte und der Medizingeschichte ihren Höhepunkt erreicht. Die ständigen ‚turns' haben sich – um es sarkastisch auszudrücken – vom ‚linguistic' über den ‚pictorial' und ‚spatial' bis hin zum ‚performative" und schließlich sogar zum ‚translational turn' wie ein auslaufender Brummkreisel ‚ausgeturnt'.

Damit stellt sich das Problem, wo die Sozialgeschichte der Medizin heute steht und wie sie sich möglicherweise weiter entwickeln kann. Dieses Problem soll in diesem Beitrag zumindest ansatzweise erörtert werden. Der geographische Schwerpunkt der Diskussion liegt auf Deutschland. Welche Theorien, welche Konzepte, welche Methoden, welche thematischen Schwerpunkte trieben diejenigen Forschungsrichtungen, die die Medizingeschichte der letzten zwanzig Jahre dominierten – dies ist zunächst zu klären (= 1.)? Anschließend wird der Gegenstand der historischen Forschung, die Medizin zwischen ‚bios' und Gesellschaft, analysiert (= 2.). Auf dieser Grundlage werden unterschiedliche Forschungsansätze für eine Geschichte der Medizin erarbeitet (= 3.). Dann wird die Frage verfolgt, welchen Platz eine Sozialgeschichte der Medizin im Konzert der aktuellen medizinhistorischen Forschungsansätze nach wie vor einnimmt und wie etwaige Kooperationen aussehen könnten (= 4.). Eine Zusammenfassung schließt die vorgetragenen Gedanken ab (= 5.).

1 „Social history of medicine just vanished" – Laborstudien, der ‚linguistic turn' und die Wende von Strukturen zu Menschen

1.1 Labor-Studien: Abschied von der Wahrheit

Ein wesentlicher Anstoß, historische Arbeiten in Sonderheit auf dem Gebiet der Wissenschafts- und Medizingeschichte neu zu fassen, kam bereits in den frühen 1980er Jahren von den sog. „Labor-Studien", dem zugrunde liegenden Sozialkonstruktivismus und den später spezifizierten Akteur-Netzwerk-Theorien. Die Labor-Studien sind ein wissenschaftshistorischer Reflex auf die Arbeiten von Ludwik Fleck, der seinerseits die Diskussion um die „Paradigmentheorie" Thomas Kuhns ablöste. Thomas Kuhn zerstörte zwar das Bild eines sich hierarchisch und in logischen Schritten aufbauenden Wissens und sah im Fortschreiten der Wissenschaften eher den Zufall wirken – gefasst zunächst im Begriff des Paradigmenwandels. Gegenüber dem Physiker Kuhn hatte der Arzt und Mikrobiologe Ludwik Fleck mit Verweis auf die Eigenart des medizinischen Denkens von vornherein den Gedanken verworfen, dass es einen objektiv zu einer gegebenen Welt nachvollziehbaren und durch zwangsläufig logische wissenschaftliche Fortschritte generierten Wissensfundus gäbe. Wissen ist grundsätzlich kontextgebunden, wissenschaftliches Wissen entsteht in den Forschergemeinschaften der Denkkollektive, die durch einen gemeinsamen Denkstil gekennzeichnet sind.

Allerdings banden die im Sinne eines übergreifenden (Sozial-) Konstruktivismus breiter angelegten Labor-Studien – wie etwa das berühmte Buch „Leviathan and the Air-Pump" – die gesellschaftlichen Voraussetzungen, Bedingungen und Folgen wissenschaftlicher Wissensproduktion konstitutiv in ihre Untersuchungen ein[8] – wie dies übrigens Charles Webster in seinem berühmten Buch „The Great Instauration" schon 1975 getan hatte.[9]

Festzuhalten für die weitere Diskussion ist, dass der Gedanke, es gäbe eine von den Menschen in ihrer Zeit und in ihren Lebenszusammenhängen unabhängige Wahrheit, die eine den Menschen gegenüber stehende Wirklichkeit abbildet, verschwunden ist.

---

8 Steven Shapin, Simon Schaffer, and Thomas Hobbes, *Leviathan and the air-pump. Hobbes, Boyle, and the experimental life. Including a translation of Thomas Hobbes, Dialogus physicus de natura aeris* (Princeton, NJ: Princeton UP, 1989).

9 Charles Webster, *The Great Instauration. Science, Medicine and Reform, 1626-1660* (London: Duckworth, 1975).

1.2   Der ‚linguistic turn': Abschied von der Wirklichkeit

Ebenso wie in der Betrachtung der sog. harten Wissenschaften vollzog sich in den 1980er und 1990er Jahren auch in denjenigen Wissenschaften ein tiefgreifender Wandel, die sich mit den Taten und Hinterlassenschaften der Menschen befassen.
Im Bereich der geisteswissenschaftlichen Bezugswissenschaften der Medizingeschichte war der ‚linguistic turn' von besonderer Bedeutung. Diese Wende kam zunächst aus der Philosophie, speziell der Erkenntniskritik, und breitete sich dann über die Linguistik und Semiotik in die Literaturwissenschaften und später in nahezu alle geistes-, kultur- und sozialwissenschaftlichen Fächer aus. Die Grundannahme ist, dass jedwede Erkenntnis – vom Alltag bis zum Labor – der Logik der Sprache folgen muss. Die sprachliche Struktur bildet damit sowohl die Voraussetzung als auch die Grenze des Erkennbaren – oder, wie es einige Vertreter dieser Richtung auf die Spitze zu trieben: Wirklich ist nicht die Wirklichkeit, wirklich ist nur die Vermittlung der Wirklichkeit durch die Sprache. Wirklich ist also allein das Medium. Es ist dies selbstredend ein moderner Universalien-Realismus, der notwendig einen imperativen Anspruch auf die Mitteilungsmöglichkeiten des Menschen samt deren Überresten und damit zugleich auf die monopole Reichweite des eigenen Faches erhebt.
Dieser theoretische Ansatz ergänzte sich sehr gut zu den zeitgleichen Entwicklungen in der Wissenschaftstheorie und Wissenschaftsgeschichte. An dieser Stelle finden die Arbeiten ihre Bedeutung, die aus dem Strukturalismus und Poststrukturalismus hervorgegangen sind. Für die Wissenschafts- und Medizingeschichte waren aus der Vielzahl der Heroen selbstredend Michel Foucault und Judith Butler mit ihren Arbeiten prägend.
Festzuhalten für die weitere Diskussion ist auch hier, dass der Gedanke einer je für sich gegebenen historischen Wirklichkeit aufgegeben wurde. Damit gibt es auch keine von den Menschen in ihrer Zeit und in ihren Lebenszusammenhängen unabhängige Wirklichkeit, die nicht jeweils in spezifischer Weise konstruiert ist bzw. in soziologischer wie in historischer Analyse dekonstruiert und in der Darstellung rekonstruiert werden müsste.

1.3   Von der Sozialgeschichte der Strukturen zu einer sozialen Geschichte des Menschen in seiner natürlichen und gesellschaftlichen Welt

Schließlich kam ein weiterer Anstoß, die in den 1990er Jahren dominierende Sozialgeschichte zu revidieren, aus der Geschichtswissenschaft selbst. Gegenüber der Sozialgeschichte stellte sich von Beginn an, verstärkt schließlich in den frühen

1990er Jahren, die Frage, ob eine auf den Wandel von Strukturen ausgerichtete Geschichte überhaupt die Menschen in ihrer Zeit erfasst.[10] Diese späterhin ‚cultural turn' genannte, grundsätzliche Frage entfaltete eine enorme Wirkung – einmal mit Blick auf die nun neuerlich auftauchenden Gegenstände und dann auch mit Blick auf die Methoden und Darstellungsformen, die durch diesen neuen Blick erforderlich wurden. Aus der Makro-Geschichte soziologischer Entitäten wurde die Mikro-Geschichte einzelner Menschen oder Menschengruppen in ihrem alltäglichen Leben.

Diese Art der Betrachtung wurde wesentlich aus der französischen Historiographie der „Annales-Schule" und späterhin aus der anglo-amerikanischen Kulturgeschichte und Kulturanthropologie beeinflusst. Auf diese Weise wurde in Deutschland die seit der NS-Zeit verpönte Volkskunde wieder hoffähig. Als Bezugsdisziplinen der allgemeinen Geschichte traten an die Stelle der Sozial- und Wirtschaftswissenschaften Ethnologie, Linguistik, Literaturwissenschaften und die Medienwissenschaften. Schließlich führten diese verschiedenen Richtungen zur modernen Kulturgeschichte und zur historischen Anthropologie. Im Zentrum dieser breit angelegten Disziplinen steht in jedem Falle die Geschichte von Menschen und Menschengruppen in ihrem alltäglichen Lebensvollzug – und zwar so, wie er aus den natürlichen und gesellschaftlichen Gegebenheiten der Zeit möglich war. Für die Forschungspraxis heißt dies, dass das soziale Umfeld zwar nach wie vor eine bedeutende Rolle spielt, aber nicht mehr als primärer Untersuchungsgegenstand, sondern als Möglichkeitsraum für das Handeln von Menschen und Gruppen. Gleichberechtigt neben das Gemeinschaftliche und Gesellschaftliche tritt die Natur, und zwar sowohl die den Menschen in ihren Körpern eigene, als auch die den Menschen als Umwelt entgegentretende und damit zu bearbeitende Natur.

Aus dieser neuerlichen Wende folgte geradezu eine Explosion an Themen: Die Geschichte von Frauen und von Männern, Geschlechter-Geschichte überhaupt, die Geschichte der Geburt, der Kindheit und Jugend, des Alterns und des Alters, der verschiedenen Lebensalter überhaupt, die Geschichte eigenartiger Lebenspraktiken und Lebenserfahrungen – in Sonderheit in der Auseinandersetzung mit Zumutungen sozialen Wandels, etwa in der Arbeit, etwa in der Begegnung mit neuen medizinischen Verfahren wie beispielsweise der Zwangsimpfung, die soziale Konstruktion von Begriffen und ihre gesellschaftliche Tiefenwirkung – wie etwa zur Neuroti-

---

10 Aus der abundanten Literatur vgl. aus der „Frühzeit" der durchaus heftigen Wende hin zur Kulturgeschichte Hans Medick, *Weben und Überleben in Laichingen 1650-1900. Lokalgeschichte als Allgemeine Geschichte* (Göttingen: Vandenhoeck u. Ruprecht, 1996); Wolfgang Hardtwig, ed., *Kulturgeschichte Heute* (Göttingen: Vandenhoeck u. Ruprecht, 1996); Hans-Ulrich Wehler, *Die Herausforderung der Kulturgeschichte* (München: Beck, 1998).

sierung[11] oder Physiologisierung[12] moderner Gesellschaften – und in geradezu abundanter Weise die Geschichte des Körpers in allen seinen Notwendigkeiten, Entäußerungen und Zuschreibungen – von der Ernährung über die Sexualität bis zur Konstruktion scheinbar geschlechtsspezifischer Verhaltensweisen. Aus dieser Blickrichtung ist es nur schlüssig, dass die Geschichte des Patienten auf einmal völlig neu wahrgenommen und – wie weiter unten ausführlich dargelegt – jetzt systematisch erforscht wird.

Methodisch war es für diesen neuen Blick erforderlich, von generalisierenden soziologischen Konzeptualisierungen zur sog. Alltagsgeschichte, zur Auswertung von Ego-Dokumenten und Briefen, von quantitativen zu qualitativen Fallbeschreibungen über zu gehen. Die Untersuchungsfelder wurden räumlich und zeitlich eingeengt, so dass die einzelnen Akteure oder Vorgänge in den Blick genommen werden konnten. Im Gegensatz zur abstrakten ,macro-histoire', in der das konzeptualisierte Soziale selbsttätig agierte, erforderte die ,micro-histoire' die dichte Beschreibung. Auch das methodische Repertoire der Geschichte weitete sich erheblich aus und wurde in heftigen Diskussionen justiert – so etwa die anfangs allzu hoch eingeschätzte ,oral history' samt der ebenfalls überschätzten Quelle der Zeitzeugen.

1.4 Science studies, Dekonstruktion, historische Anthropologie, Kulturgeschichte und eine neu verstandene Sozialgeschichte der Medizin – die Fragestellung

Hier ist nicht der Ort, eine Übersicht über das gesamte wissenschaftstheoretische und wissenschaftshistorische Panorama der letzten vier Dekaden aus der Sicht der Sozialgeschichte der Medizin zu geben. Die Literatur ist abundant, so dass einem solchen Unternehmen nur mit großem Aufwand Erfolg beschieden sein dürfte.[13] Festzuhalten ist, dass

- der Gedanke, dass jedes gegebene Wissen in seiner Zeit konstruiert wurde und daher auch in historischer Betrachtung rekonstruiert werden muss,

---

11 Volker Roelcke, *Krankheit und Kulturkritik. Psychiatrische Gesellschaftsdeutungen im bürgerlichen Zeitalter, 1790-1914* (Frankfurt a. M. u. a.: Campus, 1999).

12 Philipp Sarasin, *Reizbare Maschinen. Eine Geschichte des Körpers 1765-1914* (Frankfurt a. M.: Suhrkamp, 2001).

13 Vgl. hierzu die verdienstvolle Übersicht von Wolfgang U. Eckart, und Robert Jütte, *Medizingeschichte. Eine Einführung* (Köln u. a.: Böhlau, 2007).

- der Gedanke, dass alle Realitäten menschlichen Handelns in ihrer Zeit jeweils konstruierte und primär medial vermittelte Wirklichkeiten sind,
- der neue Blick auf den Menschen in seiner konkreten Lebenspraxis in der Auseinandersetzung mit seiner sozialen und biologischen Umwelt samt der Tatsache der ihm in seinem Körper selbst gegebenen Natur

in der Wissenschafts- und Medizingeschichte Raum für viele neue Gegenstände, Konzepte und Methoden gegeben hat, die sich zuvor in der Wissenschaftsgeschichte, in den Sprach- und Kulturwissenschaften und in den allgemeinen Geschichtswissenschaften ergeben haben. Seit den 1990er Jahren erschien eine Reihe von Büchern, in der sich eine wiederum jüngere, in den 1960er Jahren geborene Generation von Medizinhistorikern mit der Bedeutung dieser neuen Stömungen für ihr Fach auseinandergesetzt hat.[14] Die theoretische und methodische Diskussion der letzten Jahrzehnte hat eine völlig neue Welt und einen um viele Instrumente reicheren Werkzeugkasten an Methoden gebracht. In diesen Diskussionen verschwand die Sozialgeschichte ‚en passant‘ im Orkus des Vergessens. Dieser Konzeptwandel wurde nicht einmal eigens zu einem Thema erhoben: „Social history of medicine just vanished" – wie es auf Englisch so schön gesagt werden kann.

Was, so lautet die hier und jetzt zu stellende Frage, kennzeichnet heutzutage eine Sozialgeschichte der Medizin im Konzert der unterschiedlichen wissenschaftshistorischen, kulturwissenschaftlichen und historisch-anthropologischen Fragestellungen, Methoden und Ansätze?

Um diese Frage zu beantworten, empfiehlt es sich, sich zunächst einmal auf das „Eigene" einer Medizingeschichte zu besinnen. Worum geht es überhaupt in der Geschichte der Medizin, was ist der eigentliche Gegenstand „Medizin", was sind die primären Bezugsdisziplinen einer „Geschichte der Medizin" (= 2.)? Wie lassen sich nach dieser Grundlegung die verschiedenen Themen und Forschungsansätze einer umfassenden Geschichte der Medizin systematisch ordnen (= 3.)? Was zeichnet in diesem Konzert den spezifischen Ansatz einer Sozialgeschichte der Medizin aus – dies unter der entschiedenen Maßgabe, nicht hinter die theoretischen, methodischen und empirischen Errungenschaften der letzten Jahrzehnte zurückzufallen (= 4.)?

---

14 Vgl. hierzu aus der Diskussion der Zeit Norbert Paul, Thomas Schlich, eds., *Medizingeschichte. Aufgaben, Probleme, Perspektiven* (Frankfurt a. M. u. a.: Campus, 1998); Thomas Schnalke, Claudia Wiesemann, eds., *Die Grenzen des Anderen. Medizingeschichte aus postmoderner Perspektive* (Köln: Böhlau, 1998); Ralf Bröer, ed., *Eine Wissenschaft emanzipiert sich. Die Medizinhistoriographie von der Aufklärung bis zur Postmoderne* (Pfaffenweiler: Centaurus, 1999).

2   „Was ist Medizin?" – ein Gegenstandsbereich zwischen ‚bios' und Gesellschaft

2.1   Was ist Medizin – systematisch?[15]

Ein Mensch oder eine Gruppe von Menschen, die sich als „krank" definiert, sucht Menschen auf, denen eine besondere Expertise, eine Heilkunde, zugesprochen wird. Ziel ist es, Linderung zu erfahren, geheilt zu werden und damit den vorherigen Zustand an Normalität wieder zu erreichen. Sobald die Heilkundigen sich auf einen Wissensbestand beziehen, der von der Gesellschaft als Wissenschaft definiert wird, ist von Medizin im engeren Sinne zu sprechen (Schaubild 1). Medizin ist also eine Sonderform einer allgemein gegebenen Heilkunde. In der Medizin wird der leidende Mensch als Patient zum Objekt wissenschaftlicher Intervention; der Arzt wird als Heilkundiger zu jemand, der mit Bezug auf ein als wissenschaftliches Wissen eingeordnete Expertise handelt, die gleichwohl von Erfahrung und damit letztlich von nicht wissenschaftlichen Aspekten geprägt ist.

Diese allgemeinste Umschreibung von Medizin lässt sich auf ihre Eigenheiten hin folgendermaßen in einem größeren Zusammenhang umschreiben. Ärztinnen und Ärzte werden üblicherweise im „Störfall" tätig, dann nämlich, wenn die „Autonomie alltäglicher Lebenspraxis" in einer Form bedroht ist, die die Menschen nicht mehr selbst lösen können. Gegenüber dem Tätigkeitsfeld anderer Professionen ergibt sich dieser Verlust an Autonomie durch Tatbestände, die in der betreffenden Gesellschaft auf biologisch definierte Tatsachen des Handelns bezogen werden. Diese biologisch gedeuteten Grundlagen des Handelns sind wiederum gemäß den vorherrschenden Deutungen von Gesundheit und Krankheit jeweils in zivilisationsadäquater Weise ausgeprägt – sie sind jeweils zeitlich spezifisch sozial konstruiert. Die in dieser „natürlich"-biologischen Hinsicht nicht mehr autonomen Menschen gelten als „krank" und werden als Patienten zum Fall. Ärztinnen und Ärzte werden deshalb stellvertretend und daher auch ihrerseits zwingend autonom für ihre Patienten tätig.

---

15 Vgl. zum Folgenden systematisch Alfons Labisch, Norbert Paul, „Medizin, 1. Zum Problemstand", in *Lexikon der Bioethik*, ed. Wilhelm Korff u.a., 3 Bde (Gütersloh: Gütersloher Verlagshaus, 1998), Bd. 2, 631-642.

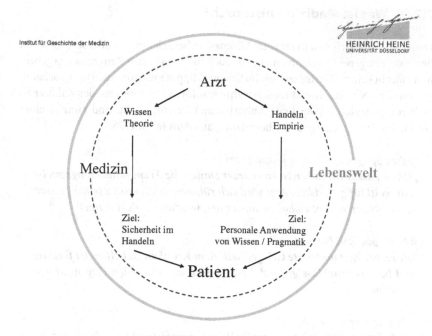

Institut für Geschichte der Medizin

HEINRICH HEINE
UNIVERSITÄT DÜSSELDORF

Arzt

Wissen
Theorie

Handeln
Empirie

Medizin

Lebenswelt

Ziel:
Sicherheit im
Handeln

Ziel:
Personale Anwendung
von Wissen / Pragmatik

Patient

© Alfons Labisch

Unter Anwendung ihrer ebenso wissenschaftlich begründeten wie in ihrer Erfahrung verankerten Expertise diagnostizieren und therapieren sie jene Probleme, die ihre Patienten autonom nicht bewältigen können. Grundlegend für das ärztliche Handeln ist das In-Beziehung-Setzen von Wissen und Fall. Dabei ist das Handeln von Ärztinnen und Ärzten rehabilitierend, „heilend" ausgerichtet, zielt also darauf, Autonomie zurückzugewinnen und als erstrebenswert definierte soziale Zustände wiederherzustellen. Daraus folgt, dass ärztliches Handeln einerseits durch „Krankheit" ausgelöst wird und andererseits in seinem Ziel auf den gesellschaftlichen Wert „Gesundheit" ausgerichtet ist. Der Gesundheitsbegriff vermittelt zugleich zwischen der Gesellschaftlichkeit und der Natürlichkeit der Menschen und ordnet so die „natürlich"-biologischen Grundlagen menschlichen Daseins. Über die Deutung und Wirkung des Gesundheitsbegriffs werden der Ort der Medizin und die Reichweite ärztlichen Handelns in einer Gesellschaft festgelegt.

2.2   Was ist Medizin – historisch?

Dieser systematisch und in rezenter Diskussion hergeleitete – und überdies schon
öfter vorgetragene – Zusammenhang ist auch in historischen Zeugnissen gegeben,
und zwar in keinem Geringeren als im Corpus Hippocraticum. Auch wenn bekannt
ist, dass den Namen Hippokrates erwähnen sofort jedes Interesse der Zuhörer zu
verlieren bedeutet, sei der Erste Aphorismus hier vorgestellt, und zwar in einer
wunderbar interpretierenden Übersetzung aus dem Jahre 1778:

Ὁ βίος βραχύς, ἡ δέ τέχνη μακρή *(Vers 1),*
*„Das menschliche Leben ist von kurzer Dauer, die Arzneykunst hingegen ist
sehr weitläufig (und kein Arzt wird sich rühmen, alles, was zu seiner grossen
Kunst gehört, erlernt zu haben, ausser der, welcher sie nicht kennet).*

ὁ δε καιρός ὀξύς *(Vers 2),*
*Die rechte Zeit und beste Gelegenheit, dem Kranken zu helfen, ist flüchtig
und bald vernachlässigt (und diese Versäumnis von üblen Folgen für den
Kranken.)*

ἡ δέ πεῖρα σφαλερή *(Vers 3),*
*Die Erfahrung allein ist eine gefährliche Lehrmeisterin (und durch sie bloss
geleitet die Arzneykunst treiben und blinde Versuche anstellen, stürzt die Kranken eben so leicht ins Grab, als dass es ihnen die Gesundheit wieder gibt, welches
aber diejenigen nicht einsehen, denen unter ihrer eigenen Leitung die meisten
Fälle davon vorkommen, die Afterärzte und der übrige medicinische Pöbel).*

ἡ δέ κρίσις χαλεπή *(Vers 4).*
*Es ist schwer und setzt viel Kenntnis voraus, wenn über Krankheiten ein
richtiges Urtheil gefällt werden, und eine wahre Theorie darüber entstehen
soll (Der Verstand geht in den meisten Fällen zu weit, und die Arzneykunst
nach blosser Theorie ist von je her mehr schädlich, als nützlich gewesen.)*

Δεῖ δέ οὐ μόνον ἑωυτόν παρέχειν τά δέοντα ποιεῦντα *(Vers 5),*
*Wenn der Arzt auch seiner Pflicht gemäss nach den richtigsten Beob-
achtungen alle Einrichtung und Verordnung am Krankenbette unver-
besserlich trifft, so ist dies doch zur Tilgung der Krankheit nicht hinlänglich.*

ἀλλά καί τόν νοσέοντα, καί τούς παρεόντας, καί τά ἔξωφεν (Vers 6).
Denn von Seiten des Kranken, der Umstehenden und aller äusseren Dinge,
die einen Einfluss haben können, wird auch gefordert, dass nichts vergehe,
welches der Absicht des Arztes entgegen seyn könne. "

Für die Frage „Was ist Medizin" ist aus diesen Überlegungen festzuhalten:

- Medizin ist eine Handlungs- / Entscheidungs-Wissenschaft, deren elementare Bezüge Erfahrung und Wissenschaft sind (Verse 3 und 4).
- Ärztliches Handeln ist in einzigartiger Weise dadurch gekennzeichnet, dass das generell gerichtete Bezugssystem Wissenschaft in der Entscheidung des Arztes auf eine einzelne, singuläre Person in einer einzelnen, singulären Situation gewendet wird (Verse 2 und 5).
- Alles dies findet in einem vorgegeben zeitlichen Zusammenhang statt, der für alle Beteiligten wirkt (Vers 1: Dieser Vers ist keineswegs medizinspezifisch, sondern taucht in der Antike in verschiedensten Zusammenhängen auf.).
- Arzt und Patient sind sowohl in einen sozialen als auch in einen bio-physischen Zusammenhang eingebunden (Vers 6).

2.3 Historizität und Kontextualität der Medizin – von Anfang an

Ohne im Einzelnen auf die Anfänge der Medizin im westlichen Kulturkreis etwa im fünften Jahrhundert v.u.Z. eingehen zu können, ist das Verständnis

- der Historizität und
- der Kontextualität

der Medizin von Anfang an vorgegeben. In einer weitergehenden Interpretation ist zu sagen, dass

- sämtlichen beteiligten Personen und Personengruppen,
- ihren jeweiligen Denksystemen und Tätigkeitsformen sowie
- den personalen und bio-physischen Umständen

eine je eigene Zeitlichkeit, eine eigene Historizität gegeben ist, die im jeweils aktuell gegebenen Entscheidungs- und Handlungsprozess der Begegnung von Arzt und

Patient manifest wird. Dies kommt beispielhaft etwa in der Anamnese – englisch: medical history – zum Tragen.[16]

© Alfons Labisch

Des weiteren wird deutlich, dass der Gegenstand der Medizingeschichte von vornherein sowohl eine zweifache Sicht eröffnet:

---

16 Zur Zeitlichkeit in der Medizin vgl. Alfons Labisch, Norbert Paul, eds., *Historizität. Erfahrung und Handeln – Geschichte und Medizin* (Stuttgart: Steiner, 2004); zur Verbindung von ärztlichem Handeln und Historiographie hat die kanadische Ärztin und Medizinhistorikerin Jacalyn Duffin den wunderbaren Analogieschluss zwischen Ärzten und Historikern gezogen und konsequent durchdiskutiert. Vgl. außer der o. Anm. 2 zitierten Literatur Jacalyn Duffin, *History of medicine. A scandalously short introduction* (Toronto: Univ. Toronto Press, 1999), und dies., *Clio in the clinic: history in medical practice* (Oxford: Oxford UP, 2005).

- die meisten der im Raum der Medizin sich ereignenden Vorfälle und Handlungen sind für die Betroffenen und die Akteure singuläre Geschehnisse – wie es etwa mit Geburt, schwerer Krankheit oder Sterben und Tod unabweislich ist;
- genau diese elementaren, immer individuellen Geschehnisse des menschlichen Lebens verlangen nach einer kulturellen Einordnung und damit letztendlich nach einer Institutionalisierung im soziologischen und anthropologischen Sinn.

Als Ergebnis dieses Gedankenganges ist festzuhalten, dass sowohl von der Gegenstandsebene als auch von der Betrachtungsebene her Medizin und Geschichte eng zusammenhängen. Ebenso ist festzuhalten, dass sowohl eine auf die einzelnen handelnden Personen und Ereignisse gerichtete als auch eine auf das generelle Geschehen und seine gesellschaftliche Sinngebung gerichtete historische Wahrnehmung möglich und auch nötig sind. Die Humanwissenschaften sind ein genuiner Teil der Medizin (Schaubild 2).

2.4 Der Leib der Menschen und die stets unzureichenden Konstruktionen von Körperlichkeit

Mit Blick auf die (post-) modernen Wahrheits- und Wirklichkeitskonstruktionen sei auf eine essentielle Besonderheit des Gegenstandes Medizin hingewiesen: Die Gegebenheiten, die Notwendigkeiten, auch das passagere, permanente oder endgültige Versagen des Leibes werden in jeder Gemeinschaft und Gesellschaft kulturell eingebunden.[17] Die Wahrnehmung von Sterben und Tod und damit von der Endlichkeit des Lebens gilt bekanntlich als der Uranfang jeder Kultur: anthropologisch scheiden Begräbnisrituale die Vor-Menschen von den Menschen. Die Biologie des Körpers ist teils ganz – wie etwa im Bereich der Nosologien – oder zumindest in Teilen konstruiert – wie etwa bei Konzeptionen männlicher oder weiblicher Körper. Aber trotz aller notwendigen sozialen Konstruktion üblicher Vorgänge des menschlichen Leibes, des ,bios', gibt es Vorgänge, die sich vorgegebenen kulturellen Deutungen zumindest zunächst entziehen. Ähnlich wie unerwartete Ereignisse der Natur in das Leben der Menschen eindringen und diese zu neuen Sinngebungen zwingen – am bekanntesten vielleicht in dem berühmten Erdbeben von Lissabon im Jahre 1755, das die optimistisch-fortschrittliche Weltsicht der

---

17 Zu der später weithin diskutierten Unterscheidung von Leib und Körper vgl. initial Hermann Schmitz, *Der Leib* (Bonn: Bouvier, 1965; 2. Aufl 1982).

Aufklärung maßgeblich geändert hat[18] – gibt es Antworten des Leibes, vor denen die jeweils zeitbedingt und kontextuell gültigen Konstruktionen scheitern: Stets ist mit bis dato unbekannten, gleichwohl unabweislichen Botschaften des Leibes zu rechnen, die sich herrschenden Denk- und Ordnungssystemen entziehen.

Diese unerwarteten Botschaften des Leibes müssen neu eingeordnet werden – oder aber die bisherigen Denk- und Ordnungssysteme müssen sich ändern. Dies bedeutet auch, dass nicht nur aus dem historischen Gang und der stets neu zu erarbeitenden historischen Reflektion des Gewordenen, sondern auch aus dem besonderen Gegenstand der Medizin heraus stets neue Probleme und Fragen auch für den Deutungsauftrag der historischen Wissenschaften erstehen.

Anders ausgedrückt: Biologie wird sozial konstruiert – aber die jeweils realen Eigenheiten des ‚bios‘ schlagen auf die Konstruktion durch und erklären sie ggf. für nichtig. Es gibt also eine Welt außerhalb jeglicher Konstruktion. Hier finge dann – um in der Diktion des Universalienstreites zu bleiben – die nominalistische Version der Medizin einschließlich der Medizingeschichte an.

Diese Tatsache macht bereits in der aktuellen experimentellen Forschung die Essenz der Kooperation von Medizin und Naturwissenschaften bzw. Molekularbiologie aus: der kranke Leib reagiert nicht so, wie es der naturwissenschaftlich konstruierte Körper tun sollte. Daraus ergeben sich ständig neue Probleme und Fragen – selbstredend zunächst für Patient und Arzt, dann aber auch für die klinische Forschung und die Grundlagenforschung. Und mit Blick auf die historischen Wahrheits- und Wirklichkeitskonstruktionen sei angemerkt, dass bestimmte leibliche Gegebenheiten nicht „weg-konstruiert" werden können. So reagieren beispielsweise verschiedene Altersgruppen, die Geschlechter, bestimmte ethnische Gruppen völlig unterschiedlich auf dasselbe Medikament. Hier scheitern etwa weltanschaulich erwünschte Gleichheitsvorstellungen: die Menschen sind keinesfalls in allen Dimensionen ihres Daseins gleich. Dies bedeutet, dass nicht nur aus dem historischen Gang und der stets neu zu erarbeitenden historischen Reflektion des Gewordenen, sondern auch aus dem besonderen Gegenstand der Medizin heraus stets neue Probleme und Fragen auch für den Deutungsauftrag der historischen Wissenschaften erstehen.

---

18 Horst Günther, *Das Erdbeben von Lissabon. Und die Erschütterung des aufgeklärten Europa* (Frankfurt a. M.: Fischer, 2005).

3   Möglichkeiten historischer Annäherung an den besonderen Gegenstand

Für die weitere Diskussion sind nunmehr zwei Vorgaben erarbeitet: zunächst den in der Problemstellung angedeuteten Gang verschiedener historischer Zugriffe mit ihren unterschiedlichen Wahrheits- und Wirklichkeitskonstruktionen (= 1.) und dann die Eigenheit des Gegenstandes Medizin zwischen ‚bios' und Gesellschaft (= 2.). Es sollen hier nun keinesfalls Überlegungen folgen, was denn nun Geschichte und historische Betrachtung überhaupt und an sich seien.[19] Vielmehr erlauben die bislang erarbeiteten Vorgaben, die verschiedenen Ansätze der Medizingeschichte samt einer Sozialgeschichte der Medizin neu zu ordnen. Der Maßstab ist dabei die Eigenart des Gegenstandes, die Eigenart der jeweiligen Wahrheits- bzw. Wirklichkeitskonstruktionen und die Blickrichtung aus der Medizin heraus bzw. auf das Verhältnis von Medizin und Geschichte insgesamt. Daraus ergibt sich folgende Einteilung.

3.1   Aus der *Eigenart des Gegenstandes* folgen zwei mögliche Sichtweisen

- Historische Wahrnehmungen aus der Sicht jeweils individueller, lebensgeschichtlicher Begegnungen von Menschen und Menschengruppen angesichts der Bedingungen ihrer Umgebungsnatur und ihres Leibes – gegebenenfalls auch mit Deutungs- und Handlungsangeboten der Medizin.

Damit ist die klassische, auf den einzelnen Handelnden und die Resultate dieses Handelns gerichtete Ereignisgeschichte erfasst. Erfasst ist selbstredend auch die individuell ausgerichtete Kulturgeschichte und ihre verschiedenen Gegenstände, Methoden und Darstellungsformen.

- Historische Wahrnehmung aus der Sicht der generellen kulturellen, anthropologischen und institutionellen Einordnungen elementarer Lebensvorgänge in der Auseinandersetzung mit den Deutungs- und Handlungsangeboten der Medizin

Erfasst wird damit die auf das Allgemeine gerichtete Kulturgeschichte und historische Anthropologie. Erfasst wird damit ebenfalls die klassische Sozialgeschichte der Medizin.

---

19   Empfohlen sei immerhin das fulminante Buch von Olaf Breidbach, *Radikale Historisierung. Kulturelle Selbstversicherung im Postdarwinismus* (Frankfurt a. M.: Suhrkamp, 2011).

3.2   Aus der *Eigenart der Wahrheits- und Wirklichkeits-*
konstruktionen folgen ebenfalls zwei mögliche
Sichtweisen

• Historische Wahrnehmungen der Medizin aus der Sicht gegebener Realität:
Wahrheit und Wirklichkeit werden als gegeben gesetzt (= historische Wahrnehmung erster Ordnung).

Daraus folgt eine positive Ereignisgeschichte, daraus folgt ebenfalls die an sich
positive Sozialgeschichte der Medizin. Denn die Soziologie als Bezugsdisziplin der
Sozialgeschichte ist bekanntlich – mit Blick auf die seinerzeit als wahr und wirklich
gedeuteten Naturwissenschaften – als positive Wissenschaft der Vergemeinschaf-
tung und Vergesellschaftung der Menschen entstanden. Erinnert sei an die „soziale
Physik" eines Auguste Comte oder an die Wahrnehmung des Sozialen als eines
Dings, wie sie den methodischen Vorschlägen Emile Durkheims zugrunde liegt.
Diese Wirklichkeitsannahmen kennzeichnen von Max Weber über Hans Freyer
bis Niklas Luhmann das Denken der Soziologie als Wirklichkeitswissenschaft.

• Historische Wahrnehmungen der Medizin aus der Sicht angenommener Realität: Wahrheit und Wirklichkeit sind konstruiert (= historische Wahrnehmung
zweiter Ordnung).

Diese Art der Medizingeschichte schließt sich der modernen Wissenschaftsgeschichte
und der konstruktivistischen Kulturgeschichte an.

Mit Blick auf die hier vorgetragenen Gedanken ergibt sich schließlich eine weitere
übergeordnete Sichtweise:

• Historische Wahrnehmung der Medizin als meta-theoretische Reflexion von
Gegenstandskonstruktionen und theoretisch-methodischen Ansätzen (= historische Wahrnehmung dritter Ordnung)

Hier seien alle Überlegungen eingeordnet, die sich aus einer Außenperspektive
mit der jeweiligen Konstruktion des Gegenstandes einer Geschichte der Medizin
und den daraus resultierenden Theorien und Methoden befassen – wie dies im
vorliegenden Beitrag versucht wird.

3.3 Aus der *Blickrichtung auf den Gegenstand* – von innen heraus oder aus der Gesamtsicht – ergibt sich eine weitere Sichtweise

• Historische Wahrnehmung der Medizin als Selbstreflexion der Bedingungen medizinischen Wissens und ärztlichen Handelns unter dem besonderen Aspekt ihrer Veränderung in der Zeit.

Es gibt damit eine historische Sichtweise, die primär von der Medizin als Entscheidungs- und Handlungswissenschaft ausgeht. Gegenüber einer Geschichte **der** Medizin handelt es sich damit also um eine Geschichte **in der** Medizin.

Der Gegenstandsbereich von Wissen und Handeln bildet das Zentrum der Medizin. Dies bezieht sich einmal auf die grundsätzlichen Eigenheiten ärztlichen Handelns in verschiedensten Zusammenhängen und damit auf die Theorie der Medizin.[20] Dies bezieht sich des Weiteren auf die verschiedenen Bezugsdisziplinen in ihren jeweils historischen Ausprägungen wie sie im Handeln der Medizin unmittelbar wirksam werden und damit auf die Konzepte der Medizin einwirken.[21] Dies bezieht sich schließlich auf die normative Einordnung, die Wertlehre und damit auf die Ethik der Medizin.[22]

---

20 Vgl. u. v. a. Wolfgang Wieland, *Diagnose. Überlegungen zur Medizintheorie* (Berlin: de Gruyter, 1975); Hartmut Kliemt, *Grundzüge der Wissenschaftstheorie. Eine Einführung für Mediziner und Pharmazeuten* (Stuttgart: Fischer, 1986); Peter Hucklenbroich, *Grundbegriffe und Grundprinzipien der Medizin* (Münster: Lit-Verl., 1998); Kazem Sadegh-Zadeh, Handbook of analytic philosophy of medicine. (Dordrecht, New York: Springer 2012); Peter Hucklenbroich , Alena Michaela Buyx, eds., *Wissenschaftstheoretische Aspekte des Krankheitsbegriffs* (Münster: Mentis, 2013).

21 Vgl. grundlegend Karl E. Rothschuh, *Konzepte der Medizin in Vergangenheit und Gegenwart*, (Stuttgart: Hippokrates, 1978).

22 Aus der abundanten Literatur s. Rolf Winau, Andreas Frewer, eds., *Grundkurs Ethik in der Medizin. In vier Bänden* (Erlangen u. a.: Palm u. Enke, 1997); Urban Wiesing, Johann S. Ach, *Ethik in der Medizin. Ein Studienbuch* (Stuttgart: Reclam, 4. Aufl. 2012; Giovanni Maio, Wilhelm Vossenkuhl, *Mittelpunkt Mensch. Ethik in der Medizin; ein Lehrbuch, mit 39 kommentierten Patientengeschichten* (Stuttgart: Schattauer, 2012).

4 „Social history of medicine beyond" – wie könnte eine Sozialgeschichte der Medizin im Verbund weiterer aktueller Forschungsansätze aussehen?

4.1 Die „Tatsachen-Geschichte" der Medizin ist ebenso unerlässlich wie die klassische Sozialgeschichte der Medizin

In diesem Beitrag wird primär von der Sozialgeschichte der Medizin unter dem Aspekt der modernen Wissenschafts- und Medizingeschichte gehandelt. Dies heißt keinesfalls, dass eine Medizingeschichte, die sich auf einzelne Handlungen, einzelne Menschen, einzelne Ereignisse richtet und überdies auf der Wahrheits- und Wirklichkeitsannahme beruht, überholt ist. Das Gegenteil ist der Fall: Quellengesättigte historische Arbeiten bis hin zu Quelleneditionen bilden nach wie vor die Basis des historischen Erkenntnisprozesses. Voraussetzung ist allerdings, dass diese Arbeiten – anders als die in den 1970er und 1980er Jahren noch zu überwindende intuitionalistische „whiggish history of medicine" („Die Quellen sprechen für sich.") – den elementaren Notwendigkeiten jedweden historischen Arbeitens folgen: klar eingegrenzte und theoretisch wie methodisch konzeptuell eingebundene Fragestellung, klarer und kritischer Bezug zu den Überresten des jeweiligen Gegenstandes. Es ist ein bleibendes Verdienst der Sozialgeschichte jedweder Provenienz, dass heutzutage eine gut angelegte historische Untersuchung nicht mehr ohne eine präzise begründete Fragestellung und daraus abgeleiteten Aufmerksamkeitshorizonten auskommt.

Systematische Defizite einer Sozialgeschichte der Medizin

Hier sind aber ebenso kritische Worte gegenüber der Sozialgeschichte / historischen Soziologie der Medizin angebracht: Eine große Zahl primär sozialhistorischer und historisch-soziologischer Arbeiten zur Medizin beruhte nicht auf dem Fundus eigener Quellenarbeit: Archive wurden nicht durchgearbeitet, neue Überreste wurden nicht zutage gefördert. Oft ging es um eine neue Deutung eines theoretisch abgeleiteten Gegenstandsbereichs. Ggf. wurden vorliegende historische Ergebnisse als Ausgangsmaterial für theoretische Überlegungen genutzt. In diesem Sinne gab es also in der Sozialgeschichte und historischen Soziologie zumindest mit Blick auf die historischen Tatsachen eher selten Erkenntnisfortschritte über die vorhandenen Überreste oder über bekannte historische Vorgänge hinaus, während in theoretischer und methodischer Hinsicht gleichwohl erhebliche Fortschritte möglich waren.

Des Weiteren setzte und setzt die Sozialgeschichte und die historische Soziologie aus ihrem Gegenstand und ihrer Bezugsdisziplin heraus – dem gemeinschaftlichen und gesellschaftlichen Handeln der Menschen und deren in Einrichtungen, ggf. in Institutionen geronnenen Formen – Fragestellungen und Themenbereiche, in der die Medizin in ihrem engeren Sinne nur passager vorkommt. Genau an dieser Stelle ergibt sich der systematische „blinde Fleck" einer Sozialgeschichte der Medizin: jede historische Betrachtung, die auf singuläres Handeln von Individuen oder Gemeinschaften ausgerichtet ist, kann schwerlich in den Blick einer historischen Soziologie der Medizin geraten. Aus diesem Grunde steht das Essentielle der Medizin, die Entscheidungs- und Handlungssituation in der jeweils singulären Begegnung von Arzt und Patient, nicht im Zentrum der Sozialgeschichte der Medizin.

Deshalb waren in den hier vorgelegten Überlegungen die Ausführungen zur Frage „Was ist Medizin?" erforderlich. Das Handeln in der Medizin wird durch die Begegnung von Patient und Arzt, das Handeln des Arztes durch die Dialektik von wissenschaftlichem Wissen und praktischer Erfahrung bestimmt. Dies ist der Motor, dies ist das Fusionsplasma der Medizin. Diese zentralen Aspekte werden beispielsweise in der Geschichte von Einrichtungen wie der öffentlichen Gesundheitssicherung, der Versicherungssysteme, des Krankenhauses etc. nur bedingt angesprochen.

Für eine theoretisch-konzeptuell ausgerichtete Sozialgeschichte der Medizin bleibt festzuhalten, dass das Einmalige der Medizin in der personalen Konstellation in Ort und Zeit nur in den Bedingungen in den Blick geraten kann, die das gesellschaftliche Umfeld für diese Begegnung setzt, sei es das Versicherungssystem, sei es die professionspolitische Sicht. Dieses Manko ist mit der Wende zur Alltagsgeschichte und mit neuen historischen Verfahren wie etwa der Beachtung von Zeitzeugen, der ‚oral history' und der Erforschung der Überreste von Kommunikationskulturen der jeweils erforschten Zeiten, wie etwa der Briefkultur, grundlegend aufgehoben worden.

Viele soziologische Modelle, die in die Medizingeschichte hineingetragen worden sind, haben die eigentlichen Grundlagen der Medizin nicht berührt: sei es die Professionsgeschichte, sei es die Geschichte der Medizin als Marktplatz, sei es die Geschichte der Modernisierung inklusiv der heftig diskutierten Frage der Medikalisierung. Ähnliches ließe sich auch für die Geschichte öffentlicher Gesundheitssicherung feststellen: was die medizinischen und ärztlichen Reaktionen auf die Pestepidemien des ausgehenden Mittelalters wirklich bestimmte, ist erst geläufig, seit Laurence Brockliss und Colin Jones die Rhetorik der Pesttraktate in einer klassischen Dekonstruktion systematisch untersucht haben.[23] Als weitere Beispiele ließen sich die Biographiegeschichte nennen, die in einem systematischen Zugriff meist bei einer Prosopographie endete, also das Handeln einzelner Personen

---

23 Laucrence W. B. Brockliss, Colin Jones, *The medical world of early modern France* (Oxford, New York: Clarendon, 1997).

möglichst ausblendete. Die Sozialgeschichte und historische Soziologie der Medizin hat demnach viele essentielle Themen der Medizin nicht gesehen, zumindest aber nicht behandelt: es ist dies ein systematischer Fehler – oder, wie bereits oben erwähnt, der ‚blinde Fleck' – des spezifischen Forschungsansatzes.

Positiv gewendet bedeutet dies, dass die „Tatsachen"-Geschichte der Medizin, und zwar besonders der Medizin in ihrem Kernbereich, nach wie vor das unerlässliche Material für die Sozialgeschichte und historische Soziologie der Medizin ist – sofern denn die historischen Überreste vollständig und umfassend gesammelt und ausgewertet worden sind.

Die Geschichte des Patienten – ein Beispiel

Manche Themen wurden zwar immer wieder eingefordert, aber nie systematisch angegangen. Dazu gehört – besonders auffällig – die Geschichte des Patienten, die seit Jahrzehnten immer wieder angemahnt wird, sei es von Altmeister Henry Sigerist in den 1950er Jahren, sei es in den 1970er Jahren von Esther Fischer-Homberger oder von Roy Porter in den 1990er Jahren.[24] Überdies kommt in einer soziologisch ausgerichteten Geschichte des Patienten die einzelne Person notwendig nicht in den Blick. So habe ich – in selbstkritischer Perspektive – zwar in dem Abschnitt „Der Arbeiter Z. und seine Familie" das Schicksal einer Arbeiterfamilie im Falle von schwerer Krankheit herausgearbeitet – dies allerdings aus vorhandenen statistischen Daten: der Zimmermann Z. und seine Familie waren also ein realtypisches Konstrukt – und keine Patienten als lebende Menschen in einer historischen Lebenswirklichkeit.[25]

Erst eine neue Generation von hervorragend in historischen Methoden ausgebildeten Medizinhistorikern hat sich in den letzten Jahren daran gewagt, vornehmlich durch die Edition von Briefwechseln und Krankenjournalen eine Geschichte der Patienten als handelnder Individuen zu betreiben.[26] Diese Arbeit ist sowohl von Seiten

---

24 Vgl. hierzu die kritische Übersicht von Katharina Ernst, *Patientengeschichte. Die kulturhistorische Wende in der Medizinhistoriographie*, in *Eine Wissenschaft emanzipiert sich. Die Medizinhistoriographie von der Aufklärung bis zur Postmoderne*, ed. Ralf Bröer (Pfaffenweiler: Centaurus, 1999), 97-110.

25 Alfons Labisch, „Die soziale Konstruktion der ‚Gesundheit' und des ‚homo hygienicus'. Zur Soziogenese eines sozialen Gutes," *Österreichische Zeitschrift für Soziologie* 10 (1985), 60-81, hier 72-78. Vgl. ähnlich Jens Lachmund, Gunnar Stollberg, *Patientenwelten. Krankheit und Medizin vom späten 18. bis zum frühen 20. Jahrhundert im Spiegel von Autobiographien* (Opladen: Leske u. Budrich, 1995).

26 Michael Stolberg, „„Mein äskulapisches Orakel!" Patientenbriefe als Quelle einer Kulturgeschichte der Krankheitserfahrung im 18. Jahrhundert," *Österreichische Zeitschrift für Geschichtswissenschaften* 7 (1996), 385-404.

der Kulturtechniken – es handelt sich meistens um handschriftliche Dokumente, beginnend mit der frühen Neuzeit –, seitens der Vielzahl der Quellen und der zu nutzenden Archive als auch seitens der unterschiedlichen theoretischen Zugänge und Verflechtungen zu anderen Fragestellungen – beispielsweise zur Körper- oder Gender- Geschichte – bis hin zu den Methoden – wie etwa der quantifizierenden Geschichtsschreibung – außerordentlich anspruchsvoll und steht erst am Anfang.[27]
 Michael Stolberg hat seine bis dato vorliegenden einschlägigen Arbeiten 2003 unter dem Titel „Homo patiens. Krankheits- und Körpererfahrung in der Frühen Neuzeit" publiziert.[28] Das Buch schreitet nach kurzen und präzisen Überlegungen zur Methode und den Quellen systematisch von allgemeinem Aspekten der Erfahrung und Deutung von Kranksein im Alltag über die konkreten Wahrnehmungen und Deutungen einzelner Krankheiten und krankhafter Veränderungen zur Diskussion subjektiver Körper- und Krankheitserfahrungen einerseits und anderseits dem herrschenden medizinischen Diskurs fort. Abschließend werden die Ergebnisse mit Blick auf Michel Foucault über Norbert Elias bis hin zu Pierre Bourdieu diskutiert. Michael Stolberg gelingt es in diesem Buch beispielhaft, die historische, auf das Einzelne gerichtete Empire vorzustellen und zugleich in übergeordneter theoretisch-konzeptueller Sicht zu ordnen – ein Meisterwerk.

Eine notwendige Nebenbemerkung: Konzeptuell unterbelichtete Bereiche der Medizingeschichte

Allerdings gibt es nach wie vor Bereiche einer Tatsachengeschichte der Medizin, die in konzeptueller Hinsicht durchweg unterbelichtet sind. Dies gilt beispielhaft für Arbeiten zur Geschichte der Medizin im Nationalsozialismus. Dies ist mittlerweile wohl die einzige Richtung in der Medizingeschichte, die meint, ohne theoretische und methodische Vorarbeiten auszukommen. Hier reicht offenbar eine Art von „Basis-Entrüstung" aus, auch komplexe Sachverhalte in klassischer Manier intuitionalistisch historisch erforschen und mit erhobenem Zeigefinger publizieren zu können. Ohne klare und auch konzeptualisierte Fragestellungen

---

27 So hat erst vor wenigen Jahren die Bayerische Akademie der Wissenschaften ein Langzeitprojekt zur Edition von Patientenbriefen bewilligt; vgl. hierzu www.medizingeschichte.uni-wuerzburg.de/akademie/index.html. Inzwischen gibt es einen informellen Forschungsverbund zur Geschichte der Patienten, an dem auch österreichische Wissenschaftlerinnen beteiligt sind, so z.B. Elisabeth Dietrich-Daum, Innsbruck, Michael Stolberg, Würzburg, Volker Hess, Berlin u.a., Thomas Schnalke, Berlin, u.v.a.
28 Michael Stolberg, *Homo patiens. Krankheits- und Körpererfahrung in der Frühen Neuzeit*, (Köln u.a.: Böhlau, 2003); vgl. in der Nachfolge der Arbeiten zur Patientengeschichte ders., *Die Harnschau. Eine Kultur- und Alltagsgeschichte* (Köln: Böhlau, 2009).

bleiben viele Probleme der Medizin im Nationalsozialismus indes ohne Antwort. Dazu zwei Beispiele:

Zunächst sei die Frage genannt, wie die geradezu außerordentliche Anteilnahme von Ärzten an den Aktivitäten des NS-Regimes zu erklären ist. Nach mehr als 30 Jahren intensiver Erforschung der Medizin im Nationalsozialismus genügt hier der erhobene Zeigefinger schon lange nicht mehr. Hier müssen eindeutig gerichtete und konzeptualisierte Arbeiten über das soziale Umfeld, die Aufstiegsmöglichkeiten, die Ausweitung von Einkommens-, Markt- und Einflusschancen keineswegs nur im militärischen, sondern vor allem auch im zivilen medizinischen Bereich durchgeführt werden. Bei der Anteilnahme von Ärzten am NS-Regime handelt es sich mit Sicherheit nicht allein um eine ideologische Koinzidenz oder situative Böswilligkeit, sondern auch um das Ausweiten und Wahrnehmen ideeller und realer Chancen.

Das umfassendere – und sicherlich wesentlich strittigere, dafür aber wohl ertragreichere – Problem wäre unter dem Thema „Moderne und Medizin" zu stellen. In der allgemeinen Geschichte hat es – seinerzeit noch von der fortschrittsoptimistischen Variante der Moderne ausgelöste – heftige Diskussionen des Themas „Moderne, Modernisierung und Nationalsozialismus" gegeben.[29] Tatsächlich hat die biologistische Ideologie des Nationalsozialismus einen gigantischen Medikalisierungsschub ausgelöst – angefangen vom öffentlichen Gesundheitswesen über die Gesundheitsfürsorge bis hin zur Gesundheits- und Sozialpolitik. Dies geschah ausschließlich unter den Vorzeichen der Rassenhygiene und Rassenkunde – mit der letzten Konsequenz, dass auf der einen Seite die „erbgesunden" und „rassenreinen" „Volksgenossen" gezielt gefördert, die als „erbkrank" oder „rassenfremd" gebrandmarkten Menschen durch Arbeit oder industrielle Tötungsverfahren umgebracht wurden. Alles dies ist nur unter den ideologischen, institutionellen und organisatorischen Bedingungen der Moderne einschließlich der modernen Medizin möglich gewesen.

Die Medizin im Nationalsozialismus ist nicht als Atavismus sondern als das janusköpfige Gegengesicht einer ebenso fortschrittsbesessenen wie fortschrittsgeblendeten Moderne zu verstehen.[30] Diese Gedanken schließen die Frage ein, was

---

29 Vgl. z. B. Riccardo Bavaj, *Die Ambivalenz der Moderne im Nationalsozialismus. Eine Bilanz der Forschung*, (München: Oldenbourg, 2003); Volker Böhnigk, ed., *Die Moderne im Nationalsozialismus* (Bonn: Bonn UP, 2006); Mark Roseman, „National Socialism and the End of Modernity" *The American Historical Review* 116 (2011), 688-701.

30 Vgl. dazu in allerersten Ansätzen Alfons Labisch, „Die ‚hygienische Revolution' im medizinischen Denken. Medizinisches Wissen und ärztliches Handeln," in *Vernichten und heilen. Der Nürnberger Ärzteprozeß und seine Folgen*, ed. Angelika Ebbinghaus, Klaus Dörner, (Berlin: Aufbau-Verl. 2001), 68-89, 501-509 [Anmerkungen]), sowie demnächst Alfons Labisch, „Moderne und Medizin", in *Handbuch der Moderneforschung*.

aus dem Modernisierungsschub des NS-Regimes auf die nachfolgenden deutschen Teilstaaten und letztlich auf das heutige Deutschland übergegangen ist und damit nach wie vor in der gesellschaftlichen Organisation Deutschlands wirkt.

Genuine Arbeitsbereiche einer Sozialgeschichte der Medizin

Wenn es zwar einerseits systematische ‚blinde Flecken' für die Sozialgeschichte der Medizin gibt, so gibt es aber andererseits nach wie vor genuine Arbeitsbereiche einer auf gesellschaftliche Tatsachen orientierten Sozialgeschichte der Medizin. Diese Arbeitsbereiche ergeben sich aus dem Unterschied von historischer und soziologischer Betrachtung. Nicht das singuläre Handeln und seine in der Zeit geronnenen Ereignisse, sondern das regelhafte Handeln, das gemeinschaftliche und gesellschaftliche Handeln, die daraus resultierenden Umgangsformen, Organisationen und schließlich die gesamte Gesellschaften tragenden medizinisch relevanten Institutionen sind und bleiben die genuinen Gegenstandsbereiche einer Sozialgeschichte der Medizin. Daraus resultieren eine Vielzahl klassischer Gegenstandsbereiche einer Sozialgeschichte der Medizin, die hier nicht im Entferntesten vollständig, sondern nur beispielhaft angedeutet seien:

- historische Demographie und Epidemiologie, Bevölkerungspolitik samt der relevanten Gruppierungen wie Mütter und Säuglinge,
- gesellschaftlich relevante akute und chronische Krankheiten, insbesondere Seuchen,
- gesundheitsrelevante allgemeine und nach Risiken oder gesellschaftlichen Schichten spezifizierte Lebensverhältnisse samt der medizinischen Wahrnehmungs- und Interventionsformen: Sozialmedizin im weiten Sinne, Arbeitsmedizin etc.,
- Organisation der Gesundheitssicherung:
  - ambulante medizinische Versorgung; ärztliche Praxis,
  - stationäre medizinische Versorgung: Krankenhaus,
  - öffentliche Gesundheitssicherung auf unterschiedlichen gesellschaftlichen Ebenen: Gemeinschaften, Städte, Staaten, internationale Gesundheitssicherung,
- Personengruppen, Verbände, Organisationsformen der Gesundheitssicherung:
  - Laien- / Selbsthilfe,

Interdisziplinäre und internationale Perspektiven, ed. Friedrich Jaeger, Wolfgang Knöbl, Ute Schneider (Stuttgart: Metzler 2015, im Erscheinen), sowie Volker Roelcke, „Medizin im Nationalsozialismus. Radikale Manifestation latenter Potentiale moderner Gesellschaften. Historische Kenntnisse, aktuelle Implikationen." in *Medizin im Spiegel ihrer Geschichte, Theorie und Ethik. Schlüsselthemen für ein junges Querschnittsfach*, ed. Heiner Fangerau, Igor J. Polianski (Stuttgart: Steiner 2012), 35-50.

- Ärzte, Krankenpflege, Professionen,
- Verbände,
- Gesundheitsverwaltungen auf verschiedenen gesellschaftlichen Ebenen,
- Gesundheitspolitik,
• Gesundheit, Krankheit, Sterben und Tod als Institutionen:
- Definitionen, Deutungen und Wirkungen von Krankheit und Gesundheit,
- Medikalisierung.

Als Quintessenz dieser Überlegungen ist festzuhalten:

▸ Die Tatsachengeschichte der Medizin ist unerlässlich. Ihre Ergebnisse bilden häufig das notwendige Ausgangsmaterial für abstrakter konzeptualisierte sozialhistorische Arbeiten.

▸ Eben so unerlässlich ist eine Tatsachengeschichte des sozialen Umfeldes der Medizin. Hier gibt es genuine Gegenstandsbereiche, die ausschließlich von der Sozialgeschichte der Medizin erfasst werden.

4.2 Mögliche Modelle einer auf Wahrheits- und Wirklichkeitskonstruktionen beruhenden Sozialgeschichte der Medizin

Weiter oben wurde gesagt, dass die Sozialgeschichte der Medizin ohne weitere Diskussion einfach verschwunden ist. Das ist sicherlich eine Folge davon, dass zunächst einmal die neuen Theorien, Methoden und Themen Anklang gefunden haben: hierhin richtete sich das Interesse und der Eifer einer jeweils jüngeren Generation von Medizinhistorikern. Gleichwohl „verschwand" die Sozialgeschichte auch in besonderer Weise. Denn viele der neuen Forschungsansätze kommen ohne implizite oder gar explizite Bezüge zur klassischen Sozialgeschichte der Medizin nicht aus.

In einer eher systematischen Deduktion ließen sich jetzt

• „konsekutive Modelle": vorausgehende Konstruktion der untersuchungsleitenden Begrifflichkeiten,
• „Sandwich Modelle": Vermischung wirklichkeitspositiver und wirklichkeitskonstruktiver Ansätze oder
• integrative Modelle: sowohl der Gegenstand als auch die Konzeption und Methode werden in ihrer Konstruktivität offen gelegt

unterscheiden. Tatsächlich ergibt sich die Verbindung der verschiedenen Forschungsansätze einer Geschichte der Medizin samt sozialhistorischen Ansätzen jeweils aus den unterschiedlichen Arbeitszielen. Als richtungsweisende Beispiele seien hier – unter vielen anderen möglichen und nachdem die Arbeit von Michael Stolberg zur Patientengeschichte schon vorgestellt worden ist – die Arbeiten von Volker Hess, Viola Balz und Christoph Gradmann herausgriffen.

In der Studie „Der wohltemperierte Mensch. Wissenschaft und Alltag des Fiebermessens (1850-1900)" stellt Volker Hess die Frage, unter welchen Bedingungen das Fiebermessen zunächst wissenschaftlich entstanden ist und sich dann vom Krankenhaus über die ambulante Praxis bis in die Welt der Laien durchgesetzt hat und hier zu einer eigenen, scheinbar seit Urzeiten gegebenen Kultur geworden ist.[31] Um diesen Weg zu erfassen, sind Studien zum Fieberbegriff und zur allgemeinen Wärmelehre der Zeit, der Übergang von einer qualitativen Bewertung der Körperwärme zur quantitativen Bewertung, darin eingeschlossen der Wandel des Blickes vom Kranken auf die Krankheit notwendig. Diesen ersten Teil richtet Hess nach dem Konzept der Wissenschaft als kultureller Praxis aus.[32] Die wissenschaftshistorischen Untersuchungen müssen sich bei der Frage nach ihrer gesellschaftlichen Durchsetzung zunächst in der Wissenschaft, dann im ärztlichen Handeln in Krankenhaus und Praxis und schließlich in der Lebenswelt notwendig auf das soziale Umfeld ihrer Protagonisten richten. Hier beginnt nun das klassische Feld der Soziologie und der Sozialgeschichte. Die Sozialgeschichte des Krankenhauses, die Sozialgeschichte seiner Patienten, der Weg vom Kranken zur Krankheit etc. bilden die notwendigen sozialhistorischen Grundlagen sowohl für die wissenschaftshistorischen Vorgänge als auch für deren abschließende kulturhistorische Einordnung als Etablierung eines neuen Gewaltverhältnisses.

In ihrem Buch „Zwischen Wirkung und Erfahrung" untersucht Viola Balz die Entwicklung und die Einführung der Neuroleptika in den 1950er Jahren samt den nachfolgenden Auseinandersetzungen um diese neuen Pharmaka bis in die 1980er Jahre.[33] Die Einführung der Neuroleptika in die Klinik revolutionierte die Behandlung psychisch Kranker. Endlich gab es eine Möglichkeit, Psychosen zumindest so weit zu kupieren, dass die Patienten in einen auch psychotherapeutisch

---

31 Volker Hess, *Der wohltemperierte Mensch. Wissenschaft und Alltag des Fiebermessens, 1850-1900* (Frankfurt a. M.: Campus, 2000); s. auch ders., *Von der semiotischen zur diagnostischen Medizin. Die Entstehung der klinischen Medizin zwischen 1750 und 1850* (Husum: Matthiesen, 1993).

32 Vgl. auch Volker Hess, ed., *Die Normierung von Gesundheit. Messende Verfahren der Medizin als kulturelle Praktik um 1900* (Husum: Matthiesen, 1997).

33 Viola Kristin Balz, *Zwischen Wirkung und Erfahrung – eine Geschichte der Psychopharmaka. Neuroleptika in der Bundesrepublik Deutschland, 1950-1980* (Bielefeld: Transcript, 2010).

zugänglichen Status überführt werden konnten. So konnten nicht nur viele Leben gerettet werden (z. B. katatone Zustände; Suizidalität). Vielmehr wäre die weltweit diskutierte Psychiatriereform der 1970er Jahre ohne Neuroleptika – trotz aller bekannten schweren Nebenwirkungen – mit der anschließenden, immer weiter reichenden, vornehmlich ambulanten Behandlung psychisch Kranker kaum möglich gewesen. Um diesen säkularen Schritt zu erfassen, untersucht Viola Balz ihre spezielle Fragestellung – Entwicklung, klinische Einführung und wissenschaftliche wie öffentliche Diskussion der neuen Stoffklasse der Neuroleptika in die Psychiatrie – in einer profunden Diskussion nahezu sämtlicher moderner wissenschaftshistorischer Forschungsansätze. Das Thema wird konsequent vom Labor zur Klinik und zurück ins Labor, in der klinisch-psychiatrischen Forschung und in ihrer Rezeption und Diskussion in der Öffentlichkeit verfolgt. Auch hier wird deutlich, dass im weiteren Teil der Untersuchung – besonders Fragen wie der Neuorientierung der Psychiatrie in der BRD der Nachkriegszeit – ohne sozialhistorische Aspekte kaum möglich sind.

Wie mit modernen Methoden auch neue biographische Arbeiten zu schreiben sind, zeigt Christoph Gradmann beispielhaft in seinem Buch über Robert Koch.[34] Fern jeglicher Hagiographie – und Robert Koch war keineswegs nur Opfer, sondern pro-aktiver Täter am eigenen Heiligenbild – werden die durchaus bahnbrechenden Untersuchungen Robert Kochs in die mikrobiologischen Forschungen der Zeit eingeordnet und damit ihres heroenhaften Charakters beraubt. Allerdings handelt es sich hier nicht um ein modisches „debunking" aufgrund beliebiger Urteile. Vielmehr fußen Christoph Gradmanns Arbeiten auf modernen wissenschaftshistorischen Methoden und Konzepten – wie etwa dem der Laborstudien, die bis dato nicht auf die Forschungspraxis Kochs angewendet worden waren. Auf dieser Grundlage kann auch das fernere Wirken Robert Kochs, darunter der Tuberkulin-Skandal von 1890 und die „Flucht" Robert Kochs in die Forschungsarbeit in den Kolonien, in einem anderen Licht dargestellt werden. Christoph Gradmann hat die einzelnen Aspekte dieser Biographie in eigenen, methodisch ausgerichteten Arbeiten vorgestellt.[35] Dazu

---

34 Christoph Gradmann, *Krankheit im Labor. Robert Koch und die medizinische Bakteriologie* (Göttingen: Wallstein, 2005).

35 Vgl. u. v. a. Christoph Gradmann, Thomas Schlich, eds., *Strategien der Kausalität. Konzepte der Krankheitsverursachung im 19. und 20. Jahrhundert* (Pfaffenweiler: Centaurus, 1999); Christoph Gradmann, „Robert Koch and the Pressures of Scientific Research. Tuberculosis and Tuberculin," *Medical History* 45 (2001), 1-32; ders., „Zur Historizität der sogenannten Kochschen Postulate 1840-2000. Karl-Sudhoff-Vorlesung", *Nachrichtenblatt der Deutschen Gesellschaft für Geschichte der Medizin, Naturwissenschaften und Technik e.V.* 57 (2007), 193-207.

gehören ebenfalls neue Überlegungen, wie eine Wissenschaftlerbiographie unter den wissenschaftlichen Standards der Zeit gestaltet werden kann.[36] Aus diesen Beispielen – unzählige weitere könnten folgen – ist festzuhalten, dass in den neuen integrativen Forschungsansätzen die Außenwirkungen des eigentlichen wissenschaftshistorischen Prozesses nur mit klassischen soziologischen und damit sozialhistorischen Fragen und Methoden erfasst werden können.

5   Zusammenfassung und Ausblick

Ärztliches Handeln ist in einzigartiger Weise dadurch gekennzeichnet, dass das auf allgemeine Aussagen – auf „Naturgesetze" – gerichtete Bezugssystem Wissenschaft in der Entscheidung des Arztes auf eine einzelne, singuläre Person in einer einzelnen, singulären Situation gewendet wird. Dies findet in einem vorgegeben zeitlichen und damit historischen Zusammenhang statt, der für alle Beteiligten wirkt. Arzt und Patient sind sowohl in einen individuellen, als auch in einen sozialen und in einen bio-physischen Zusammenhang eingebunden. Historizität und Kontextualität sind genuine Merkmale der Medizin.

Die meisten der im Raum der Medizin sich ereignenden Vorfälle und Handlungen sind für die Betroffenen und die Akteure singuläre Geschehnisse – wie es etwa mit Geburt, schwerer Krankheit oder Sterben und Tod unabweislich ist. Diese individuellen, elementaren Geschehnisse müssen ebenso individuell in der Lebenswelt verarbeitet werden. Zugleich verlangen diese zwar immer individuellen, elementaren Geschehnisse des menschlichen Lebens nach einer kulturellen Einordnung und damit letztendlich nach einer Institutionalisierung im soziologischen und anthropologischen Sinn.

Sowohl von der Gegenstandsebene als auch von der Betrachtungsebene her hängen Medizin und Geschichte eng zusammen. In diesem generellen Zusammenhang ist sowohl eine auf die einzelnen handelnden Personen und Ereignisse gerichtete als auch eine auf das generelle Geschehen und seine gesellschaftliche Sinngebung gerichtete historische Wahrnehmung möglich und nötig.

Die auf die einzelne Handlung und deren Ergebnisse gerichtete Geschichte der Medizin ist damit ebenso legitim und nötig wie eine auf allgemeine Zusammenhänge gerichtete historische Betrachtung. Die genuinen Arbeitsbereiche einer auf

---

36 Christoph Gradmann, „Geschichte, Fiktion und Erfahrung. Kritische Anmerkungen zur neuerlichen Aktualität der historischen Biographie," *Internationales Archiv für Sozialgeschichte der deutschen Literatur* 17 (1992), 1-16.

gesellschaftliche Tatsachen orientierten Sozialgeschichte der Medizin ergeben sich aus dem Unterschied von historischer und soziologischer Betrachtung. Nicht das singuläre Handeln und seine in der Zeit geronnenen Ereignisse, sondern das soziale Handeln als vergemeinschaftetes und vergesellschaftetes Handeln, die daraus resultierenden Umgangsformen, Organisationen und schließlich die gesamte Gesellschaften tragenden medizinisch relevanten Institutionen bilden den genuinen Gegenstand einer Sozialgeschichte der Medizin.

Schließlich müssen auch Arbeiten mit Forschungsansätzen aus der Wissenschaftsgeschichte, dem sozialen Konstruktivismus, der neuen Kulturgeschichte und der medizinischen Anthropologie notwendig auf die Sozialgeschichte zurückgreifen, um ihre eigentlichen Untersuchungen historisch zu situieren. Die Sozialgeschichte der Medizin ist damit in großen Teilen in andere Forschungsansätze eingebunden.

Durch die Entwicklungen der letzten Jahrzehnte hat sich das Spektrum an Theorien, Methoden und Themen einer Geschichte der Medizin erheblich erweitert. Die Medizingeschichte ist sowohl innerhalb der Medizin als auch auch in der allgemeinen Geschichte zu einem breiten und überaus bunten Arbeitsfeld geworden. Überdies hat sich die Geschichte der Medizin in einem bis dato unbekannten Ausmaße professionalisiert.

Auf diesem Wege hat sich die Sozialgeschichte der Medizin von ihrem teils implicit gegebenen, teils auch zugeschriebenen imperativen Anspruch befreit. Aus dem Gegenstand der Medizin heraus hat sie einen eigenen Gegenstandsbereich, der mit eigenen, aus der Bezugsdisziplin der Soziologie abgeleiteten Methoden zu erarbeiten ist. Überdies ist sie in integrativen Forschungsansätzen notwendig vertreten, wenn es darum geht, den historisch-sozialen Hintergrund für weitergehende Methoden und Themen darzustellen.

Die Sozialgeschichte der Medizin lebt aus dem eigenen Recht eines eigenständigen Gegenstandsbereiches und dazu passender Theorien und Methoden.

Workshop Participants

Dr. *Silvia Berger,*
Sozial- u. Wirtschaftsgeschichte, Univ. Zürich

Priv.-Doz. Dr. *Iris Borowy,*
Inst. f. Geschichte, Theorie u. Ethik d. Medizin, TH Aachen

Dr. *Annett Büttner,*
Archiv der Fliedner-Kulturstiftung, Diakonie Kaiserswerth, Düsseldorf

Prof. Dr. *Reinhard Burger,*
Direktor des Robert Koch-Instituts Berlin

Prof. Dr. *Flurin Condrau,*
Lehrstuhlinhaber f. Medizingeschichte, Univ. Zürich

Priv.-Doz. Dr. *Fritz Dross,*
Inst. f. Geschichte u. Ethik d. Medizin, Univ. Erlangen

Dr. *Indira Duraković,*
Fachdidaktikzentrum Geschichte u. Politikwiss., Univ. Graz

Dr. *Cord Eberspächer,*
Direktor des Konfuzius-Instituts an der Univ. Düsseldorf

Prof. Dr. *Heiner Fangerau,*
Direktor des Instituts f. Geschichte u. Ethik d. Medizin Köln

Dr. *Gabriele Franken*,
Inst. f. Med. Mikrobiologie Düsseldorf

Dr. *Brigitte Fuchs*,
Lektorin Kulturanthropologie Wien

Dr. *Yuki Fukushi*,
Research Institute for Humanity and Nature Kyoto

Prof. Dr. *Christoph Gradmann*,
Med. antropologi og med. historie, Univ. Oslo

em. Prof. Dr. *Ulrich Hadding*,
Inst. f. Med. Mikrobiologie, Univ. Düsseldorf

Thorsten Halling, M.A.,
Inst. f. Geschichte u. Ethik d. Medizin, Univ. Köln

Dr. *Christoph auf der Horst*,
Leiter des Studium universale, Univ. Düsseldorf

Prof. Dr. *Wataru Iijima*,
History Dept., Aoyama Gakuin Univ. Tokyo

Prof. Dr. *Kay-Peter Jankrift*,
Inst. f. Geschichte u. Ethik d. Medizin, TU München

Dr. *Stefanie Knöll*,
Inst. f. Geschichte d. Medizin, Univ. Düsseldorf

Ulrich Koppitz,
Inst. f. Geschichte d. Medizin, Univ. Düsseldorf

Dr. *Katharina Kreuder-Sonnen*,
Inst. f. Geschichte u. Ethik d. Medizin, Univ. Gießen

Prof. Dr. Dr. *Alfons Labisch*, M.A.(Soz.)
Direktor des Instituts f. Geschichte d. Medizin, Univ. Düsseldorf

Prof. Dr. *W. Robert Lee*,
Head of Dept. Social and Economic History, Univ. Liverpool

Prof. Dr. *Karl-Heinz Leven*,
Direktor des Instituts f. Geschichte u. Ethik d. Medizin Erlangen

Dr. *Georg Modestin*,
Mediävistisches Inst., Univ. Fribourg

em. Prof. Dr. *Irmgard Müller*,
Medizinhistorisches Inst. u. Museum, Univ. Bochum

em. Prof. Dr. *Rainer Müller*,
Sozialwissenschaften, Univ. Bremen

Dr. *Marco Neumaier*,
Historisches Seminar, Univ. Heidelberg

Dr. *Thorsten Noack*,
Inst. f. Geschichte d. Medizin, Univ. Düsseldorf

Prof. Dr. rer.medic. *Norbert W. Paul*, M.A. (Hist.)
Direktor des Instituts f. Geschichte, Theorie u. Ethik d. Medizin, Univ. Mainz

Dr. *Christian Promitzer*,
Südosteurop. Geschichte, Univ. Graz

em. Prof. Dr. *Detlev Riesner*,
Quiagen, Inst. f. Physikalische Biologie, Univ. Düsseldorf

Priv.-Doz. Dr. *Maike Rotzoll*,
Institut f. Geschichte u. Ethik d. Medizin, Univ. Heidelberg

Dr. *Paola Schiappacasse*,
Archeology Dept., Centro de Estudios Avanzados Puerto Rico

Prof. Dr. *Michael C. Schneider*,
Wirtschafts- u. Sozialgeschichte, Univ. Düsseldorf

Dr. *Anja Schonlau,*
Seminar f. Deutsche Philologie, Univ. Göttingen

em. Prof. Dr. *Irwin W. Sherman,*
Scripps Research Inst. La Jolla, Ca.

em. Prof. Dr. *Johannes Siegrist,*
Inst. f. Med. Soziologie, Univ. Düsseldorf

em. Prof. Dr. *Reinhard Spree,*
Sozial- u. Wirtschaftsgeschichte, Univ. München

Prof. Dr. *Akihito Suzuki,*
Economics, Keio Univ. Tokyo

Prof. Dr. *Malte Thießen,*
Inst. f. Geschichte, Univ. Oldenburg i.O.

Dr. *Hideharu Umehara,*
Inst. f. Geschichte d. Medizin, Univ. Düsseldorf

Dr. *Nukhet Varlik,*
History Dept., Rutgers Univ. Newark, Nj.

Prof. Dr. *Jörg Vögele,*
Inst. f. Geschichte d. Medizin, Univ. Düsseldorf

Prof. Dr. *Paul Weindling,*
Humanities, History, Oxford Brookes Univ., Oxford

Priv.-Doz. Dr. *Wilfried Witte,*
Klinik f. Anästhesiologie, Charité, Univ. Berlin

Priv.-Doz. Dr. *Eberhard Wolff,*
Kulturwiss. u. Europ. Ethnologie, Univ. Basel

Dr. *Michael Zeheter,*
Neuere u. Neueste Geschichte, Univ. Trier

Index

to persons, places, plagues and topics

Printed in the United States
By Bookmasters